梦想的尽头，有星

愿你出走半生，归来仍是少年

郭婷 主编

红旗出版社

图书在版编目（CIP）数据

愿你出走半生，归来仍是少年 / 郭婷主编. — 北京：
红旗出版社，2019.8
（梦想的尽头，有星光等候）
ISBN 978-7-5051-4915-1

Ⅰ.①愿… Ⅱ.①郭… Ⅲ.①成功心理—通俗读物
Ⅳ.①B848.4-49

中国版本图书馆CIP数据核字（2019）第163369号

书　名　愿你出走半生，归来仍是少年
主　编　郭婷

出 品 人	唐中祥	总 监 制	褚定华
选题策划	华语蓝图	责任编辑	朱小玲　王馥嘉

出版发行	红旗出版社	地　　址	北京市北河沿大街甲83号
编 辑 部	010-57274497	邮政编码	100727
发 行 部	010-57270296		
印　　刷	永清县晔盛亚胶印有限公司		
开　　本	880毫米×1168毫米　1/32		
印　　张	25		
字　　数	680千字		
版　　次	2019年8月北京第1版		
印　　次	2020年1月北京第1次印刷		

ISBN 978-7-5051-4915-1　　　定　价　160.00元（全5册）

前　言

开心的意思，对我来说是敞开心扉，去接受让自己心灵有所成长的事物，无论它们带来的是快乐，还是悲伤。对一切不确定的时候，先听自己心里的声音。耐心一点，事情一件一件地做；大胆一点，做了决定就放手去做。

不能回头的路上，就相信自己做过的决定，勇敢走下去。

大家都坚信的事，未必就是对的。

学会一个人也可以快乐的时候，就不那么渴求来自他人的理解了。

顺境时保持冷静，积聚力量；逆境时接受挫折，享受成长。

我们都是在黑暗中，才找到了自己的光。

故作坚强的时候，别忘了对所爱的人放下武装。

真正的失败只有一种，是你无法做到"坚持"二字。赖床、玩手机、打游戏的生活很舒服，但也绝对会伴有一事无成的焦虑。真正让你变好的那些事，比如跑步、健身、读书，开始也许很不容易，但你只要坚持下来就能成长。

什么是成长？那是你内心的一个尺度。你能够感觉到你的成长，你内心知道你会成长为什么样子，就好像一颗树籽，无须指导，也会成长为一棵挺拔的大树。世界上每一个人都可以成长为自己最好的样子。

人生的每一个抉择，都掌握在你自己手里。

不管全世界的人怎么说，我都认为自己的感受才是正确的。无论别人怎么看，我绝不打乱自己的节奏。喜欢的事自然可以坚持，不喜欢怎么也长久不了。

别让今天的懒成为未来的难。每天起床都特别难，总想再睡一会儿，可眼看上课、上班就要迟到。一边说自己忙、没时间锻炼，一边沉溺于打游戏、刷朋友圈。美好的东西，永远不会轻易获得。从现在开始，不再假装努力。别在该奋斗的年纪，选择安逸；别在最好的时光，成为瘫在沙发和床上的废人。

奇迹和痛苦来自另一个地方，并非一切都像人们以为的那样：人们没有把自己哭进痛苦中，也没有把自己笑进欢乐中。你所看见和感受到的，你所喜爱和理解的，全是你正在穿越的风景。

目　录

第一章
对抗到底，才能证明你自己

人生的路，靠自己一步步走去，真正能保护你的，是你自己的人格选择和文化选择。那么反过来，真正能伤害你的，也是一样，自己的选择。

——余秋雨

你无与伦比

1920年，21岁的海明威从意大利参战后退役，回归普通人的生活。11月的时候，哈德莉受姐姐的邀请来芝加哥做客，在芝加哥的肯兰公寓里，海明威与哈德莉初次见面。哈德莉比海明威大8岁，出身于圣路易斯的一个中上等家庭，是一位很有才华的钢琴家。那时海明威阳刚英气，哈德莉率真善良，他们给对方留下了很好的印象。在这间公寓里，哈德莉为海明威弹奏了一支曲子，美妙的钢琴声温柔了硬汉的心，海明威被哈德莉深深吸引了。

在芝加哥待了3个星期后，哈德莉告别了海明威，返回家乡圣路易斯，两个人开始通过书信往来。哈德莉在信中称海明威为"最亲爱的欧内斯特"。在她眼中，海明威走路的样子都是迷人的。海明威对哈德莉流露出硬汉的柔情，他在信中说："我是真心爱你，哪怕只有一分一秒，也值得，也无悔。"那时，海明威总是渴望去哈德莉身边，但他很穷，连一张火车票的钱都负担不起。

两人相识10个月后，在霍托湾一座年久失修的乡村教堂里举行了婚礼。婚后，海明威在美国作家舍伍德·安德森的建议下，偕同哈德莉以《多伦多星报》驻欧洲记者的名义留在巴黎。他们在巴黎的一间小旅店开启了新的生活。《流动的盛宴》这本书，记录的正是海明威以驻欧记者的身份旅居巴黎的这段时光。

旅居巴黎的时候，海明威只是一名编外记者，没有稳定的收入。海明威不断地写作，想以此来赚一些稿费，但他的那些短篇小说几乎无人赏识。面对穷困的生活，哈德莉并没有抱怨。在海明威22岁生日的时候，哈德莉用自己的积蓄，给海明威买了一台"科伦娜"牌打字机。海明威用它敲出了第一行字："你是我的唯一，是甜蜜和温柔。"

在巴黎，海明威夫妇去参加朋友洛布、凯蒂夫妇的家庭聚会时，认识了凯蒂的女友波琳，她是巴黎《时髦》杂志社的女编辑。有一次，波琳去哈德莉家做客，看到狭小的居住空间和衣衫褴褛的海明威，她无法理解哈德莉为何将自己的一生托付给这样一个人。哈德莉对波琳的质疑并不在意，她知道能够与海明威在一起就是她想要的幸福。

随着儿子邦比的出生，海明威和哈德莉的生活渐渐生出一些矛盾。再加上海明威的处女作《三个故事和十首诗》的出版为他赢得了不小的名声，他身边的女人也渐渐多了起来。海明威和哈德莉平静的婚姻生活渐渐有了波澜。海明威的小说《春天的激流》和《在我们的时代里》出版后，女编辑波琳对海明威的印象发生了很大的转变，她对声名鹊起后的海明威满是崇拜。波琳比海明威大4岁，在从事编辑之前，曾经做过模特，所以无论是相貌还是身材，都很有魅力。时尚前卫的波琳对海明威投怀送抱，海明威没有拒绝，接受了这份感情。

海明威向哈德莉坦白了他与波琳的这段感情，哈德莉听后非常痛心，她选择与他离婚。哈德莉的宽容和大度令海明威刮目相看。海明威曾经在一次酩酊大醉后提及这件事，说自己是个浑蛋。在自杀前，他悔恨地写道："我多希望在还只爱她一个人的时候就死去。"

一年后，海明威和波琳顺理成章地结婚了，他们定居在美国，过上了顺心如意的生活。在1930年底，海明威出了一场车祸，他的右臂被撞伤，在医院待了两个月。在随后的一年中，他的右臂都无法自如行动，波琳担负起妻子的责任，无微不至地照顾着他。

1937年，西班牙爆发内战，海明威作为战地记者奔赴前线。在枪林弹雨中，海明威与记者玛莎·戈尔霍恩相遇，但这并不是他们第一次见面。玛莎曾是波琳的同事，一年前，海明威和玛莎曾在美国一家酒吧打过照面。玛莎比海明威小9岁，她身材优美，聪明能干。她是一名记者，也是小说家。海明威的小说《战地钟声》出版后，玛莎也凭借对西班牙内战的一系列报道而备受关注，两个人名利双收。

与哈德莉和波琳不同，玛莎是个更加独立的女人，她不会像哈德莉和波琳那样忍受海明威的任性，他们的婚姻在1945年走到了终点。这段婚姻给他们留下的是对彼此的不满，甚至在他们以后的生活中，一直都在怨恨对方。

玛丽·韦尔什是海明威的第四任妻子，也是最后一位妻子。玛丽就职于《时代》周刊，是一名记者，她勤勤恳恳工作的同时，全身心地投入与海明威的婚姻生活。作为海明威的妻子，玛丽深刻认识到自己要做个贤良忠诚的妻子。为了更好地扮演这个角色，她放弃了自己的工作，一直陪伴照顾着海明威。

在我所认识的所有人中，你最无与伦比
——海明威致哈德莉

亲爱的小乖乖：

正是因为你的存在，你的忠贞不渝，你的无私奉献，你对我精神与物质上的双重支持，我才得以完成这些文学创作，否则我一事无成。

我爱慕你的思想、才智，爱慕你的大度、勤劳。我常常向上帝祈祷，我愿意付出任何代价，来弥补我对你造成的伤害。在我所认识的所有人中，你最忠贞、最美丽、最善良，你最无与伦比。

欧内斯特

没有你在身旁，我仿佛置身地狱
——海明威致玛丽

亲爱的小乖乖：

我正同派克西和唐·安德鲁斯、格力高里在一起，我们准备结伴乘船出行，然后在户外度过这一天。我恳请你写信给我，哪怕只有一封也好。你不会拒绝吧？如果收不到你的来信，我会伤心欲绝。你知道该如何做，对不对？拜托你一定要写信给我，我的小乖乖。

如果你有未完成的工作，那么就全心全意去做吧。没有你在身旁，我仿佛置身地狱。我不断宽慰自己，可我更加疯狂地想念你。但凡你遭遇不测，我也无法独自活下去，我最亲爱的玛丽，我爱你。你知晓我的心，我并不是没有耐心，只是迫不及待地想要见到你。

欧内斯特

卑微是人生的第一课

鲜花与掌声从来都被年轻人全力追逐，在茶楼当过跑堂、在电子厂当过工人的周星驰也不例外，中学时期就梦想有一天能主演一部电影。然而现实与梦想之间的距离总是很遥远，周星驰在电影剧组的第一个工作是杂役，做一些诸如帮人买早点、洗杯子之类的事情，根本没有机会参加演出。

3年之后，周星驰才开始饰演一些仅有几句台词或根本就没有台词的小角色，如果今天仔细观看那部曾轰动一时的古装武打连续剧《射雕英雄传》，就会在里面找到他的影子：一个只在画面上闪现了几秒钟的无名侍卫，最后以死亡结束了他匆匆的亮相。

然而没有导演看重外形瘦弱另类的他，因为观众的鲜花与掌声只献给美女与英雄。失落之余，他转行做儿童节目主持人，一做就是4年，他以独特的主持风格获得了孩子们的喜欢。但是当时却有记者写了一篇《周星驰只适合做儿童节目主持人》的报道，讽刺他只会做鬼脸、瞎蹦乱跳，根本没有演电影的天赋。这篇报道深深刺激了周星驰，他把报道贴在墙头，时刻提醒和勉励自己一定要演一部像样的电影。于是，他重新走上了跑龙套的道路，虽然仍要忍受冷眼与呼来唤去，仍是出演那些一闪而过的小角色，但他紧紧抓住每次出演的机会，拼尽全力展示最独特的自己，就像一束一束的瑰丽烟火冲向漆黑的夜空。一年之后，也就是1987年，他在真正意义上参演了第一部电视剧《生命之旅》，虽然差不多还是跑龙套，但是终于有了飞翔的空间。从此，他开始用一身小人物的卑微与善良演绎自己的人生传奇。

经历过最底层的挣扎，拍完50多部喜剧作品之后，周星驰成为大众心目中的喜剧之王。从20世纪90年代至今，他的影片年年入选十大票房，他成为中国香港片酬最高的演员之一。好莱坞翻拍他的电影，意大利举办周星驰电影周向他致敬，他独创的"无厘头"表演风格，成为中国香港甚至全世界通俗文化的重要一环。

在央视专访节目中周星驰不无自嘲地回忆了走过的路程：有些人说我最辛酸的经历是扮演《射雕英雄传》里面一个被人打死的小兵，但是我记得这好像不是，还有更小的角色，剧名至今也不清楚，只知道应该不是现代的，因为穿古装。一大帮人，我站在后面，镜头只拍到帽子与后脑勺。那种感觉对我来说相当重要，因为这使我对小人物的百情百味刻骨铭心。

　　人生其实就是这样，充满了光荣与失落、梦想与挫折、奇迹与艰辛。没有人生下来就是大明星，但即使是扮演再普通的小角色，也要用心把他演得最出色。饱尝世事辛酸最后终于站在自己梦想舞台巅峰之上的周星驰，用他的经历告诉我们：卑微是人生的第一节课，只有上好这一节课，才有机会使自己的人生光彩夺目。

相信苦尽甘来

我的一个朋友，总是觉得自己命不好，吃汉堡都能吃出苍蝇，喝凉水都塞牙、长胖、肚子痛。她每天上网到凌晨，然后中午十二点起床，过了几个月她开始间歇地吐血。她说：你看我命多么不好。

我没法劝好她，可是我没法不管她。她单纯天真，天赋异禀，不知道对人防备，也从没坏心。她的灵魂总是紧绷着脸，恼怒地瞪着这个世界，却不知道我们和这世界一样，爱她这真诚的小模样。

我的另一个朋友，她说知道自己胖，交了男朋友也吵架，不把她放在心上，终于分手。她说，我心知肚明都是因为自己不够好。如果我高挑又苗条，有着那个谁谁谁的天使容貌，我一定不会落到这样卑微痛苦的境地。

可是她是那样一个容易满足的可爱女孩儿。当我忙到深夜准备东西的时候，静静地陪在我身边不走开，帮我分担一些工作后自己又累得上火。即使是再简陋的工作也总能做得兢兢业业风生水起，上完班买个火烧就去自习室准备进修考试。卑微坚强，咬着牙含着泪和生活对抗、硬挺。

可是我还见过一些女孩儿，上名校，进名企，打扮得永远那么得当，神采永远那么飞扬，生活得总是风姿绰约、游刃有余的样子，总有那么多的崇拜和拥簇。我还认识一些女孩儿，身材高挑匀称，妆容舒服清新，参加各种"丽人"的比赛，在T台上展示风采，台下总是一片的闪光和赞叹。

直到我和她们成了室友、朋友，才看到不会暴露在人前、人人、微博上的那一面。她们挑灯苦读的夜晚，绞尽脑汁逛遍商店才找到的最适合的那件衣服，五点半起床背掉的那一本又一本单词书。每周至少三次轮番的跑步、瑜伽、游泳、舞蹈，成千上万遍地在大镜子前踱步、摆位，年纪轻轻当上项目经理的她拨开藏起的白头发，告诉我，并没有什么天生的好命。

拿到"帆船丽人"、签约一个又一个平面模特的她告诉我，生活这场表演，更需要百遍练习，才可能换来一次美丽。

生活给你一些痛苦，只是为了告诉你它想要教给你的事，一遍学不会，你就痛苦一次，总是学不会，你就在同样的地方反复摔跤。

你以为只有你倒霉、不顺、挫折、郁闷，仿佛永远看不到未来。

你以为只有你有解决不完的问题，倾诉不完的烦恼，逃不掉的郁闷，等不来的好运。

你以为大家都是等着天上掉好运，砸到自己，从此衣食无忧，不用努力就很瘦、很白、很美，坐等着让人羡慕，不用付出就有回报。

这样的人有没有？有，但是真的很少。而且最重要的，你不是。

你不知道那些所谓好命的女孩儿，在哪一个深夜多做了哪一道题，所以多会了哪一点知识，于是比你多了那么0.01分，你不知道，好命的女孩儿也不会知道。

你不知道好命的女孩儿在哪一顿饭比你少吃了哪些东西，在哪一个体育场多跑了几百米，所以比你瘦、比你美、比你精神，你不知道，好命的女孩儿也不会知道。

可是我猜测，她们都会知道，在年轻的时候，不能懒惰，不能停下，要厚积薄发，要不留遗憾，要拼尽全力。勤能补拙，苦尽甘来。

都是一样的人，都会面临一样多的问题。人的一生，也不过是解决问题的一生而已。奋力向前奔，一定头破血流，可能闯出天地，但是不勤奋地拼一下，就只有混吃等死。何来好命，只是自己选择的路罢了。

回头望去，谁不是一路的血迹斑斑？

只是在每一个演出、考试、比赛的当口，闭上眼睛，想起这一路鲜活的记忆，很充实，已尽力，不遗憾，因为活得太用力而记得那么清晰，不由自主地微笑起来，已经无愧我心，其他尽凭天意。

因为在这条路上，我们并没有选择。无路可退，也无法逃避，只能让肃杀的风凌厉地扑面而来，冻得鼻青脸肿却不屈地缓慢前行。

不是风雨之后总能见彩虹。

但是咬着嘴唇温柔又倔强、勤奋又无惧的女孩儿总会胜利。

不要甘于平庸

不知道你有没有去回顾过去的几年，自己过着怎样的生活？

或许每天起得比鸡早，昏昏欲睡中，却要奔波去地铁站，在地铁中与很多人互相挤着，在拥挤的人潮中甚至被撞、被踩到了脚板，痛得自己哇哇叫。冬天，在地铁车厢中，大家一起取暖；夏天，在地铁车厢中，却时不时地闻着令人难受的汗臭味，拥挤中动弹不了，只能默默地忍受着。

或许每天去到公司，面对着老板对工作的各种要求，面对着上级的那张臭脸，却只能带着微笑面对，忍气吞声，敢怒不敢言。拿着每个月几千块钱的工资，除去每个月的生活费、租房费、水电费，剩下寥寥无几的几张红色毛爷爷，看着自己喜欢的名牌衣服，却只能多看几眼，然后默默走开，安慰自己说，等以后有了钱再回来买。可是自己私下却一直盯着产品的动态，看看有没有打折，喜欢却买不起。

或许每天下班，拖着疲惫的身体，却依旧需要在拥挤的人潮中，与别人一起挤着地铁，坐着公交，在街角暖暖的灯光的陪伴下，带着冰冷的心情，奔波于漫长的路途中，下车后，还要再走一段路，才能够回到家里。而此刻的你，心累，身体也累，在晚上有限的时间里，洗洗澡，放放松，就想要上床睡觉了。

第二天，依旧过着重复的生活，日复一日，年复一年。你很想要改变，可是，你又觉得生活本就是这样子啊，不然还能怎样？

你怪自己没有出生在好的家庭环境中，没有富有的爸妈，可以给你很多钱，不用像现在一样辛苦；你怪自己没有遇到个有钱的男朋友，没有给你零花钱，没有办法带你来一场说走就走的旅行；你怪老板太吝啬，不肯给你多一点薪资，所以，充满怨气地工作；可你不怪的，却是甘于平庸的自己。你早已经习惯了每天两点一线的生活，你早已经习惯了每天挤公交地铁上下班的日子，你早已经习惯了每个月领着几千元的薪资过日子，你早已经习惯了下班后轻松舒服地享受的日子。

不知道每天过着这样生活的你，是否有想过，当自己在某一天成家的时候，当自己有了小孩的时候，当自己的年龄已经渐渐增大的时候，你突然面对公司倒闭，或者是你面对离职的这种情况的时候，你有什么优势可以在职场中取胜，在新岗位中获得高薪资；你有什么才能，可以让你在离职期间依旧能够有收入，不至于给家庭增大压力呢；你又有什么打算，去重新开始一份新的工作呢？

而不是像现在的你，这么普通而又这么平庸地过着日子。做着一份很平庸的工作，觉得毫无意义。难道就这样度过一生？

我发现人一旦熟悉了自己生活的环境，就会自然而然地在熟悉的环境中待着，不去做任何的改变，继而，这种舒适区便渐渐地形成了。

一旦形成了属于自己的舒适区，很多人便会选择安于现状，觉得生活本就是这样子的。在舒适区中，也渐渐地少了一些对陌生环境的焦虑及不安，很多东西，自己也渐渐变得不去思考那么多了。

很多在职场中的人，其实就是这样子的。每天虽然早出晚归，看上去很忙碌，也很努力，可是，在忙碌之余，却缺少了思考。看上去过得很充实，却一直在瞎忙，每天过着重复的日子，做着重复的工作，因为熟悉，所以自己也渐渐觉得很舒服。但是自己并不知道自己的出路在哪里，不知道自己学到了什么，想要学什么。

曾经我就是陷入这种舒适区中，在舒适区中，倘若你不想在平庸中过一辈子，那为什么不逼自己一把，去改变现状，遇见更好的自己呢？

不要让未来的你，讨厌现在的自己。趁现在一切还来得及，尽早地跳出舒适区。

每天下班之余，利用空闲的时间，多看看书，学习自己想要学的东西，尝试着做些改变。

每天上班的时间，少些怨气，全身心投入到工作中去，将每件事做到尽善尽美，不断地提升自己；利用空闲时间，学习一种技能，拥有自己的一技之长；在提升自己的同时，不断地发现身边优秀的人，以他们为榜样，不断努力，遇到更优秀的自己。

愿我们都不是平庸地过完此生，而是在舒适区之外，不断地努力，创造真正属于自己的舒适。

不抱怨，你就赢了

发脾气是本能，控制情绪是本事！用抱怨的时间，来调整心态，想想办法，也许就只剩下高兴了。当你不再抱怨，并改变自己的心态，积极地面对生活，你的人生就是成功了。

一

下午和朋友逛街，她说起自己前些天收到一位微信好友发来的消息。不过已经不知道是什么时候加的好友了，现实生活中似乎也并不认识。

朋友是做理财相关工作的，有时候会在朋友圈里发一些相关知识，可能因为这个，对方找到了她。

对方问她："在吗？"紧接着又一句："我想问问你，理财要怎么做第一步？我现在只会省钱，可是感觉好累啊，自己想买的东西买不起。"

这种说话不带问候的方式真的挺让人不舒服的，但朋友还是耐心回复了她："去赚钱呀，省钱只是一小步，学会赚钱才是一大步。"

对方又回复道："要是知道怎么赚钱不就好说了吗？光说些没用的。唉，你说人和人怎么就不一样呢？有人一出生就含着金汤匙，可我呢？就只能摊上这样的生活，真是不公平啊……"

朋友说："讲真的，这种人挺可怕的，她总觉得自己惨，觉得生活对自己不公，好事坏事到她那里都能成为抱怨不断的事，负能量爆棚，真的会传染。我看她喋喋不休地吐苦水，就设置了她的消息免打扰。"

朋友又对我说："你说也真是奇怪，有这个时间长吁短叹、抱怨自艾，还不如多动动脑筋想想怎么努力呢。老是想着靠别人去给予，这是个什么心态？"

我也在思忖朋友说的这个问题，为什么总有人喜欢抱怨呢？也许是他们把这当成一种发泄方式。偶尔发发牢骚当然没问题，但如果一直抱怨却又不寻求改变，这些负能量就会一点一点拖垮人生。

二

不知道你身边有没有这种人，一遇到不如意的事情就逢人便说自己的伤心难过，觉得自己惨、自己吃了亏，觉得生活不公平、世界亏欠了自己。

我身边就有一个朋友，真的是那种下雨了抱怨路面潮湿、晴天了又抱怨日头太晒的人。明明长得挺好看的一个姑娘，生生让一脸的哀怨遮去了八分美貌。

起初她抱怨，大家还愿意安慰安慰，可时日久了，大家都习惯了她这样的性子。谁也不愿总是听别人说负能量的话，她的人缘就越来越差，到最后连个真正能说心事的朋友也没了。

算起来我们也几年没见面了，上次聚会听别人说起她，日子过得并不幸福，结过一次婚，没两年就离了，孩子也没跟她。她自己开了家小服装店，生意也很惨淡，还是整日抱怨，几乎要抑郁成疾。

不免唏嘘。谁的人生没有艰难和坎坷呢？抱怨，只会消耗你的精力，让你的心情变得更差，还会赶走你的福气和人缘。

遇到难题和不顺，先想想怎么去解决。当你学着不再抱怨，并能转变自己的心态，积极乐观地去对待生活的时候，你才是真正踏上了走向成功的正轨。

三

没有谁的日子是永远一帆风顺的，失败和挫折也是人生必经的路程。我们都必须要经过这样的跌跌撞撞，才能为自己的人生铺起坦途大道。

　　宁可咬紧牙关去努力奋斗，也别总想着做依附别人的菟丝花，与其抱怨，不如改变。这一场攀登，你得自己一步一个脚印踩实了，才能踏踏实实地走到最后。

　　遇到了难过的事情，也不要忘记扬起微笑为自己加油打气。眼下的生活如果有一点难，保持好的心态，路总能走得顺畅一些。

　　愿我们都能做不抱怨的自己，做个能够控制情绪、平和心态的智者。

　　请时刻记得：不抱怨，你就赢了。

挫折是人生的挑战

人生在世，谁都会遇到挫折，适度的挫折具有一定的积极意义，它可以帮助人们驱走惰性，促使人奋进。挫折又是一种挑战和考验。英国哲学家培根说过："超越自然的奇迹多是在对逆境的征服中出现的。"关键的问题是应该如何面对挫折。

我们在生活与工作中难免遇到挫折，既不要觉得可悲，也不要觉得可怕。可悲、可怕的是我们在挫折面前不及时总结经验教训，或者是被困难吓破了胆，打退堂鼓；有的则是麻木不仁，根本不当一回事；还有那些固执己见，怨天尤人者。如果总是这样，失败会一个接一个，挫折也会不断紧跟。

造成挫折的因素有很多。例如，将奋斗的目标定得过高，能力与期望值存在一定的差距等。另外还包括心理冲突的因素。比如，一个大学生很想专心攻读博士学位，可又处于热恋之中，读书与恋爱如鱼与熊掌，他希望兼而得之，但对他来说最佳做法是只选其一，这就是一种"双趋冲突"。又如，一对正谈恋爱的男女，接触几次后就觉得该谈的都谈了，再也没什么可谈的了，俩人只能你看我，我瞧你，显得十分尴尬，可一个人会更觉寂寞，这就叫"双避冲突"。

人在遭遇挫折时，往往会感到缺乏安全感，难以安下心来，工作和生活都会受到影响。所以，当我们遇到挫折时，要坚持面对最坏的可能性，怀着真诚的信心对自己大声说："不管怎样，没有什么太大的关系。"然后沉着冷静，不慌不怒地评估形势，选择另外的做法，这样，我们就能在挫折中得到最好的结果。

著名作家梭罗每天早晨的第一件事，就是告诉自己一个好消息。然后，他会对自己说："我能活在世上，是多么幸运的事。如果没有出生在世，我就无法听到踩在脚底的雪发出的吱吱声，也不可能闻到木材燃烧的香味，更无法看到人们眼中爱的光芒。"于是，他每一天都满怀对生命的感激之情。

有位哲人说："并非每一次不幸都是灾祸，逆境有时通常是一种幸运。"面对挫折，我们要再接再厉，锲而不舍，要勇往直前，无惧无畏。我们的既定目标不变，努力的程度却要加倍。面对挫折，不同的人，有不同的态度。有人惆怅，有人犹豫，此时不妨找一两个亲近的人、理解你的人，把心里的话全部倾吐出来。从心理健康角度而言，宣泄可以消除因挫折而带来的精神压力，可以减轻精神疲劳；同时，宣泄也是一种自我心理救护措施，它能使不良情绪得到淡化和减轻。

人生在世，不可能春风得意，事事顺心，没有经历过失败的人生不是完整的人生。巴尔扎克说："挫折和不幸，是天才的晋身之阶，信徒的洗礼之水，能人的无价之宝，弱者的无底深渊。"面对挫折能够虚怀若谷，大智若愚，保持一种恬淡平和的心境，是彻悟人生的大度。一个人要想保持健康的心境，就需要升华精神，修炼道德，积蓄能量，风趣乐观。正如马克思所言："一种美好的心情，比十服良药更能解除生理上的疲惫和痛楚。"

第二章

打开枷锁，逆风飞翔

別指望读书会给你涨工资、给你工作机会，或者有什么看得见的效益，在人生某一阶段，会突然体会到它的作用，出其不意来到你的生活中。

——苏童

从未熄灭的爱与希望

　　小学四年级时，孙红雷得知，家里要推迟两个小时吃晚饭，因为母亲下班后，要去捡破烂贴补家用。一天，母亲轻言细语地对他说："三郎，你放了学也和妈一起去捡好吗？""不，我要做作业。"他飞快地答道，不敢看母亲的眼睛。这以后，孙红雷开始变得孤僻、沉默。

　　有一天，孙红雷放学回来，走到二楼楼梯口时，看到母亲正背对着他站在走廊里。"请问，家里有人吗？"孙红雷听到母亲讷讷的声音，几秒钟后那家的门"嘎吱"开了，却很快又"哐当"一声关上了，伴随着没好气的一声："又来借钱？我们没有钱！"孙红雷鼻子一阵发酸……

　　"走，妈，今天我陪您一起去捡破烂。"一个周末，13岁的孙红雷主动牵起了母亲的手，那天，母子俩直到天色发黑才回家。第一次随着母亲外出做事，孙红雷深深体会到了其中的艰辛。为了捡一个漂在臭水沟里的塑料瓶子，母亲不惜脱了鞋走进发黑的脏水里；在一家书店前见到几张破牛皮纸，他刚捡起来就被老板呵斥："滚！叫花子。"

然而，母亲对此种种却习以为常，脸上始终保持着淡然的微笑。中午，当母子俩坐在河堤边的石头上休息时，母亲竟从口袋里掏出一个橙子，剥开，反复挤压几下，然后掏出一面小镜子，对着它把那些橙汁一点点细致地涂在脸上，看着儿子诧异的眼神，她一边涂一边笑道："橙汁可以美容呢。人家看不起我们不要紧，自己要看得起自己，要爱自己，要让自己快乐。""妈……"那一刻孙红雷震惊了，他目不转睛地看着母亲，无比敬佩。

1995年5月底，孙红雷揣着8000元和一部手机，来到北京报考中戏。700多人参加考试，孙红雷成了唯一的幸运儿。

母亲杨淑英特地来到北京看望儿子。同学们吵着要老人家请客，她高兴地答应了，将孩子们带到学校附近的一家餐馆。由于这些上中戏的孩子家境都比较好，满不在乎地点了不少菜，结果七个人一顿竟吃掉了八百多元。母亲临走时，孙红雷发现母亲居然没有买卧铺。"这么远的路，您省这点钱干吗？"孙红雷急了。

母亲像做错了事的孩子低下头说："三郎，实话给你说，妈没钱了。""我给……"话一出口，孙红雷突然意识到，自己手上也只有几十元了，那8000元，吃住加上学杂费，也所剩无几。"对不起，妈。"孙红雷哽咽了。母亲抬起头，苍老的脸却笑成了一朵花："别这样，你这么有出息，妈不知道多高兴呢，妈就是一步步走回去也愿意。"孙红雷紧紧攥着母亲的手，眼泪蓄满了眼眶。

孙红雷跻身一线演员行列后，2004年8月，他特地把父母接到北京，然后将一把钥匙放到了母亲手心："妈，以后您二老就在这里养老吧，这套房子就算我送给妈的礼物。"母亲像孩子般咧开嘴笑了，笑得那么沉醉。这是一个母亲最幸福的时刻。

2008年春节，大年初七那天，因为高血压、冠心病等并发症越来越严重，母亲在孙红雷怀里永远地睡着了。

生活还要继续，只是很多人发现，经历了丧母之痛的孙红雷，在演技上有了微妙的改变。以前他扮演的角色都是一味的剑拔弩张、冷硬入骨，而现在，他开始在角色里注入一些崭新的东西。比如《梅兰芳》中邱如白"阅尽天下爱恨"的孤单与收敛，比如《潜伏》中余则成"泰山压顶而不改色"的执着与沉静……孙红雷更成熟了，也更有担当了！2010年9月21日，在第八届中国金鹰电视艺术节上，孙红雷连夺"最佳表演艺术奖""最佳人气奖""观众喜爱的男演员奖"三项大奖，成为最大赢家。在万众瞩目下举起奖杯时，孙红雷含泪说了一句发自肺腑的话："感谢我那天堂里的母亲。"

那一刻，喧哗的现场一片寂静，只有轻轻的唏嘘和哽咽声。在晶莹的泪光中，孙红雷仿佛又看到了母亲在不远处对他温暖地微笑，就像握着从未熄灭的爱和希望……

保持专注，世界才会为你让路

一

吴嫒在年初给自己买了10本书，定的目标是读完这些书，并写出10篇读书心得。可到现在，大半年过去了，第一本才翻了一小半，其他九本连包装都没扯开。半年看一本书的速度，也确实是很让人郁闷了。

吴嫒说，她每次捧起书，看一会儿，手机一响，就不由自主地打开了手机。

有时候也就是看个时间，就忍不住要打开手机刷个朋友圈，看到朋友圈里闺蜜发的漂亮照片，就还想去网购一件一模一样的衣服；打开电脑，一边网购，一边点着右下角的八卦弹窗；或者是想起还有电费没缴，阳台上的花没浇，书就被放在一边了。所以，她从来没有哪一次认真阅读超过十分钟。

看似一些不花时间、动动手指的小事，其实是消耗专注力的"黑洞"。

在阅读时，我们需要高度专注，才能进入深度思考的状态，久而久之，注意力集中了，看书的效率才能上来。如果我们总是惦记着杂事，结果一定是时间花了不少，却收获甚微。

有段时间，我也很"贪心"，每天总想着完成尽可能多的事情。

写完一个小时的稿件，又想着读一会儿书，读了半小时，又想着英语单词还没背，一天下来的我，不但被"多任务状态"弄得身心疲惫不说，且毫无充实感，感觉什么都做了，但什么也没完成。

想做很多，但每件事情都是蜻蜓点水，缺乏专注完成小事的能力，是我们很多人的通病。一旦你习惯了把时间切成碎片，就很难对一件事情专注了。所以，即使有时候你在做事，放在一边的手机没响，你也会忍不住要开锁。

二

前几天看了一部纪录片，很有感触。纪录片讲的是一位古钟表修复师的故事。

王师傅的专长是修复文物钟表，他曾遇到过一件非常棘手的任务：修复"变魔术人钟"。这不是一件普通的文物，它的内部结构有如迷宫一般复杂；而且仅此一件，许多零件只能修不能换；甚至有的微小的部件只有一毫米长。这项不可思议的工作在王师傅的专注下，顺利完成了，整整耗时一年。

王师傅十六岁入行，从事钟表文物修复事业四十多年。记者问他如何才能四十年如一日地专注一件事，王师傅是这样回答的："干的时间长了，慢慢就磨出来了；要是真坐不住那你就得改行了，其中最重要的还是得喜欢它，喜欢才能长久专注。实在觉得烦躁，出去走几圈再回来干。简单的事重复做，你就是行家；重复的事用心做，你就是专家。"

他用自己的专注，成为了时间的修复师。

你有多专注，就有多专业。有时候并不是你水平太业余，而是你太贪心，精力太过分散，耗掉了你通往专业的潜力。

李小龙曾说："我不怕练一万种招式的人，只怕一种招式练一万遍的人。专业不在于多，而在于精，往往这就需要枯燥地重复和漫长地等待。"

工匠精神就是专注一件事，并做到极致。

三

一件事无论你觉得多枯燥，一旦投入，立刻会变得生动起来，愉悦也就随之而来。心无旁骛能加快你前行的速度，只要你敢专注，再遥远的目标都能实现。

网上一位家庭主妇，每天花8小时刺绣，坚持了5年。她专注于出品美食刺绣，现在的作品几乎可以以假乱真，一针一线都十分精美。她也为此收获了大家的喜爱，甚至还被某世界品牌挑中，以艺术家的身份受邀参加展览。

这个时代让专注能力越来越稀缺，所以掌握它的人就越容易脱颖而出。

之前被大家盛赞的名牌大学保安也是如此。他中专毕业，为了成为一名大学老师，便一路过关斩将，考大专，攻本科，考研，花了将近10年时间。如今成为了一名大学法学副教授，同时还出版了两本法学教材，深受学生的喜爱。

我还记得他在采访中说的那句话：专注很重要，因为它我才能不断坚持。

什么是最难的事情？大概是沉下心做一件事，并且一做就是一辈子。

保持专注，这个世界才会为你让路。

命运是人生的方向盘

命运是一个人一生所走完的路，是一个人用一辈子所完成的作业。有的人认为，命运是天注定的，是不可改变的。但在我看来，命运不过是人生的方向盘，驶往哪个方向掌握在每个人自己的手中。

在这里，我想分享几个关于命运的故事，没有什么高谈阔论，仅仅是我自己的一些经历而已。

眼界与命运

和很多同学一样，我出生在一个小城市的普通工人家庭。小时候起，除了学习，我的兴趣就非常广泛。戏曲曾经一度是我的挚爱，甚至在初中时我还一度有报考戏曲学校的想法。因为在那个年代，在我生活的山西阳泉那个小城市，电视还没有普及，更别说电脑互联网了，人们日常最多的娱乐活动就是听戏。

后来，我的姐姐考上了北京大学。和刚刚入学的你们一样，她一时间也成了我们当地的明星。临走时她对我说："其实外面的世界很美丽，所以你一定要好好学习，考上大学，走出阳泉，这样你未来的路才会更宽阔。"

我听从了姐姐的建议，从那时起我开始发奋学习，为的就是考上阳泉当地最好的高中——阳泉一中。最终，我如愿以偿。然而，这时的我对于姐姐所说的"外面的世界"还没有特别的概念。

我第一次接触计算机，是在高中一年级，当时我所在的阳泉一中在全市第一个设立了计算机教室。

只要轻轻地在键盘上键入一些英文单词和符号，它就会根据指令给出答案，我一下子就被这奇妙的东西所吸引住了。从那时起，为了能到机房上机，我经常找老师软磨硬泡。比别人更多上机实践，也让我在计算机方面的技能比其他同学强。

不久以后，学校选派我到省会太原参加全国中学生计算机比赛。去之前我信心满满，总觉得自己的计算机水平还算不错，甚至还想着拿个名次回来。结果没想到，比赛结果出来，我连个三等奖也没得到。

这样的结果对我而言在某种程度上是一个打击。一开始我想不通，但是当我走进太原的书店时，我才知道为什么没有办法和他们竞争。我发现，这里有许多我在阳泉根本看不到的计算机方面的书，别人在信息的获取上比我有先天优势。

这次经历让我第一次感到了眼界与命运的关系，我对姐姐当时对我说的那番话有了更深层次的理解，我渴望到外面的世界看一看，我相信这样能改变命运。

在之后的近20年中，无论是在北大的求学经历，还是在美国学习计算机以及在华尔街和硅谷的工作经历，都大大开阔了我的视野，甚至对我后来创立百度公司也产生了巨大的影响。

所以，当你们迈入北京大学大门的那一刻起，你的命运已经改变了。不仅因为这里是中国的最高学府，还因为在这里，你会接触到许多你原来从没有见过甚至听说过的新鲜事物。

性格与命运

虽然有人常说"性格决定命运"。但实际上对于这样的说法，我个人并不认同。我觉得无论你的性格怎样，你都有可能成功。

几年前，高盛公司前总裁在清华大学开了一门关于领导力的课程，专门邀请一些大型跨国公司的全球CEO（首席执行官）去讲课。有一次，我也被邀请去讲百度的成功故事。当我给学生们讲完课之后，他跟我聊天说："Robin，看你的性格和一般人眼中的成功人士或者说企业家很不一样，因为你的性格很柔和，没有那么强硬。可是你做得也很成功啊，而且我相信你将来会更加成功。"

作为高盛的总裁，他几乎见过当今世界上所有成功的企业家。而从他对我的评价来看，各种各样性格的人都有可能成功，只不过是看你有没有利用自己的性格优势来做事情。

比如说，有的人就是善于与人沟通，那就应该朝自己擅长的方向努力。他们非常愿意和客户沟通，也许未来就可以成为一名很好的销售人员，这样也会取得成功。

而有些人的性格则是那种比较内敛的，就像一个技术工程师，我的性格里可能这方面就更多一些，在思维上比较严谨，逻辑性比较强一些。我不太愿意天天出去跟人喝酒，而更多的是愿意坐在计算机前面去感受那些新的互联网的产品，去琢磨琢磨怎么样可以把它做得更好。

所以，我认为各种各样的性格都能够成功，关键是你要根据自己的实际情况来做一个判断，究竟自己的性格适合什么。上帝关上一扇门，一定会打开另一扇窗，每个人都应该去寻找适合自己的东西，做自己喜欢做的事情，做自己擅长做的事情，因为只有这样，你才能够坚持下去，你才能够在遇到困难的时候，不退缩、不轻易地去改变你的方向。我相信，做到这点，成功就离你不远了，你的命运也会因此与众不同。

梦想与命运

有一句名言叫"梦想是人生路上的一盏明灯"。一个人想要成功，想要改变命运，有梦想是重要的。

在美国读研究生时，有一次，我报名参加了学校的一个研究小组。当时，负责面试的教授可能对我的回答不满意，便随口问我："你是中国来的？你们中国有计算机吗？"尽管可能不是有心刺伤我，但教授的问题让我的心里特别难受，我觉得怎么能这样问我，中国这么大的一个国家，而且那时已经是20世纪90年代了，怎么可能没计算机？这近似是对我祖国的一种羞辱。但也就是这么一句话，激发了我内心那股不服输的精神和一定要实现"中国梦"的信念。从那时起，我就梦想有一天一定用自己手中的技术改变国人的生活。

这也是我为什么放弃了在美国稳定的工作和安逸的生活回国创立百度公司的原因。

百度创立之初，一切都非常困难。我们在北大资源宾馆租了两个房间作为办公室，加上我，公司总共只有8个人。但尽管如此，大家都有一个共同的梦想，那就是做中国人自己的搜索引擎。

经过大家的共同努力，到了2001年底，与刚创业时相比，百度已经有了一定的发展。但此时我也认识到，百度如果想要在市场上有所突破，就必须超越当时已经在中国市场上占有六成份额的Google（谷歌）。

2002年初，我组织了公司技术人员一起开了一个会。会上我告诉大家，我们必须在各项技术指标上全面超越竞争对手。当时，有的人认为这不可能，觉得百度的技术实力和国际最先进的搜索公司差距太大了。但我对他们说，百度虽然此时还十分弱小，在国际甚至国内都还不太知名，影响力有限，但是，百度凝聚了一批充满非凡理想和远大抱负的优秀人才，大家就是要在这里做出一番事业，让中国人在中文搜索引擎领域扬眉吐气。

于是，一个名为"闪电计划"的15人技术攻关小组成立了。在那段时间里，我们的工程师为了一个共同的梦想与目标，把所有的精力都投入到了工作中。饿了就泡一包方便面，困了就干脆席地而睡，醒来以后继续工作。

其实，他们中的许多人当时完全有机会能够到IBM（国际商业机器公司）、微软等跨国公司工作并取得一份可观的收入，但他们却选择留在百度，拿着微薄的工资，没日没夜地工作。他们说是我的"做中国人自己的搜索引擎"的梦想感动了他们，而我也被他们所感动。

功夫不负有心人。一年下来，百度在索引量、相关性、中文处理的相关检索、拼音的检索、纠错技术等方面大大提高，众多指标领先业界，加上"闪电计划"后期启动的百度

MP3（数字音乐）搜索，对这个产品，用户体验评价非常高，迅速扩大了百度的知名度和品牌美誉度。百度作为全球最大中文搜索引擎的地位正是由此开始奠定的。

因此，我觉得每个人都应该心中有梦，有胸怀祖国的大志向，找到自己的梦想，认准了就去做，不跟风不动摇。同时，我们不仅仅要自己有梦想，还应该用自己的梦想去感染和影响别人，因为成功者一定是用自己的梦想去点燃别人的梦想，是时刻播种梦想的人。

困难并不可怕，只要你能乐观地面对，命运也可以改变，而钥匙正握在你的手中！

坚持，向阳而生

如今又是人间三月天，乍暖还寒时，谁都愿蹚一抹春色，去往心中的远方。

一直热爱旅行的我，如今却被束缚在现实的牢笼中。深夜无眠，思索着如今的处境和未来的出路。

一个农村出身的姑娘，没有任何可以依附的资源，除了拼尽全力，我不知道该如何去让自己在这座城市存活下去；除了努力读书、疯狂折腾，我不知道还能怎样去获得一席之地；除了坚持不懈、不抛弃不放弃，我不知道还能怎样去改变命运。

小时候，爸爸说："穷人家的孩子，只有努力读书才有出路。"所以我成了老师眼中的佼佼者，每学期都会捧着奖状回家，羡煞了村里同学的父母。

高中出门读书，一番努力后，成了名副其实的学霸，不论月考、联考，还是高考，都一直蝉联班级第一。

虽然是在一所普通的大学，但还是把大学过成了自己想要的模样，被同学们称为"大神"。

其实，我并不聪明，但却时常被同学朋友们冠以"学霸""大神"，我思前想后，只不过是因为我把一些习惯坚持了8年而已。

任务列表

这个习惯，是从高一开始养成的，至今，已有8年。

学生年代的书包里、工作后的拎包里，总装着一个小小的本子。

每天晚上，结束了一天的学习或工作后，总会拿出小本子，列出第二天的任务表。我从来不会规定第二天的哪个时间段去做某件事，只是把任务列出来。做任务表并不硬性规定时间，一来可以保持计划的弹性，二来可以节省第二天思考的时间。

第二天，每做完一件事，就会用红色的笔去划掉。每划一次，心中的成就感就会多一分，坚持也就会更久些。

在这8年中，坚持做这样一件小事，让我养成了合理安排时间的能力和强大的执行力。很多人总是抱怨自己的时间管理能力差，去学番茄钟、吞青蛙等方法。可无论哪种方法，适合自己的才是最好的，核心还是坚持下去，形成自己的时间管理风格。

日精进

身边的朋友都知道我寒暑假有写日精进的习惯，但都会问我：什么是日精进？

佛祖曾说："日精进为德。"日精进，顾名思义，就是每天进步一点点。坚持寒暑假写日精进，无非是为了培养自己慎独、自我管理的能力。

每年一到寒暑假，我都会在每晚临睡前写日精进，并分享给好友。这个习惯，在大二时养成，如今也有3年了。

我的日精进主要包括三个方面：每日任务、每日感悟、感恩清单。每日任务是我每天完成的工作、学习、生活的记录。每日感悟是写下自己每天所闻、所思、所想。感恩清单就是每天至少写三件值得自己感恩的事。

每日任务、每日感悟，可能很多人都会容易坚持。最难的是感恩清单，每天写三件值得感恩的事。我们大多数人的生活是平凡而重复的，哪有那么多的感恩之事发生呢？其实，我们需要感恩的事情太多了，比如我们每天都应感恩父母、感恩身边的朋友啊。我始终认为：感恩之心是所有美德的源泉。不懂感恩之人，是我不愿结交之人。

英　语

农村的孩子，从初中开始学英语，一直坚持至今，已有11年。

除了非英语专业的学生，每个人至少有着6年的英语学习历程。但很多人大学考完四六级后，就很少再坚持学英语了。

从初中到高中，我都没有把英语学好，至今，还是在学英语的道路上摸爬滚打。并且，决意一去不返、坚持下去。

所以，大学时，为了学英语，曾经真的很疯狂。用三个月说了一口流利的英语，之后，又用考证的方式逼着自己继续学习英语。

其实，在全民学英语的今天，每个人都能说上那么几句，但真正能将英语说好的却不是那么多。我并不提倡全民学英语，但是就自身而言，在坚持学英语的过程中，收获的是很多意想不到的机遇和别样的人生体验。

读　书

都说，读书是门槛最低的高贵之举。在提倡全民阅读的时代，读书成了每个人的必修课。或多或少，大家都会喊着要读书。

其实，在学校接受教育，我们一直也都在读书。但我真正开始进行有意义的阅读，应该是从大一开始。不论是纸质阅读，还是碎片化阅读，这个习惯也有4年多了。

可能，我读的书并不是那么多，但我所能保证的是每本书都是精读的，并坚持做读书笔记。

去年，整整一年，读了三十本书，做了阅读总结。

2016年，过去2个月了，在闲暇时光，也读了13本书了，并认真做了读书笔记。

关于读书这个习惯，纯粹是因为个人爱好。很多人把读书和牛逼、成功等词挂钩起来，我是不能赞同的。

恰如李敖所言："千万别对读书指望太多。终日读书而放弃了真实生活才是悲剧的开始。你并不会更聪明，因为你的经验全部是别人的二手经验；你也不会更博学，因为书上读来的东西你并没有真正去验证；你会因终日耽于幻想而神思飘忽，因脱离生活而愈加沉默。"

读书，是为了让生活更美好，不是为了拼阅读量。

跑　步

高中时的自己，土肥圆的学霸。为了减肥，我才开始跑步的。后来，一不小心，就把跑步这个习惯坚持至今，已有5

年了。

跑了5年，其中也有间断过，我并没有做到每日都跑，从不耽误，但却从来没有放弃过这个习惯，一周总会出去跑几次。

最远的距离是一个小时围着操场跑了25圈，10000米，稍快的速度是24分钟跑了4000米。每次都说跑步是为了保持身材，但我内心却十分清楚：跑步，不仅是为了保持身材，更是为了锻炼身体、培养毅力。所以，我珍惜每次在操场挥汗如雨的经历。

旅　行

可能，我就是一个爱骚包的文艺女青年吧。爱旅行、爱读书、爱写作、爱煽情。

高中时，被困在学校而一心向往着诗和远方。我告诉自己，等考上大学，走出农村了，我就一边读书，一边兼职，一边出去旅行，去看更多的人、更多的风景。

大学时，每个月的生活费包括了自己的所有开销，我没有任何多余的钱去支撑我走向远方。因此，我努力学习，成为学霸，拿奖学金；因此，我努力兼职，赚钱旅行。

在大学期间，我做过商场的导购员、发过传单、在餐馆刷过盘子、带过家教、做过客服、做过行政等各种工作。当然，这些兼职，大多是在寒暑假完成的，所有的兼职都不会建立在影响学业的基础上。

大学四年，或与同学结伴，或独自一人，去了景德镇、武汉、岳阳、长沙、南京、滁州、寿县、桂林、阳朔等城市。

可能，这些城市并没有想象中的那样高大上，但每一座城都是一份独家记忆，或关乎她，或关乎他。

写 作

以前，总觉得自己是孤独的，爱用笔墨来宣泄自己的心情。

小学和初中，在学校的压力下，每天要写日记。高中时，面临着潮湿的青春期和高考的压力，总会将无限心事写在厚厚的笔记本上。就一直写着那些年少时的哀愁，如今看来，却只觉得，为赋新词强说愁。但那段时光的记忆，却因写作而得以永恒。

大学时，未经历人生的我，纠结在爱情的天地中无法自拔，或是一场兵荒马乱的暗恋，或是一段缠绵悱恻的明恋。总之，写尽了人间的风花雪月，诉尽了小儿女的一片痴情，更是话尽了心中的细腻绵情。写景、诉情，沉醉其中而不知归路。

后来啊，开始写纪实类，帮人家写传记。从去年开始写，断断续续，如今已是在四稿的修改中。

一路走来，坚持写作，也有8年了。从那时的宣泄而起笔，到后来的散文而笔下生花，再到如今的分享经历，希望笔下的每一个字都有力量。我想，写作真的见证了自己的一路成长。

其实，我并不聪明，也不那么幸运。一路走来，各种挫折、打击、煎熬都不曾间断。但我觉得我一定是老家墙壁上那株最顽强的藤蔓，一直向上攀缘，不论再苦再累，都坚持着向阳而生。

请你一定要特别努力

这城市总是风很大，孤独的人晚回家，外面不像你想得那么好，风雨都要直接挡。愿每个独自走夜路的你，都足够坚强。

"在你静下心看书的时候，总有一些话把你吸引，你的情绪会受牵动。它让你想起曾经烦心的事情，那时候你找不到答案。可那段话让你找到了答案，就在那一瞬间。"那时候分享这段话给朋友，他说：这首诗是扎心了，还是戳心了，还是闹心了？我说是戳心了。

想起开学刚来这里时，拖着两个像心情一样沉重的行李箱。这是我第一次真正离开家，一个人在异地。那天，爸妈一起来了，还记得，食堂挤满了人。我爸妈找了一个人比较少的窗口排队，而我却找了一个人最多的。

爸妈吃完了，我才慢吞吞地端着面走过去。他们一定不知道我排那么长的队不是因为我喜欢吃面，而是我想时间慢点再慢点走。一起到学校门口，他们转身离开的那一刻，真的很扎心。

那时候我明白，行李尚未收拾，未来也不成样。没有人抵得过时间的，再深刻的人、事都有被淡忘的一日。转身离开，继续微笑，去经历你所期待的大学生活，去经历你所恐惧的未来。

如今一年过去了，而我也不是当初刚踏进校门的那个女孩。这一年，有太多太多的不足。我还是会忙到十一点多回宿舍，吹着珠海的风，明明不是特别地冷，而自己却瑟瑟发抖。还是会很想家，故事层层叠叠，回忆周而复始。很多时候我都会觉得熬不过去了，把自己活成一团乱麻。有段时间特别糟糕，那时候除了上课、宿舍，就是图书馆，每天都会去图书馆复习要考试的科目。

看着满满的笔记，把该背的题、该背的文字都背了一次，本以为会通过考试。可当出成绩单的时候，意外地挂科了。明明是很努力很努力想得到的东西，为什么会这样？有时候觉得命运好像在故意捉弄我，真的是怕什么来什么。

每天除了上课，就是看电影、看综艺、看电视剧，很意外看到一档综艺里面有一段话，我至今还记得，是刘可乐说的："我承认我可能所有的努力，就只是完成了平凡的生活，但或许，这就是人生的意外所在吧。"

听到这段话，我烦躁的心竟然突然地安静了下来。我知道，我可能以后还是会挂科，以后还是会忙得生活一团糟，以后更孤独的路还是一个人走。但我好像不害怕了，是真的不害怕了。

无法说出那段文字给了我多大的力量，可我就是有了继续走下去的勇气。

那些我们以为熬不过的坎，只要我们再坚持一下，相信自己，总有一天会过去的。每个人的一生，即便没有行走高原大漠，但内心一定要海阔天空。

不要辜负了自己受过的苦难，这样善良又努力的你，一定会得到梦寐以求的所有美好。生活坏到一定程度就会好起来，因为它无法更坏了。努力过后才知道，许多事情，坚持坚持就过去了。

跑到终点

你想改变世界，自己却过得一塌糊涂；你想和最美的姑娘恋爱，自己却不修边幅；你想通过考试，自己却连一个单词都不背；你想踏遍千山万水，过上浪迹天涯的生活，口袋里却没有买一张车票的钱。

试问，你为自己做过什么努力呢？

一个人平静地努力，刻意地训练，低调地前行，去创造出一个更好的自己。因为只有更好的自己才能配得上更好的生活。

你怎么过一天，你就怎么过一年

你和别人的区别，在于有人按天过，你在按年活。

如果每天下班回家，你都跟自己暗示："这一年快过去了，我不能还是这样。"至少，你每一天都会去做点儿什么来改变。

大多数人永远是被日子推着走，没有停下来想想：这一天我还能做什么改变？哪里还做得不好？日子推着推着，就把人推到了年底。

但是，真正的高手永远按天过，而不是按年过。永远有意识地过着每一天，而不是到了年底，才恢复了意识。

我的一个朋友每天早上六点起来早读，坚持了一年。有次我问他："你这一年都这么早起来，累不累？"他说："不累，有目标感挺好，久而久之就习惯了，停下来还不舒服呢！"

其实，如果你有过坚持一件事情的经历，就能回答："坚持做一件事情不累，累的是浑浑噩噩地生活。"对比起有目标地坚持一件事情，每天毫无目标地生活才疲倦不堪。

就好比在年底抱怨这一年什么也没做的那些人，你真的以为他们不累吗？他们更累，他们那种疲倦是从心理来的，每天都在忙，不是别人让他们干什么，就是公司让他们必须这么做。

一个人按照自己的意愿生活，其实并不累。比如，下班给自己报一个班，每天利用下班的时间学习迭代，别人都觉得你很累，你却乐在其中。

久而久之，你就会比别人进步更大，那种喜悦是加倍的。到了年底，你拥有更多的是舒心和放心，而不是担心。

这世界的幸福就是这样，给自己一点期待，坚持下去，珍惜每天的时间，按自己的意愿生活，一年下来，你觉得谁会辜负你？

你怎么过一天，就注定你怎么过一年，或许，也暗示着你怎么过一生。

跑到终点再哭

日本作家古川在《坚持，一种可以养成的习惯》中写道："一旦大脑认定某种行为跟往常一样，就会拼命地维持这种行为。而习惯，就是把重复的行动化为无意识的行动。"

养成习惯需要时间，在养成习惯前，一旦意识到自己此时此刻很痛苦，号啕大哭，之前的坚持可能就白费了。

记得刘震云老师讲过一个故事。村子里，他的外祖母割麦子的速度总是比别人快，当她割完麦子时，一些大汉才刚刚割了一半。后来，刘震云问外祖母，为什么她总是最快的，是有什么秘诀吗？

外祖母说："因为我从来不直腰。"

因为一个人直了一次腰，就会有第二次，也会有第三次，接着，就会一直直下去了。

我想起有一次陪一位朋友跑马拉松，印象很深刻，在马拉松的终点有好多泪流满面的人，他们感叹自己终于坚持下来了。

那一刻，所有人都为他们开心。

可是，我在路上也看到一些跑跑停停的人，有些人还边跑边自拍、边跑边流泪，这当中的很多人都没有坚持下来。因为哭也是耗力的啊！

有时候，一个人坚持了一半就号啕大哭是不明智的，那样自怜的感觉，甚至有些作秀的意味，要知道，所有的坚持仅仅是为了到达目的地，只有到达目的地后流的泪，才有意义。

所以，理想的方法是跑到终点再哭，接下来，你怎么哭都好，怎么流泪都没问题，因为那些泪水都是给你的奖励。

但很多人还没到终点，往往就脆弱了。

愿你把人生过成想要的样子

你越自律，就会活得越高级，你想要精致的生活、自由自在的状态、悠然自得的心态、好看的衣服、说走就走的旅行……所有的一切，都是要用相对应的东西来换取。

这个世界是公平的，不会有无缘无故从天而降的贵人，也不会有跋山涉水为你披荆斩棘的英雄，想要的东西，只能靠自己争取。

一

我上大学的时候，身边有两类人，他们截然相反，最后的结果也不一样。

一类是拼命努力，珍惜一分一秒的时间，过得自律且忙碌，他们只想着提升自己。

另一类是无所事事，没有目标，八点上课，八点半才起床，然后慢悠悠地去上第一节课，迟到也无所谓，每天除了追剧、刷微博、玩游戏，好像就不知道自己应该做什么了。

因为当时年纪小，然后理所当然地放任自己，这没问题。只是最后落下的苦果，未来你都要打碎牙齿往肚里咽。

朋友A是典型的第一类人，大学的时候忙里忙外，跑东跑西，自己联系了各大品牌商，他一个人，没关系，没后台，硬生生地说服了商户，给他机会，给他资源，让他负责学校的产品推广。

一开始赚不到什么钱，身边的人都劝他不要做了，因为又不多赚钱还浪费时间。

但是他自己知道，尽管没挣到钱，却积累到了学生资源、品牌资源，他尽心尽力，大家都愿意相信他。

大学一晃而过，现在他自己开公司，拉投资，做项目，然后找了个温柔可爱的女朋友，自己挣钱买了房，买了车，明年大概就结婚了。

他过的，算是羡煞旁人的日子吧。

二

接下来就要说第二类人了，大学稀里糊涂地就过去了，没学到什么东西，大学毕业才发现自己一无所长。

想找一份工资高又体面的工作，却发现自己什么技能都不会，Word（办公软件）、PS（图片处理软件），什么都不精通，英语则是勉强过了四级，更不要说什么项目经历。

工资低、职位低、辛苦劳累的，又眼高手低看不上，加班两三天就抱怨公司压榨劳动力，干不了一个月就嚷嚷着要辞职。

说实话，我身边就有这样的人，无休止地报怨、唠叨、嫉妒，却从来没有想过自己和别人的差别，又是因为什么促使了这个局面的形成。

自律和不自律，过的是两种人生。

大学认真学习，泡图书馆看书学习，每天早起读英语，傍晚跑步，日复一日，年复一年，最后他们成了学霸，成了年级前几名。

大学浑浑噩噩，一觉睡到中午十二点，宅在宿舍除了玩游戏，就是点外卖，最后只能托父母找关系，低声下气混到一份工作，又开始抱怨自己运气不好，工作不顺。

我之前在网上看到过一段话，觉得很有道理："既然当初选择了安逸懒惰，那就好好承受今天所遭遇的平庸艰难。若是心中仍有不甘，那就从现在起发愤图强，有时候世界就是这么公平。"

若是一边继续保持懒惰安逸，一边又期望自己未来能够功成名就，觉得上帝就该偏爱自己，所有人都要给自己让路，那你咋不上天啊。

三

当然，就像高考一样，不是说大学没用功，以后的人生就废掉了。

只要你真的想要改变，永远都不会晚，但是因为你一开始的觉醒比别人晚，所以以后你要加倍努力。

但我也知道从学渣到学霸、从职场小白到职场精英的路途十分艰难，满是荆棘。

可人生就是这样，你该摔的跟头一个都不会少。

我来上海的第一年，一个人拖着行李箱，走在人山人海的马路上，内心有恐惧，有害怕，担心自己没办法在上海这个大城市立足。

初入职场，不知道该如何有效率地完成工作。

不过最幸运的是，读书让我找到了往前走的动力，也明白了自己错在了哪里，很庆幸还有时间去弥补以前浪费的时间。

自律是解决人生问题的重要工具，也是消除人生痛苦的重要方法。学会自律，让自己活得更高级。

那么推迟满足感，它是什么意思呢？

举例来说，就是最先做你觉得最难的事情，把你觉得最轻松的事情放到最后面。

在学习中也是如此，先做你最不擅长的学科作业，或许花费的时间长一些，但是接下来的时光会轻松。

熟练运用推迟满足感后，我在公司的日子就明朗了起来，尽管一开始觉得有些难，但是后来却越来越轻松，下班的时候，整个人都要飞起来了。

终于明白以前自己就是因为不知道推迟满足感，总是先做喜欢、简单的任务，把不好搞的、艰难的任务留在后面做，结果则是越往后越难过，一直拖延，把时间都浪费了。

上帝没往我手心里塞糖，所以啊，一切都要靠自己。想要掌控人生，就要掌控自己，自律才是通往梦想的捷径，我身边自律的人全都是狠角色，对自己特别狠，但无一例外，他们自律的人生丰富而充实。

生活有千百种可能，愿你把人生过成想要的样子。

第三章
每一分努力，都有它该去的方向

世界上任何书籍都不能带给你好运，但它们能让你悄悄成为你自己。

——赫尔曼·黑塞

格局越大，姿态越低

我们无论是在职场，还是在生活当中，要少一点抱怨、多一份宽容，心向阳光，生活一如既往地灿烂。

一

同事成哥常常能轻易办好别人久催不成的事。别人口中不好打交道的人，他也能和颜悦色地顺畅沟通。

有一次，部门急着上报材料，但一家下级单位协助提供的数据催了好久也没交上来，经办的同事急得像热锅上的蚂蚁，来找成哥求助。成哥问清了事情的来龙去脉，不急不缓地打了个电话。

他笑着向下级单位负责的同志开口："兜底的老弟啊，有件火烧眉毛的急事没你参与搞不定啊，请求老弟大力支持帮忙。"接着把需要的内容、要求和时限告知对方。结束通话不到5分钟，数据就收到了。

同是催报材料，为什么效果天壤之别呢？因为，成哥与另一位同事的催报方式和姿态截然不同。

那位同事是直接要求人家必须几点前提供到位，而成哥却是放低自己，以请求支持帮助的口气和对方协商，还把对方说成很重要的兜底。同样的事，姿态不同得到的结果也不同。对于尊重自己的人，谁不愿意帮忙呢？

不知你有没有注意到，那些把自己位置摆得很高，蛮横粗暴、颐指气使的人，很难让人心悦诚服。而有的人，即便是头回打交道，你也乐意帮忙。这中间的差别就在于，前者眼中只有自己，而后者眼中还有别人。

有句俗语说："山低成海，人低为王。"你越是把自己的身段放低，越能显示你的胸怀和气度，越能获得别人的理解与认同。

二

刚参加工作那会儿，我和不少同龄人一样，心中有股傲气，总对端茶倒水搞卫生之类的事看不上眼，认为做那些不起眼的事毫无价值。

当时，我们单位在一座没有电梯的老旧办公楼里，会议室在顶楼，与茶水间隔着一层楼。遇上人多的会议，负责茶水服务的工勤人员要下楼烧水、上楼倒茶，上上下下忙个不停。

会议期间，偶尔会出现参会人员茶水喝见了底还没来得及续添的情况。正当我和其他年轻同事一样装作没看见时，我们的一位上司却站了起来，不动声色地到茶水柜上拿起水壶帮大家续添了。

那位上司好像没有我们初入职场的"面子负担"。他一大早去单位，整理好自己办公桌上的材料，有时候看到走廊尽头的卫生间不干净，也会拿起水桶、扫帚去清扫一番。

当时，有人给他提建议，让他别干这些事，说不符合他的身份。他这样回答："搞点劳动算什么，没哪点不符合身份，还赚到了强身健体呢！"

后来，单位慢慢就形成了这样一种共识：大事小事，只要我能办的就是好事；有为没为，只要自己能补位就是有为。即便离开那家单位多年，老同事们相聚依然会说起当时那位上司的人格魅力，它让大家获益至今。

其实，一个人在别人心中有没有价值和地位，从不在于你把自己端起来放在什么位置，而在于你有没有格局、会不会在做好自己本职工作的同时积极补位。格局大一些，态度谦和一些，并不会吃亏，反而还会让你收获更多的好评、善意和惊喜。

三

放低自己，是一种格局。格局越大的人，往往把自己的姿态放得越低。

一个懂得放低自己的人，往往有着一颗既能容纳风雨也能盛装委屈的心。他的眼中有他人，能理解和换位思考。

有句话说："海洋之所以能够美丽宽广，是因为它始终把自己放在最低的位置，容纳百川。"

人亦如此。当你懂得放低自己，就会少了许多杂七杂八的心理负担和干扰，才能以更平和的心态去生活、学习和工作。

把姿态放低，你会发现看不惯的人和事越来越少，琐碎的生活不再是一地鸡毛，你和世界的关系也越来越好。

努力，遇见更好的自己

所有人都在叫嚣着"你只是看起来很努力"，所有人都在声嘶力竭地吼着"生活不只眼前的苟且"，所有人都在极力寻求一种想要的生活，于是在这条路上艰难前行。

那么，我们为什么要努力呢？

一

一浪更比一浪强，别被后浪拍在沙滩上。

长江后浪推前浪，一浪更比一浪强。竞争社会，拼的就是谁更有能力，谁更能在社会中立得一席之地。物竞天择，适者生存，你不争不抢不去努力，结果只能是在原地打转，于是只能高高仰望别人的光芒。我们都听过这么一段话，这个世界上最可怕的不是有人比你优秀，而是比你优秀的人依然还在努力，那么这样的你为什么还不去奋斗。从来不怕大器晚成，怕的是一生平庸。

二

怕酒杯碰在一起全是破碎的梦。

多年后，当几个老友聚在一起，你们喝酒畅谈，酒后讨论起各自多年的梦想，各自唏嘘各自凝噎。酒杯碰在一起，是破碎的梦，酒杯摔到地上，是破碎的痛。

你想起你当年的梦想，想起你曾激昂的愿望，想起你曾在华灯初上的夜晚，对着这寂寥的空气吼着你要进五百强、你要成为一个优秀的律师、你要在娱乐圈风生云起、你要……

可是一切真的只是梦和想，你没有去努力没有去奋斗，没有把梦想实现，日后提起，全是惆怅。这样的未来，是你想要的吗？

三

怕让父母失望，怕让自己后悔。

最近大火的一句话不外乎"你还年轻，怕什么来不及"。是啊，我们还年轻，怕什么来不及，可是亲爱的，我们是怕父母等不及，等不到看到我们成才的一天，等不到为我们自豪的一天，等不到我们为他们撑起一片天的那一天。

小时候我们渴望长大，像大人一样可以决定自己的生活，可是后来当我们真的长大了，我们却发现长大的世界和我们想的不一样，而且随着我们长大的同时，随之而来的是对现实的无奈。我们开始意识到，我们长大了父母也老了，我们开始恐慌害怕，怕他们看不到我们变优秀的那一天，怕自己无法为他们创造一个安心的晚年，怕他们老了之后还在为我们担忧。

如果我们现在不去努力，等以后都没有能力带父母去各地旅游散心、品尝各地美食。我们努力的意义是让他们可以衣食无忧，可以尽情享受生活的美好，而不是在晚年还替我们的生活工作担心，还要把自己的养老钱拿出来给我们。所以我们成功的速度一定要超过父母老去的速度。

四

怕委曲求全，卑躬屈膝活得没有尊严。

被领导骂得狗血喷头不敢还嘴不敢吭声；同学聚会看着别人事业有成而自卑地缩在角落；看见喜欢的东西不舍得买；每天为了省钱，而拼命挤上已经没地方可站的公交地铁；每天啃着面包、泡面，幻想这是美味的大餐。这些悲催的生活将是不努力的你的局面。

我们所努力的目的，不过是为了不寄人篱下、不看人白眼，可以骄傲地做自己想做的事，不为了一个工作、一个人情，而忍气吞声，不被人看轻，活得有尊严有底气。堂堂正正地拍着胸膛，自豪地说："这就是我，这就是我想要的生活。"

五

想见到或者有资格和喜欢的人并驾齐驱，想谈一场势均力敌的爱情。

这句话一直激励着我前行："我努力为的是有一天当站在我爱的人身边，不管他富甲一方还是一无所有，我都可以张开双臂坦然拥抱他。"

最好的感情是相配的，你不会因为比他差而自卑，也不会因为比他好而骄傲，因为你们同样优秀，优秀并不是指能做出多大的成就，而是你们各自独立，各自在感情上依附却不在生活上依附。不用怕他离开也不用怕被他抛弃，因为离开他你照样能够好好地活着。

六

也许努力是为了证明灵魂还活着，我们还没放弃自己。

回忆你过往的几年，你得到了什么，又失去了什么？我们生活着又是为了什么？生活的意义又在哪里？浑浑噩噩是一天，把所有安排充足去行动去享受生活又是一天，一天过去了我们又收获了什么？

也许我们努力着、尝试着去进步，是为了让自己感觉到存在的意义，让自己在这个世界上还有事可做、有生活去追，证明自己的灵魂还没有完全枯萎，证明自己并没有被打倒。

吃了还是会饿但我们还是要吃饭，睡了依然会困但我们还是要睡觉，学了不一定有用但我们还是要学习，活着最终也会死但我们还是要活着。也许这就是生活存在的意义，你的灵魂在指引着你成为一个更好的人，摒弃不知进取、游手好闲的你。

七

因为我们只有一辈子。

也许所有我们为什么要努力的答案，都比不上最后这一点：因为我们只有一辈子，我们的人生只有一次！

时光不会重来，时间不会倒流，那些你错过的风景、错过的路、错过的人，都成了回忆。当日后提起，满满的全是遗憾。

我们的人生只有一次，很多事情现在不做以后真的更没有精力和时间去做了，我们总习惯拖延，习惯告诉自己时间还很长，可是当下的每一天才是弥足珍贵的。何不在自己最年轻最有拼劲的几年里，去努力达到自己想要的，以后的道路也会更好走得多。

人生说长不长，说短不短，那些你以为还有的时间，其实也在你眼皮子底下偷偷溜走了。我们的人生只有一次，我们要在有限的时间里让自己的生命发挥出无限的价值，才不枉来这人世间一场。

你问努力真的有用吗？你问坚持一定会成功吗？我肯定不能确切地回答"是"。可是我可以很明确地说，当你真正努力了之后，你所谓的结果如何也就不再那么重要了，因为在努力的过程中，你已经打败了那个坐享其成、不知进取的自己，已经发现了一个更积极向上、更优秀的自己。

努力，只为遇见更好的自己。

重塑自我

一

你有过这样的时候吗？

内心想要一些东西，可因为这样或者那样的状况，无法满足这种需要。

你很想去改变，可又觉得困难很多，路途凶险。

你不知道该怎么办，现实，你难以适应；而改变，又有心无力，你感觉自己好像被迷雾或者黑暗笼罩住了。

你不知道如何突破这种困境，如何走出低谷，逆袭人生。

在咨询中，经常听到来访者这样说：

"我个性内向敏感，很想和别人搞好关系，但又害怕别人不喜欢我……"

"现在和父母关系不好，想离开家去大城市看看，可是，离开他们，我能生活下去吗？"

"婚姻不幸福想离婚，可一直是全职妈妈，如果离婚，怎么生活下去？"

当来访者带着他的痛苦坐在我的面前，满含期待地问："你说我该怎么办？"我常常无言以对。他们想要一些明确的答案，立刻突破窘境，改变人生。而我，显然没有这种能力。

大部分人的心理困扰，都跟现实牵扯在一起，而现实往往是已经发生过，难以改变的。

我只能告诉他们："我没有办法改变过去的现实，但是，我可以帮助你，改变对现实的看法。当你的看法改变了，你知道如何变弱势为强势，你就可以扭转困境，重塑自己的人生。"

二

其实，让我们有心无力的，除了客观环境和现实，更多的是我们自己。我们有很多缺陷和不足，我们没有足够的能力，所以，没有自信。

这些"缺陷"可能包括：身体方面的，比如残疾、生病、长相丑陋、身材矮小或者肥胖；性格方面的，比如内向、敏感、脆弱、神经质、容易焦虑或者抑郁；还有些人会把家境贫穷、没房没车、学历低、年纪偏大、离过婚等当作自己的弱势。

大家都不喜欢自己的弱势，觉得这是缺点，是给自己拖后腿的短板，很少有人以弱势为荣。如果有高科技，我们会希望把这些弱势从我们的生活中切割掉，然后扔进垃圾桶，从此一干二净，再无关系。

可是，你有没有想过，一个人之所以独特，也许就在于这些弱势。如果大家都一样优秀，一样强大，人和人也许就没有什么两样了。

一片树叶区别于所有树叶，可能是因为它小、它黄，或者它有残缺。而一个人也是如此，想想你身边的那些朋友或者亲人，哪个没有缺点？哪个没有弱势？我们每个人都是折翼的天使，我们都是带着缺点和弱势来到这个世界上的。所以，问题的关键，并不是我们有没有弱势，而是，我们如何看待弱势。

如果你觉得，弱势是不好的，是有损生活的，那么，你就会困扰在这个问题上，觉得自己不够好。

如果你觉得，什么优势、弱势，不过就是一个特点。那么，你的心理是很有弹性的，你既不会沾沾自喜，也不会伤心难过。

三

前些年，我曾经采访过一位创业女性，她是做医疗美容的，目前已经做到国内很大的规模。当时，我问她，为什么你会选择医疗美容这个行业？她告诉我，因为小时候身体不好，她动过大手术，在脖子下面有一道很长的伤疤。她很爱美，可这道伤疤很难看，所以她很自卑。长大以后，她就学了医学，去从事医疗美容。

你看，若没有当年的那个"弱势"，现在怎么可能变成她的"强势"？

这样的人生，就像一个河蚌，当年吞下了一粒沙，经过多年的孕育和转化，把沙粒变成了珍珠。也许，这就是弱势对我们人生的意义。

弱势不是用来提醒我们自己有多么不好，而是让我们去发现自己，探索自己的强势。弱势往往正是我们的强势，它蕴含着我们独特的个性、经历和资源。

我有一个老师，她的儿子非常喜欢开快车，经常因为开车太快吃罚单，还曾经出过车祸，差点丧命。老师非常担心这个儿子，害怕他哪天突然出事。可是这个小伙子，改不了开快车，他非常喜欢快速度的感觉。所以老师一谈到这件事就愁眉苦脸，大家都感觉这是一个缺点，而且是一个很危险的缺点。最近一次见老师，发现她开心得不得了。原来，儿子毕业了，找到了一份非常适合他的工作。

你猜，是什么工作？他儿子现在从事的工作是救护车司机。你看，那个缺点，现在变成了他的优势！

人生没有无缘无故的优势，也没有一无是处的弱势，关键是你如何看待它，如何赋意它，如何利用它。

四

当我们身陷困境的时候，往往很难发现出口，这个时候，不妨从弱势入手，弱势中常常蕴含着资源。

我是一名心理咨询师，在从事这个工作之前，我已经工作了十来年。那个时候，我做主持人，做记者，从事传媒工作。为什么会走上心理咨询行业呢？连我自己都觉得很神奇，也许得从很久以前开始说起。

我的童年和少年时期，都不太快乐。妈妈在我很小的时候，就得了慢性疾病，常常抱怨和叹气。爸爸呢，脾气暴躁，常常动手打人。

我一直学习很好，后来考上大学、研究生，做了主持人、记者，在很多人眼里，我好像混得还不错。可是，只有我自己知道，我有多么焦虑，多么缺乏安全感。

后来接触到了心理行业，感觉心里的灯一下子亮了。我非常确定，这是我下半辈子最想干的事。

正是那些不堪的过去，那些所谓的缺点和弱势，让我领悟了生活的意义。也正是由于那段经历，我更能体会来访者的纠结和痛苦，并且在家庭冲突、情绪管理、身心疾病等方面，有很深的体会和理解。现在，那段经历已经成为我最大的财富。

这样的经历很多人都有，这些年里，我亲眼所见，很多人把弱势活成了优势。一个行动不便的男孩，成了游戏玩家；一个双目失明的女孩，创办了一条求助热线；一个有自闭症孩子的妈妈，为特殊儿童做志愿者，找到自己的价值……

五

经常有来访者问：

我要不要辞职？

我要不要离开家？

我要不要离婚？

他们的困扰常常是：我想改变，但是目前的环境或者他人不允许，那么，我要不要改变环境？

你当然可以改变环境。如果你确定那样做，能够得到你想要的。

可困扰大家的问题，常常是——我也无法确定，离开了这个环境会不会更好。

因为，很多时候，我们之所以屈服于目前的处境，就是源于能力不足；因为没有一技之长，经济无法独立，心里没有底气，所以不敢离家；因为眼高手低，不确定能不能把自己喜欢的事做好，又不敢承担糟糕的后果，所以不敢辞职；因为经济不独立，不能面对内心的煎熬和困扰，所以不敢离婚。目前的处境，虽然不够好，对你有限制，但同时，也有保护。

想要逆转这种状况，就要既看到环境的限制，也感恩环境的保护，梳理开所谓的"弱势心态"，积极地行动起来。

想做自己喜欢的事，就赶紧去学、去练，让自己具备一定的能力；想离开家独立发展，就得掌握一技之长，让自己不仅有心，而且有力；想离婚，重新开始新生活，就得让自己经济独立，心理成长。

人生没有弱势，也没有真正糟糕的环境，从现在开始，从当下开始，转变你自己，重塑你的人生吧！

不努力，就会出局

一

点点的实习单位选了一家服装公司，被分在市场部做市场调研。

带她的是一个大她四岁的漂亮女孩儿小秋。

小秋是市场部的红人，形象气质都很好，被大家看作是市场部的一张门面。

项目负责人的位置自打上任离职后一直空缺，这次小秋又被指定为带实习生和负责新项目的人选，所以私底下大家都在纷纷猜测：如果做好这个项目，小秋很可能出任项目部的主管。

新项目启动以后，市场部的策划工作全面开始。

小秋把策划书中需要搜集数据和建模的任务交给了新来的点点，并跟她说："趁着实习多做点事，对将来有好处。"

为了这些数据和图表的建模，点点几乎两个月来每天都在加班、查资料、外出调研、调出以往所有的项目策划书反复参考比较。

一边的同事看点点每天累得半死，好心提醒她："别这么傻，别人上上天猫，跟着电脑学学化妆就升职加薪了，最苦最累的活儿扔给你干，最后你的名字连策划书都上不去。还不是为他人做嫁衣！"

点点只是笑着点头，每天照旧加班到深夜。

两个月后，小秋代表市场部在公司股东面前做PPT（演示文稿）汇报。

她上佳的口才和专业的PPT（演示文稿）数据让台下的董事们纷纷点头表示赞许。

小秋心里暗暗窃喜自己今天的完美表现。

这时，台下一位董事忽然问："刚才你讲到的ROI（投资回报率）和Conversionrate（转化率）部分得出的数据非常有意思，请问你是基于什么算法得出的这两项数据呢？我非常想仔细了解一下。"

小秋整个人都蒙掉了。因为她根本就不知道这些数据是哪里来的。就连Conversionrate（转化率）这个单词的发音，也还是点点刚刚教给她的。

她回答不上来，只好请点点上台。

点点的分析清晰明了，各项数据都令人信服。

这个实习生给集团董事们留下了深刻的印象。

"整个策划书连你的名字都没写，有没有觉得这样做不值得？"一个月后总部派人来和点点面谈。

"功不唐捐。我知道假如我不努力，我可能连靠边儿站的机会都没有，直接就会被踢出局。"

一个月后，点点被破格转正，调往总部。而小秋，不仅没能当上项目负责人，还因为职业道德问题，被公司勒令辞退了。

天赋更多的时候，是充当一张贵宾席的入场券，它让我们离舞台的中央更近，但并不代表我们就可以成为万人瞩目的焦点。真正难走的路不是从后场走到前排的距离，而是从地面走向高台的阶梯。

这世界上，有多少天分败给了努力，又有多少才华输给了坚持。

据说，母鹰在幼崽进完食后，会将其翅膀踩断，扔下悬崖，生死关头，小鹰必须忍着疼拼命拍动翅膀往上飞才能活命。

好看的翅膀，有时只能用来绕树三匝，假如想要撕破长风，搏击天宇，你就必须经历一番历练激荡，直至厚积薄发，一鸣惊人。

二

你要明白，再优异的禀赋，再闪耀的天分，也终将有殆尽的一天。

任何现成的天赋异禀，都不足以支撑你披靡人生。

回顾"跳水皇后"陈若琳的职业生涯：三届奥运会5枚金牌，奥运史上首位卫冕十米跳台单、双人跳水的选手，女子双人十米跳台大赛14连冠，国际性赛事59连胜，22个世界冠军……陈若琳用10年的时间创造了太多让其他人无法望其项背的成绩。

可就是这样一个有着绝佳天赋的运动员，也不得不面临现实的挑战——

2015年，喀山游泳世锦赛中国队内选拔赛上，陈若琳在常年称霸的女子十米台项目上出人意料地以342.80分排在第六。

领队周继红当场严厉批评她说："不要以为自己有了以往的金牌和荣誉，就可以吃老本！"

连续的比赛失利和世锦赛单项落马，给了一直觉得临时抱佛脚就能拿冠军的陈若琳当头一棒。

"我一直觉得自己有水平，有能力，所以就没有像原先训练那么认真，觉得比赛前稍微认真点，状态就能上来，但是现在看来，并不是这样。"

就算你有着令人欣羡的天赋异禀，就算你此前攒下的底子再厚，一朝懈怠，就会被无情地抛在人群之后。

这个世界上，优秀的人太多了，优秀又努力的更是数不胜数。

在中学的时候，老师说："你要考上最好的高中，那样才能出类拔萃。"考上重点高中才发现，原来在一群出类拔萃的人中间，你仍旧是再普通不过的一员；然后，考重点大学；再然后，进入大公司，发现那里依旧人群扎堆，精英云集——这个世界，从来不缺的就是优秀的人。

三

电影《梅兰芳》中，一代名伶十三燕一手发掘并且提拔了梅兰芳，有一次，梅兰芳在舞台上临场加了身段，演出获得满堂彩，但却遭到十三燕的反对。

他的理由很简单：祖宗的规矩，不能改。规定的七步就是七步，不能多也不能少。不能改词，不能加身段。

抱着祖宗规矩的十三燕和一心求变的梅兰芳终于迎来了正面交锋。

在首日的打擂中，十三燕大胜，第二场梅兰芳改演排好的时装新戏，反败为胜，后来居上。

一代名伶最终败给了自己的顽固和闭目塞听。

美国著名的乐队指挥沃尔特·达姆罗施少年得志，20岁就当上了乐队指挥。

他觉得自己的才华无与伦比，地位也无可撼动。

一次排练，他忘记带指挥棒，正要回去取，助手跟他说："你跟其他人借一根就可以了。"

沃尔特想：你是不是傻，除了我，其他人怎么会有指挥棒？

于是他开玩笑地问："谁有指挥棒？"

话音刚落，大提琴手、小提琴手和钢琴手各自掏出了一根指挥棒。

沃尔特·达姆罗施大为震惊：原来自己并不是什么无可代替的人物，有那么多人一直在暗中努力并且等待机会随时取代自己的位置。

自此以后，每当沃尔特想要偷懒或者膨胀的时候，那3根指挥棒就会在他眼前晃动，时时提醒他保持谦逊和努力。

要知道，天分、才华、光环也将速朽；好看的脸蛋、曼妙的歌喉，也是转瞬芳华；瓦尔登河畔的篝火、亚马孙森林中的参天大树也会消失不见；在生活的竞技场上，从来没有全身而退，坐享其成一说。

你不努力，就得出局。

别轻易放弃每一个挑战的机会

一

年初，我认识了一位来自英国的朋友汤姆，他大学毕业两年，准备在北京工作一段时间再回国，托我帮他找个工作。

一开始我联系了一所知名幼儿园，每个上午和实验班的小朋友们做做游戏、唱唱歌，一个月收入两万。

他听完想都没想就拒绝了。

我又给他联系了其他工作，翻译资料、外教口语、培训讲师，最后他挑了一个最难的——研发课程，工资和幼儿园差不多，而且还是全天坐班。

之后的几个月里，我就看着他背着电脑，开始和研发团队的小伙伴们东征西讨，有时还得加班到后半夜。前两天我们几个聚会，大家都问他新工作干了一段时间了，感觉怎么样啊？

他顶着黑眼圈说"很辛苦"。因为他原本的专业是传媒，现在却是和团队一起研究课程与方法论，他还为此报了个短期班学习中文，这几个月他学到的东西比他想象中多得多。

接触了新领域，开拓了新事业，认识了新朋友。虽然累，但是他觉得赚翻了。

"可是你更辛苦啊，幼儿园的工作性价比多高，付出得少，工资还多。这不是人人都希望的好工作吗？"

汤姆瞪着眼睛连连摇头，严肃地说："你这个观点不对。性价比是花最少的钱，得到最好的东西。这在消费层面上也许是优势，但工作是一个人最好的投资。在投资领域，付出多，收益才大，风险高，回报率也高。对于年轻人来说，让他越变越强、越变越好的工作才是好工作。"

是啊，大多数人安身立命的来源还是自己的薪水，我们和同事相处的时间有可能比家人都多，而我们赖以生存的成就感绝大部分都是职场带给我们的，所以一份好的工作包含了太多太多的东西，价值、理想、圈子、朋友，几乎覆盖了我们绝大部分的生活。

二

小莉研究生毕业后犹豫再三，放弃了外企人事部，托关系进了某区委办公室，根正苗红公务员，旱涝保收，工作稳定。

逃离了外资企业的高强度、快节奏，代价就是从此掉进了纷繁琐碎的人际关系，如今评估能力退化严重，但是投诉电话可以同时接三个。

也有人认为风险低的工作更好。

大牛原来是跑销售的，可风餐露宿特别辛苦，没干半年就打了退堂鼓。后来栖身在一家国有出版社做发行，不需要在市场经济的汪洋大海里沉浮，只要按编辑部发来的时间表盯紧印刷，然后发给下级单位就万事大吉了。

还有人觉得简单轻松最重要。

芳芳是老师，有一天她郁闷地给我打了个电话，讲了讲自己最近的感受。芳芳本是外语系的高才生，毕业那年受家人逼迫回到了校园教书。她说"教书"对自己而言，从上班第一天开始就不觉得费力。

因为语言能力很强，她可以很轻松地备好一篇课文，信手拈来的俚语，独一无二的趣闻，还有不少生动活泼的教学活动。学生们都很喜欢上她的课，成绩常常是全校第一。

学生小，知识浅，芳芳驾轻就熟。慢慢地，她发现不使劲也能教得不错。后来的芳芳越过越舒服，课文都是旧的，语法也都在脑子里，久而久之她阅读的区域和思考的峰值都固定在了当前的框架里。

本以为能这样逍遥自在地教下去，结果今年年初的时候，之前毕业的学生回来找芳芳，因为他们在大学的时候参加了某个国际论坛，他们几个一商量，打算以中国的蚕文化为主题撰写英文论文。

印象里，芳芳老师博学多才，语言功底扎实，他们便兴冲冲地拿着提纲跑回母校求救。可是芳芳看着这个题目，脑子里一片空白，什么也写不出来。

三

其实在哪不重要，重要的是不能放弃让自己成长升值。

风险越低的工作，技能要求也越单一，自然也越容易被别人代替。而简单轻松的工作看似逍遥，其实最能消磨人的斗志和活力。

这些看似事半功倍的工作，未必是真的好工作。

因为安逸的另外一面就是渐渐滋生的自满和懒惰。在年轻的时候，因为各种原因选择了更安全更稳妥，并在这种完全胜任的工作环境中持续萎缩，久而久之，你就不想再费力去追求更高更远的世界了。

看看哲学吧，这个好像工作中也不常用到啊。

要不要转型自媒体啊？算了，听说竞争压力更大。

再选修门训诂学？好难啊，而且这个在中高考所占的分值也不高。

慢慢地，我们的眼界、水平、思维模式都会由于眼前这份毫无挑战的工作而发生改变，它变成了制约你发展的天花板，成了你安于现状的借口。

要知道糊弄工作就是糊弄自己，没有丰富的经验、持续更新的知识、不断提升的能力，早晚会在这个你争我夺的世道里被他人无情地代替。

工作不是退守家园，而是厉兵秣马、开疆拓土。就像汤姆一样，在年轻的时候，尽力挑选一条更难走的路，因为在这条路上你打怪升级的频率更高，自我提升的空间更大，接触到的牛人更多。

在种种历练中，克服困难、协调团队、消化输赢、积累人脉，其间的经历和收获的经验千金难买。

这个公司的氛围和谐高效，大家团结齐心，共同进步。你就更容易摒弃自私暴戾，学会双赢与合作。

这个项目难度很大，充满挑战，你屡战屡败，又屡败屡战。你就不再胆怯易折，学会了乐观和坚持。

什么是一份好工作？高薪资、好前景、大公司、牛领导，答案五花八门，很难统一。有人图开心，有人求发财，各取所需。但有一条，我很认同，那就是汤姆说的，让你失去斗志、萎缩枯竭的一定不是好工作。

工作不仅是暂时的收益，更是一场旷日持久的投资。职场上如果能像一块小小的海绵，拼命地吸收来自四面八方的营养，不断胀大，不断成长，那才真的是不虚此行。

趁年轻，别轻易放弃每一个迎接挑战的机会。要知道让你变好的爱情才是对的恋情，让你升值的工作才是真正的好工作。

向着目标不断爬行

1998年夏天，美国俄勒冈州中部的米歇尔小镇上迎来了一个黄皮肤、黑眼睛的中国少年，他就是于智博。

米歇尔小镇常年享受着太平洋暖流带来的温暖湿润的空气，四季如春，植被繁茂，小镇周围有金黄的沙滩、茂密的森林、巍峨的群山、湍急的河流、碧蓝的湖泊、辽阔的草原和宁静的荒漠，自然景色极其美丽。但小镇人口仅有350人，只有一家商店、两家餐馆、一家邮局和一所学校，街上连红绿灯都没有。这让从热闹繁华的成都来的于智博心情失落。

于智博来到这里实属无奈，16岁的他在中国的高考中落榜了，父母为了让他能读上大学，给他在米歇尔高中毕业班办理了入学手续。

到学校没有几天，于智博发现自己原有的英语底子，远远不能适应学习、生活的要求，不用说上课时与老师、同学讨论了，连同房东交流都有困难。

高考失利的阴霾盘踞心中没有散尽，加之环境生疏、语言不通，于智博消沉得像一块铁，他成天沉默寡言，难开笑脸。

约束亚·杰克逊老师教他们物理，他四十多岁，精明干练，谈吐幽默，深得同学们爱戴。一天，上物理课，杰克逊老师在课堂上提问于智博，于智博没有听清问题，胡乱地答了一气，同学们听了哄堂大笑。于智博羞愧难当，下课后冲出教室，跑到学校附近的一片小树林里，这里草丰花茂，于智博常常在此静坐发呆。他扑倒在草地上，泪水爬满了他的脸颊。

不知什么时候，杰克逊老师坐到了他的身边。他看到于智博肩头耸动，便爱怜地抚摸着他的头。于智博看到杰克逊，停止了哭泣。杰克逊把他拉坐起来。这时，于智博看到他们脚边有一只蜗牛，它的壳在阳光下，纤弱而透明，它正吃力地慢慢地爬行。

杰克逊老师问："你知道蜗牛要到哪里去吗？"

于智博摇了摇头，杰克逊指着蜗牛的前方说："你看那里。"前方是一座山，峰峦林立，高耸入云。

杰克逊老师接着说："我想，蜗牛是要到山顶上去，有句谚语说：'能够到达金字塔顶端的有两种动物——雄鹰和蜗牛。'蜗牛也喜欢择高处啊！我相信只要它努力，最终会爬上山顶，在那里，它所看到的景色和雄鹰是一样的。"

一番话，让于智博若有所思，他抬起头，看到杰克逊老师期盼的目光，他说："老师，谢谢你，我也要做一只爬上山顶的蜗牛！"

从第二天开始，于智博积极跟老师、同学交流，模仿他们讲话时的口吻和语气。即便没有人的时候，他也在听录音并大声模仿。两个月的时间，他基本掌握了美式英语的发音，能轻松地听课发言了。

此外，他的成绩也突飞猛进。一年后，于智博代表优秀学生团体，在高中毕业典礼上发言。之后，校长私下告诉他，若不是他最后用中文说了句"谢谢大家"，校长差点忘了他是位外国学生。

读大学后，于智博一路高歌，他依靠自己的努力，从三流的大学转入哈佛大学商学院，2009年顺利毕业。作为曾是花旗银行10名"全球领袖计划成员"之一的尖端人才，他被世界五百强企业联想集团聘用，成为总裁高级助理。

蜗牛的天空并不一定低矮黯淡，虽然它爬得缓慢，可只要它向着目标不断爬行，它也会攀爬到一览无余的山顶，与雄鹰一样视野开阔，拥有一片高远的蓝天。

让门里的世界向你屈服

1984年，卢娜·布莱姆30岁，她的生命仿佛走到了尽头。卢娜患上了乳腺癌和宫颈癌。在过去的11个星期内，她已经经历了两次外科手术——乳房切除术和子宫切除术。现在，她正经受着化疗带来的巨大痛苦。雪上加霜的是，疾病夺去了她的秀发、她的积蓄，还有她的丈夫。她的丈夫不能忍受更多的压力而离开了她，唯一给她留下的就是两个小男孩儿。更糟的是，医生给她下了死亡判决书：她还可以活两年，如果幸运的话，最多5年。

在得克萨斯州5月一个闷热的上午，卢娜躺在自己的浴室里，面颊贴着冰冷的地板，这样的刺激可以提醒她不要放弃。她知道，尽管她不断地经受着身体内剧烈的疼痛，可她仍然不能就这么躺着自怜自叹。她必须拿出全部精力来照顾两个儿子。这就意味着，她必须得找一份工作。当时，卢娜只想着怎样能生存下来，财富和成功这两个词压根儿就没进过她的脑子。

从哪儿开始呢？朋友建议卢娜在销售行业寻找一份工作，她认真地想了想，决定试试。

在所有的销售类工作中，卢娜最终选定了男性占主体的汽车销售领域。她知道，在汽车销售这个行业可以挣得不错的薪水。她也曾不止一次注意到，大多数汽车推销员往往只顾着埋头同夫妇顾客中的男士谈话而忽略了身旁的女士。直觉告诉她，女人在一个家庭的决策过程中占有非常重要的位置。她相信，这是一个机会。

带着一肚子的"直觉"，顶着一头略显滑稽的金黄色假发，卢娜开始向她的汽车推销员工作迈进了。"你们是否打算雇一个女人帮你们推销汽车？"她问。"不！"粗率无礼的回答一遍遍地重复着。她从16个销售经理那儿得到了相同的答复。然而，卢娜并没有放弃。她不能放弃！"我认为勇气可以赐给你力量。"她说，"当你每天早上醒来的时候，你都要对着镜子说：'今天我一定要鼓足勇气！'"

前面的努力一次次地被击碎了。于是，在做第17次努力时，卢娜修改了她的措辞，向销售经理认真讲述了一番她对女性购车者的独特想法后，卢娜被当场录用！卢娜·布莱姆的汽车销售生涯从此开始。

在这个几乎全部是男性的工作环境中，卢娜是一个彻头彻尾的新手。"我开始了和他们之间的激烈竞争，我打败了他们。"卢娜在工作的第一年，就获得了"年度销售人物"的称号。而此时，卢娜的癌症病情也逐渐得到了控制，她的身体不断强壮起来。

在以后的日子里，她不断地努力，不断地被提升。在做到高管的位置后，她决定开创自己的汽车销售公司。在1989年，距离卢娜为了治病养家卖掉自己第一部车整整5年的时候，"真爱克莱斯勒"——一间属于卢娜的汽车销售商店诞生了。

卢娜真心的劳动获得了相当可观的回报。今天，她的癌症已经被彻底消灭，她已经成为两家汽车销售商店的老板，她的公司每年的收入达到4.5亿美元。

这位30岁时失去了乳房、子宫和婚姻的家庭妇女，并没有把自己的生命抛弃在那冰冷的浴室地板上，而是戴上一顶廉价的假发，勇敢地冲进了男人主宰的汽车世界。是的，是冲进去的。卢娜说："有时仅靠敲门是不够的，你还必须冲进去才能让门里的世界向你屈服。"

第四章
不停奔跑，生活才能日渐美好

没有不可治愈的伤痛，没有不能结束的沉沦，所有失去的，会以另一种方式归来。

——约翰·肖尔斯

不断接近，就是成功

16岁初中毕业辍学，22岁进高校当保安，41岁博士毕业，如今，李明勇站上大学讲台，成为一名高校讲师。

李明勇说，自信、自律和不怕输，让他成为今天的自己，从保安到高校老师，他并不是励志传奇，只是在不断接近目标。

萌生继续读书的念头

1977年，李明勇出生于贵州省遵义市湄潭县一个偏僻的乡村。儿时家人接二连三地患病让这个本就不富裕的家庭陷入困境。李明勇回忆，在家乡读小学和初中时，他成绩很好，从来没有跌出前三名，但因为家境贫寒，欠下不少外债，初中毕业后，李明勇就来到贵阳打工。

初到贵阳，他在建筑工地做小工，当过水泥工，也干过木匠，后来又回到老家帮父亲种烤烟、养鸭子，"前后四五年多都是为了还债"，李明勇告诉记者。还清家中债务后，1999年，李明勇又回到贵阳，进入贵州教育学院（贵州师范学院前身），成为一名保安。

在学校里，李明勇主要负责看守大门和校园安保工作。受到同学们学习氛围的影响，李明勇萌生了继续学习的念头，他重新拿起课本，开始准备成人高考。

考研三次终获成功

一边工作一边备考，李明勇要付出比常人更多的努力和艰辛。学校晚上11点半锁门，李明勇就利用入夜的时间学习，常常要看书到凌晨一两点。早上6点半，他又要准时起床开门，一天只能睡五六个小时。功夫不负有心人，2001年，李明勇考取贵州教育学院中文系专科班，并在2003年顺利考取贵州教育学院中文系本科班。

2005年，李明勇本科毕业，本可以找工作的他又毅然决定考研，"我就是想当老师，成人高校有一些限制。"李明勇说。不比成人高考，考研是更艰辛的一次战斗。英语零基础的他，为了增加词汇量，硬是背下了一本8000个单词的词典。

然而，连续两年考研失败。最难的时候，周边的人都劝他放弃，李明勇不甘心，"再试试吧！"他告诉自己。2007年，李明勇第三次走入研究生入学考试考场，最终成功考取贵州大学美学专业硕士研究生。2015年，李明勇考上华中师范大学博士，并顺利毕业，他选择回到改变他命运的贵州师范学院，成为一名高校老师。

博士毕业成为高校教师

罗跃鸿是贵州师范学院2010级学生，也是李明勇当辅导员时带过的第一届学生。罗跃鸿告诉记者，李明勇很接地气，经常冷不丁地幽默一下，和同学们关系很好，同学们都叫他勇哥。2014年临近毕业时，李明勇鼓励同学们，要坚持读书学习，想考研的就努力去考，"'我还准备考博呢！'他这么一说，大家都乐了。"罗跃鸿说，受李明勇的影响，自己如今也成为一名高校教师，在贵州财经大学任教。

如今，李明勇博士毕业成为高校教师，罗跃鸿很为他骄傲，"作为学生，我知道李老师这一路走来很不容易。"罗跃鸿告诉记者，在贵州师范学院当辅导员时，李明勇一边照顾年迈的父亲，一边工作，还在一边备考博士，非常辛苦，但即便这样，学生工作他一样也没落下，能帮助学生的一定会尽力帮助。

对话李明勇

初中毕业到如今博士毕业站上高校讲台，李明勇认为自信、自律和不怕输的精神支撑他一路走到现在。因为目标是成为老师，他一直向着目标不断接近，哪怕其间失败多次，他都没有放弃过，一直在向着目标不断接近。

记者：小时候学习成绩怎么样？最喜欢哪一科？想考什么学校？

李明勇：小学、初中学习成绩还不错，在班上基本都是前三名，那个时候我比较喜欢数理化，成绩也比较好。当时没想过考什么学校，家庭经济条件不好，都是为生计奔波。

记者：初中毕业后都尝试过什么工作？

李明勇：在贵阳做建筑工人，后来又回老家养过鸭子、种过烤烟。前后四五年时间，给家里还清了一万多元外债。

记者：在贵州师范学院最开始做什么工作？为什么选择参加成人高考？

李明勇：当时学校叫护校队员，其实就是门卫，负责看门和学校安保工作。想参加高考主要是受到校园里文化氛围的熏陶，一些学校的老师也说我还年轻，应该多读点书。

记者：备考了多长时间，如何一边工作一边复习？

李明勇：白天老师上班后我会比较轻松，会抽空看书复习，晚上11点半锁门之后我就没事了，会再学习到凌晨一两点，第二天6点半还要准时起床开门。中午别人午休时，我们是最忙的，要防止一些校外人员进来偷东西。前后备考大概一年多时间。

记者：本科毕业后有其他工作机会吗？为什么选择继续考研？

李明勇：在学校当保安期间，跟学校老师相处时间比较多，看到他们的工作状态后，我也向往成为一名老师。但当时是成人教育，找工作也会受到很多限制，我就决定考研。

记者：考研难度大吗？当时是如何备考的？

李明勇：考研比成人高考难得多，尤其是我的英语，几乎为零。为了提高英语词汇量，我背了一本词典，里面大约有8000个单词，我还会阅读一些浅显的英文原著，巩固自己的词汇和语法。那段时间睡眠是最少的，一天也就能睡五六个小时。

记者：两次考研失败，有想过放弃吗？

李明勇：前两年没考上，有同事劝我放弃，让我去外面找个工作，当时也有机会找工资更高的工作，但我还是想再试一下，我觉得还是有希望。2007年第三次考研的时候发高烧快40℃，看英语字母一行都变成两行，陪我去输液的朋友劝我第二天别考了，但我觉得我专业课准备得很充分，还是决定再试一次。

记者：家里人支持你读研吗？读研期间还是保持这样的

学习规律吗?

李明勇：家里人都很尊重我的选择，支持我继续读书，但经济上基本都是靠自己。读研期间我几乎每天都会去图书馆，偶尔去做家教补贴自己的生活费。

记者：研究生毕业后是选择了先工作？后来又读了博士？

李明勇：研究生毕业的时候，面临着读博还是工作的选择，因为家里还有很多事情要处理，工作能稍微支持一下家里，还是决定先工作，就回到贵州师范学院当了一名辅导员。2015年时，考上华中师范大学文化传播学的博士，今年刚刚博士毕业。

记者：三年博士毕业也算是比较快的吧？如何一路保持高效？

李明勇：读博时，我的导师很负责，会不断催促我们，我自己也保持之前的学习习惯，每天6点半就会准时起床。我读博期间该做什么，什么时间要做什么我都有相应的计划，基本上每天都有计划。比如我早上都是6点半起来，下午会雷打不动运动一个小时。

记者：这一路走过来最重要的是什么？

李明勇：我觉得有几点：一是自信，比如考研，如果我没有自信，可能压根就不会考；二是自律，成人要学会自己管理自己，尤其是安排好自己的时间；三是不怕输，要有一种锲而不舍的精神。

记者：从一名保安到博士毕业成为高校老师，你觉得自己算是一个励志传奇吗？

李明勇：我不这样认为，我觉得每一个人定一个自己的目标，持之以恒地努力，都可以做到。很多人没做到就是没有坚持，只要坚持，可能这一次达不到，但总会慢慢接近目标。哪怕最后没有达到，但总是不断接近，我认为不断接近就是成功。

人生中最闪耀的时刻

一

朋友圈被世界杯刷屏了，但是出现次数最多的男人叫C罗！

这位33岁的葡萄牙当家球星，以一己之力拯救整个国家队，炸翻了全世界的朋友圈！

30岁，对于顶级联赛的锋线球员来说，已经是职业生涯的分水岭。而C罗在30岁以后却比之前更加开挂：俱乐部层面，率皇马三度蝉联欧冠冠军；国家队层面，带领葡萄牙豪夺欧洲杯冠军；五座金球奖加身，赫然已是当今足坛第一人。

33岁的C罗，接受媒体采访时说："如今的我，有着23岁的身体。"

欧冠客场对阵尤文，C罗的精彩倒钩堪称史诗级别。他的倒钩高度2.38米，几乎与球门横梁持平。33岁的年纪，依然拥有不输23岁的体能和竞技状态，C罗到底是如何越活越年轻的？

二

越是站在世界之巅，越懂得自律的意义！

看看C罗的肌肉金刚腿，就知道他对自己的身体状态有多专注。运动员的体脂率通常在10%左右，他的体脂率仅有7%；运动员肌肉含量通常很难超过46%，而C罗肌肉含量为50%。

自18岁加盟豪门曼联起，为了能在推崇身体对抗的英超立足，C罗便开启了疯狂健身模式，肌肉变得越来越漂亮。

2009年，他以9400万欧元的天价转投皇家马德里。在伯纳乌的这些年，C罗的身体更是不断进化，锻炼到了可以与一流田径运动员相媲美的高度。

关于他的勤奋，有个广为流传的故事，安切洛蒂（前皇马主教练）此前表示，C罗甚至会训练到凌晨三点，将娇美的女友伊莲娜（前任）扔在家里独守空房……

三

欧冠客战尤文做出惊天倒钩后，C罗说："努力锻炼，终有回报！"

即使是休赛期，C罗也会在家健身撸铁，为了方便锻炼，他直接把客厅改造成了健身房。他的日常身体训练，每天达4个小时，其中包括有氧运动、无氧运动、冲刺跑等。

强健的腰腹、惊人的背肌、霸道的腿部肌肉，成就了C罗顶级的形体魅力，也赋予了他汹涌的踢球力量。

有运动专家在研究了C罗的任意球后，惊人地发现，他的任意球之所以速度快、弧度大、威力强，离不开腹肌的功劳："当射门时下半身所有肌肉同时发力，腹肌带动了臀肌、大腿、膝盖、脚踝、脚步甚至脚趾都发出了全力，然后增强手臂摆动，以提升球速和爆发力。"

C罗曾写下："值得拥有的东西，永远都来之不易。""你今天的日积月累，早晚会成为别人的望尘莫及。"

这就是自律的意义所在！也是33岁的C罗依然笑傲足坛的终极秘诀！自律，克制，才能活出人人眼中的励志史。

吴彦祖曾经发过一篇微博，大致意思是：父母之言，尊听兮；工作之事，尽力兮；身之固本，自律兮。

大家喜欢他的，不仅仅是那张脸，更是那张脸传递出来的自律、克制、自持的生活方式。

你有没有为自己好好努力过一次，为自己的生命燃过一次？

如果没有，从现在开始。总有一天，你会蜕变成一个完全不一样的人，一个更好的人。那种骄傲，就是你生命中最闪耀的时刻。

谁努力，上帝就偏爱谁

1961年的那个冬天，对他来说很寒冷，当卡车司机的父亲出了车祸，失去了一条腿，家庭失去了经济来源。每天的餐桌上，都是母亲捡来的菜叶和打折处理的咖啡，餐餐都难以下咽。失去工作的同时，父亲还失去了生活的信心和勇气，每天借酒消愁，变成了一个酒鬼。只要他稍不听话，父亲便大发雷霆，挨打对他而言就是家常便饭。

12岁那年的圣诞夜，家家灯火璀璨，美食飘香，唯有他的母亲因借不到钱而愁眉不展，父亲大发雷霆，骂他们都是笨蛋。无奈的母亲，只得驱赶他们到街上玩。肚子饿得咕咕叫的3个孩子，发现一家商场门口的促销商品琳琅满目，一个念头瞬间在他心中产生，他让弟弟妹妹先回家，而自己一直注视着那罐包装精美的咖啡，他太想让父亲开心一下了。瞅准时机，他快速拿起那罐咖啡塞到棉衣里，却不巧被店主看到。

店主大声喊着抓小偷，他撒腿就跑，并回家将咖啡送给了父亲。父亲很开心，打开那罐咖啡，香浓的气息飘溢而出。还没来得及品尝，店主就追到了家里，事情败露之后，他遭到一顿毒打。

这个圣诞节对他来说是刻骨铭心的，痛苦的滋味让他发誓努力奋斗，一定要买得起上好的咖啡。为了减轻母亲的负担，他早上送报纸，放学后去小餐馆打工。只是这微薄的收入还有一部分被父亲偷去买酒，这让他对父亲由惧怕变为厌恶，他们之间很少说话。

此后的日子，他为皮衣生产商拉拽过动物皮，为运动鞋店处理过纱线，打过无数零工，只是和父亲的矛盾却一直未变。磕磕绊绊中，他以优异的成绩考上了大学。家里贫困如洗，父亲坚决反对他去上大学，让他去打工挣钱。他咆哮着说："你无权决定我的人生，我才不要过和你一样没有梦想、毫无动力、朝不保夕的日子，我为你感到可耻。"

他进入了北密歇根大学，为了节省路费，上学期间从没回过家，所有的节假日都在打工。他每个月都给母亲写信，却从不问父亲的状况。毕业后，他成了一名出色的销售员，拼搏努力的原因，只是想向父亲证明自己的人生选择没有错。

那一年，他挣到一笔可观的佣金，破天荒地给父亲买了一箱上等的巴西黑咖啡豆。他以为父亲会很开心，谁知却遭到父亲的讥讽："你拼命上学，就是为了能买得起上好的咖啡？"为了不被父亲看扁，他决心做出更大的成就来向父亲证明。

那一天，母亲打来电话，说父亲想他了，想见他。他从没想到父亲会说出这样的话，当时正忙着和一个客户谈判，于是他拒绝了母亲。两个星期后回家，他才得知父亲已经过世了。后来在整理父亲遗物的时候，他发现一个锈迹斑斑的咖啡桶，他认得那是12岁那年自己偷的那罐咖啡。盖上有父亲的字迹：儿子送的礼物，1964年圣诞节。里面还有一封信，上面写着："亲爱的儿子，作为一个父亲，我很失败，没能提供给你优越的生活环境，但是我也有梦想，最大的梦想就是拥有一间咖啡屋，悠闲地为你们研磨、冲泡香浓的咖啡。这个愿望无法实现了，我希望你能拥有这样的幸福。"

昔日的打骂成了珍贵的记忆，悲伤顿时占据了他整个内心。妻子鼓励他说："既然父亲的愿望是开间咖啡厅，那么我们就替他完成愿望吧！"凑巧的是，西雅图有个咖啡馆想要转让，他毅然辞去年薪7.5万美元的职位，盘下了那家咖啡馆，并用短短20多年时间从一个小作坊发展成跨国公司。

这就是日后驰名全球的星巴克，而他就是那个用行动买梦想的穷孩子舒尔茨。谁努力，上帝就偏爱谁。只要你肯努力，无论多昂贵的梦想都能买得起。

不断前行，不断努力

张国强出生在河南汝阳县一个偏僻的小山村，从小他便梦想长大能够考上大学，15岁那年，由于没有考上高中，他的自尊心受到极大挫伤，放弃了上大学的念头，踏上了漫长而艰苦的打工之路。然而沉重而枯燥的工地生活，使张国强看不到未来和希望，在外漂流了几年后，他重新回到家乡。

1994年4月成为张国强命运的转折点，北京文安保安公司到他的家乡招聘保安，想到去大城市打工，能开阔眼界，获得更多的机会，张国强报了名，离开家乡来到北京。经过昌平保安基地的培训，他成为一名保安员，被分配到北京大学保安队。

来到北大的张国强感慨良多，儿时的梦想在中考落败后幻灭，命运却安排他来到了全国一流的高等学府。看着莘莘学子在自己周围埋头苦读，夜间巡逻时依然能看到自习室亮着灯，他被校园里浓厚的学习气氛感染着，更加感到知识的匮乏。当时，保安队也有自学的同事，队里领导逢会便鼓励大家努力上进，在这样的氛围中，张国强下决心开始了自学之路。

一开始，张国强没什么自信，觉得自己只有初中文凭，文化层次较低，先从读书看报开始，学校报栏里的报纸他每日必读，有时候值完晚班，校园里已经静悄悄了，他借着报栏里的灯光阅读新闻，回到宿舍已是深夜，他坚持把读报心得记录下来，孜孜不倦地获取知识，充实着自己。

1996年，张国强偷偷报了函授课程，并未跟同事和领导说，当时的他有些自卑，怕万一考不上让人笑话。他利用业余时间，一本本地啃书，翻资料，为了节省时间，他早晨到食堂买几个馒头，就着白开水就吃了三餐。别人看电视、打球、聊天的时候，他都在自己的小屋里苦读。一开始那些深奥的法律知识把他弄得焦头烂额，学了这章忘了那章，他就一遍遍地读，一次次地背，慢慢理解消化那些深奥的理论，经过三个月紧张而艰苦的学习，张国强参加了第一门法理学的考试。坐在考场里的他仿佛又回到了学生时代，儿时的梦想在脑海里翻滚，他暗暗鼓励自己一定要考过。

法理学的考试张国强以60分通过，虽然只在及格边缘，却给了他极大的信心，从此，在紧张的工作之余，他踏上了漫长的自考之路。

领导鼓励，高校氛围令自强学子不断奋进

北大保安队的领导得知张国强自学考试的事情后，非常支持，几次找他谈话，对他的自学之路予以肯定，并表示只要不影响本职工作，在学习中遇到任何困难上级都会积极协调，创造条件。北大保安队的大队长王桂明还多次在集体会议中表扬张国强，希望大家都能向他学习，有自强不息的精神和积极的进取心。

领导的支持和认可成为张国强最大的动力，他先后参加法律学13门自考后，经过四年的艰苦学习，于2001年专科毕业。当他从老师手里接过大红烫金的毕业证时，禁不住泪流满面，他终于能在北大学府里圆自己儿时的大学梦了。

从初中基础学起，到拿到大专文凭，没有任何老师辅导和同学帮助，张国强硬是靠自学完成了自身的一个跨越。拿到大专文凭的他并不满足，又相继报了清华大学法学院和中央党校的经济管理学专业。

清华大学的一些课程是网上教学，这可让张国强犯了难，再三犹豫后，他硬着头皮找到领导，没想到领导马上报告给上级，很快就为他配了一台电脑。张国强可以在线阅读老师的讲义，做练习题，有什么不懂的地方，还可以与老师同学在

线交流。这台电脑解决了他的大问题，他怎么也没想到，自己一个平凡小保安的求学之路，竟让领导如此关注。

中央党校的课程都安排在周末，周末也是保安队最忙的时候，由于出入校园的闲杂人员太多，每到周末都要加强巡逻。遇到上课或考试时间与值勤冲突时，领导总会积极为他调配换班，还有很多同事主动要求替他代班，同事们的理解和鼓励感动着张国强，他说，我能拿到学历真的要感谢太多人了。

两个学校同时读，还要兼顾自己的工作，张国强要付出比常人多几倍的精力和努力。有时值完一天勤，腰酸背疼的，真想躺在床上睡个好觉，可想到自己的梦想，想到支持自己的领导和同事，他咬咬牙，用冷水洗把脸继续看书，坚持不下去的时候，他会在校园里走走，静静地看着那些深夜还亮着灯的宿舍，看着身边匆匆走过的学子，他们成了他最大的动力。

功夫不负有心人，这个勤勉的学子在2001年到2006年之间，先后拿到了中央党校和清华法学院的经济管理文凭，并准备参加司法考试。

文武双全，读书之余工作更要出色完成

在艰苦的自学之旅中，张国强并没有懈怠本职工作，他认为来北大当保安是他生命的转折点，这个职业带给他深深的责任感和自豪感，学习并不是放弃工作的借口，他要用出色的

业绩回报领导和同事的信任。

在初到北大时，张国强就喜欢上了自己的职业。在很多人眼里，保安不过就是看看大门，巡巡街，装装样子。可张国强不这么认为，他觉得自己有责任有使命来保卫学校的安全。一开始他负责勺园到会议中心的巡逻工作，每天他都要把保安服穿戴整齐，在这条路上往返好几十次，消除可能发生的安全隐患。

2006年5月，学校发生了多起自行车被盗案件，张国强从学校的监控录像上看到一个女学生的背影很可疑，巡逻时便多留了心眼。8月的一天，一个熟悉的背影出现在张国强眼中，根据经验他认定那就是盗窃案中出现的可疑背影。他尾随那个女生一个多小时，暗暗通知周围巡逻的另一个同事，两人一起守在一所宿舍楼后，眼见她熟练地撬开自行车，骑车经过路口时，立刻将她拦住，带回保安队，这个经验丰富的女贼终于栽到他手里。

作为全国著名学府的北大，经常要搞一些有重要领导人参加的大型活动，1998年北大百年校庆，江泽民主席亲临致辞，整个保安队严阵以待，张国强被安排在离主席最近的位置，更是不敢有一丝懈怠。整个活动他像上紧了发条般紧张地注视着周围的一切，保安所有的自豪感与价值观在那一刻迸发。后来他回忆当时的情况，写下了《我为主席站岗》一文。

非典戒严、同一首歌、普京访问北大、温总理讲话……每一次大型活动中，张国强都以自己的细心和机智出色完成了执勤任务，并得到大家认可，在2004年荣立二等功，2003年和2005年荣立三等功，并于2006年被提升为北大保安队的副大队长。

自学成才，只为扎根深爱的保安工作

张国强成长为有双学历的保安队长后，许多收入高待遇好的单位纷纷向他招手。然而他却毅然决然地留在了保安队，他说：是保安队培养了我，我要将所学的知识回报于这个行业！

转眼间张国强已在北大保安队工作了13年，他深爱着自己的工作，作为一名保安员的自豪感和满足感是很多人无法体会的。他在一次给年轻保安员的讲座中说："这是一个物欲横流的社会，每天都有宝马奔驰从咱们每个月挣七八百元的保安身边开过，那没什么可羡慕嫉妒的，也不要不平衡和自卑，咱们保安员有自己的人生价值，每一刻都在消除隐患，保护着全校师生的安全！"

有很多人不理解，苦学了这么多年，拿到法律和管理双学位，真的不想找个有前途的工作吗？北大保安队很多保安自学成才后，都走上社会，找到更好的岗位，收入也翻了好几番。这对于月收入只有1700元的张国强，难道不是一种诱惑吗？

对此，张国强心态很平和，每当他和王队长送走一批自学成才的保安，心里都有说不出的高兴。北大保安队凭着多年来良好的学习氛围，为社会输送了不少人才，张国强作为其中的一员也感到自豪。

张国强自己的理想就是扎根保安战线，将所学的知识用于管理中。他认为每个人都需要安全感，社会的稳定发展更需要强有力的安全保障，而保安战线作为一个服务行业，核心任务就是保障群众的安全。

目前的保安业良莠不齐，有时在路上看到有的保安衣冠不整，行为不检，或者看到媒体报道保安打人事件，张国强心里都会特别难受，觉得这些人在给保安行业抹黑。为了提高自己队员的素质，张国强时常给他们培训，普及法律知识，让大家树立法律意识和服务理念，与新来的小保安谈心，打消他们工作中的抵触情绪，鼓励他们多读书多学习。

国家在去年推出了保安职业等级标准，保安行业也逐渐在企业化，张国强心中的保安队伍应该是具有高效管理、拥有高素质人才的一支队伍，他希望通过自己的努力，在保安战线做一名优秀的管理人员，为保安事业的发展尽一份力量！

跨国的缘分，励志的创业

今年30岁的茶棉是典型的越南美女，她常常想，如果不是对中国传统文化的热爱，她也许不会遇到自己的爱情，如果不是这场跨国恋情，她也许不会在中国踏上创业的道路，一路走来尽管有辛酸，但她庆幸上天的安排，用她的话说，这也许就是中国人常说的"缘分"。

从小喜欢中国文化，因为武术让他们结缘

出生于越南中医世家，大学毕业后，茶棉顺理成章地进入越南中央传统医院成为一名医生。在外人看来体面艳羡的工作，茶棉却并不满足，从小对中国文化有浓厚兴趣，对金庸武侠小说着迷的她，于2010年3月来到了吉林大学读硕士研究生，而这次中国求学也让她遇到了自己的爱情。

"2011年，我参加了吉林省举办的外国人汉语大赛，其中有一个才艺表演，我选择了武术。"茶楣回忆道。当时担任学校武术协会会长，同样对武术痴迷的校友丁韶鹏是她的搭档，协助她完成武术表演，也正因为这次机缘巧合，丁韶鹏成为她人生中的伴侣。

时间如飞梭般驶过，转眼到了2013年，茶楣已经读到了博士一年级，丁韶鹏则到了硕士毕业的时候，对于两人而言，到了一个选择的路口。"我学的行政管理，毕业后家里想让我考公务员，父亲认为在我们国家体制下，作为公务人员与外籍人员通婚不妥，没前途，而茶楣的父母，则希望她学成后继续回到越南医院。"丁韶鹏说。面对现实的阻力，他们准备自己闯一闯，走一条属于他们自己的路。

在写硕士论文时，丁韶鹏选择了天然橡胶的命题，对越南的天然橡胶产业有了更深层次的了解和兴趣，而茶楣刚巧从就职于越南橡胶工业集团的堂姐处打听到一个商机，作为越南央企的越南橡胶工业集团，其旗下具有89年历史的寝具品牌将准备进驻中国市场。

"对于我们来说，这是一个机会。"越南橡胶资源丰富，而作为越南人，从小就睡乳胶床垫的茶楣深知这种寝具的天然舒适和生态健康，并且随着中国居民生活水平的提高，对睡眠质量的要求也越来越高，中国乳胶寝具市场具有巨大潜力。于是，他们为了爱情和青春准备试一试，在前期考察市场过程中，学校的两位挚友刘建超和郭杰，和他们一起组成了初期的创业团队。

用心和行动打动越南央企，四次谈判拿下品牌运营商

一方是越南的国有大企业，一方是四个还未毕业的学生，谈判桌上的难度可想而知。在全面考察过中国的乳胶寝具市场之后，茶楣自己代表这个年轻的团队来到了越南，尽管有堂姐的引荐，首次谈判茶楣却并没有得到什么"面子"，对方很不看好地拒绝了他们。

但他们并没就此放弃，在第二次见面时，对方对他们的态度有所改观。同年，广西南宁举办东盟博览会，越南橡胶工业集团参展，茶楣和丁韶鹏受邀去现场帮忙，现场两人凭借自己的专业知识和热情，认真详细地介绍产品，吸引众多参会者围观，本来准备五天销售的货，两天时间全部销售一空，两人对工作的用心和真诚，也打动了越南橡胶工业集团的负责人。

"这两个年轻人确实不错。"在会议结束后的饭局上，越南橡胶工业集团一位副总给出这样的评价。最终，经过前后四次谈判，茶楣和朋友们拿下了越南橡胶工业集团该品牌的中国总代理。

2013年9月26日，四个曾经的大学同学合伙在山东烟台

注册成立了烟台某家居有限公司。在双方签订的合作协议上，越南橡胶工业集团是这样定义这个创业公司的——"中国品牌运营商"，一个越南央企在中国的品牌打造，交给了这几个年轻人。

创业之初曾有过迷茫，一天最忙要跑 6 栋楼

理想很丰满，现实很骨感。2014年5月，这个创业公司在烟台开了第一家店铺，销售越南成品进口的乳胶床垫、枕头，但没有任何经验的他们，随后便陷入了一种困境。

"店虽然开起来，但在接触客户的时候，我不知道该如何交谈，不知道该怎么销售。"茶楣说。作为一个人生地不熟的外国人，她更深切地体会到创业之初的百事皆艰。当时的茶楣还在吉林大学读医学博士，只能挤时间长春、烟台两地跑，店铺的具体经营则由丁韶鹏和合伙人刘建超一起打理。

由于开始没有客户，也为了更接地气，丁韶鹏和茶楣等人选择了最笨也最踏实的"地推"营销。他们放下高学历的身段，印刷了很多宣传单，背着书包跑小区，一户户地敲门推销，"被赶出来，被拒绝是常事，一天最多的时候能跑六栋楼。"丁韶鹏称。开业4个月，他们终于卖出了2万多元的货，算是开了张，到现在他还清楚地记得第一个客户，"是天越湾小区的，她家宠物狗的名字我都记得。"

由于人手紧缺，丁韶鹏还将远在宁夏的父母请了过来，帮着看店，"创业之初，面对没有销量，确实有一段时间很迷茫，甚至怀疑自己当初的选择，但既然选择了就得脚踏实地。"丁韶鹏说。经过调整他很快摆正了心态，每天做好自己该做的事，尽管忙碌，但不觉得累，"这也许是一种信念，但对于创业者来说，感觉必不可少。"

用医学知识量身做床垫，客户送来锦旗表达感谢

经过努力和摸索，茶楣的店铺生意越来越好，客户群也越来越多。2014年9月，在天猫开设了旗舰店，上线两年以来好评率保持高于同行业70%以上，这样的成绩在全网都非常少见；2015年9月，上线京东；2016年上半年，实体店铺凭借品效高、服务好，获得年度最高荣誉"神铺"；2015年全年，全公司销售额仅有120多万元；但在2016年上半年销售额已经超过150万元；而在2016年9月，龙口加盟店试营业；2017年则准备在全国招商。

作为中医世家，茶楣则把医学知识很好地运用到服务客户中来。在她的笔记本上，详细地记录着每个客户及其家人的身高、体重、睡眠偏好、是否有颈椎病、腰椎情况等信息，以便她能帮助客户选择更适合的乳胶床垫。

"根据客户信息和医学知识，算出一个合适的乳胶床垫

指标，然后发给越南工厂进行生产。"茶榿说。比如瘦人要选择稍软点的床垫，胖人则选择稍硬些的床垫，有腰椎间盘突出的人适合硬些的床垫，但却又不能像木板那么硬，必须要适中才行。

让茶榿感动的是，一位客户购买床垫后还专程送来锦旗表达感谢。"这位客户是给老人买的，老人经常失眠，睡眠质量很不好。"茶榿说。根据老人的情况，她帮着挑选了一床乳胶床垫，后来老人的睡眠质量改善很多。在利用医学知识服务帮助客户选购床垫的同时，茶榿还帮助一些客户及时发现了颈椎、腰椎的毛病。

一路走来，一个个成绩的背后是团队的努力和汗水。目前，这个创业团队有9人，可谓个个是学霸，有两个博士，两个硕士，一个软件工程师，在经营中，团队也有自己的特点。

"团队非常重视效率，能不开会就不开会，做事是首位。"丁韶鹏说。每天团队人员都要写工作日志，但只需要总结出做的每一件事和做这件事情所用的时间，这样才能让每一位成员做的每一件事情都是非常高效的。

茶榿说："自己创业的事情，父母之前完全不知情，就在前段时间，他们专门来到中国，想把我带回越南，也是这个时候才知道我和几个年轻人在创业，而且干得还不错，才放心地走了。"她最近正准备拍婚纱照，希望拍出金庸小说中的侠骨柔情风格，她很喜欢烟台这座城市。

勇气是逆境中绽放的光芒

一

茨威格说：勇气是逆境当中绽放的光芒。它是一笔财富，拥有了勇气，就拥有了改变的机会。

但是，人生不如意十之八九，有些人迎风而上，成为生活的强者，有些人回到避风港，为温饱奔波。

有很多人不够勇敢，无法成为苦难中的冲锋者，没办法做自己的英雄。

也有很多人从未惧怕苦难，他们相信只要跨过眼前的坎，前方将是平坦大路。因为每一次重新开始都带着希望的光芒。

与其在困境中沮丧，不如迎着它继续前进，走过那些艰难的光景，你终会遇到那个闪闪发光的自己。

或许，生活的意义正是在此，坚定自己的内心，找到为之奋斗的目标。不管遇到什么困难，都昂首挺胸，从不认输。

二

今天和一个很久不见的老朋友聊天。他的朋友圈停更很久了，我试探着问他的生活状况后才得知，这一年来他一直在重新开始。

他之前在某房地产工作，工作很出色，挣了人生的第一桶金。人生很奇怪，从来没想过好运会降临在他身上。

他坚定自己的职业目标，努力工作，为了拿下一个项目，经常通宵熬夜，在酒桌上或者娱乐场所应酬。

但是，上帝好像和他开了一个玩笑。辛苦培养的客户被别人抢去，通宵熬夜换来的项目被别人拿去坐享其成。

人生果然奇妙，上一秒他还是公司的红人，下一秒就变得灰头土脸。

在失去一些机会的时候，更大的机会一定在等着你。他经历了职场的钩心斗角之后，选择了辞职。

我佩服他身上的那股韧劲，坚持、乐观、有勇气。

希望，只有和勤奋做伴，才能如虎添翼。

他走遍了上海的大街小巷，经过考察，决定自己创业——开一家面馆。他是四川人，离不开吃，在老家的时候自己偷学了两手，开一家面馆的手艺是够的。

烈日当头，他开始满大街找店铺。万事开头难，首先店面是最重要的。经过一星期的寻找，终于找到了一个满意的地理位置，马上签合同把店面租下来。

然后是装修、买设备，从头到尾都是他一个人忙前忙后。那段时间他充满了干劲，内心很充实，也很富足。

做足了准备，面馆终于开张了。

开张那天人出奇地多，他感到一种久违的感动。

在经过努力后，店面的生意慢慢走上路，他请了一个煮面师父、一个服务员，每天一到饭点，小店里座无虚席。三个忙碌的身影成为了一道风景。

他说每天最幸福的事，就是看着客人把碗里的面吃干净，那种幸福感是在做房地产时感受不到的。

现在的他不用通宵做企划，不用陪客户喝到胃都要吐出来，不用看职场中的钩心斗角。

现在的他经营着自己的小店，看着客人把碗里的面吸溜吃完，闲暇之余还会和顾客拉拉家常，生活充满了阳光。

现在的他实现了财务自由，正在努力地钻研一些新口味的面条。

放弃一些东西，是为了更好地开始。他拥有了自己的店面，也拥有了简单的幸福。

生活是一面镜子，在任何情况下，你对它微笑，它也会给你微笑。

在你勇敢战胜黑暗之后，光明会如期而至。

三

人生最怕的不是清零，而是怕没有从头开始的勇气！

说到从头开始，不得不说胡歌。

2006年8月29日晚，天降横祸，胡歌与助手张冕乘坐一辆商务车从横店赶往上海，在沪杭高速的嘉行路段与一辆厢式货车发生了严重的追尾事故。

在车祸中胡歌的右眼遭受重创，右边血肉模糊，已经失去知觉。颈部的大动脉距离戳破只差一毫米，四天内，他进行了两次全麻的手术，脸上缝了100多针，保住了生命，但是他的脸已经是面目全非。

作为一个演员，这场飞来横祸的灾难给他的心灵种下了创伤。在医院的那段时间里，胡歌除了积极养伤之外，也努力地想重新振作起来，让生活充实、让心情轻松，于是他选择了书写心情、流诸笔端的方式。

他在自己的文章中写道：车祸创伤了我的容貌，也冲击了我的内心，每次当我战战兢兢拿起镜子的时候，我都渴望能在镜子里寻找到勇气和力量。镜子的语言简洁而充满了力量，除了我自己，没有人能够让我真正重新站立，如果皮囊难以修复，就用思想去填满它吧。

可以看出，在灾难面前，他及时调整自己的心态，努力把自己活得阳光。即使外貌难以修复，但胡歌用思想和内涵去填充那段黑暗的岁月。

静养一年后，他说：停下来就意味着放弃自己。时间这匹野马将丙戌年没入了它蹄后尘土，远去的还有我的噩梦与灾难。车祸成了我生命中永不磨灭的印记，尤其是在我的脸上，但那都是如烟往事了，顶多把它作为一出戏的序幕，起承转合将在此刻与未来中展现。

灾难没击垮胡歌，反而给了他勇气，给了他生活的意义。

经历让一个人成长，在灾难中坚定自己的信心，在未来的时光里更加坚定地完成自己的梦想。

我们最终都要远行，最终都要与稚嫩的自己告别，告别是通向成长的苦行之路。

四

命运可以剥夺人的财富，却无法剥夺人的勇气。

每个人都会有一段异常艰难的时光，没有人在乎你怎样在深夜痛哭，别人再怎么感同身受也只是一瞬间。再苦再累再痛再艰难，只有也只能自己撑过。无论做什么，你都要勇往直前。无论有多难，你都要坚持一下。总有一天，你会大声呐喊，你成功地走过了人生中灰暗的时光。

苦难与幸福一样，都是生命盛开的花朵，都是生活馈赠给我们的礼物。人生从来都不会一帆风顺，我们要有足够的信心去面对困难，要有强大的勇气去挑战困难，战胜了这一切，你就赢了。

成功就是凭着勇气和努力，不断地超越自己，做最好的自己。人生从来都不怕跌倒，就怕没有从头开始的勇气。愿你战胜一切困难，成为生活的主人。

荒野之鹰

宁愿是荒野上饥饿的鹰，也不愿做肥硕的井蛙！

总是独自走上生命的每个阶段，从全然陌生的环境开始安顿自己。小学毕业，明明附近有所国中，我却跑到离家四十分钟车程的国中就读。好不容易才与他们熟了，成为一分子；明明附近有几所高中可供选择，却大胆地跟导师讲："我要去台北考高中！"第一次，我知道北一女、中山、景美等学校，我问老师志愿顺序，他不太确定，但终于帮我排妥。他没问万一考上了，怎么安顿？我没提，那是我自己的事。拿到准考证，回家才跟家里提，家人一向不管我功课。

那时父亲刚逝世两年，母亲出外工作兼了父职，阿嬷管田地、家园，我是老大，弟弟妹妹才上小学。谁管得到我？也不需任何人叮咛，我跟老天爷杠上了，赌一口硬气对自己讲："你要是没出息，这个家就完了！"

十五岁，捆了今生的第一个行李，连牙刷、毛巾都带走。屋前屋后巡了一趟，要牢牢记住家的样子，躲在水井边哭一场，忽然长大了五岁。我不嫉妒别人的十五岁仍然滚入父母怀里，睁着少女的梦幻眼睛，而我却得为自己去征战，带刀带剑地不能懦弱。

所以，孤伶伶地在台北寄人篱下，每天花三个钟头来回新北，投靠一所高中与复兴南路的亲戚家。台北火车站前，清晨卖饭团的妇人，我拿她当妈妈。坐在淡水线火车上，饭团啃完了啃书本，每本书烂得软趴趴，课堂上，闭眼睛都知道老师说错了一个年代。

那时，校内的读书风气不盛，许多人放学后赶约会、跳舞、逛士林夜市，情况好的，赶补习班。我没有玩的权利，也没经费课外补习。还是那种硬脾气，就不相信出考题的能撂倒我，非上好大学不可。

这样逼自己，正常的十七八岁身心也会垮的。平常没谈得来的朋友，他们追逐影星、交换情书，我没兴致；想谈点生命的困惑与未来梦想，他们打不起精神。我干脆跟稿纸谈，谈迷了，就写文章、投稿，成天在第二堂下课冲到训导处门口的信箱，看有没有我的信。若是杂志社寄来刊稿消息，我会乐得一看再看，看到眼眶泛红；大报副刊寄回退稿，则撕得碎碎的喂垃圾桶，我想："总有一天……"为了那一天，吃多少苦都值得。

我做事一向劲道猛，非弄得了如指掌不可。迷上写作，连带搜别人作品看得眼睛出火。他们写得好，我写不好，道理在哪儿得揪出来才能进步。常常捧着两大报副刊上的名家作品，用红笔字字句句勾，我不背它们，我解剖它们，研究肌理血脉，渐渐悟出各有各的路数，看懂名家也有松垮垮的时候。那时很穷，买不起世界名著，铁了心站在书店速读，霍桑的《红字》、赫塞的《流浪者之歌》《泰戈尔全集》、托尔斯泰的《高加索故事》……有些掏钱买了，其余则浏览，希望将来变成大富翁全"娶"回家，看到眼瞎也甘愿。"世界太大，生命比世界更大，而文学又比生命辽阔！"我决心往文学走，不回头。

缺乏目标的年轻生命好比海上扁舟，我知道自己的一生要往哪里去，考大学只是眼前目标，我知道为什么必须上大学，不是依社会价值观、师长期待或盲目的文凭主义，而是依自己对生命的远大梦想。

高二暑假，我写了一封信回宜兰，告知家里："我已从亲戚家搬至大屯山学校附近的别墅，月租三百元，由于没钱上补习班必须靠自己拟定'大学联考作战计划'，因此今年不回家割稻了。身上尚有稿费及打工赚得的钱九百八十七块，够用两个月了。请家里放心，我会打胜仗的。"

每天，依旧凌晨四点起床早读，按照作战策略，这个暑假必须总复习所有科目并预读高三功课（已搜得学姐的旧课本），至少做一遍从各个补习班、明星学校搜集的题库、试卷及历年联考试题，并且每隔半月"验收实力"——看自己能考上哪一个"混账学校"。

想睡觉，不行。开始思考打仗应该用智慧，光靠死拼活干岂不是"义和团"！

思考为什么叫人啃一头死牛没人要吃，煎成小牛排就美味得不得了。于是，把"作战计划"改成"大学联考料理亭"，依据自己的兴趣及胃口，按照清醒到昏沉的时刻表安排筵席。

所以，历史变成身穿古装的我恣意穿梭于时空隧道采访秦始皇谈如何并吞六国，跟汉武帝吃饭谈外患问题，陪成吉思汗溜马的探险志趣了。还可以指着光绪骂："你这个懦夫，干吗那么怕慈禧，你不会派刺客把她'解决'掉吗？"地理也好办，那是我跟心爱的白马王子周游世界的旅行见闻。数学，确实有点伤脑筋，三角函数实在不像个故事。"三民主义"，决定留到联考前一个月，再以革命心情奋战，仿效黄花岗七十二烈士。

某日午睡，梦到自己只考了两百多分。沮丧极了，恐惧这一生就这么成为泡沫。夜晚，虫声四起，前途茫然的孤独感占满内心，在日记上写着："我会去哪里？我会去哪里？"

抽屉里有一叠没写完的稿子，其中有一篇关于一个高中男生逃家的故事。想往下写，又收进去，索性把专放稿件与写作大纲的抽屉贴上封条，仿佛唯一的财产被法院查封。

如此安顿之后，升高三，当同学们一个个迸发高三杂症，勉强念书，或奔波各补习班像只无头苍蝇，我却笃定得像个磐石，心稳稳地纹丝不动。继续按自己的作息方式安排读书计划，虽然高三下学期的课堂考试成绩遭透了，但我摒弃老师的授课进度及测验计划，照自己的时间表走，不急、不慌、从不脱序。我读书喜欢问"为什么"，思考答案。有时"国文"里的问题必须从"历史"找解答，"历史"里的疑问，可以从"地理"得到线索。活读比死背深刻，而且有乐趣。如此一遍遍地读到胸中如有一面明镜，且国文、历史、地理知识相互串联、佐证，活生生如能眼见一朝一带风华。联考前一个礼拜，同学们灰头土脸，乱了军心，熬夜赶进度，我却无事可干，反其道而行，逛市场吃红豆冰，买蕃茄弄蛋炒饭。早晨、黄昏到山径散步，过几天舒服日子。其实无形之中，脑子里正在整编、活络所有念过的内容，使枝枝节节的知识更加密实，形成实力。我有自信，问任何问题，我都能说出一番道理。

联考那日，大多数人像进刑场，我却觉得像游园会。听说有同学拿到试卷，眼前发黑，手心冒汗，下腹绞痛，我觉得不可思议。我太稳了，拿到国文、历史、地理试卷，觉得像在考小学生，暗笑出题老师怎么出这种简单的题目。钟响后，同学们纷纷翻书找标准答案发出哀嚎声，或到家人面前忧心忡忡。我没人陪考，也觉得家人像组"进香团"陪考只会坏了军心。我一本书也没带，考过就算了，不再想它。闲得没事干，买汽水边走边喝，像个巡逻员。

没放榜，我已算出自己到台大，就算科系不理想，选个学风自由的大环境再转系，总比意气用事只是填几个志愿，再挤破头转校保险。我想到一个人才荟萃、高手辈出的大环境逼自己成长，所以，台大文学院六个系全填了。同学问我："万一上考古系怎么办？"我说："那就去挖坟墓嘛！"老师看我的志愿单，直皱眉头，简直是没主意的人的手笔，我仍坚持从头填到尾，人生哪能一下子就称心如意？我把选校搁第一顺位，进了大环境一切好说，考进哪个系不重要，从哪个系毕业才重要！从哪个系毕业又不重要，将来走哪一行更重要！我一向不认为一次联考就定了一生，往后的变数很大，多的是进自己的第一志愿科系、毕业后才改行的例子，与其四年后再从头学，我宁愿花一年时间好好摸索清楚，二年级时在哪个系，对我而言，就是决定了今生。

放榜后，在大屯山城赁居的小屋打点行囊，一下子天地开阔了。三年高中生活留下的日记、写的文章，一把火烧了，我的青春岁月在火光中、泪眼里化为灰烬。那些忧喜苦乐全不计较，也无须保存，我知道自己又要去陌生地方从头开始，就像过去每个阶段，命运交给我一张白纸一样。

在不断飘荡中，能感受自己的生命有了重量与意义是最大的收获。我太早离开家庭的保护，也学会独立，为自己的生命做主。虽然无法像一般人拥有快乐的青少年时期，可是也学到同龄孩子学不到的，如何做一只在荒野上准备起飞的鹰。当一切匮乏、无人为我支撑时，我惊讶自己能从"无中生有"，磨砺出各种能力，守护自己。这样的训练比考上心目中的大学更重要。

或者反过来看，因为有这种训练，才可能上心目中的大学。年轻生命蕴含各种潜力，愈早自我开发愈能起飞。可惜，大部分的人耽溺在家庭的优渥保护下，只知道吃鱼而不懂如何打造一根钓竿，其实学会钓鱼才是大训练，有的人则可能因家庭破碎而击溃向上意志，不懂得把恶劣环境当作生命中的"少林寺时期"，练就一身铜墙铁壁的功夫。每个人成长的困境不同，但我仍然相信，对生命热爱、对梦想追寻的这份毅力，会引领我们脱离困境。不要轻易认为今天就是末日，因为明天的太阳跟今天不一样。

如今回想高中生涯，短短三年，却把我一生的重要走向都起头了，我如愿转入中文系，如愿成为作家。少年时，怨怼老天，现在懂得感谢。

因为，当他赐给你荒野时，意味着他要你成为高飞的鹰。

人一生中最重要的是专注

　　半个多世纪以来，沃伦·巴菲特一直都恰到好处地把握了时机。对于这位传奇投资家，他的长期投资取得了惊人的回报，甚至有些学者都不敢相信，认为这只是侥幸成功。

　　人一生中最重要的是专注，巴菲特自己把他的成功归结为"专注"。施罗德写道："他除了关注商业活动外，几乎对其他一切如艺术、文学、科学、旅行、建筑等全都充耳不闻——因此他能够专心致志追寻自己的激情。"在小时候，沃伦就随身携带着自己最珍贵的财产——自动换币器。而10岁时，父亲提出带他旅行，他要求去纽约证券交易所。不久之后，巴菲特读到了一本名为《赚1000美元的1000招》的书，他对朋友说要在35岁前成为百万富翁。"在1941年的世界大萧条中，一个孩子敢说出这样的话，可真是胆大包天，听上去有点傻得透顶了，"施罗德写道，"但是……他很肯定自己能够实现这一梦想。"

1991年美国独立日那个周末，巴菲特和盖茨见面了。这次会面是在凯瑟琳·格雷厄姆和她拥有的《华盛顿邮报》的主编梅格·格林菲尔德的倡议下进行的。

对于盖茨，巴菲特还是非常欣赏的，尽管他比盖茨年长25岁，他知道盖茨是一个非常聪明的人，但更重要的是，一直以来，两人就是《福布斯》财富榜上争相被人们比较的对象。不过，以巴菲特对于IT（互联网技术）人士并不感冒的性格，他自己是肯定不会加入凯瑟琳的周末之旅的，但是在格林菲尔德的劝说下，巴菲特动摇了。格林菲尔德告诉他："你肯定会喜欢上盖茨的父母的，而且还有很多有意思的人也会去。"最终，巴菲特还是同意了。

想到要见到巴菲特他们，盖茨的心理何尝不是一样呢？"我和母亲谈了谈，而结论就是母亲质问我，问我为什么不来参加家里的聚餐？我告诉她我太忙了，我走不开，可她却搬出了凯瑟琳·格雷厄姆和巴菲特两个人，说他们都参加了！但是，我又告诉我的母亲说，我对那个只会拿钱选股票投资的人一点都不了解，我没有什么可以和他交流的，我们不是一个世界的人！不过在母亲的坚持下，我还是答应了。"

对于两位巨人的第一次见面，很多人都在仔细观察。至少在一点上，巴菲特和盖茨是相似的，如果遇到不热衷的话题，他们会尽量选择结束。人们对于盖茨不善隐藏自己的耐心早有耳闻，而巴菲特，虽然在遇到感觉无聊的话题时他不会提前走开转而找本书看，但是他依然有自己的方法，他会在第一时间把自己从不感兴趣的话题中解脱出来。

在与盖茨的交流中，巴菲特还是和平常一样，没有过渡语言直奔正题，他问盖茨有关IBM（国际商业机器公司）未来走势的问题，他还向盖茨询问是否IBM（国际商业机器公司）已经成了微软公司不可小视的竞争对手，以及信息产业公司更迭如此之快的原因为何？盖茨一一做出了回答。他告诉巴菲特去买两只科技类股票：英特尔公司和微软。轮到盖茨提问了，他向对方提出了有关报业经济的问题，巴菲特直言不讳地表示，报业经济正在一步一步走向毁灭的深渊，这和其他媒体的蓬勃发展有着直接的关系。只是几分钟的时间，两个人就完全进入了深入交流的状态。

"我们一直在聊天，没完没了，根本没有注意到其他人。我问了他很多关于IT（互联网技术）产业的问题，但我从来没有想过要理解属于他的那个行业。盖茨是一个很不错的老师，我们谁都没有结束这次交谈的念头。"

巴菲特和盖茨边走边谈，从花园来到了海滩，人们也竞相尾随。"我们根本没有注意到这边这些人的存在，没有发觉周围还有很多举足轻重的人，最后还是盖茨的父亲看不过去了，他非常绅士地对我们说，他希望我们能融入大家的这场派对，不要总是两个人说话。之后比尔开始试图说服我购买一台电脑，但我告诉他我不知道电脑能为我做些什么，我不介意我投资项目的具体变化曲线，我不想每5分钟就看一下结果，我告诉他我对这一切把握得很清楚。但比尔还是不死心，他说要派微软最漂亮的销售小姐向我推销微软的产品，让她教会我如何使用电脑。他说话的方式很有趣，我告诉他：你开出了一个让人无法拒绝的条件，但我还是会拒绝。"

一直到太阳落山，鸡尾酒会开始，两人的谈话还没有结束。盖茨之前过来时乘坐的飞机将在傍晚离开，只是飞机走了，盖茨没有走，他依然在享受与巴菲特聊天的乐趣。

"晚饭的时候，盖茨的父亲问了大家一个问题，人一生中最重要的是什么？我的答案是'专注'，而比尔的答案和我的一样！"

当巴菲特说出"专注"这个词的时候，不知道在座的人当中有多少人能够体会他这个词的含义，但一直以来，专注就是巴菲特前行的重要指南。专注是什么？是对于完美的追求，而且这种秉性是特有的，不是谁说模仿就能模仿得了的。

专注不但是做事情成功的关键，也是健康心灵的一个特质。专注就是注意力全力集中到某事物上面，与你所关注的事物融为一体，不被其他外物所吸引，不会萦绕于焦虑之中。

不能专注的人，也就不能放松。专注与放松，实际上是同一枚硬币的两面而已，专注也是幸福人生的一个关键特质。

一个人对一件事只有专注投入，才会带来乐趣。对于一件事情，无论你过去对它有什么成见，觉得它多么枯燥，一旦你专注投入进去，它立刻就变得活生生起来！而一个人最美丽的状态，就是进入那个活生生的状态。

专注是对于专业精益求精的追求，正是由于专注，才成就了托马斯·爱迪生这个美国历史上最伟大的发明家；正是由于专注，才诞生了沃尔特·迪斯尼这位享誉世界的动画片之父；正是由于专注，才让大家认识了美国灵魂乐教父詹姆斯·布朗。同样，专注还是完成伟大事业的决心，否则，人们就不会看到首位女性国会议员珍妮特·兰金力排众议反对美国参加两次世界大战，而这两场战争带给世界的除了灾难就是痛苦。

我爱上了这个地方

2003年，34岁的成都女教师谢晓君带着3岁的女儿，到四川省甘孜藏族自治州康定县塔公乡的西康福利学校支教。2006年8月，一座位置更偏远、条件更艰苦的康定县第一所寄宿制学校——木雅祖庆学校创办了。谢晓君主动前往当起了藏族娃娃们的老师、家长甚至保姆。2007年2月，她把工作关系转到康定县，并表示"一辈子待在这儿"。

到雪山脚下去

康定县塔公乡多饶干目村，距成都约500公里，海拔4100米。在终年积雪的雅姆雪山的怀抱中，在一个山势平坦的山坡上，四排活动房屋和一顶白色帐篷依山而建，这就是木雅祖庆学校简单的校舍。

时针指向清晨6点，牧民家的牦牛都还在睡觉，最下边一排房子窄窄的窗户里已经透出了灯光。女教师寝室的门刚一开，夹着雪花的寒风就一股脑儿地钻了进去。

草原冬季的风吹得皮肤生疼。屋子里的5位女教师本想刷牙，可凉水在昨晚又被冻成了冰疙瘩，只得作罢。她们逐一走出门来，谢晓君不得不缩紧了脖子，下意识地用手扯住红色羽绒服的衣领，这让身高不过一米六的她显得更瘦小。

吃过馒头和稀饭，谢晓君径直朝最上排的活动房走去。零下十七八摄氏度的低温，冰霜早就将浅草地裹得坚硬滑溜，每一次下脚都得很小心。

六点半，早自习的课铃刚响过，谢晓君就站在了教室里。三年级一班和特殊班的70多个孩子是她的学生。"格拉！格拉！（藏语：老师好）"娃娃们走过她身边，都轻声地问候。当山坡下早起的牧民打开牦牛圈的栅栏时，木雅祖庆教室里的琅琅读书声，已被大风带出好远了。

2006年8月1日，作为康定县第一所寄宿制学校，为贫困失学娃娃而创办的木雅祖庆学校诞生在这山坳里。一年多过去了，它已经成为康定县最大的寄宿制学校，600个7岁到20岁的牧民子女在这里学习小学课程。塔公草原地广人稀，像城里孩子那样每天上下学是根本不可能的，与其说是学校，不如说木雅祖庆是一个家，娃娃们的吃喝拉撒睡，老师们都得照料。谢晓君和6位教职员工是老师，是家长，更是保姆。

学校的老师里，谢晓君是最特殊的。1991年她从家乡大竹考入四川音乐学院，1995年毕业后分到成都石室联中任音乐老师。2003年，她带着年仅3岁的女儿来到塔公的西康福利学校支教，当起了孤儿们的老师。2006年，谢晓君又主动来到了条件更为艰苦的木雅祖庆学校。

三年级一班和特殊班的好多孩子都还不知道，与自己朝夕相处的谢老师其实是学音乐出身。从联中到西康福利学校，再到木雅祖庆学校，谢晓君前后担任过生物老师、数学老师、图书管理员和生活老师。每一次变动，谢晓君都得从头学起。

从成都到塔公，谢晓君不知多少次被人问起，为什么放弃成都的一切到雪山来？"是这里的纯净吸引了我。天永远这么蓝，孩子是那么尊敬老师，对知识的渴望是那么强烈……我爱上了这个地方，爱上了这里的孩子。"

最初让她来到塔公的不是别人，正是自己的丈夫——西康福利学校的负责人胡忠。

福利学校修建在清澈的塔公河边，占地50多亩，包括一个操场、一个篮球场和一个钢架阳光棚。这里是甘孜州13个县的汉、藏、彝、羌四个民族143名孤儿的校园，也是他们完全意义上的家。一日三餐，老师和孤儿都是在一起吃的，饭菜没有任何差别。吃完饭，孩子们会自觉地将碗筷清洗干净。

西康福利学校是甘孜州第一所全免费、寄宿制的民办福利学校。早在1997年学校创办之前，胡忠就了解到塔公教育资源极其匮乏的情况，"当时就有了想到塔公当一名志愿者的念头"。

辞去化学教师一职，胡忠以志愿者身份到西康福利学校当了名数学老师，300多元生活补助是他每月的报酬。临别那天，谢晓君一路流着泪把丈夫送到康定折多山口。

谢晓君家住九里堤，胡忠离开后，她常常在晚上十一二点长途话费便宜的时候，跑到附近的公用电话亭给丈夫打电话。所有的假期，谢晓君都会去塔公，跟福利学校的孤儿们接触越来越多，谢晓君产生了无比强烈的愿望：到塔公去！

从头再来——音乐老师教汉语

"城市里的物质、人事，很多复杂的事情就像蚕茧一样束缚着我，而塔公完全不同，在这里心灵可以被释放。"

谢晓君弹得一手好钢琴，可学校最需要的不是音乐老师。生物老师、数学老师、图书管理员和生活老师，3年时间里，谢晓君尝试了四种角色，顶替离开了的支教老师。她说："这里没有孩子来适应你，只有老师适应孩子，只要对孩子有用，我就去学。"

2006年8月1日，木雅祖庆学校在比塔公乡海拔还高200米的多饶干目村成立，没有一丁点儿犹豫，谢晓君报了名。学校实行藏语为主汉语为辅的双语教学。"学校很缺汉语老师，我又不是一个专业的语文老师，必须重新学。"谢晓君托母亲从成都买来很多语文教案自学，把小学语文课程学了好几遍。

牧民的孩子们大多听不懂汉语，年龄差异也很大。37个超龄的孩子被编成"特殊班"，和三年级一班的40多个娃娃一起成了谢晓君的学生。学生们听不懂她的话，谢晓君就用手比画，好不容易教会了拼音，汉字、词语又成了障碍。谢晓君想尽一切办法用孩子们熟悉的事物组词造句，草原、雪山、牦牛、帐篷、酥油……接着是反复诵读、记忆。课堂上，谢晓君必须不停地说话来制造"语境"，一堂课下来她能喝下整整一暖壶水。

4个月的时间里，这些特殊的学生学完了两本教材，谢晓君一周的课时也达到了36节。令她欣慰的是，特殊班的孩子现在也能背诵唐诗了。

"这样的快乐不是钱能够带来的。"

"课程很多，上课是我现在全部的生活，但我很快乐，这样的快乐不是钱能够带来的……我会在这里待一辈子。"

木雅祖庆学校没有围墙，从活动房教室的任何一个窗口，都可以看到不远处巍峨的雅姆雪山。不少教室的窗户关不上，寒风一个劲儿地朝教室里灌，尽管身上穿着学校统一发放的羽绒服，在最冷的清晨和傍晚，有的孩子还是冻得瑟瑟发抖。

"一年级的新生以为只要睡醒了就要上课，经常有七八岁的娃娃凌晨三四点醒了，就直接跑到教室等老师。"好多娃娃因此而被冻感冒。谢晓君很是感慨："他们有着太多的优秀品质，尽管条件这么艰苦，但他们真的拥有一笔很宝贵的财富——纯净。"

这里的娃娃们身上没有一分钱的零花钱，也没有零食吃，学校发给的衣服和老师亲手修剪的发型都是一样的，没有任何东西可攀比。他们之间不会吵架更不会打架，年长的孩子很自然地照顾着比自己小的同学，同学之间的关系更像兄弟姐妹。

每年6月至8月是当地天气最好的时节，太阳和月亮时常同时悬挂于天际，多饶干目到处是绿得就快要顺着山坡流下来的草地，雪山积雪融化而成的溪水朝下游的藏寨欢快地流淌而去。这般如画景致就在眼前，没有人能坐得住，老师们会带着娃娃把课堂移到草地上，娃娃们或坐或趴，围成一圈儿，拿着课本大声朗诵着课文。当然，他们都得很小心，要是不小心一屁股坐上湿牛粪堆儿，就够让生活老师忙活好一阵子了，孩子自己也就没裤子穿没衣裳换了。

孩子们习惯用最简单的方式表达对老师的崇敬：听老师的话。"布置的作业，交代的事情，孩子们都会不折不扣地完成，包括改变好多生活习惯。"不少孩子初入学时没有上厕所的习惯，谢晓君和同事们一个个地教，现在即便是在零下20摄氏度的寒冬深夜，这些娃娃们也会穿上拖鞋和秋裤，朝60米外的厕所跑。

　　自然条件虽严酷，但对孩子们威胁最大的是塔公大草原的狼，它们就生活在雅姆雪山的雪线附近，从那里步行到木雅祖庆学校不过两个多小时。

　　尽管环境如此恶劣，谢晓君却觉得与天真无邪的娃娃们待在一起很快乐，她说："课程很多，上课是我现在全部的生活，但我很快乐，这样的快乐不是钱能够带来的。"

　　"明年，学校还将招收600名新生，教学楼工程也将动工，未来会越来越好，更多的草原孩子可以上学了……我会在这里待一辈子。"说这话时，谢晓君就像身后巍峨的雅姆雪山，高大雄伟，庄严圣洁。

活成自己的盖世英雄

屈原有名句："路漫漫其修远兮，吾将上下而求索。"我们都有疲惫、茫然、低谷期，甚至有时候感觉自己就像被抛弃了一样，很无助，好在这些困难都会过去的。我们应该庆幸，该奋斗的年纪没有选择安逸，命运终究不会辜负一个认真努力的人。

一

昨晚，看到闺蜜小蕊发的朋友圈："走出深夜空旷的办公楼，我是那个疲惫至极、准备归家的人。"

小蕊是个自律又努力的姑娘，很少有丧气的时候。会写这句话，是因为连续加班一周才改好的设计方案，刚刚又被客户pass（淘汰）了。

事实上，这已经是她第二十次收到对方的修改意见。看着电脑里那份早已没有任何灵感、只能听任修改的设计稿，她忽然就感觉到说不出的疲惫。

"我每天起早贪黑工作，只是努力想让自己过一种看起来有希望的生活，可有时候，还会觉得好难。"她在电话里的声音忽然哽咽，"你能明白这种感受吗？"

我想告诉她，我懂。因为这样的瞬间，我也曾无数次经历过。

就在前几天，我妈再次因为急性胆囊炎发作被送到了医院急诊。交住院费的时候，爸舍不得让我花钱，取了2000块非得给我，被我偷偷塞了回去。没想到，转个身，钱就在电梯里被小偷偷走了。

这可是他们平时省吃俭用、一分一厘攒下来的血汗钱啊。得知这个消息后，我愣了很久。

这一年来，家里发生了太多的事。妈妈折了腿，爸爸生病，弟弟离婚，虽然如此，我还是一再地安慰自己，没关系的，只要一家人齐心协力，扛扛就过去了。可这一刻，这突如其来丢失的2000元钱，还是瞬间把我的心情打落到了谷底。

想起一句话：使人疲惫的，不是远方的高山，而是鞋子里的一粒沙。

有时候，再大的决心和勇气，在现实的种种考验面前也免不了有被难倒的时候。它们就像不时落进鞋底的一粒沙，总是会提醒我们，人生很难，前行不易。

二

成年人的世界里没有"容易"二字，平凡如你我，每个人，都有各自无法言说的心酸。

一位读者曾跟我讲述她的经历。

一个人在异乡打拼，每天像沙丁鱼一般挤地铁上下班，工作尽职尽责还是担心会被炒，忙到和朋友的联系越来越少，为了存钱买房不敢休假旅游。有时候，她走在熙熙攘攘的街头，就会莫名地感到沮丧，仿佛自己随时会被人群淹没。

但让我印象最深的，是她在留言最后的话。她说，虽然很难，可我不会轻易认输，如果生活注定充满艰辛，那我就学着做拯救自己的那个英雄。

后来我们互加了微信，成了好友。偶尔在私底下，她还是会跟我吐吐槽，讲讲遇到的困难，但却从未停止努力的脚步。

一年来，我也看着她在一点点变好。先是跳槽去了更有实力的公司，又在同事介绍下认识了一位情投意合的男友，谈起了恋爱。

最近一次，她在给我的留言中透露了升职的消息。"小时候，幻想做一个闪闪发光的大人。长大后才明白，能在平凡生活中做自己的英雄，就足够了不起。"

是啊，我们都一样，偶尔都有各自艰难的路途要走，都会有感到疲惫和无助的时候。可是无论怎样的处境，也熄灭不了我们心里对未来的渴望。就算无数次被打倒，哭一哭，抹干眼泪，天亮以后，依然可以咬紧牙关站起来，继续去战斗、去拼搏。

因为我们都知道，面对生活的刁难，逃避和退却都是最懦弱的选择。只有敢于坚持，才不会让自己沦为失败者。

三

写这篇文章之前，我刚从医院探完病回家。妈妈的病情已经好转，周末应该就可以出院了。

小蕊也告诉了我一个好消息，第二十一次修改之后，她的设计方案终于得到了客户的认同，顺利为公司签下了今年最大的一单项目。

为她高兴的同时，更多的是感慨：每一次成功的背后，都有太多不为人知的艰辛和努力，所有前行路上的苦和难，只能靠我们自己慢慢熬过去。

命运终究不会辜负一个认真努力的人。有些路，勇敢地走下去，我想，生活总会给你一个满意的答案。

也许依然会不可避免地感到疲惫，但请记住，那些坎坷的经历，会将我们打造得越发坚韧；那些打不倒我们的，也终将会使我们变得更加强大。

很喜欢这样一句话：我什么都没有，唯有心口一点勇。

生活很难，可勇敢的人，从不言败。

余生，让我们一起全力以赴，披荆斩棘，活成自己的盖世英雄。

献给一往无前的你：在这个充满爱与被爱、伤害与被伤害的世界里，生命对我们是吝啬的，因为它总是让我们失望。可是，生命又是这么慷慨，总会在失望之后给予我们拯救。

梦想的尽头，有星光等候

愿你以梦为马，随处可栖

郭婷　主编

红旗出版社

图书在版编目（CIP）数据

愿你以梦为马，随处可栖 / 郭婷主编. — 北京：
红旗出版社，2019.8
（梦想的尽头，有星光等候）
ISBN 978-7-5051-4915-1

Ⅰ.①愿… Ⅱ.①郭… Ⅲ.①成功心理—通俗读物
Ⅳ.①B848.4-49

中国版本图书馆CIP数据核字（2019）第163382号

书　名　愿你以梦为马，随处可栖
主　编　郭婷

出 品 人	唐中祥	总 监 制	褚定华
选题策划	华语蓝图	责任编辑	朱小玲　王馥嘉

出版发行	红旗出版社	地　　址	北京市北河沿大街甲83号
编 辑 部	010-57274497	邮政编码	100727
发 行 部	010-57270296		
印　　刷	永清县晔盛亚胶印有限公司		
开　　本	880毫米×1168毫米　1/32		
印　　张	25		
字　　数	680千字		
版　　次	2019年8月北京第1版		
印　　次	2020年1月北京第1次印刷		

ISBN 978-7-5051-4915-1　　定　价　160.00元（全5册）

前　言

有时候，我们活得很累，并非生活过于刻薄，而是我们太容易被外界的氛围所感染，被他人的情绪所左右。行走在人群中，我们总是感觉有无数穿心掠肺的目光，有很多飞短流长的冷言，最终乱了心神，渐渐被缚于自己编织的一团乱麻中。其实你是活给自己看的，没有多少人能够把你留在心上。

也许有那么一个时候，你忽然会觉得很绝望，觉得全世界都背弃了你，活着就是承担屈辱和痛苦。这个时候你要对自己说，没关系，很多人都是这样长大的。风平浪静的人生是中年以后的追求。当你尚在年少，你受的苦，吃的亏，担的责，扛的罪，忍的痛，到最后都会变成光，照亮你的路。

生活不是用来妥协的，你退缩得越多，能让你喘息的空间就越有限；日子不是用来将就的，你表现得越卑微，一些幸福的东西就会离你越远。在有些事中，无须把自己摆得太低，属于自己的，都要积极地争取；在有些人面前，不必一而再地容忍，不能让别人践踏你的底线。只有挺直了腰板，世界给你的回馈才会多点。

人生是一场孤旅，你就是你，独一无二的自己，无论是走在人群中还是站在旷野里，不要有太多祈求依赖，因为即使是你的影子，在黑暗中也会离开你。你再优秀也会有人对你不屑一顾，你再不堪也会有人把你视若生命。所以，得志时不要骄傲，落魄时不要堕落，活着不为取悦任何人，选择一种姿态，活得无可替代。

长大之后的我们，都是与生活作战的人。单枪匹马，跌跌撞撞，再苦再累也要咬紧牙关。这个世界上，有多少人，从来没有被生活善待过，却依然温柔地对待生活。遇见最美的人生，遇见最好的自己。生活的冒险是学习，生活的目的是成长，生活的本质是变化，生活的挑战是征服。

愿我们都相信，奇迹有时候是会发生的，但是你得为之拼命地努力。机会只留给有准备和有勇气的人，奇迹也是如此。

总是要很久才能明白，我们把勇敢都用在了别处，然后再用青春的盲目选择为今后买单。你问开不开心值不值得，谁又能回答呢，没有回程票，只能风雨无阻往前走。

请相信，那些执着于远方和梦想的时光里，连痛都是一种幸福。那个照亮了方向的太阳，就是我们熠熠生辉的梦想。

目　录

第一章
灯火阑珊，以梦为马

你学过的每一样东西，你遭受的每一次苦难，都会在你一生中的某个时候派上用场。

——佩内洛普·菲兹杰拉德

艰难的转身

岁月的阴霾笼罩着1940年6月23日，在美国田纳西州的一个贫困家庭中，有个女孩出生了。她是这个家庭的第20个孩子，同样是黑人，可是她却比其他黑人显得更黑更瘦小，因为她是早产儿，生下来时体重仅有两公斤。她从小就患有多种疾病，因此，哥哥姐姐们都特别疼爱她。

她就这样磕磕绊绊地成长着。不幸的是，4岁那年，她又患了小儿麻痹症。她的左腿没有知觉，几乎不能走路，可她却每天都要爬到门外，看街上的人来人往。6岁的时候，她不得不开始穿着固定腿的金属绷带，就是人们所说的铁鞋，否则她根本无法走路。别看她那么弱小，身体里却有着令人惊奇的毅力。她穿着铁鞋走出门去，起初走得极其艰难，可是渐渐地，她就可以走得和别的孩子一样快了。只是别的孩子依然嘲笑她，戏弄她，她追着他们打。虽然她可以勉强赶上那些孩子，可是穿着那个笨重的家伙，转身的时候极为不便，她常常要花几分钟的时间才能换个方向。那些孩子常常跑着跑着便绕到她身后，大声地嘲笑她。

那样的时刻，她把嘴唇咬得没有血色，狠狠地说："我一定要转过身去！"

经过几年的锻炼，她终于可以灵活地随意转身了，这其中的艰辛与痛苦，只有她自己知道，只有跌倒了无数次的路面知道，只有重重的铁鞋知道。

哥哥姐姐们给她的关爱，常让她的心温暖如春。每个晚上，他们都会轮流给她按摩左腿，从不间断。正是有了这种爱和执着，她才能咬牙走过那些难熬的时光。11岁那年秋天的一个傍晚，她在后院看哥哥们打篮球，看着他们跳跃的身影，她羡慕得无以复加。她偷偷摘下自己的铁鞋，跑过去和哥哥们一起抢球。虽然她在跳起的瞬间跌倒了，可她脸上的笑容却是那么灿烂。自那以后，她常常脱掉铁鞋，和哥哥们打球。随着时间的流逝，她穿铁鞋的时间越来越少，终于在一年多以后，彻底将铁鞋扔进了仓房。

有一天，已成少女的她，对家里人宣布："我要当一名运动员！"她的话引来家里人的一片反对声。在大家七嘴八舌地劝说她的时候，她却低下头，像小时候那样狠狠地说："我一定要转过身去！"是的，她的这次转身，要比小时候穿着铁鞋时更为艰难。可是她不怕，毅然开始了自己的运动生涯。先是女子篮球队，后是田径队，她给了人们太多的惊奇和惊喜。

她终于迎来了自己的辉煌。在1960年的罗马奥运会上，她夺得了100米、200米和4×100米3块金牌，并创造了200米和4×100米的新的世界纪录！站在领奖台上，她轻盈地转了个身，然后垂下头，咬着自己的嘴唇，用低得只有自己才听得见的声音说："我一定要转过身去！"人们看不见她的眼泪，只看见她的坚强。

两年之后，运动生涯正如日中天的她，却突然宣布要退役，开始一种全新的生活。面对人们的不解和反对，她说："金牌、期望等等，这些都太重了，比童年时的铁鞋还重，我怕时间再久，便没有力气转身了！虽然现在也很难，可我一定要转过身去！"

后来，她成为一名教师，这是她多年的梦想。她身为一个黑人，知道种族歧视的可怕，所以她投身于自己家乡的教育事业，用自己的人格力量，影响教育着孩子们。同时，她也当教练，教导那些出身穷苦人家的有天分的孩子。无论是作为教师还是教练，她不仅传授知识和技术，还教给孩子们许多做人的道理，以及生命中种种积极美丽的东西。看着孩子们善良而快乐的笑脸，她深为自己这次成功的转身而自豪。

她，就是威尔玛·鲁道夫。1994年，54岁的威尔玛·鲁道夫因脑癌逝世。出殡那天，万人云集，一起送她最后一程。虽然时隔多年，我们仍感动于她生命中那几次最艰难也最华丽的转身。还有，她在每一次转身时呈现出来的穿透人心的精神力量！

像自己这样生活

他从小就非常崇拜那些成功人士，读小学时，写过一篇题为《像比尔·盖茨那样进取》的作文，老师当作范文朗读，并赞许他志向高远。进入大学后，他更是迷恋上那些励志图书，如饥似渴地阅读了《像伟人那样思考》《像强者那样行动》《像智者那样探索》《像明星那样经营》之类令人热血沸腾的书籍。

大学毕业后，他毅然去做保险推销员。只因《世界上最伟大的推销员》那本书，点燃了他从零开始的激情。他不断磨砺意志，渴望在不断地遭遇挫折后，也能够像那位杰出的推销员一样赢得堪称奇迹的成功。但是，四年艰苦的打拼过后，他并没有拥抱想象中的辉煌，依然只是一个整天为温饱忙碌奔波的小人物。

苦恼过，叹息过，焦虑过，不甘碌碌无为的他，又开始了多方尝试，多方探索，似乎每一个成功者走过的路，对他都是很大的激励。结果，十几年过去了，人到中年的他，仍旧囊中羞涩。成功，似乎有意疏远他，难为他。

那年秋天，他回到那个偏远的小山村。家乡已发生了很大的变化，许多年轻人都外出打工了，许多孩子也跟着父母进城了，村子里多是一些老人、妇女。春种秋收也大多机械化了，几乎没有人再积肥保养土地了，因为大家更相信化肥的威力。也很少有人再挥锄"汗滴禾下土"了，因为有了便捷的除草剂，一喷洒就基本解决问题了。大家自然地都那么做，因为那样的耕作方式省时、省力，虽说成本较高，粮食品质较低，对土地的破坏较大，但明显的高产量，却鼓动着大家毫不犹豫地如此选择。

难道在农村老家，也吃不到真正的绿色食品了？他有些悲哀地问父亲。

父亲告诉他，只有邻村那个老耿头，种地还像从前一样，养猪养牛，从不买化肥。他还用牛耕地、耙地，靠人力一锄头、一锄头地除草。只是，他种的粮食产量不高。

他惊讶于老耿头的固执，问他为什么不像别人那样种地？老耿头淡淡一笑："每一个人都有自己的一种活法，为什么要像别人那样呢？我觉得像自己这样种地最好。虽说辛苦一些，收入少一些，但保养了土地，还种出了更益于健康的粮食。"

真的这么简单？他很难想象别人都在图轻松、图多获利的时候，老耿头仍能不为别人的轻松成功所动。

"就这么简单，像自己这样生活，我感觉很知足，也很幸福。"老耿头朴实的话语里透着深刻的哲学意味。

"像自己这样生活。"他轻轻地重复了这一句话，心田里陡然洒入了一缕阳光。

后来，他听说老耿头不盲从他人的种地方式，被记者报道后，受到许多人的关注，很多经销商争相上门出高价订购他的粮食，他的收入比那些高产的粮食大户还多了。

没错，每个人都可以有许多选择，每个人都有自己的道路，但是，不管怎样虚心地学习别人，都千万不要迷失了自己，不要企图把自己变成别人的样子，不要简单地抄袭别人的生活。你要知道，像自己这样生活，才能准确定位，才能从容淡定，才能品味到属于自己的幸福。

努力过好当下的每一天

一

看过这样一个故事：一对小夫妻开了个小店卖馒头，就一张红纸写了店名贴在门口。一个电蒸锅，一天也蒸不出几屉馒头。邻居都替他们发愁，这日子可咋过呢？

谁知过了几个月，来买馒头的人越来越多，红纸上便添了几个字，开始卖花卷、糖三角和发糕。又过了几个月，又添了煮黏苞米、自制大酱、咸鸭蛋和咸菜……

这家人"就像雨后抖动的一株草"。是的，这株草虽然柔弱，但却有一种令人感动的生命力。

一对普通的小夫妻，通过一天天踏实的努力，生活越来越好。然而，也有一些人，感觉自己没有握住一手好牌，便早早放弃了。

堂弟小强初中毕业就辍学，四处打工，干过快递员、装修工人、汽车修理工等，但每次都干不长。可他还总是抱怨，要么说那些工作太累，要么说自己挣得太少。

有一次，偶遇自己的初中同学，看到对方已是研究生毕业，进了一家大企业，堂弟顿感无比失落，又开始埋怨父母当初不劝自己继续读书，埋怨长辈没有本事……如今他已30多岁，打工的钱养活不了自己，还天天留恋网吧，彻底自暴自弃。

有句话说得好：太平年代，很少有人生绝境。社会的每个角落，看得到自暴自弃，也看得到向光而行的生命力。

而生活，永远不会亏待用心经营它的人。

二

简单的道理，却不是每个人都懂得。

去朋友公司办事，遇到一位女孩子在她办公室哭得梨花带雨。原来，朋友公司前阵子招聘来两个新人，现在只能留一个，被淘汰的女孩子来问为什么。

为什么呢？朋友说，这两个女孩子刚来的时候，感觉资质都差不多，但是半年后却分出了高下。A女孩得心应手，B女孩得过且过。

朋友说了一件事儿：前阵子公司两位女员工同时休产假，工作量比较大，经常一个人干两个人的活儿，还要加班。A女孩虽然刚开始业务不熟练，但是努力做好每一件事，除了本职工作，还经常帮助其他同事跑腿、订餐。B女孩做起事情很仔细，不出差错，但是效率特别低。

有一次，朋友听见B女孩和A女孩说：你别那么傻，干得再多，功劳也是别人的。

朋友接着说了第二件事儿：两个女孩合住在朋友闲置的一个两室一厅的房子里。有一天晚上，朋友回去拿点东西，发现A女孩的房间干净整洁，有一股淡淡的薰衣草香味，窗台上有几盆小小的多肉，还有一株绿萝；B女孩的房间，床上堆满了衣物和化妆品，感觉坐下去都很难。

朋友说，平时，B女孩比A女孩打扮得光鲜亮丽，没想到私下里却这么潦草。

一个对生活如此敷衍的人，不会有太大的出息。认真努力生活的人，才会充满希望且有无限的可能。

时光不会辜负一个平静努力的人。

三

这些年，我们被一波又一波的成功案例所激励，眼光望向各行各业的名人大咖，羡慕他们的生活，渴望复制他们的成功经历。

但我们必须清楚地看到，这个世界上，不是努力就一定可以成功。想取得大的成就，基于成长、环境、机遇等诸多因素。

　　大多数的人，都是默默无闻。但，这不是我们停下脚步的理由。因为生活没有我们想的那么轻松，也没有我们以为的那么沉重。

　　只要努力过好当下的每一天，不放过每一个细小的机会和努力，那么你吃过的苦，最终都会成为通向未来的路。

奇迹终会发生

2012年2月4日晚，NBA（美国职业篮球联赛）纽约尼克斯队球员，23岁的林书豪随队从波士顿飞回纽约，他不知道当晚他会在哪里过夜，因为他不确定明天还能不能待在纽约、待在尼克斯。像他这样一个NBA（美国职业篮球联赛）边缘人物，通常的命运是比赛时坐在球员板凳席的最末端，在饮水机旁边挥舞毛巾，然后在垃圾时间里，上场两分钟，怒砍2分狂刷2板，然后第二天可能又会出现在另外一个球队的板凳席上，重复着相同的动作，最后在这样颠沛流离中消耗着自己的青春，直至默默地从这个联盟消失。很多年以后，他的队友们记起他的时候也许会说："哦，就是那个给我提背包、买甜甜圈的菜鸟啊，那时的甜甜圈才一Dollar（美元）一个啊。"

而在此之前，他的生命轨迹确实是这样的：2010年末参加选秀进入NBA（美国职业篮球联赛），加盟金州勇士，一年后被裁，被休斯顿火箭收留，不到半个月被裁，四天后，被纽约尼克斯以无保障底薪签下，而就在2012年2月4日这一天之前，尼克斯也倾向于在林书豪合同变为完全保障前裁掉他。

虽然他的履历上写着"华裔，高中GPA4.2（平均绩点），数理天才，哈佛大学经济学毕业生，GPA3.1（平均绩点）"，但是在这个联盟里，大家看的是你的篮球能力而不是你的高数分数，这里有太多的高中毕业直接进入联盟的篮球天才，和大一大二就加盟NBA（美国职业篮球联赛）的明星球员。

如果尼克斯在2月4日这一天裁掉他，也就不会有以后的故事，他仍然可能在这个联盟的某一个球队担任着跑龙套和打酱油的角色，然而上帝却给了他另外一个剧本。

一周以后的2月11日，在篮球圣地麦迪逊广场花园，面对全联盟好胜心最强的科比·布莱恩特，林书豪拿下38分7助攻，带领尼克斯击败洛杉矶湖人，成为25年来，首位在麦迪逊花园广场迎战湖人的比赛中得分达到过38分的尼克斯球员。而在此之前的三场比赛，他的数据分别是25+7、28+8、23+10，这也是勒布朗·詹姆斯之后，首位在个人职业生涯的前两场首发的比赛中均打出20+分和8+次助攻的表现的球员。而他在首发的头三场比赛中得到了89分，创造了自ABA（美国篮球协会）和NBA（美国职业篮球联赛）合并（1976—1977年）以来的新纪录。

这个在爆发前夜还在担心被裁而不敢租房子，在队友沙发上过夜的人，这个黄皮肤黑眼睛的华裔，这个哈佛小子，用他特有的倔强和坚持，书写了这个苛刻联盟的一段传奇。

这样一个几天前还在比赛时坐冷板凳、猛灌免费佳得乐、挥舞毛巾看守饮水机的球员，就像《喜剧之王》里周星星扮演的那个死啊死啊死不了的蹩脚小龙套，突然有一天导演扔给你一个剧本：喏，回去多揣摩揣摩角色剧情，顺便煮碗面给自己吃。你拿回家一看：我靠，男一号。任务：拯救地球，维护世界和平。

NBA（美国职业篮球联赛）有个口号叫"Where Amazing Happens——奇迹发生之地"，我不知道这个算不算一个奇迹，但是它至少会告诉我们，在你的伟大来临之前，你会流落街头睡沙发，会被人无视被人看不起，但你要勤学苦练，要倔强坚持，因为这一切，都将会是值得的。

从前，我们看他学习刻苦成绩优秀，将来不是医生就是律师，最终，没想到一不小心，他却来拯救天下。

做不可替代的自己

一

有个同行前辈，对别人的成功总是怀有偏见。身边人做成了事，她总要来一句，肯定是靠潜规则吧。

前段时间，部门最年轻的黄姑娘被列入外派学习名单。大家赞不绝口，纷纷向黄姑娘伸出大拇指，只有这位前辈坐在一边，一脸不屑。等黄姑娘不在时，前辈终于说话了："黄姑娘可是有背景的，听说她爸与我们领导关系好，这不就是潜规则嘛。"

这个在同一家单位的同一个部门坚守了十几年依然没有起色的"老革命"，对行业乃至全世界的判断只有一点：成功无一例外，都是用潜规则换来的。她不相信别人通过努力能获得成功，更不相信自己努力也能获得成功。她从来没有尝试过。她隔三差五迟到，还直言不讳"来得早也没事做"；她喜欢追剧，每天中午都要在屏幕前守两小时，雷打不动；下午，倦意袭来，她要么趴在桌上打盹儿，要么盯着手机发笑；下班时间还没到，她已收好行囊，蠢蠢欲动。

黄姑娘跟她完全不一样。黄姑娘知道所有的成功都不会从天而降，在工作上可谓尽心竭力，一丝不苟。她每天第一个到达办公室，全身心投入工作；即便大家都纷纷躺下午休，她依然不舍得荒废半点时光，坐在电脑前研究工作软件；下午三四点，实在太困，冲杯咖啡，继续处理各种文件；下班时间到了，她总要把手头的工作处理完，方才离开办公室；她懂得高效地工作，更懂得投资学习。

下班时间，别人打麻将、逛街、唱歌，她在家一本一本地啃着专业书；周末，同事们游山玩水，她在图书馆默默学习。

时间永远是最好的见证，你把精力花在哪儿，就会在哪儿得到回报。黄姑娘的成功，不是潜规则换来的，而是一点一滴的努力换来的。

二

前段时间，好友裴姐参加市里的演讲比赛，得了一等奖。我们都为她高兴。

恰逢周末，几个朋友在微信群里一吆喝，跑到裴姐家小聚。可是，平日里最爱号召聚会的元元妹没有来，在场的一个朋友说，元元妹和裴姐一起参加了比赛，没得奖，碍于情面吧。可就在当晚，元元妹在微信群里说道："这种比赛，看似公平，其实都是内部人员说了算。靠潜规则得了一等奖，没什么了不起……"

看着元元妹发出的一句句恶语，不难想象她的表情是多么狰狞，内心是多么嫉恨。

我们都知道，裴姐是个"书迷"，无论多忙，她每天都要看书，家里有十多个写得密密麻麻的本子，全是她的读书笔记。

比赛前半个月，裴姐每晚在家练习，请她老公或邻居当评委。裴姐专心训练的时候，元元妹在干什么呢？用她老公的话说，小区的麻将馆是她第二个家。

不愿努力的人，很难品尝到成功的滋味。他们把"潜规则"挂在嘴上，表面上是在鄙视"潜规则"，实际上，是在嫉妒他人的成就，也在为自己的懒惰和失败找借口。尝到过成功滋味的人最明白，成功的规则并不是那些小动作，而是勇往直前的决心和风雨兼程的行动。

三

一个小伙子向一家大公司投递了简历，被邀去参加面试。经过一轮轮淘汰，最终留下三个人。可是岗位只要一个人，面试官认为三人实力相当，有点为难，灵机一动，出了一道题。面试官问："你认为什么是职场潜规则？"

第一位面试者是一名应届生。他说："职场上的潜规则是，会说话，会办事，让领导喜欢。"

第二位面试者是一名有多年从业经验的中年人。他说："所谓潜规则，就是要认清形势，不得罪人，也不让别人中伤自己。"

轮到小伙子了，他想了想，为难地说："我认为，职场没有潜规则，努力把自己的本职工作做好，再小的事，也要做到极致。"面试官最终录取了小伙子。

是啊，职场哪有那么多潜规则！世上根本就没有轻轻松松的成功，只有从不怠慢的用功。

与其浪费时间研究那些所谓的人情世故，不如多读书、多实践，修炼出一身不可代替的本事。

有了过硬的本领，自然不用在乎那些乱流。别再揪着"潜规则"的辫子，否定他人的努力，玷污他人的成功。也别打着"潜规则"的幌子，纵容自己的懒惰，荒废宝贵的时光。

敢于挑战

在一个偶然的机会里，被激发了灵感的导演保罗·安德森决定拍摄一部全新风格的科幻电影。一幅幅精彩的画面和充满张力的剧情在他的脑海中一一闪现，让他兴奋不已。可是冷静下来仔细分析了一下拍摄这部电影的可行性之后，他心中炽热的激情一下子就冷却了下来。

这部电影虽然题材独特，但是市场前景非常不好预测，而且拍摄难度非常高，无论是对演员的表演还是对电脑特技的要求也都是极其苛刻的。

拿不定主意的保罗·安德森和自己的创作团队以及影视行业里的朋友们交流了意见。大家也都觉得这个题材虽然很新颖，但是拍摄起来将有非常大的难度，而且票房前景非常不明朗。

这时候的保罗·安德森虽然不是多么举足轻重的国际大

导演，但是好歹也在电影行业站住了脚跟，他身边的人都觉得冒这么大的风险去拍一部电影实在不明智。

保罗·安德森自己也纠结了很久，一连几个晚上睡不着觉。

经过反复分析，保罗·安德森坚信这个新颖的题材肯定会受到欢迎，于是便着手组建了全新的创作团队，将剧本和人员等前期工作做好之后，又找到了电影投资方准备进行拍摄。

就在拍摄前夕，保罗·安德森将这个全新的创作团队里的所有人都召集到了一起，希望大家提提意见。在这个剧组里，有很多人都是保罗·安德森多年的老朋友，大家都担心保罗·安德森会走向失败，于是便竭尽全力进行了最后一次劝说。

听完朋友们的话，保罗·安德森并没有正面回答，而是给大家讲了一件往事。"在我为了考取驾照而学车的那段时间，我几乎成了驾校里最出名的人物——不是因为我的驾驶技术好，而是因为我手脚太笨，学车的速度慢得惊人。后来，好不容易我才掌握了基本的驾驶技术，可随着在路上练车次数的增加，我内心里的恐惧也变得越来越大。就在这时候，我的教练和我说了一句改变了我一生的话——嘿，保罗，雄鹰小时候也叫菜鸟！如果一只菜鸟不努力去尝试，那么这只菜鸟一辈子也只是一只菜鸟；如果一只菜鸟努力尝试了全新的环境和承受住了风雨的洗礼，那么就能成长为一只雄鹰。"

保罗·安德森继续说道："现在虽然我的生活还过得去，但是在事业上我是在不断地重复自己，如果不进行全新的尝试，我的创作将变得枯燥乏味从而得不到人们的赞赏，被时代潮流所淘汰。"

保罗·安德森的话让大家都陷入了深思之中，长时间的沉默之后，人们默默地起身离开，去做自己该做的事情去了。不久之后，这部名叫《生化危机》的电影就投入了拍摄，并且在投入市场之后一炮而红，不仅成为了票房的宠儿，而且还成了电影史上的一座里程碑。

如今，这部电影已经被保罗·安德森做成了系列电影，不断创造着奇迹。不久之前，《生化危机4：来生》刚一公映就成为该周北美票房的冠军，这个传奇还在不断地延续着。

生命最可怕的不是面对风险和挑战，而是为了暂时的安逸而躲避在看似安全的区域里不断地重复自己。重复自己的生命会将自己的天分和灵感一点点榨干，进而丧失了吸引人的灵感和创意，从而被历史所淘汰。雄鹰小时候也叫菜鸟，雄鹰之所以能够成为雄鹰，就是因为懂得敢于在全新领域积极挑战的重要性。我们今天都是菜鸟，可是只要我们不断在新的领域里挑战，将来我们就一定能够成为振翅高飞的雄鹰！

在时间的历练中成为更好的自己

众所周知，王凯是随着电视剧《琅琊榜》和《伪装者》一起走红荧屏。无数人羡慕他一夜爆红，但王凯却在演讲中表示，从坐冷板凳到成为一名好演员，自己已经默默努力了十余年。王凯透露自己是在初中的时候萌发了当演员的梦想，当时家人的反应是："王家祖祖辈辈也没有过像你这种有奇奇怪怪想法的人。"迫于现实的压力，王凯18岁那年去了新华书店工作。然而，这种一眼就能看到头的生活，却让王凯感到恐慌，于是他又捡起了演员的梦想，开始参加选秀，去中戏进修。有趣的是，在王凯提到自己第一志愿是报考中戏后，现场北电的学生也爆发出热烈的掌声。

毕业之后入了行，王凯说自己经历得最多的就是"等"，等戏，等角色，最长的时候有七八个月没接过戏，生活入不敷出。演了一部《丑女无敌》，就有更多陈家明这样娘娘腔的角色找上门来，但他一一拒绝，只因不想被定型。最终王凯等到了电视剧《知青》，重新回到了影视行业。王凯感慨，如果不是自己心态好，凭着一股子傻劲儿，则有可能没有之后的《琅琊榜》和《伪装者》。虽然现在称得上"爆红"，但王凯称自己仍是个需要继续等待的人，只因等待可以让人变得更优秀。王凯还幽默地表示，李安导演36岁才开张，而自己今年34岁，一切来得不早不晚，刚刚好。

演讲结束后，不仅现场爆发出热烈的掌声，连主持人梁文道也幽默赞叹原来以为王凯会是"话少面冷表情帅"，没想到说得这么精彩，让自己"太讨厌帅哥了"。

演讲实录：

大家晚上好，我是演员王凯。

今天，我想做的是一个关于时间的探讨。但是请放心，我不是在标榜什么成功学，只是跟大家分享我的一种生活态度。我想很多同行应该都深有体会，做演员这个职业，其实大部分的时间都是在等待，往小了说，化完妆等开工、开了工然后在现场候着、等着，往大了说，演员的一生都是在等待一个属于自己的角色。戏杀青了等后期制作、后期制作完成后等戏播出、播出之后还要等观众的反应……这一切全都是等待的过程。其实，光是入行这条路，我就等了很久。

不怕丢人地说，我初中的时候就幻想自己能够成为一名演员，不过那个时候我以为演员是天生的，更不知道有戏剧学院、电影学院这么一说，我以为有人生下来就是属于这个行业的。后来我知道了有专门的学校，但是我不知道学校在哪儿，当时只能打114去查询，到处去问，有没有培训班，现在想想那会儿就是横冲直撞，没办法，因为我的热情被烧着了。

但是这一腔热情迎来了我家人的一盆冷水。和大多数人一样，我出生在一个传统的家庭。上学的时候父母对我只有一个要求就是好好读书，所以我初中毕业想要读武汉艺术学校、高中毕业又想要读电影学院的想法一再地被否决，我到现在还记得我父亲跟我说过的一句话，他说："我们王家祖祖辈辈也没有过像你这种有奇奇怪怪想法的人。"这是我父亲亲口跟我说的，我当时真的很沮丧，也没有勇气，在当时那会儿，其实理想于我而言，真的是遥不可及。

后来我按部就班地去了新华书店上班，那年我18岁，我还记得一件事情，有一晚我值夜班，突然来了一大卡车书，我粗算了一下，起码有15吨重。我一个人，提着一捆捆用牛皮纸扎好的书，从车上卸到店仓库里，来来回回走了无数趟，堆了满满一面墙。天亮后，我捏着酸麻的胳膊走出书店，那一瞬间我突然意识到，我只是一个固定的搬运工，好像一眼就看尽了二十年后的生活。所以那一刻，我感到我非常地孤独和悲伤。

于是我就开始积极参加一些像电视台选秀这样的活动，因为我想站在舞台上。顾长卫导演的电影《立春》里有个角色叫王彩玲，别人不理解她对歌剧的热爱，她很孤独，但是我并不孤独，冥冥之中，我一直觉得我在等待什么，所以那个时候，我并没有放弃任何想法，工作了一年，热情没有消退，反而越来越浓烈。之后我去上海戏剧学院，参加了表演培训班，一年后，又从上海去北京考戏剧学院和电影学院，没有什么鸡汤，就是凭着一股傻劲儿。也许是老天眷顾，我考上了第一志愿中央戏剧学院。可是你看，走了这么多路，其实我的故事才刚刚开始。

跟很多演员一样，我经历了出道之后更加漫长的等待，天天等戏拍，有活儿就接。那时候经常是入不敷出，一掏兜儿，比脸还干净。后来有幸得到了《丑女无敌》里面陈家明这个角色，我以为终于有了一点名气，路也会更宽一些，但是我很快就遇到了瓶颈期，以前我在导演眼里是一张白纸，现在我在导演的眼里是已经画上固定形象的纸，找你的都是类似的角色。所以从那以后我有七八个月没有接戏，像被打回了原形，甚至比以前的情况更糟，一切和我想象的又不一样，那次的情况对于我来说，更加煎熬。所以我想我必须打开这个局面，我唯一能做的只有等待。

还好，上天又一次眷顾我了，让我等到了《知青》。其实真正从事这一行之后，我就大概了解了从业的规则。有的人心态不好，可能早早就放弃了，或者是改行了，我刚好就属于比较会调节自己的那类人，所以我时常开导自己，而且也有一些前辈在跟我聊天的时候，给我一些忠告：有些东西不是一上手就能拿到，你就是得熬着等。换句话说，这个世界上各行各业都有一条共通的真理，天赋和运气不会眷顾所有的人，但时间是上天赐给人最好的礼物，因为它一视同仁，只要你肯坚持，它会使我们阅历见识更加丰富，会使我们的精神面貌更加成熟。所以我一直信奉一点：男演员就像陈酒，一定是越熬越香。甚至，等待本身就是一个不断意外收获的过程，因为你可以思考，可以憧憬，还可以体验酸甜苦辣，每一个坎坷，都有可能获得意外的收获。

说件好玩儿的事。《知青》这部戏我们当时拍了7个月，从零上40摄氏度拍到零下40摄氏度。除了地震没遇上，泥石流、暴风雪、水灾、旱灾，什么自然灾害我们都经历过了。而且黑河的冬天，地上全是厚厚的冰，所以我们每天都是在冰上走，冰上坐。剧组的伙食也因为天气太冷了，中午就免去了放饭的时间，而且黑河那会儿下午三点天就黑了，我们一般是早上吃完早饭，中午不放饭，三点钟差不多就回剧组吃饭。中午虽然没有放饭时间，剧组会发牛奶、香肠、面包，如果谁饿了可以吃一吃，但那个牛奶砸脑袋上可以砸死人的，火腿肠也是，根本没法吃。剧组给我们每个部门都会发一些取暖的炭炉，我们就突发奇想，我们可以把想吃的东西烤一烤，热一热，这样的话，也不至于浪费。

一旦开了一个头之后，我们就开始各种突发奇想，有人会带一些油、盐这样的调料，像烧烤一样，让自己的小日子过得有滋有味。再后来，大家越来越有追求，剧组的锅碗瓢盆越来越齐全，你买菜、我买肉、他买面条，虽然没有放饭的时间，但是因为我们大部分都是群戏，有人去拍戏，有人没拍戏，不拍戏的人就弄饭吃。经常就是我正做着做着，有人说："王凯，轮到你了。"我说："好，你们接手。"

这是一个不成文的规矩，但是大家井然有序。我发现了我的一个潜质，我有当厨师的潜质，说这么多就是想告诉大家，我们这个过程是相当艰苦的，但是很奇怪，我每天都是乐呵呵的，更为庆幸的是这个漫长的拍摄，包括漫长的等待，你不会觉得很无聊，而且还有惊喜发生。我从14岁开始等，等了那么久，而且经常抱着失败的想法，我总是把结果想得很坏。我从来没想过，我可以走到今天这样。

我很喜欢李安导演的一句话，他说："任何东西要感人、要成立，本身是有自然的力量。"生长本身是需要孕育的，年轻人要准许自己被孕育。我觉得这是在教我们这些后辈，其实人跟万物一样，要遵循自己应有的生长规律。而这个过程是漫长的，是需要你等待的。而且李安导演还幽默地说他36岁才开张，我今年34岁，所以我觉得一切来得不早不晚，刚刚好。

虽然说演员是个很被动的职业，我们大家都一直很努力、很拼命地做这件事情，更多的时候是想让自己具有更大的创作空间和更多的选择权。但我也很荣幸我没有就此落入急功近利的窠臼。可能天生心态好，如果没有当年，由一份踏实稳定的工作走上演员这条曲折难料的路所做的取舍，没有在等戏拍的日子坚守住自己的内心，我可能体会不到这种被时间孕育所带来的回报。也许我会放弃，也许大家就不会在后来的《琅琊榜》《伪装者》中看到我。甚至，我也未必能遇到我的领路人侯鸿亮先生。

中国有很多伟大的演员，在这个广阔的行业里，我依然觉得自己是个年轻的、需要继续等待的人。演员对于我来说，不是做一天和尚撞一天钟，这是我的一个终生职业，是我想为之奋斗的事业。我想演的角色还有很多很多，我想合作的导演也有很多很多。其实我在班上学表演的时候，我的表演成绩不是班里拔尖的，但是我从没想过打退堂鼓。我那时想，三十年河东，三十年河西，虽然我现在不优秀，但我可以让自己变得优秀，这个过程不是很好玩吗？

荀子曾说："骐骥一跃，不能十步，驽马十驾，功在不舍。"所以我有耐心，我可以等，可以磨，我需要让自己在时间的历练中成为更好的自己，这样我在遇到一些好的角色的时候，导演从我身边经过，我能够站出来说"我可以"。

不管此时此刻，在哪个岗位上坚持的你，我相信你们也都和我一样。

哪怕命运给我枷锁，我依然要努力打破

"中国拳王"邹市明穿着一身铠甲似的黑衣登台，分享了自己的人生经历。

13天前，他刚刚击败19岁的匈牙利选手，卫冕WBO（世界拳击组织）国际蝇量级拳王金腰带。而上个月，他刚刚过了35岁生日——对一个职业拳击手来说，这个年龄意味着身体已经开始走下坡路，而邹市明的职业拳击生涯才走到第四年，成为真正的世界拳王的梦想还在前方向他招手。

但邹市明从来都不畏"逆天行事"。主持人梁文道上台时说，我没想到拳王这么瘦小，这也是很多人对邹市明的第一印象。现场，他向观众们展示自己左眼的疤，"不是在拳台上受的伤，是被同桌小女孩抓伤的"，台下一阵欢笑。但就是这个小个子少年，迷上了在人们印象中与"肌肉壮汉"联系在一起的拳击，还成了世界上最"能打"的人之一，证明了一个拳击手意志的力量。

手臂天生比别人短一公分，他就用千百次脚下的挪移来弥补，以至于脚底老茧叠着老茧，"现在都不敢脱鞋"。要十几年保持"比维密模特还精确"的身材，他与自己的胃展开了艰难的抗争。进入职业拳坛，曾助他创下8年不败战绩的"海盗打法"成了最大的敌人，为了清除顽固的身体记忆，他隔天在好莱坞山上跑十公里练体能，却无暇欣赏最美的日出……演讲台上的拳王有些紧张，但他的故事却不时激起台下观众的笑声、掌声和惊呼。

然而，他也渐渐感受到人在自然规律面前的"不能"，偶像阿里得了帕金森，颤颤巍巍，而这在拳击界并不是个例，过去在拳击台上承受的每一次重击，都会在未来集中反扑。而邹市明第一次感受到这种"反扑"，是被狠狠一拳打在眼睛上，眼前全是重影，回到家妻子递来一杯水，他伸手一接，却接了空，水杯在那边。

说到这里，这个硬汉有些哽咽。但他却说：如果这是一个拳击手的必然命运，那我接受，至少到年老的时候我可以说，我曾达到过人类身体的极限，我曾挑战过上天赋予我们的身体的斗志。何况，就算身体不再能战斗，意志依然可以战斗，就像阿里在被病痛折磨的三十多年间，依然为慈善事业和世界和平而奋斗，邹市明也为自己的后半生设定了拳击台以外的梦想：改变拳击在中国的命运。

演讲实录：

首先我先介绍一下自己，大家好，我是拳击手邹市明。22天前，我的偶像去世了，他的名字叫穆罕默德·阿里，也叫拳王阿里，相信大家都很熟悉。他12岁开始拳击，22岁成为世界拳王，在此后的20年里面，他又获得了22次重量级拳王的称号，人们说，他的出拳像蜜蜂刺人一样非常敏捷，而他脚下的步法又像飞舞的蝴蝶一样飘逸。人们说他就是一个上帝创造的神一样的人物。

然而，在他退役后的30年里，却饱受病痛的折磨。一个曾是这个世界上最强壮也最灵活的拳王，却再也无法控制自己的身体，听起来像是命运的一个残酷玩笑，不是吗？

更残酷的是，这并不是阿里一个人的命运。大家可以想象一下，当你躺平的时候，一个人把180公斤的石头放在你的太阳穴上，那是什么感觉？过去也有很多种情况，休息几秒钟挨一拳，晃晃头，有可能就恢复了，但是这一次他在我身边站了很久，眼前的毛巾、镜子、对手、灯光全部都是重影，包括我看这边的观众也是双重的。

我那天训练完了回家，挨了那个重拳之后，我爱人给我递了一杯水，我伸手一抓，居然抓空了，其实杯子在这边。我爱人非常惊讶，就说你今天怎么了？我说我今天挨了一拳，有可能会造成一定的影响，平时在比赛或者在训练，以及对媒体的时候我都没有说过这件事情，我觉得比赛的时候尽量封锁这些消息。

现在距那一拳有一年的时间了，已经慢慢适应在比赛和对战用一种感觉，而不是看到他的拳。这也是我分享我自己内心，大家平常不知道的一些小故事。

就在那之后，为了庆祝转战职业拳击的六连胜，我给自己买了生平一个最大的奢侈品，买了一个1.6万元的墨镜，我爱人说怎么这么贵？我说我的眼睛已经饱受风霜了，我要买一个好点的眼镜保护它，很多的光线、很多刺眼的东西会伤害我的视力。

买下来以后，我还是有点心痛，那是用我得到的奖金来犒劳自己。我的爱人又何尝没听过这个行业的故事呢？但她没说，你停下来吧，别打了。她知道，我停不了。

我记得当时被打蒙了之后，我默默退到训练的一个角落，我依然在打速度球，我看到速度球每次朝我面前过来的时候，总感觉控制不了它，每一拳都有不同的路径，之前可控制它，那一次我打了两下就断了，那个球过来的时候总是给我造成很大的困扰。

所有的教练、陪练都在拳台上面做实战，我把身体转过来，我一边打一边想，如果因为这一拳我没有办法继续我热爱的运动、热爱的职业，我从此面临挂靴退役，不能在台上去展示我自己，去挥洒我的汗水，会怎么办？

当时的汗水包括泪水就一起流了出来。我没有办法想象我没有拳击的日子会怎么样，拳击带给我太多太多的感动，太多太多的鼓励，包括现在大家给我太多太多的掌声，都是练习拳击才有这个机会站在这个舞台和大家讲我的故事。

作为一个拳手一定得坚强，我们任何的眼泪不会轻易流出来，在私底下我们经常哭。有时候哭是因为面对的压力，有一种哭是因为身体难以承受的疼痛，还有一种哭是对自己所做的事的感动。我曾经说过一句话，"想要感动别人，首先要先感动自己"，我这21年的体育生涯、拳击生涯，我现在回想起来我是被感动的。但是我知道我能感动多少人，必须要进一步去努力，让更多人知道拳击界有一个邹市明，他来自中国。

那次受伤以后就面临着我人生第一次最大的比赛，那是我的第七场职业比赛。赢得这场比赛我马上就要迎接胜利了，如果拿下这场，我就是集亚洲冠军、世界冠军、奥运会以及金腰带于一身的，所有有关拳击的金牌、奖状和奖牌的拳击运动员。

那时候满怀期望，就是因为那一次训练和一个比我大两三个级别的陪练，他的一记重拳，后来那场比赛我输了，我十年没有输过比赛，我却输掉了一场重要的比赛，媒体也说我们高估了邹市明，他们并不知道我在赛前承受了什么。

我还记得给我检查的那个医生说，你不单眼睛有毛病，你的伤需要动手术，如果动手术的话就没有办法参加那场比赛，我又向我的经纪公司、教练说，请封锁这些消息，我带着伤也要上这场比赛，因为拳击这项运动你不去征服它，它就会征服你，不管结果怎么样，哪怕我被他打倒，也要站上拳击台，21年的努力我不想让它白流，要有一次证明自己的机会。

十年后我终于又尝试了失败的滋味，我觉得因为拳击给了我很多内心的力量，输赢也很正常，既然赢得起也要输得起，只要我还可以继续打下去，有机会实现梦想，我就非常高兴。我想这才是拳击手的宿命。我热爱台上这种追光，我享受击倒对手那一瞬间的快感，我也享受裁判员高举我的手，我趾高气扬的状态。当然也享受其中的血与泪、失败与辛酸，一次次被打倒，但是还要爬起来战斗的热血，这就是拳击运动员内心血液里面流淌的热情。就像一个美国作家写的："我一生中看到过很多壮景，而当一名拳击手挨到重拳却岿然不倒，溅起的汗珠和血滴瀑布水雾般从天而降，我彻底被这项勇敢的运动征服了，我现场见证了最壮丽的场面。"

某种程度上，这种悲壮感恰恰是拳击运动的魅力所在，也是明知等待着自己的可能是病痛，某种程度上这种病痛就是拳击手们仍然不退缩的原因，至少到年老的时候我可以说，我曾达到过人类身体的极限，我曾挑战过上天赋予我身体的意志。我作为一名拳击手非常非常地自豪。

我记得梁老师说，他怎么也没想到我会是一个非常瘦的，个子不高，在街上不起眼的人，我觉得很多人对我的印象就是你不像是打拳击的。但是正因为我小时候的一些经历，我这道疤，不是打拳受伤的，是小时候被同桌小女孩抓伤的，我在同学里面也是瘦弱的，在人群中不起眼。我妈说长大怎么办，又不出众，又没有太多的才艺。由于受到同桌欺负没有什么脸面再继续待在教室里，我跟妈妈说，我要练体育，机缘巧合我就接触到了拳击，拳击给予我了太多太多，给我勇敢，给我去创造，包括拳台上天马行空的想象。

我接触的每一个人他们都说你太瘦小了，难成大器，我一直记着一句话，虽然我很瘦小，但是我不瘦弱。在面临着所有人想要欺负我，或者是看不起我、认为我不行的时候，我的所有的这种力量都发挥在我的训练场上。

有一次有人问中国拳击未来是什么状态？你为什么不早点学一样东西，早点干点其他的事，如果把青春全部耗在这里，一事无成，她说你为什么？我给了她一个很明确的答复，她是我一个队友的姐姐，在帮他收拾行李准备离队了，我告诉她，我想出名。现在大家听起来觉得我好功利，就是为了出名。我来自贵州，来自大山里面，只有靠自己的双拳才能翻越大山，才能看到山那边是什么？通过努力我走过了那片山，那片山后面还有更多的山要去爬。当我从地方队到了省队，进入专业队，我又要和我第二个敌人打交道，就是我的胃，进入职业以后必须要增加体重，增加肌肉质量，可想而知我以前奥运会48公斤级，平时我体重在50公斤，我的肌肉力量可能只能打4个回合就OK（好），但是现在职业我要打12回合，我的教练就说，你必须要吃，当时我觉得控制体重，饿已经很难受了，让我往里面打开我的胃，比饿还要难受，你要吃一倍或者两倍的东西，我们已经习惯了少吃多餐，吃一点就饱了，我经常放一颗牛肉干或者小面包在口袋里面，胃里面有东西，不会让胃病加重。

保持这样的体重十几年，奥运会48公斤是最轻的级别，也是中国最容易突破的级别，饮食和身材控制得比维密还要精确。控制饮食无非七个字：少盐少油多蛋白。这7个字意味着你和很多美食绝缘了，尤其在中国那么多美食，出去训练比赛，每个地方都有好吃的东西，明天要称体重，满汉全席我们也不敢动筷子。我们在专业队的时候去食堂都不敢拿碗，我们只能拿筷子这里拿一点，那里拿一点。第二天控制到实在下不去，只能拿棉签蘸水，精确到0.01，我们有时候经常梦到自己吃东西，一下惊醒，赶快去跑步，后来发现是做梦。

第二天漱口，长时间不饮水你知道对水的渴望。这种回忆又辛酸，但是又带着小甜，又有稍许的酸苦。往秤上一站，过了以后马上去食堂把想吃的食物全部吃一遍，可以稳稳地睡一觉。我的教练就说我的肌肉力度太小，还要再壮一点，它是需要长时间对抗的，我们的胃已经饿小了，一下子打开，就像刚才说的，更多的是一种负担，吃进去，又要加大运动量，胃很难受。

当我14岁刚刚练习拳击的时候，我就要面临三次选拔，第一是运动的协调性，运动员非常讲究协调，第二是运动协调能力，第三是实战考察。第一环节我就被刷了，拳击最主要的一点就是要量你的手长，你的手伸开，如果你的手长和臂长超过你自己的身高，一般都会超过自己的身高，我就属于少部分的，我的手长比身高短一公分。很多欧美的选手，说唱的，手一拿下来基本到膝盖了。为什么他们有力，你还没近身，就已经完成击打了，我的短怎么办？就是拳击手的劣势，第二天又混进考试的队伍，教练就觉得我还是很有这个恒心，我的速度、我的协调性各方面还不错，就给我一次机会，让我进入当地的专业队。

一公分我需要多少后天的努力，才能去弥补。我怎么弥补这一公分，对手只要打出去，退一步就可以隔很远，我要用反复的脚的移动才能进入到我的攻击范围里面。这就需要加倍的重复，加倍的体能，加倍的脚步耐力。人家跳的时候，我要反复更多次跳，我的脚下面都是茧，一年以后茧上面又长茧，我的脚要到专业的医院把它切除再重新开始，又从新的地方长老茧。我的运动鞋从来没有超过一个月，特别是后脚掌肯定会磨穿。每个月工资70块钱，每个月都要花十多块钱换一双运动鞋。

我现在想起当时在刚刚起步的时候，基本都不敢穿拖鞋，特别地不美观，也不光是有味道的问题。自身条件让我更加努力，先天条件并不是你的极限，因为手短而自创的灵活的打法，后来有了一个专属名词，叫"海盗打法"，在世锦赛、奥运会，海盗打法让我保持了8年不败，在两届奥运会一直取得冠军，奥运会卫冕，世锦赛再卫冕，但当我离开国家队，成为一名真正的职业拳击手时，海盗式的打法却成了我的敌人。职业拳击是需要对抗的，大家印象里面拳王阿里、泰森，他们都是力量型选手，可以轻易把对手KO（击倒），我是小级别而且还有十多年奥运的经历，这种既有的记忆是没办法一下子转变的，那个时候我很痛苦。

我第一次到美国，坐着加长林肯，我的教练说，我看过你的比赛，非常好、非常棒，我很荣幸来教你。第二天他在酒店的酒吧里带我训练，马上告诉我，你这要改，那要改，什么都要改，只要保留你以前的速度、敏捷、聪明就够了。他教我的东西我没办法一下子全部领会，还伴随十多年的记忆，在下面练还好，打对抗的时候，就开始要移动。奥运会的观众不一样，职业的观众更不一样，他需要你们碰撞，被KO（击倒），他们才觉得这场比赛是激烈的。

有一天他非常不耐烦了，他说"go home"（回家），让我回中国。我又愤怒但是又无奈，我买了一个沙袋放在房间里面，哪儿也不去，只要有空我就对着沙袋练习，有时候晚上睡着了，突然醒来想到一个动作，就在镜子里面挥拳，把这个状态每天植入到生活里面。

如果这样都不成功的话，我在想有可能这不是我的命。今天我还在为我梦想的那个金腰带在努力，也是想延续这个梦。

跟大家说了好多我平时在媒体面前没有说的，也不敢说的，就意味着我可能现在的年纪慢慢偏大，我32岁才转职业，35岁拳击运动员身体机能可能往下滑，可能只有一年到两年的时间完成我的梦想，我要更加努力，把我以前不敢尝试的，现在就去尝试。

以前我们打4个回合最多跑5公里，现在我们打12回合，要加强腿的耐力，我们每个星期要两次从美国的好莱坞山脚下跑到山顶，那个坡很陡，最终要冲到山头。我们每天5点钟起来，我在最累的时候突然抬头看太阳，我当时在想，如果我后面是一台摄像机，对着我慢慢消失在阳光里面的感觉，真是太美了。我不能停下来，在我最难受的时候，最艰苦的时候必须要顶着这口气冲上去，翻过那座山，才可能在最艰难的时候战胜对手。我把这些所有美丽的东西记在脑子里面，现在我都可以回想起来，我们流过的汗、流过的血不一定让所有人知道，但是我希望我自己感动我自己，这些都是值得的。

上个月我刚刚过了35岁的生日，有很多人很关心我什么时候退役，我自己也不知道，如果可以的话，我希望一直打下去。我也知道我可以挑战身体的极限，却没有办法违背大自然的法则。我不知道自己打多久，就像我的孩子浩浩，他出生的时候留了一个脐带血，我不希望它派上用场，我相信哪怕命运真的给了我枷锁，我依然可以努力地去突破它，比如阿里，在被病痛折磨的30年里，他依然用他自己的影响力致力于慈善和维护世界和平。

拳王的称号已经更迭了多少代，而阿里已经是一个行动颤巍巍的老人时，《时代周刊》将他排在了20世纪百年百位名人中英雄与偶像类的首位，他是我的偶像。其实比赛的成绩只是一方面，如果能用我的热情感染更多的人，能够改变很多人的生活，我觉得这是我现在一直在做的事情。

拳击让我们努力，拳击让我们坚强，拳击让我们强大，当你们在生活中遇到难关或者是不顺的时候，想想我给大家说的一些我自己的感悟，我也希望通过我的努力能够改变拳击在中国的现状，我更好地去推广拳击，让大家认识拳击、参与拳击，也让我的很多师兄师弟有尊严地养家糊口，这就是我在拳台外和拳台内能够为中国拳击所做到的事。

站在云朵之上看幸福

一

背包出门旅行，坐在地铁上，在"嫩江路"站的时候上来一对中年夫妇。

男子背着一个大大的行李包，女子手拎一个红黑相间的蛇皮袋。他们在我对面的空座位坐了下来。

等将大小包置放一边后，男子突然用手比画起来，很卖力的样子，表情也夸张丰富，时不时朝旁边的她挤眉眨眼，似乎在叙述什么有趣的事情。果然，女子笑了，也用手比画回应了下，然后就安静地注视着男子的"尽情演出"。看到温暖处，就浅浅地笑，露出白白的牙齿。

原来，他们是一对聋哑夫妇，从他们的穿着打扮来看，是外来务工人员。

或许，在这座繁忙和压抑的都市里，他们的工作环境会很破旧，工作会很辛苦，住宿会很简陋，但是，从此刻洋溢在他们脸上纯真的微笑来看，他们是幸福的，仿佛天空中那飘着的如轻絮一般洁白的云朵，万般宁好。

二

晚上住进一家酒店休息，躺在床上看电视的时候，看到了《中国好声音》里面一位新疆餐厅驻唱歌手，在用吉他演绎深情歌曲，本想漫不经心瞄一眼就换台，可是，当透过深沉忧伤的歌声看到屏幕上那显示的文字时，心如草中露，被濡湿了——

我想回到童年，想躺在你的怀里，我想坐在你的自行车上和你去公园，爸爸；我想吃你做的拌面，想偷吃你做的饼干，想穿你织的毛衣，妈妈。你儿子现在是个好人，我觉得实现了你们当时的期望，像你们希望的那样娶了妻子，也有两个可爱的孩子。在这美妙的时刻，你们在哪里？……

原来，他叫帕尔哈提，32岁，有两个孩子，有一个幸福家庭。但是，他的爸爸、妈妈、哥哥都已经不在，本想随他们而去，但因为要照顾家庭，所以，强忍悲伤，努力支撑了下来。只是，每当一个人的安静时刻，思念就会蔓延与流淌，于是提笔写歌词，然后自己歌唱，来表达对远去亲人的真挚情感。

当导师汪峰问及他的梦想时，他的回答很简单——没有梦想，因为梦想是自然而然的。

一把冬不拉，一把电吉他，一套架子鼓，就可以自娱自乐弹唱一整个人生。所以，在他看来，走踏实的路，做踏实的人，然后修炼一颗踏实内省的心。那么，这样的真实气息流露出去，有些梦想自然而然也就实现了。

多么质朴有力的话语，让现场的杨坤和那英导师感动流泪，让观众不由得起身鼓掌。

很多人追求的梦想都是名利二字，以为那样的成功就是幸福，而他，只是纯粹地用生命及情感歌唱，自我丰盈与快乐，像一望无垠的蓝天，深邃、悠远、广袤却毫无瑕疵，让人心疼，让人敬佩，让人豁然了悟。

三

一个人在乌镇街头漫步的时候，看到街角一个偏僻角落里有一位盲人先生在摆摊算命。

很多年以前，对于这些子虚乌有的所谓算命一直不信，但近些年，遇过一些风雨，走过一些泥泞，见过一些起伏，似乎渐渐觉得，有些人，有些事，还是有说不清道不明的因素的。

于是，走上前端详一番后，与他交流了起来。

"先生，您算命准吗？"

"一半，一半又一半。"

"什么意思？"

"命理一半，姻缘造化一半，后期努力又一半。"

听他这么一说，顿觉得他的话有些味道，于是说不算命，就和他聊聊，然后给算命的钱是否可以。得到先生的允诺后，搬来一张竹编的小凳子，坐了下来，开始了自己内心的问题。

谁知，这一聊，我们万般投缘，天南地北都扯了起来，似乎有很多共鸣。我把一些现实中的不得意、苦闷和困惑都逐一说出，先生也给了我最最诚恳的建议和解析，而我那原本想行走见识风景的心，沉淀了下来，觉得与智者交流是一件非常幸福的事情。

最后起身掏钱给他，他拒绝了，他说，他算命，不全是为了钱，而是为了给自己一点事情做；他说，一个瞎子，也不能做别的，自己懂这行，就坚持了下来；他说，他其实并不缺钱，儿子很能干，有钱。他出来行走，一是为了真的能够开导别人，帮助一些人，如果在这个过程中，还能得到一些尊重和认可，就很满足了。

是啊，在现实生活里，我们或许是会碰上很多专业的江湖术士，坑蒙拐骗，但是也总会有那么一些平凡质朴的人，做着真心诚意的事，不虚度自己，也不忽悠别人，即使身处黑暗囹圄，也能永远体验着最为简单的幸福。

四

烟雨红尘里，我们每一个人其实都是奋斗者，都在努力付出，从而让自己过得好一些，让家人过得好一些。只是我们在追逐的过程中，有时会偏离轨道，以为只有拥有足够多的物质财富，才能换得幸福的降临和永恒。如此，就会让自己很累，很累，很累。

其实，试着把心放低一些，像那对聋哑夫妇，像那位驻唱歌手，像那位算命的盲人先生一般，站在云朵之上看幸福，透过洁白、无瑕和灵动的云朵，审视自己的人生之后，那么，生命中，微茫如草芥的尘埃，哪怕风雨，都能像呼吸的存在一般温和、美好！

第二章
征途未完，提灯前行

我的天空里没有太阳，总是黑暗，但并不暗。因为有东西代替了太阳。虽然没有太阳那么明亮，但对我来说已经足够。凭借着这份光，我便能把黑夜当成白天。我从来就没有太阳，所以不害怕失去。

——东野圭吾

坚持做自己

一

13岁那年，我的个头猛地一蹿，出落成亭亭玉立的少女，对美有了朦胧的向往。

那时家里条件不好，衣服都是妈妈亲手缝制。新衣服穿不了几个月，就有些短了。妈妈找来蓝的、灰的布条，在袖口和下摆处接上一段。

有一天，班里转来一名女生。见到她时，我眼前一亮。她穿了件粉色的连衣裙，裙裾处缀着闪闪的亮片。因为这条裙子，她显得那么出众，像朵盛开的喇叭花。

她坐在我的前排，课间，转身跟我说话。刚讲了几句，她指着我的袖口说："真奇怪，怎么有两种颜色？是你妈妈做的衣服吗？"

她的声音很大，我觉得窘极了，恨不得找个地缝钻进去。后来，她总想跟我一起玩，但我却总是对她淡淡的。

有个周末，她来家里找我借课堂笔记。

这时，妈妈走过来，说："小鱼汤熬好了，快趁热喝吧。"妈妈到市场上捡别人不要的小鱼，熬成乳白色的鱼汤，给我补养身体。要在平时，我早就呼噜呼噜喝起来，可那天我没应声，不想被人揭下衣襟上的"穷"字。

我把笔记递给她，送她到门口，她回过头说："叶子，你妈妈可真好……"

我这才知道，她的母亲前些年因病去世了。我因为家境不如她而自卑，哪知她却在羡慕我有一位爱心满满的妈妈。

风，吹来一阵阵花香。两双手，轻轻地握在了一起。

二

后来，我上了高中，观看新生文艺晚会时，我看到了同班的阿美。

阿美穿着洁白的芭蕾舞裙，随着音乐翩翩起舞。她用脚尖演绎着快乐与悲伤，动作美妙绝伦，礼堂里响起热烈的掌声。那晚，阿美的独舞获得了一等奖。

我知道阿美学习好得没说的，正暗暗地跟她较劲，没想到她的舞也跳得这么好，我心里有点酸酸的。

阿美得奖的那一天，很多同学围上前，向她表示祝贺。她一边说谢谢，一边微笑着望向我，她把我当作朋友，渴望从我这里听到一句赞美。可那一刻，我故意把头扭向一边。

隔了几天，我路过学校的舞蹈室，见阿美坐在教室的长椅上，正在揉捏脚趾。

那是怎样的一双脚啊，结满茧子，伤痕累累，前脚掌已然变形。看到我一脸惊诧的表情，她说，跳芭蕾时间长了，脚就变成这样。她的话让我想起安徒生笔下的美人鱼，每走一步都要忍着疼痛。

我理解了她的努力、她的付出，那些掌声是她应得的。我真诚地说："阿美，你是最棒的，祝贺你。"她愣了一下，羞涩地笑了。

原来，为别人喝彩，是一件这么美好的事。因为，一个人是孤单的，两个人就有了温暖。

三

前段时间，参加了一场同学会。为此，我特意化了精致的妆，穿上浅紫色的套装，去赴那场春之盛宴。

那个夜晚，我们唱歌、跳舞，喝着红酒，拼却一醉。最后喝多了，开始聊天。

大学时鬼灵精怪的小君，现是一家公司的老板。还有大大咧咧的小卓，说自己拥有两套住房，还买了一辆车……听到这里，不免有些怅然。我这位当年的好学生，至今仍是"月光族"，日子过得很紧张。

我向一位老师倾诉了内心的失落。他捡起几粒石子，扔进平静的湖面，荡起一圈一圈的涟漪。老师说："'比较'如同石子，你的心就是这湖面。有了比较，就有了计较，有了纷争，心也就乱了。"

听了老师的话，我的心顿时敞亮了起来。自此，我摒弃无谓的抱怨，学会感恩和珍惜。

我们总在不经意间与他人比较，并为此纠结、烦恼，其实生活正如歌里唱的那样："越单纯越幸福，心像开满花的树。"

幸福并非建立在比较之后的自我满足上，它只是一种感觉，一种生活态度。遇到比自己优秀的人，懂得欣赏别人的好，同时觉得自己也不错，这是一种平和、达观的心态。

在这纷繁复杂的世界里，不跟他人比较，坚持做自己，你才能眉眼安然，内心从容，拥有快乐的人生。

信念的力量

加拿大电影《圣·拉尔夫》中，14岁的拉尔夫是一所教会学校九年级的学生，爸爸在"二战"中牺牲，妈妈因为癌症晚期常年住院。拉尔夫有很强的成就动机，总想成就大事业。他还是一个善解人意的男孩子，主动、热情、体贴，很会得体地称赞别人，到医院看望妈妈时，给妈妈带花、带漂亮的纱巾，陪妈妈聊天，给妈妈读书。

拉尔夫的亲子关系非常好，他的妈妈是个很让人钦佩的母亲，即使在癌症晚期，即使头发全部脱落不得不用纱巾裹住，见到孩子时她依然会露出最甜美的微笑。她知道拉尔夫志向高远，拉尔夫来看她时，她会问："今天你征服世界了吗？"一个值得深思的对比是：当拉尔夫对校长说"我想成就大事业"时，校长的回答是"你才14岁，做不了什么大事业"。

拉尔夫在学校的情况不太好，由于正处于青春叛逆期，凡是能让他觉得与众不同的事，他都想去尝试，比如抽烟，比如用说谎的方式换取独自住在家中的自由。有一次因为游泳时看女生换衣服，被校长罚去参加学校的越野队，"以对付你多余的精力"。拉尔夫本来是恨长跑的，但是一段时间后，他突然立志要在6个月内拿下世界著名的"波士顿马拉松比赛"的冠军。这是因为他妈妈的病情骤然恶化，陷入昏迷状态，大夫对万分恐惧的他说："需要一个奇迹才可以唤醒她。"

为了让妈妈重新醒过来，拉尔夫决定创造一个奇迹。正当他不知从何入手时，训练越野队的神父无意中的一句话给了他启发："我们队要有人能够赢得波士顿马拉松比赛，那就是奇迹。"拉尔夫立刻有了奋斗的方向：他要用这个奇迹去唤醒昏迷中的妈妈！

就这样，拉尔夫开始了奋斗的历程，这期间他所面临的困难包括身体难以适应的极限训练、妈妈的昏迷、同学的嘲笑、任课老师的阻止、没有钱买去波士顿的火车票，甚至家中的房子在一场大火中化为灰烬。除此之外，他还要面临校长的极力阻挠——"如果他因为参加波士顿马拉松而旷课的话，我就要开除他。"

结局是，拉尔夫去参加比赛并且拿到了亚军。作为年龄最小的参赛者，他引起了极大轰动，不久，他的妈妈也奇迹般地苏醒过来。

拉尔夫成功的核心是信念，他有相信一件事必定能成功的信念。拉尔夫由信念派生出的其他与成功有关的特质是：专注与行动力。专注使一个人心无旁骛，而行动力使一个人知行统一并且百折不挠。拉尔夫成功的另外两个非常重要的人格特质是：很强的资源意识和学习能力。

在"我一定要创造奇迹以唤醒妈妈"的信念下，拉尔夫去图书馆查有关马拉松的资料，对自己采用了许多超负荷的训练方法。他不仅自己努力，而且懂得积极调动外在的资源：找老师咨询，向校长求助，向同学寻求建议与帮助，直到取得让所有人都诧异的好成绩。

信念在人的成功中有着非常重要的意义。它可以最大限度地激发人的成就动机，使人的注意力更为集中，能量调动和分配都更加及时和科学，而且信念可以激活诸如积极主动、百折不挠、屡败屡战等意志力和行动力。更重要的是，信念可以最大限度地激活人相应的潜能，正因此，信念往往导致"预言的自动兑现"，也就是：你相信什么，你就能成为什么或者成就什么。

从历史的角度看，不论是个体还是群体性突变式的进化，都产生于某个必胜的信念。当然，有信念的人不一定就能创造奇迹，但是，奇迹却一定是有信念的人才可以创造出来的。

尝试改变心的轨迹

我在画画的时候，脑海里浮现的总是我这一生所经历的那些琐碎而平凡的往事，这些往事令我感到真实可信，我感谢生命，感谢命运给予我的一切，包括伤痛。

我是一个非常珍惜自己所拥有的人，一个碗碟、一个笔记本，我都会尽可能完整地保存它们，因为它们是我生命中某一时刻的烙印，看到这些曾出现在我生命中的物件，我会迅速回忆起那段时间自己经历了怎样的事情。

在我对每一件物品、每一份情感都依依不舍的同时，我也清楚地认识到，没有什么是真正能够永远陪伴着我的。有一次我在擦拭年轻时最喜欢用的杯子时，不小心失手将那个杯子打碎，当我看着一地的碎碴儿，我知道这个杯子将会永远离开我的生命。

在一次画画中，我需要在桌上画一个杯子，于是，我的脑海中便浮现出了那个杯子的影像，我就是那样信手拈来地画到了画纸上。如果你足够了解某个事物，你是可以不假思索地将它画出来的。我的画笔所画出的一切，都是我熟悉并热爱的事物。

我对画画有着一种发自本能的热爱，可以这样说，画画对于我来说，就如同每日吃饭、睡觉这类日常事务一样。我从未想过依靠画画实现财富上的累积，或者是通过画画给自己营造什么影响力。

纯粹的喜爱，是我不停画画的唯一原因。我并不建议任何人都将绘画作为一个职业，除非他们非常有才华，或者因为残疾而丧失了劳动能力。

在我看来，绘画是动用身体机能比较少的一项技能，所以，我在无法刺绣，也无法再做其他工作之后，选择了画画，可能也是因为我觉得画画不会让我太为难自己的身体。我从不曾专门学习绘画，我没有任何的绘画技巧，我甚至不懂得色彩的搭配和风格的运用。但这并不影响我投入画画的心情，面对一张空白的画纸，我脑海中尽情浮现出各种各样、精彩缤纷的画面，我所做的，只是将这些画面搬运到画纸上而已。在我拿起画笔之后，我开始问自己，如果我没有画出人们所希望看到的画，我的人生会就此变得暗淡吗？答案是否定的。

但我知道如果我放下画笔，停止画画的这个梦想，那我这一辈子也不会实现自己的梦想，我的人生会因此而感到不幸。我不愿意将自己的梦想放弃，每一刻都做诚实的自己，让自己的内心去决定自己的未来，这样的人生势必会幸运吧。我从不觉得自己在将近80岁的时候，拿起画笔作画是件可笑的事情。因为我知道自己的每一个选择都是绝对认真，并且经过深思熟虑的。我每一天都在认真地生活，我努力地一步步朝着梦想迈进，不论这个过程有多慢，我从不感到着急和焦虑。

在我充实和快乐的人生中，我问自己，慢慢来，真的不会感到遗憾吗？答案是不会的。让整个人都放松下来，允许自己如同蜗牛一般前行，脚踏实地的力量让自己心里无比地笃定和踏实。

有人曾问我，真的来得及吗？我们是不是比别人已经慢了许多，在人生的旅程中，根本已经无法赶超？

我说，急什么，你要做的不是赶超别人，而是改变自己心的轨迹。

在最开始，我们都会着急，都会担忧，害怕自己得不到自己渴望的生活，担忧自己无法遇到一个能够真正爱自己的人，害怕失去了青春岁月，也无法换来比别人更好、更优越的生活。在这样的担忧与焦虑下，其实，我们会失去得更多，我们会看不到自己已经拥有的珍贵东西。

真的要学会放下自己，尝试着改变自己的内心，让自己听从内心真正的声音，做出应该做的正确决定，这个决定无关财富、无关社会地位，它只与你的真诚相连，只是你内心真正声音的一种回应。

记得带着梦想上路

在人生这场征程中，即使没有车马盘缠，没有丰衣足食，即使两手空空没有什么行李，但只要有梦想，就依然可以义无反顾。因为梦想就是最宝贵的财富，有了梦想，就足以抵挡无限的未知与危险的威慑，就足以让我们原本不被看好的人生有千变万化的可能。

他是鞋匠的儿子，生活在社会的最底层。他从小忍受着贫困与饥饿的煎熬以及富家子弟的奚落和嘲笑，但他是个爱做梦的孩子，梦想有朝一日能够通过个人发奋摆脱歧视，成为一个受世人尊重的人。

没有人愿意跟他玩，他一天大部分时间都把自己关在屋里，读书或者给他的玩具娃娃缝衣服，然后等待晚上父亲给他讲《一千零一夜》的故事，或者向父亲倾诉他想成为一名演员或作家的梦想。

他11岁时，父亲去世了，他的处境更加艰难。14岁时，由于生活所迫，母亲要他去当裁缝工学徒。他哭着把他读过的许多出身贫寒的名人故事讲给她听，哀求母亲允许他去哥本哈根，因为那里有著名的皇家剧院，他的表演天分也许会得到人们的赏识。他说："我梦想能成为一个名人，我知道要想出名就得先吃尽千辛万苦。"

就这样，14岁的他穿着一身土得掉渣的大人衣服离开了故乡。由于家境贫寒，母亲实在筹不出什么东西能够让他带在身上，她唯一能做的就是花3个丹麦银圆买通赶邮车的马夫，乞求他让儿子搭车前往哥本哈根。母亲看着年幼的儿子两手空空地远行，心痛而愧疚，不由得泪水长流。他反倒安慰母亲说："我并不是两手空空啊，我带着我的梦想远行，这才是最最重要的行李。母亲，我会成功的！"就这样，一个14岁的穷孩子，两手空空地独自踏上了前往哥本哈根的寻梦之路。

也许上天注定了每个人的梦想之旅不会一帆风顺，他也一样。在哥本哈根，他依然无法摆脱别人的歧视，经常受到许多人的嘲笑，嘲笑他的脸像纸一样苍白，眼睛像青豆般细小，像个小丑。几经周折，他最后在皇家剧院得到了一个扮演侏儒的机会，他的名字第一次被印在了节目单上，望着那些铅印的字母，他兴奋得夜不能寐。

但愉悦是短暂的，他之后扮演的角色无非是男仆、侍童、牧羊人等，他感觉自己成为大演员的期望越来越渺茫。于是，为了成为名人，他开始投身到写作中。他笔耕不辍，两年后，他的第一本小说集出版，但由于他是个无名小卒，书根本卖不出去。他试图把这本书敬献给当时的名人贝尔，却遭到讽刺和拒绝："如果您认为您应当对我有一点儿尊重的话，您只要放下把您的书献给我的想法就够了。"

在哥本哈根，他的梦想之火一次又一次遭遇冷水，人们嘲笑他是个"对梦想执着，但时运不济的可怜的鞋匠的儿子"，他一度抑郁甚至想到自杀。但每次在梦想之火濒于熄灭之际，他就会一遍又一遍地告诉自己：我并不是一无所有，至少我还有梦想，有梦，就有成功的希望！

最后，在他来哥本哈根寻梦的第15个年头里，在经历过一次次刻骨铭心的失败后，29岁的他以小说《即兴诗人》一举成名。随后，他出版了一本装帧朴素的小册子《讲给孩子们的童话》，里面有4篇童话——《打火匣》《小克劳斯和大克劳斯》《豌豆上的公主》《小意达的花儿》，这奠定了他作为一名世界级童话作家的地位。他就是丹麦著名作家安徒生。

谁会想到，一个两手空空来繁华都市寻梦的穷孩子，最终会得到人生如此丰硕的回报？之所以如此，正是因为他有梦想，而且是个在困难面前从不轻易熄灭梦想之火的人。

只有那些不向命运低头、敢于带着梦想上路的人，才能够逆转命运的残酷。有些人即便天生一无所有，也能书写出美丽的人生童话，折射出别样的人生光彩；而有些人生来锦衣玉食，车马齐备，但如果只把目标放在人生的享乐上，他的人生也绝不可能丰富到让人去阅读的地步。

成功必须竭尽全力

在美国西雅图的一所著名教堂里，有一位德高望重的牧师——戴尔·泰勒。有一天，他向教会学校一个班的学生们先讲了下面这个故事。

那年冬天，猎人带着猎狗去打猎。猎人一枪击中了一只兔子的后腿，受伤的兔子拼命地逃生，猎狗在其后穷追不舍。可是追了一阵子，兔子跑得越来越远了。猎狗知道实在是追不上了，只好悻悻地回到猎人身边。猎人气急败坏地说："你真没用，连一只受伤的兔子都追不到！"

猎狗听了很不服气地辩解道："我已经尽力而为了呀！"

再说兔子带着枪伤成功地逃生回家了，兄弟们都围过来惊讶地问它："那只猎狗很凶呀，你又带了伤，是怎么甩掉它的呢？"

兔子说："它是尽力而为，我是竭尽全力呀！它没追上我，最多挨一顿骂，而我若不竭尽全力地跑，可就没命了呀！"

泰勒牧师讲完故事之后，又向全班学生郑重其事地承诺："谁要是能背出《圣经·马太福音》中第五章到第七章的全部内容，我就邀请谁去西雅图的'太空针'高塔餐厅参加免费聚餐会。"

《圣经·马太福音》中第五章到第七章的全部内容有几万字，而且不押韵，要背诵全文无疑有相当大的难度。尽管参加免费聚餐会是许多学生梦寐以求的事情，但是几乎所有的人都浅尝辄止，望而却步了。

几天后，班中一个11岁的男孩，胸有成竹地站在泰勒牧师的面前，从头到尾地按要求背诵下来，竟然一字不漏，没出一点差错，而且到了最后，简直成了声情并茂的朗诵。

泰勒牧师比别人更清楚，就是在成年的信徒中，能背诵这些篇幅的人也是罕见的，何况是一个孩子。泰勒牧师在赞叹男孩那惊人记忆力的同时，不禁好奇地问："你为什么能背下这么长的文字呢？"

这个男孩不假思索地回答道："我竭尽全力。"

16年后，这个男孩成了世界著名软件公司的老板。他就是比尔·盖茨。

泰勒牧师讲的故事和比尔·盖茨的成功背诵对人很有启示：每个人都有极大的潜能。

正如心理学家所指出的，一般人的潜能只开发了

2%~8%，像爱因斯坦那样伟大的大科学家，也只开发了12%左右。一个人如果开发了50%的潜能，就可以背诵400本教科书，可以学完十几所大学的课程，还可以掌握二十来种不同国家的语言。这就是说，我们还有90%的潜能还处于沉睡状态。

谁要想出类拔萃、创造奇迹，仅仅做到尽力而为还远远不够，必须竭尽全力才行。

采取行动，不抱怨

刚毕业不久的女孩丹妮，带着自己精心制作的作品到一个知名的广告公司去面试。丹妮抽到的面试号是最后的一个，漫长的等待过程让丹妮越来越紧张，为缓解疲劳，她向广告公司的人要了一杯温水。那个公司的接待人员在给丹妮拿水的时候，一不小心将水打翻了，水全都洒到了那个作品上。作品被水打湿了，变得皱巴巴的，那些线条也变得模糊不清。

丹妮一下子愣住了，该怎么办？这可是等会儿面试要用到的作品啊，没有作品，她怎么向面试官解释她的创意和构思呢？丹妮知道现在抱怨接待人员没有用，埋怨自己的运气不好更没用。稍微整理了一下思绪，她赶紧向接待人员要了两张纸和一支笔。在有限的时间里，她认真地将自己的作品在白纸上再次描述了一遍，用另一张白纸将原作品被淋湿的事情大概地叙述了一下。

而接下来的面试，丹妮从众多的面试者中脱颖而出，成为众多录用者中最后一位幸运者。主考官后来跟她说："广告注重创意和变通，你的作品做得很简单，但是创意却很明确。更难能可贵的是，遇到事情的时候，你首先想的是如何解决，而不是抱怨，这正是我们公司需要的。"

与其一味地去抱怨，不如尝试着努力改变现状，将生活变得如意起来。只要能够深刻地理解，正确地行动，加上持之以恒的决心，再难的事情也会随着你的努力而改变，多大的麻烦也能变得有头绪，多复杂的矛盾也能被化解。

有时候机会就在抱怨中远去，等你后悔的时候，已经来不及了。所以不要抱怨，充分利用时间，努力提升自己，只有自己具有足够的智慧，足够强大，才可以克服种种困难，从而不会陷入抱怨的泥沼。遇到困难阻碍时，要抑制自己的抱怨冲动，用更理性的头脑去分析局面。只要一个人在危急时刻多一些努力和行动，那么，幸运之神就会格外眷顾他。

要改掉抱怨的恶习，你必须培养自己的责任心，你一定要在心中下决心："我愿意承担起生活中各个方面的责任。"

你不妨进行一段自我对话：

如果我不快乐，那是因为我造成了这种结果。

如果现实中有问题困扰着我，那就意味着我有责任去解决它。

如果别人需要帮助，那我就有责任伸出援助之手。

如果我想要得到一样东西，那就要亲自去争取。

如果我想要某人出现在我的生活中，那我就要吸引或邀请他与我交往。

如果我不喜欢眼下的境况，那我一定要终结它。

享受你所喜欢的事，对于你所不喜欢的事，不必勉强自己装出一副很享受的样子。不过，对于一切事，你还是要承担起自己的责任。

抱怨是对履行责任的一种否定。当你发现你在抱怨，停止这样做，问自己：我是要继续推卸责任，还是承担起一点责任来呢？也许，你现在就可以承担起更多的责任。也许，你还未做好准备。不论怎样，你都要慎重地做出这个决定。你是想要创造你不想要的生活而得到他人的同情，还是创造你想要的生活来得到别人的祝贺？

我们必须明白，命运不会因为抱怨而改变。想要改变自己的命运，首先就要提高自控力，停止抱怨，改变自己的心境和心态。在失意的时候，不要浪费时间去抱怨这个世界不公平，因为世界从来都不会因为你的抱怨而改变丝毫，反而会让我们的情绪越来越消极，最终致使人生一片黯淡。

被钱毁掉的动力

几个月以前，我的一位朋友从法兰克福搬到了苏黎世。

因为我经常去苏黎世，所以我提出帮他把不容易搬运的物品——祖传的口吹玻璃和古籍运到苏黎世。我知道他有多珍视这些物品，如果搬家公司没有像对待生鸡蛋那样对待这些贵重物品，他一定会很生气。两周之后，我收到他的来信，在信里他向我表示了感谢，信里还夹着一张50瑞士法郎的钞票。

瑞士政府一直在寻找放射性废弃物的最终填埋场所，人们考虑了各种深层埋放的地点，其中有瑞士中部的沃芬施森。苏黎世大学的经济学家布鲁诺·弗雷和其他研究者对当地居民做了调查，询问他们是否同意在当地建立一个深层填埋场所。50.8%的被调查者表示同意，而且理由各不相同：民族自豪感、公平、社会义务、就业前景等。然后研究者们又进行了第二次调查，这一次他们提供给该地区居民每人5000瑞士法郎，作为同意建立深层填埋区的补偿——钱当然来自瑞士政府的税收收入。这次调查的结果如何呢？有一半的被调查者表示不同意，只有24.6%的人同意建立深层填埋场所。

还有一个幼儿园的例子。全世界所有的幼儿园都得面对同一个问题：就是那些在幼儿园放学之后晚接孩子的家长。幼儿园园长除了等待，别无他法，他们不能把孩子扔进出租车里了事，因此许多幼儿园都向晚接孩子的家长收取费用。有调查显示，晚接孩子的家长数量并未因此减少，反而增加了。

以上三个例子表明，钱不但没有起到激励的作用，反而起了相反的作用。我的朋友给我50瑞士法郎，贬低了我提供的帮助，也侮辱了我们的友谊；幼儿园向晚接孩子的家长收取费用，使家长和幼儿园之间从之前人性化的关系变成了金钱关系，晚接孩子也变得理所当然——只要为此付钱即可。而为放射物深埋场所附近的居民提供补偿，会被人理解成贿赂，至少是减轻了居民为社会公益做贡献的意愿。科学上称这种现象为"激励排挤效应"。当人们不是为了挣钱去做一件事时，付钱给他们会破坏其做事的意愿，换句话说，就是金钱上的激励会排挤掉非金钱意义上的动力。

假设你领导着一个非营利性的企业，你支付给员工的薪水是低于社会平均收入水平的，尽管如此，你的员工仍在充满动力地工作，因为他们相信这是自己的使命。如果这时你引入一套奖励机制——比如在获得的捐赠中提取一定的比例加到员工的工资中，那么就会出现激励排挤效应：你的员工将对与奖金无关的内容不再感兴趣。无论是对公司的名誉还是公司的理念，你的员工都将不再关心。

但如果你领导的企业没有这种会被排挤的自身动力，那发奖金就不是问题。你什么时候见过为激情而工作并且相信这是自身使命的规划咨询师、保险代理人或会计师？他们首先就不是为了激情而工作，所以说奖金在这些行业是能起到作用的。相反，如果你刚刚成立公司，正在招兵买马，那么你最好先将你的公司赋予一定的意义，而不必急着发奖金。

你如果有孩子，那么我还有一个建议。经验表明，年轻人往往是不容易被收买的。假如你想让你的孩子完成学校作业、练习乐器或修理草坪，不要用金钱来当作奖励。你应该每周给孩子一定的零花钱，否则孩子们很快就会因为没有金钱的奖励而选择上床睡觉。

勇敢追梦，是一种幸福

大家好，我是毛不易。

刚才这句话，这几年可能已经说过无数次了，可能比我从出生到现在以来任何自我介绍说得都要多。

其实这个名是我初中的时候自己给自己起的。如果说我们的本名寄托了父母或者长辈对我们的期望，那么"艺名"就寄托了我对自己的人生态度。很多人第一反应会觉得"不易"是"不容易"，咱们就从"不容易"来讲。"不容易"也能衍生出两种不同的生活态度：第一种，是我们所谓的人生很难，不如洗洗睡吧！我们称之为比较消极和悲观的人生态度。还有第二种，就是人生如此艰难，所以我要努力地奋斗，这个是我们称之为"很燃"的人生态度。但事实上，对我本人来说，我既没那么消极，但同时也没那么燃。我这个"不易"，是"不改变"的意思。

我也不知道为什么十几岁的时候，大家都会梦想着长大以后的生活会发生怎么样的变化、会有多么精彩，那个时候我每天在我们家周围的一个漫画店里看动画片，跟朋友一起聊聊天，玩玩游戏。但那个时候我希望自己不要改变，是因为我觉得那个时候很快乐。所以那个时候《明日之子》有一个跟亲人对视的环节，我不知道大家看没看过，我请的那位阿姨就是我家旁边那家漫画店的店长，现在她们家那个座儿，在我们那个小地方已经成为了一个景点，就是大家偶尔会去参观一下。

如果非要说我在音乐上有什么追求，其实我参加《明日之子》仅仅是想知道我写的作品在大家眼里看上去是怎么样的。其实在那之前，我都没有告诉家人我参加比赛这件事情。因为我没有把它当作一件"人生大事"，也没有想借此机会实现音乐梦想。因为我的生活确实处在一个，我觉得大家都会有的，一个迷茫的阶段——就是大学刚毕业。你又不知道去从事什么样的工作，你又不知道自己除了本专业之外还能做什么。幸运的一点就在于，我误打误撞地走到了《明日之子》里，我撞到了一个比赛里，所以撞出了一条职业生涯。

其实我知道更能够感染到大家的是那种："苦闷的实习男护士，坚持不懈写歌，终于有一天实现音乐梦想。"包括我们家，小县城里很多人，都会以我作为他们的……也不能说榜样吧，就是他们觉得这个是可以追求的，所以他们也会说梦想着有一天成为歌手。每次听到这种话，或者让我给建议的时候，我都是很谨慎的。我知道每个人都有自己的梦想，我也希望每个人都能实现自己的梦想，但是我不能确定地说，他们看到我实现了梦想就一拥而上地去追逐同一个梦想。

我觉得梦想，首先是你自己喜欢的东西，不管它结果好与坏你都喜欢的，这才是梦想。其次，我自己这一路走过来，我知道我能走到今天，有小小的成绩，站在这个舞台上，有这么多人听我说话，是因为我比别人幸运特别特别多。因为我确实看过很多很多有音乐才华的人，他们目前还没有被大家认识到。

我清楚地知道我一路走过来有多少人帮助过我，有多少天时地利的因素结合到一起，才能让我今天站到这里，才能让我跟大家分享这些东西。

如果没有这样的幸运，那么音乐对我来说又意味着什么？我觉得音乐对于我来说，我不用非得去追求它，因为它是我喜欢做的事情，它是我寂寞时候的一个陪伴，它是我开心或难过时，都可以写进歌词抒发的一个渠道，有人喜欢，我也觉得很开心，我觉得自己做得不错……但是这样的梦想，我觉得也是梦想吧，不一定要成为歌手，才能算你有梦想。我觉得音乐能感染到自己，或者能做自己喜欢的事也是一个梦想。

即使我最终没有成为歌手，但是我也不会放弃喜欢音乐，在不间断地写歌的过程中，我感到快乐，同时我的能力也得到了一些提升，我觉得这个过程可能比"实现梦想"本身更有价值。

其实，我说一句最真实的话，就是你坚持和热爱，也不一定能实现梦想，是不是？真正实现梦想的人往往还是需要一些机遇，这个机遇是可遇不可求。但当机遇降临的时候，你有没有做好充分的准备去迎接它？所以，机遇和努力都很重要，但是，只有努力，是我们唯一能把控在自己手里的。

现在社会资讯，包括媒体、网络的发展特别特别发达，大家获得信息的方式也越来越多。找对方向又努力，真正被埋没的人会越来越少。也许他现在没有被发现，只是因为时候还没到，但是总有一天会有人欣赏他，哪怕这个人，他不是大众，他只是小众。

我不觉得现在这个时代会有人被埋没到和自己的实力相差特别远的程度。

实现梦想这件事，我觉得有点像童话故事的结局，就是"王子和公主幸福地生活在一起了"。但是，它并不能终结人生真正的烦恼。人，不管你是什么身份，哪怕你是刚出生就有上亿家产让你继承让你花，那你也有自己的苦闷，是不是？

只不过对我来说，对我现在来说，这个烦恼从实现梦想前的那个迷茫，变成了实现梦想之后的焦虑。

我大概是什么时候真正意识到这一点了呢？就是在我的工作变得比以前忙的时候，很多时候是在飞机上度过的。飞机上那个时候是很封闭的，你手机都用不了，但是现在可以了，我还见证了这个过程。

坐在飞机上的时候，其实你会想很多。尤其是，就是路上嘛，我就会问我自己，我已经多长时间没有静下来好好地写一首歌了。

因为我们大家都知道，在这个时代，歌手或者音乐人或者演员，要被人记住，要让人们愿意听他的歌、愿意看他的戏，其实不仅仅是要靠作品，这也是为什么我们要频繁地工作的原因。

咱们说最直白的，就是你需要不断地曝光，因为你要让大家一直能见到你，大家才想得起来你，你的音乐才能有机会被别人听。

但是你同时又知道，一名歌手，尤其是创作歌手，想要被人长久地记住，长久地让人们愿意听他的歌，最最重要的源泉和根本就在于他要不断地、持续地创作。

这两点之间，怎么平衡？

我不是科班出身，我想学音乐，我想学乐理，我想让我的音乐之路走得更广、更远，我想追求、表达我想表达的一切，我想让我自己的骨架变大。

但时间有限，时间对每个人都是公平的，我今天在这里演讲，演讲两个小时，我可能练琴就少两个小时，是不是？你们坐这里看两个小时，你们可能高兴了两个小时。

所以目前对我最大的困扰就在于，我以前不是歌手的时候，我反而有大量的时间用来创作，我当了歌手之后，我做原创的数量反而没有之前多，也没有之前密集了。

有的时候我就会想起当时自己在医院的那个时候，也很规律，可以有大块的时间，每天晚上回来就抱着吉他写歌，然后把自己的心情、个人情绪、生活状态啊，充分地融入到我的歌里，那个时候我觉得那才是生活。

而且有的时候，我不知道大家有没有写文章的经历，尤其少女心事总是春嘛，"说说"当时也发了不少啊，QQ（即时通信工具）的那些，朋友圈伤感的一些小文字。我有时候写歌的时候也会感觉："哇，这两句我写得真好！"

但是，现在这种情况越来越少了，因为我没有那么多的时间用于创作。而且，现在的工作流动性很大，然后我没有一个相对固定的生活环境。我情绪的起伏、我对生活的认知和我想表达的欲望，都相对于以前要降下来了一些。

但是外界对我的认知是，你是专业歌手，你要写出更好的歌。一个是来自自己，一个是来自大家的期待，两方的压力下，你就会处在一种迷茫和焦虑的状态。

但是——说到"但是"了。"实现了梦想"就像童话的结局一样，并不能终结真实人生的烦恼。只不过对我来说，这烦恼是从实现梦想前的苦闷，变成了实现梦想后的焦虑。

在这种感觉越来越强烈的时候，我就会怀疑，我是不是被梦想绑架了。

它变成了我的一份工作，它夹杂了很多音乐之外的东西，而不再是当初那个给我安慰、给我陪伴、让我感受到平淡生活中火花的那个纯粹的东西了。

我想，摆脱梦想"绑架"最好的方式，就是不忘初心。因为当初，我在第一次写歌，第一次弹琴的时候，我没有想过我一定要通过音乐来实现我自己的人生价值，所以如今我也不该让歌手这个身份盖过我的音乐本身。

音乐依然是我喜欢做的事情，也依然是我孤独时的陪伴，让更多人喜欢我，那是对我的一个奖励。但我还是毛不易本人。我依然喜欢唱歌、喜欢写歌，这点我从来没有改变过。虽然可能我时间变少了，但是我的热爱还在心里。

我在成为歌手后不是特别长的一段时间之内，就发了第一张专辑，希望大家会喜欢，因为后面还有好多歌。

我也希望大家能陪我一直走下去。

我们这张专辑的制作人李健老师，给我写过一段话，送给大家，然后把它作为今天演讲的结语："你的压力一定很大，因为这张唱片，从此以后你的压力会更大。但是，不要担心有新的人会取代你，没人能取代你，只要你认真生活，认真写歌，认真唱歌，就永远没有。看在热爱音乐的分儿上，只能心中窃喜，不可抱怨。"

我觉得，李健老师话里的"音乐"可以换成任何一个词，任何一个当你想到"梦想"的时候心里蹦出来的那个词，与你们共勉。

用自律丈量余生

一

一位文友2017年初才开始写作。

她的本职工作繁忙，还是一位小男孩的妈妈，下班还要兼顾着陪伴小朋友。为了高效地利用时间，她的微信签名是：非要事不谈。

白天集中精力专注工作，其他时间争分夺秒地看书。为了方便，她在触手可及的各个地方都放满了书籍，以便随时可以看零星片段。其他业余的碎片化时间，都用在了反复地构思与打磨上。

这一年多，每天雷打不动地五点起床，坚持输出正能量的价值观，因而深受各大顶级平台青睐，她的新书也即将受邀出版。

是自律让她终于为自己在这个领域争得了一席之地，可以预料，她的未来必将因为这一年多的持续精进而更加美好。

我们一些当初和她同时起步的写手，还在较真于"公号写文红利期已过，现在开始是否太晚"的时候，她因为这一年多心无旁骛地践行自律，和我们在写字领域的差距，已经隔着天与地的距离。

有次我忍不住问她：你写作简直承包了普通人望而兴叹的殿堂级平台，你觉得是天赋吗？

她哈哈笑：哪有什么天赋附体与横空出世的运气，都不过是死磕与自律。

无数次想放弃，无数次不放弃，终于迎来了柳暗花明。

二

执行力与"本能"反向而行。

村上春树有一次接受采访，说每天他其实只有23个小时，必须留1个小时给跑步，坚决不变。村上春树的跑步思维方式是："今天不想跑，所以才去跑。"

其实所有美好的事物，本质上都是反人性的。纵容自己真的很简单，吃垃圾食品，做"沙发土豆"，停止思考，随风飘荡是多么轻松自在。

而节制、收敛、沉静，则需要艰难的日复一日的自律过程。

所以当习惯享乐的"本能"妖孽现身时，用反向的思考模式去应对、执行。

自律是稀缺的，只有从小目标做起。

早年我听说朋友在跑两公里，立即信誓旦旦地说：这实在太简单太轻松了，一天十分钟而已，我直接跑五公里。五公里的热度持续了几天，我就投降了。

后来坚持下来，是从第一周的一公里开始，循序渐进，慢慢地养成好习惯，才逐渐克服了自己的惰性。

放下太高远的远景，谨慎对待自己稀缺的自律性。

作为懒散一族，也没有办法在多个维度齐头并进，苛责自己全部自律，最后只会一事无成。

一次只聚焦一个小改变，先定一个短期小目标，逐步完成，然后习惯养成，自然而然会变得自律起来。

三

当你理清自己的思绪开始自律：有一天，你会发现你所有读过的书都停留在你的心里；有一天，你会发现你所有流过的汗水都丰富了你的人生；有一天，你会发现你所有倾情的付出都成为命运珍贵的馈赠。

我相信，只有践行自律精神的人才能体会到这种快感。

愿我们的余生，都能因为自律而少一点遗憾。从今天起，拼尽全力为自己出征，活成自己想要的样子。

第三章
逆风飞翔，寻梦远方

~~~~~~~~~~~~~~~~~~~~~~~~~
~~~~~~~~~~~~~~~~~~
~~~~~~~~~~~~~~~~~~~~~~~~~~

唯有身处卑微的人，最有机缘看到世态人情的真相。一个人不想攀高就不怕下跌，也不用倾轧排挤，可以保其天真，成其自然，潜心一志完成自己能做的事。

——杨绛

努力实现梦想

何巧女身高不足1.55米，却蕴藏着巨大的能量，创业路上，她曾遭遇3次重创却从不低头，靠持续奋斗逆袭成为百亿富豪。

创办东方园林

何巧女出生于浙江武义，她的父亲从1980年初就开始经营花卉苗木，耳濡目染之下，何巧女也十分热爱花木。

大学毕业后，何巧女回到杭州工作。在一次随父亲参加北京盆景展览会的过程中，她发现了销售盆景的商机。彼时，花卉市场逐渐兴起，星级酒店有了租赁盆景之类的需求。

何巧女决定自己创业，她先到北林大租下园林系的温室花房，然后南下广州去买盆栽，带回北京租给酒店。同时，她也在酒店开了花店。在承接了新世纪饭店的园林绿化工程后，何巧女的花店声名鹊起。

"那时的老板就是个大业务员，很多事情都需要自己亲自去做，一天工作16个小时以上。"

1992年，她创办了北京市东方园林艺术公司。

但是，何巧女很快遭受两次重创。第一次，她聘请了一位经理，没想到这个经理购进了一批次品花苗，然后携款逃走，导致何巧女损失了100多个大客户。

第二次，何巧女听信铁矿石能够赚钱的消息，将之前赚到的几十万元全部投入，结果血本无归。"我写下了数不清的欠条，道了数不清的歉，也说了说不尽的好话，才勉强撑过一天是一天。"

不过，何巧女不甘失败，继续寻找新的出路。

1993年开始，随着香港对内地投资的升温，偏僻的北京城外多个外销楼盘拔地而起，何巧女抓住机遇，迅速进入地产园林领域，在楼盘中做绿化工程。

由于偏僻的城外监管不严，而利润却又不薄，她很快将生意做得风生水起。"1995、1996年那个时候，几乎全北京的外销楼盘园林都是我们做的。"

1998年，东方园林改建设立为股份合作制企业。同年，何巧女做了东方广场项目，这是当时亚洲最大的商业建筑群之一，企业因此名声大振。

实现上市梦想

2001年，"创业板就要推出了"的消息盛行，何巧女十分激动，努力为上市做准备。

她制订了一个颇为宏伟的扩张计划，在全国各地承接项目。到了2003年，东方园林在12个省市承接了80多个项目，员工数量达到700多人。

没想到，命运又给了她重重一击。国家政策方面的信号出现，创业板无限期推迟推出。而何巧女只能为自己的快速扩张吞下苦果。

她不得不启动战略收缩，撤掉10多个分支机构，终止了30多份合同，各个分公司老总走的走，散的散，公司濒临倒闭。

那段时间，何巧女经常失眠。为了缓解压力，她专门找来邓颖超、宋庆龄等伟大女性的传记，认真阅读，学习她们面对困难的精神。

"经过这些之后，我才感觉到，失败对一个人来说，最重要的不是吸取什么教训，而是对心理的考验。"

庆幸的是，何巧女依然没有轻易认输。她的丈夫唐凯奔赴各地去向商家解释，把过多的项目一个个解除，何巧女则带着施工队在工地上忙碌，继续未完的工程。

后来，何巧女经过高人指点，转型做市政园林。这一次她稳扎稳打，带着施工队安排好每一处景观，常常忙到忘记吃饭。

2006年，何巧女带领团队完成苏州某酒店的园林景观，这个作品让业界为之震惊，也将她的声誉推向了新高度。

此后，何巧女承包了通州运河文化广场、北京T3航站楼、北京奥林匹克公园景观大道等顶级市政景观项目，在业内稳稳占据一席之地。

2009年11月，东方园林在深圳A股上市，成为中国园林行业第一家上市公司，何巧女终于实现了上市梦想。

现在，何巧女仍然保持着6天×12小时的工作状态，她完全没有退休的打算，还在持续奋斗。

时间会让你听到花开的声音

一

听说我的侄女水晶，要提前回来休年假。

我打电话给她，想到火车站接她。

没想到，水晶在电话那头喜气洋洋："姑姑，不用你来接，我自己开车回来。今年，我的装修公司生意不错，我要奖励自己，买新车、休长假，过一个开心年……"

我舒了一口气，心里很欢喜。今年和去年，不可同日而语啊！

去年过年之前，水晶给我打电话，语气里都是沮丧："姑姑，今年的效益不行，忙了一年到头，财务持平……唉，一年白忙了。"

她有点难过地说："都说努力有回报，这一年我拼命努力，结果得不如愿。这样的努力谁会记得？努力没有效益，感觉自己一年到头，好像在瞎忙。"

为了积累人脉，她跑烂了一双平底布鞋；为聘请有技术的水电工、木工、镶贴工，她来回跑了20趟，嗓子说哑；为提升设计档次，夜里11点之前，从未睡过觉……

但是今年，她去年的努力都用上了——好人脉，让相处更和谐；好经验，让办事更快捷；好市场，让营销节节走高。当她趁着行业东风顺势而为，成功就是水到渠成的事。

我庆幸她的成功，水晶却感慨万分："我要感谢时间！原来，我的努力，时间都记得。"

的确，时间是最公正的使者，它记得你的一切努力。等到有一天，当你的努力达到上限，它就会对你投桃报李。

二

我们村的小章姑娘，音域宽、嗓音好，唱起歌来余音绕梁。

读大学时，听老师的建议，课余报了声乐培训班。她希望有一天，能成为一名优秀的歌手。

可是，学习一年之后，她还没等到独立登台演唱的机会。灰心丧气的她，放弃了这个爱好。

老师劝她坚持初心，再努力一把。

她怨天尤人地说："再努力有什么用呢？努力没有结果，

努力没有功劳，这样的努力谁会记得？没人记得的努力，不留痕迹的努力，都是白努力！"

事实并不是这样，跟小章师出同门的三个小伙伴，都坚持学到大学毕业。

在他们练习的几年，没有听众也没人在乎。但这种没人在乎的努力，时间都记得。

现在，这三个小伙伴都唱出了名堂。一个当了声乐老师，一个成立了乐队，还有一个，把歌唱到了北京，参加了全国乡村歌手大奖赛。

当你想放弃努力时，千万别忘了——没人记得的时候，时间一直都在。每个人的一点一滴的努力，时间都看在眼里。时间花在哪里，努力的成效就在哪里。

当你为了梦想、为了奋斗目标，开启努力模式，时间就开始记录。它记录你的付出，记录你的汗水，也记录你的真心。

当你的努力累计成量、叠加升值的时候，时间就会打开记忆，以聚沙成塔的方式，给予回报。

三

在生活中，我们总是怕白白付出，吝啬着精力，算计着时间。付出一点点努力，就希望有个好结果。即使没有好结果，也希望有人点个赞——赞你没有功劳，也有苦劳。

这些图谋回报的努力，其实是信心不足的体现。我们的奋斗，不是给别人看的；我们的努力，不是求点赞的；我们的梦想，不是因为有人在乎，才去追求开花结果。

在成功的路上，没有立竿见影的效果，只有坚持不懈的努力。在向理想前进的路上，没有名利得失的衡量，只有无怨无悔的追求。一天又一天，一年又一年，你的付出，时间都记得。

就像画家齐白石，从普通的穷孩子到艺术大师，他花了一辈子的时间。

从捡树枝在地上画，到学木工雕刻；再到拜师学艺、遍临名家；最后大器晚成，成为世界文化名人。

时间记得他的努力，也铺就了他的成功之路。

文学家巴金的代表作《激流三部曲》，创作过程长达10年。

在潜心创作的日子里，他忘记了自己，天天思考，年年码字。

第十年，他的作品轰动天下。你能说他的前9年，都是白忙吗？他的酝酿和思考，他的笔耕和汗水，时间都记得！

大师尚能如此，视努力为日常。我们又怎么能奢求一努力就有回报？一行动就见效？

默默无闻地努力，安安静静地付出，为了初心而坚持，为了梦想而守候，每一天、每一年，时间都给你做了清清楚楚的记载！

当我们把握有限的时间，在风雨中拼搏，在彩虹里微笑。做了该做的事，见了想见的人，实现了正能量的梦想。

时间就会让你听到花开的声音，看到小草的力量，体会到"十年磨一剑，砺得梅花香"的幸福。

折磨也是一种幸福

　　对待那些不可抗拒的因素，多数人或许还能够释怀，但对待那些人为的折磨，多数人也许都会耿耿于怀。

　　其实完全可以换一种心态去看待，别把它当成消极的打压，把它当成一种促进我们成长的积极因素。生命是一个不断蜕变的过程，有了折磨它才能进步，才能得到升华。真正促成我们成功的，除了自身的能力、亲友的鼓励以外，还有别人的折磨。不管那些人是善意还是恶意，他们在折磨你的同时，也成全了你。

　　电影《卧虎藏龙》获国际大奖后，章子怡接受一家媒体记者采访时讲述了这样一些细节。

　　在拍摄电影《卧虎藏龙》之前，章子怡没拍过武侠片和古装戏，能否演好这个富有挑战性的全新角色，她感到压力很大。在新疆的拍摄现场，每当章子怡拍完一个镜头后，她就观察导演李安的反应。可李导没有任何表情，只盯着监视器抽闷烟，对章子怡的表演既不肯定给予表扬，也不否定给予指正。李导发现章子怡注视他时就狠狠地瞪她一眼。渴望得到李导表扬的章子怡当时心里很难过，她只希望李导能真实地对她的表演给一个评价，哪怕是只言片语。

令章子怡羡慕不已的是，和她一起拍电影的杨紫琼每表演好一个出色的镜头后，李导就会由衷地拍拍她的肩膀轻轻抱她一下，说杨紫琼很厉害。那段时间，在恶劣的自然环境下拍电影很艰苦，身体的劳累并不苦，自己的表演得不到认可，章子怡心里却很痛苦。电影拍到最后，章子怡的表演有了很大的进步，李导对她说，我看得出你很努力，你今后碰到好戏都要有这样的努力才是，说完这句话李导抱了章子怡一下，拍了拍她的肩膀。在拍摄《卧虎藏龙》五个月的时间里，李导就抱了章子怡那一次。当时章子怡哭了，她终于明白了李导的良苦用心。

毫无原则的表扬和肯定，往往会扼杀长久的努力和进步。李安导演的高明之处就在于，他懂得用什么样的方式给予演员恰当的激励，他可能"折磨"得章子怡够苦，但无疑更促进了她的成长。我们甚至可以说，李安导演就是章子怡生命中的一个贵人！

其实，每一种折磨或挫折，都隐藏着让人成功的种子，那些正在向成功努力的人更应该看清这一点，不要害怕别人的折磨，更不要因此萎靡不振。事实上，我们从小到大一直在经受着某种意义上的折磨：老师对于我们落后的批评、同学对于我们错误的指责、朋友对于我们偏差的纠正、父母偶尔扬起的巴掌……这一切，我们都把它当成理所当然，因为我们知道，每一次的折磨，都像在我们脚下垫了一块砖，让我们站得更高，看得更远。那为什么现在，我们的心智更加成熟了，反倒无法释然了呢？或许真是因为我们觉得自己长大了，我们觉得自己不再需要鞭策；又或者我们太希望人生能够一帆风顺，我们心中的"自我意识"容不得别人的侵犯。但事实上，我们错了！你要知道，没有经历过折磨的雄鹰不可能高飞几十年，没有被生活折磨过的人不可能坦然看世间。其实，那些折磨过我们的人和事，往往正是人生中最受用的经历。你不觉得它就像牡蛎一样吗？虽然会喷出扰乱前途的沙子，可是内涵却在于体内那一颗颗绚丽的"珍珠"！

不知道大家有没有听说过，在心理学上有一种"最优经验"的说法：当一个人自觉将体能与智力发挥到极致之时，就是"最优经验"出现的时候，而通常，"最优经验"都不会在顺境之中发生，大多是在千钧一发之际被激发出来。据说，许多在集中营里大难不死的囚犯，就是因为困境逼他们采取最优的应对策略，最终能躲过劫难。

那我们为什么不能这样？——就让别人的折磨来刺激我们的"最优经验"。换而言之，当有人打压、欺负、刻薄，甚至是伤害我们之时，我们是不是可以将心底爆发出来的怒气转化为志气？说得通俗一点，谁越瞧不起我们，我们就越要做出个样子给他们看看！人若是没这点志气，别人越看不起你，你就越放任自流或者说逆来顺受，那人生也就看不出什么实际意义了。

所以，当有人折磨你时，不妨想想罗曼·罗兰的那句话——"从远处看，人生的不幸折磨还很有诗意呢！"是的，这个时代，众多竞争对手使我们立于没有硝烟的战场之中，也许我们无法选择，也许这场战争使我们饱受折磨，但是——我们完全可以把它当成充满诗意的鞭策，就让别人来驱散我们的惰性，逼着我们不断向前。假如大家能够具备这种心态，那我们大抵就可以做事了。

十分钟的力量

一

之前，看着街上女孩们穿着旗袍，袅袅娜娜，我羡慕极了，也从网上买了一件。

其实，每到天气暖和一点，我都会想到一句诗："佳人初试薄罗裳。"

我期望自己也是那个佳人，能够脱胎换骨，抖落一冬的懒散臃肿，穿上漂亮衣裳，神清气爽地度过春和夏。

可是镜子里的自己总是不尽如人意。我尝试过跑步，结果三天打鱼两天晒网；我尝试过瑜伽，交了钱没去上过几堂课。

这次，听说做仰卧起坐能去掉小腹上的赘肉，我又像被打了鸡血一样，蠢蠢欲动了。

有了之前的教训，我也再不敢对自己的惰性掉以轻心。

我把旗袍挂在床边，早上一睁开眼睛就能看到，第一时间就开始做，如果忙得时间不够用，就在中午下班的时候补上。

时间不等人，短暂的夏季转瞬即逝，想尽快穿上旗袍，就不能偷懒。

一个月以后，我加了一件收腹内衣就把旗袍穿得有模有样。如果继续坚持，效果应该更好。

我发现，只要有前进的动力，其实每天十分钟也没有多难。

二

三年前，侄女丹丹考上了重点高中，却是班级的最后一名。

其实丹丹其他科的成绩都不错，就是英语拉低了分数。丹丹从小就不喜欢英语，经常不及格。越是分数低就越没兴趣，渐渐地，英语倒成了负担。

但是，丹丹在高中碰到了一个非常严厉的英语老师。她要求丹丹早自习时大声朗读英语课文，每天至少十分钟。

老师还给丹丹举了往届学生坚持读的例子，这些学生通过每天的晨读，最终都能把英语成绩提上来。

老师说，别小看每天的十分钟，这份小坚持，也会水滴石穿，让铁杵磨成针的。

高中的三年，丹丹的这份坚持从来没有间断。她对英语越来越有感觉，无论是发音还是听力，都渐渐找到了方向，这门曾经让她厌恶的学科，慢慢地让她有了成就感。

随着成绩的提高，丹丹也对自己越来越有信心，愿意花更多的时间把自己的短板补起来。

让人惊喜的是，今年高考的时候，丹丹的英语已经从不及格变成了110分，已经不再拖后腿了。

看似不起眼的每天十分钟，不紧不慢地提高了丹丹的英语成绩。

有时候，我们只需要每天十分钟的小坚持，就能让自己离成功更近一些。

别小看这十分钟，日积月累起来，就是一股庞大的力量。

三

十分钟在很多人眼里，一转眼就过去了。但是，如果是十个十分钟，百个十分钟，千个十分钟……聚沙成塔的力量便出来了。

十分钟内微小的变化微不足道，但如果我们坚持下去，那些小变化就会叠加起来，送我们一份出其不意的惊喜。

同事的女儿初三了，数学成绩一直在及格线上跳来跳去，数学题总是让她特别烦恼，能完成作业就已经万事大吉了。

开学初期，数学老师和她共同做了一个计划，老师要求她每天完成作业之外要做五道计算题。

老师说，初中数学不难，成绩上不来，只是题没做到位。

最初做起来耗费的时间较长，一段时间后，小姑娘做题的速度越来越快，五道题通常十几分钟就能搞定。

这样坚持了一学期，她的数学成绩已经轻轻松松过百了，做题的兴趣也大大提高。

宫崎骏说："有时候，你坚持了你最不想干的事情，就会得到你最想要的东西。"

那些不起眼的付出和努力，那份每天不懈的坚持，都会化成一份美丽的邂逅，在未来的某一天，和你不期而遇。

你的优秀，也许就在你比别人每天多付出了十分钟，平凡的你，从此变得与众不同。

人生的差距

年初，邻居找我倾诉孩子找工作的事情。孩子是个二本毕业，专业排名据说还不错，而且孩子做人厚道，彬彬有礼，还是学生会主席，然而并没有什么用，找工作还是屡屡碰壁。没想到，现实无比残酷，心仪已久的公司连简历这一关都过不去，人家张口就是"我们公司只要北大的"。

寒门逆袭的路，最终还是被卡死在一条分数线上。

这并不是个例，众所周知，500强的公司从来不会去二本院校招聘。去年，本市医院招聘也明确规定，最低学历研究生，第一学历必须是985和211。可能很多公司的招聘简章上，并未标明必须名校毕业。如果你看过安徽卫视的节目《学霸是怎么炼成的》，就会明白没那么简单。

节目里，一个大型企业的人事部经理说："筛选简历的时候，会把985学生的简历和非985学生的简历分开放，招聘会结束后，只带走985大学生的简历。至于非985大学生的简历，往往就被扫入了垃圾桶。"而这种做法，是一些大公司的惯例。

在招聘会现场，你还会听到大公司HR（人力资源）说："我们公司只要北大的……"

这是赤裸裸的就业歧视。的确是，可这种歧视并非没道理。

前两天，听罗振宇讲了一个理论，觉得挺有道理。为什么工作单位现在都要求四六级考试，明明有些岗位这辈子都碰不上英语。这就像很多人diss（不尊重）一考定终身的制度，可很多人看不到这个制度本身已经能够对人的某种能力做出区分。

想想看，上高中的时候，你在做什么，学霸在做什么，其实人与人之间的差距在很早之前就有了。很多人看不起学霸，但不得不说，对一个公司来说，以校识人就是选拔人才成本最低的方法。

这几年，关于要不要读名校，有过很多争论。连清华毕业的高晓松都说，大学已经成了职业介绍所。可是，你不能否认，一个人读没读过名校，过得就是不一样的人生。

《精进》里说："一个年轻人，进入一所不那么优秀的高校，对自己的标准会不由自主地降低以适应这个环境，减少自身与环境的冲突，而这种做法对他们的人生也许是致命的。"

这也是为什么那么多人发奋苦读，拼命也要考上名校的理由之一。因为和谁在一起读书，真的很重要。

《朗读者》的舞台上曾经出现过一个耶鲁大学毕业生秦玥飞。毕业后的他去湘西贺家山村当了一名村官。当时，很多人觉得这是"资源浪费，大材小用"，甚至有人出言讥讽："这是在耶鲁混不下去了。我大字不识一个，也能当村官。"

但是，这个村官和别人不一样。名校毕业的他，利用同学圈的资源和耶鲁的人脉，干了许多大事。先后为偏远的山村募集到80余万元，发动耶鲁大学设计专业的校友，修建了田园式敬老院；最广为人知的是，他还启动"黑土麦田"项目，运用在耶鲁学到的金融知识，引入资本和营销团队，发展农村的商务产业，帮农民致富。

于是，他成了中国最美的村官。当选过全国人大代表，也被评选为2016年感动中国年度人物，还带着黑土麦田团队站上过央视《朗读者》舞台。

试问，如果秦玥飞只是一名普通的大学生村官，没有名校背景，仅凭个人的努力，这一切可能吗？名校，除了带给你知识与技能的提升，它能带给你的最大贡献就是和你交往的人。

去年，乌镇饭局的照片，席卷各大媒体头条，很是火爆了一阵子。引起网友们热议的不仅是因为参加饭局的是中国互联网的大佬们，更是因为在座各位的名校背景。这样两张照片，让众多高考学子坚定了考上名校的决心。理由很简单，你的校友决定你的圈子，而你的圈子就是你的层次。

曾经有个刷爆朋友圈的问题，如果可以回到十年前，你最想对自己说什么。大部分人的答案其实特别简单：好好读书。大概是因为越长大越发现，比起读书的苦，生活的苦要多得多。

你当然可以说，名校不能代表一个人的实力。但是，你需要付出多无数倍的努力证明自己。而有了那张文凭，却可以轻而易举地得到机会。仔细想想，其实很公平。你连书都不好好读，凭什么让人相信你能力超群？

陕西神木市招聘公益性岗位协管员，要求研究生学历，月薪2500元，刺痛了无数人的心。可无论你怎么叫嚣埋怨，这就是真实的世界，而且这事儿你还不能责怪谁。

过去，你总觉得，不过就是一次考试，一个机会，错过了总会有。可越长大，你就会越发现，人生有那么关键几步，走对还是走错，就是人一生都无法改变的差距。

生命仅仅需要一颗心

利奥·罗斯顿是美国好莱坞最胖的电影明星，他腰围6.2英尺，体重385磅，走上几步路就会气喘吁吁，医生曾多次建议他注意节食，减少演出，如果再为金钱所累，将会危及生命。但罗斯顿却不以为然地说："人在世上只有短暂的几十年，我虽然有很多钱，但我还要拼命地继续挣下去。因为，我太喜欢钱了。"

罗斯顿不但没停下挣钱的脚步，反而更疯狂地到世界各地演出挣钱。1936年，罗斯顿在英国伦敦演出时，突然晕倒在舞台上，人们手忙脚乱地把他送到伦敦最著名的汤普森急救中心。经诊断，他是因心力衰竭而导致发病。紧急抢救后，他虽勉强睁开了眼睛，但生命依然危在旦夕。尽管医院用了当时最先进的药物和医疗器械，最终还是没能挽留住他的生命。弥留之际，罗斯顿断断续续说出了一句话："你的身躯很庞大，但你的生命需要的仅仅是一颗心！"

汤普森急救中心院长、世界著名胸外科专家哈登眼睁睁地看着罗斯顿闭上了双眼，而自己却无能为力，不由得黯然垂泪，十分惋惜地说："罗斯顿醒悟得太迟了。"

为警示后人，哈登院长决定把罗斯顿的临终遗言，镌刻在医院中心接待大厅的醒目处。此后，凡来这里就诊的病人，第一眼就能看到那条醒目的警示语。这确实起到了警示作用。

转眼47年过去了，那条警示语虽然还醒目地保留在汤普森急救中心大厅的墙上，但罗斯顿却已渐渐淡出了人们的记忆，心脏病患者有增无减，而且已成为威胁人类生命的头号杀手。时间到了1983年夏天，汤普森急救中心接收了一名危重病人，他是美国石油大亨默尔。几天前，他来英国谈一笔很重要的生意，忽然晕倒在谈判桌前，随行人员急忙把他送到这家医院救治，诊断结果也是心肌衰竭。但重病中的默尔并没忘记自己的生意，他不但包下了急救中心的一层楼，而且安装了联络总部和分部的电话及传真机，他一边接受治疗，一边忙碌地向各地发出一条条指令。主治医生曾多次劝他，让他在生命的危急时刻，一定要静心休养，千万不能劳累，否则随时都会有生命危险。但默尔依然我行我素，医生也无可奈何。

那天，默尔散步来到医院中心的接待大厅，发现了墙上那条警示语，情不自禁地停住了脚步，聚精会神地默念起来，然后让随从请来主治医生，询问这条警示语的来由。医生原原本本给他讲了事情的来龙去脉。默尔听完后，顿时陷入了沉思，又在那条警示语前驻留了一个多小时，才神色凝重地缓缓离开。

回到病房，他首先命令随从撤掉了所有电话和传真机，接着又指示公司财务部，让他们迅速核查账目，说他出院后有大事要办。

一个月后，默尔痊愈出院，他回到公司做的第一件事，竟是卖掉苦心经营资产已达数千万美元的公司，之后便带上家人，去了苏格兰乡下的一栋别墅，过起了逍遥自在的世外桃源生活。

默尔的奇特举动，顿时引起了外界的种种猜测，媒体更是对此兴趣十足，纷纷提出采访他的要求，期盼揭开这个谜底，但都被默尔断然拒绝。

后来，人们还是在默尔的自传中解开了这个谜。在自传的结尾有这样一段话："这个世界上，不知有多少人日夜在为金钱财富拼命，挣到了百万还想挣到千万，达到了千万又想挣到亿万，一门心思聚敛钱财，到头来自己究竟得到了什么呢？我之所以要这样做，只不过是汲取罗斯顿的教训罢了，他那句临终遗言：'你的身躯很庞大，但你的生命需要的仅仅是一颗心！'让我大彻大悟。但我还要加上自己的感悟：富裕和肥胖没什么两样。不过是获得超过自己需要的东西罢了。多余的脂肪会压迫人的心脏，多余的金钱会拖累人的心灵，多余的追求会增加生命的负担。要想活得健康和自在一点，就必须尊重自己的生命，舍弃那些'多余'的财富。"

有一种嫉妒叫仰望

在那天的同学会上，苏小凡最后一个到场。她衣着光鲜，略施粉黛，举止谈吐间散发出优雅自信的气质，引得现场同学们一片惊叹。连我这位昔日的舍友都感到意外，这是当年那个略显土气的羞涩女孩吗？我的思绪飘回到多年前。

进入高中后，由于离家较远，我寄宿在学校。宿舍里有六个女生，小凡就住在我的下铺。

我从小受到父母的疼爱，很少自己动手做家务，因而一时无法适应住宿生活。小凡是位勤劳细心的女孩，主动帮我打热水，教我整理内务，我们很快便混熟了。

在班上，小凡是最勤奋的学生，日历上写着励志短语，每天换一句。晚上我们睡下后，她躲在被窝里打着手电看书，早上醒来也看不见她，她在宿舍走廊上诵读英语。也因此，每次考试成绩下来，她都遥遥领先。

后来，分文理班，宿舍里新来了两位女生。她们人长得俊俏，打扮得如花似朵。

起初，她们半开玩笑地抗议说："小凡，你干吗这么用功啊？让我们觉得很有压力。"她的脸红了，抱歉地朝她们笑笑。渐渐地，那些人的话语变得刻薄起来，心里仿佛有一只叫"嫉妒"的小兽在跳跃，冷冷的话如无形的箭一般刺向她。

可她从不辩解，继续做自己的事，失望之余，她们搞起恶作剧。

下了夜自习，回到寝食，她打开手电灯不亮，少了一节电池。刚打回一瓶热水，转个身，里面的水被人给倒空了。她们一脸得意，捂着嘴哧哧地笑。小凡低头皱眉，轻咬着嘴唇，一语不发。

这些恰好被我看在眼里，或许是我的心里也住着一只小兽，或许是怕受到她们的排挤，性情柔弱的我选择了缄默。我甚至将这一切，归咎于她的争强好胜，也就有意地疏远了她。

半年后的一天，小凡接到一个电话，匆匆离开学校。过了一个多月，她回到宿舍，看上去削瘦憔悴了许多。随后的摸底考试，她的成绩并不理想，在别人放肆的嘲笑声中，小凡扭身跑开了。

我从教室里出来，独自漫不经心地走着。忽听到校园一侧的花丛中，传来低低的哭泣声，断断续续，若隐若现。

我循着声音望去，小凡站在一棵花树下，单薄的肩膀轻轻地耸动着。一阵风吹过，片片花瓣如雨般簌簌落下。我想上前安慰她几句，却不知该说些什么，只好悄悄地转身离开。

第二天的课堂上，老师不仅没有责备小凡，还对她提出表扬，我这才知道事情的真相。

她10岁那年，父亲因病去世，家成了风雨中飘摇的小舟。体弱多病的母亲打工供她读书，她暗下决心要好好学习，将来当一名医生。前段时间，是妈妈的病又犯了，她在医院陪护。

老师说："小凡很用心也很努力，这次没考好不要紧，我相信她会很快赶上来。"说完，老师用鼓励的目光看着她，冲她点点头。教室里骤然间响起一阵掌声，我有些惭愧地扭头望去，见她眼中泪光闪动。

她的成绩很快升上来，那年高考，考上一所有名的医学院。我想向她道一声祝贺，却没有勇气说出口，再后来忙着迎接大学生活，慢慢淡出了彼此的视线。

后来，从同学那里陆续听到她的一些消息，考上了研究生，毕业后留在上海的一家大医院工作，把母亲接过去同住。日子如流水般缓缓淌过，岁月静好，安之若素。这次同学会，她专门请了假，坐飞机赶了回来。

我正兀自想着，小凡不知何时走了过来，笑吟吟地问："叶子，你还好吗？其实挺想你的。"同学们在喝酒，唱歌，传来一阵阵喧哗的声浪。她说太吵了，努努嘴，示意我到屋外的露台上。

随意聊了一会儿后，我有些期期艾艾地说："你知道吗？那时你学习那么好，让我们都很嫉妒。"她说："我知道的啊。"我忽然一怔，原来，她心里如冰雪般透彻。

沉默了片刻，我忍不住小声问她："你有没有责怨我们？"

她摇了摇头说："妈妈告诉我，当你比别人强一些时，会遇到嘲讽和冷落，不要被嫉妒的目光绊倒，只管向前奔跑。如果有一天，你站在一个更高的地方，他们对你只有仰望。到那时你会发现，嘲讽也是一种激励。"

说罢，她轻轻地挽着我的手，一如当年。我浑身微微一震，心中多年的愧疚终于释然。

这时，听到有人喊："快来拍照合影了。"同学们纷纷聚拢过来，她被众星捧月般簇拥在中间，一脸的笑，眼中满是灼灼光华。她是蚌，将一粒折磨心灵的沙子，磨成闪亮的珍珠。而我差一点与这份美好擦肩而过。

命运从未亏欠你

那一年我考研失败，同学L告诉我"选择比努力更重要"。他的话让我开始怀疑起过往的人生。我这样做到底对不对？究竟是我的努力正确还是他的选择更正确？

那时的L毕业后成为一名银行职员，他拥有别人羡慕的体面工作和一笔稳定的工资。而考研失败的我，在那个毕业的暑假成功失业了。走在大街上，我仿佛一只无家可归的流浪猫，我不知道该去哪里，该做什么。那时候，除了自身给的压力，还要面对家里对我工作的催促。我心里还存有一份对现实的不甘，我认为命运亏欠了我的努力。

我一直有个名校梦。高考失利进入一所二本院校，刚进入大学我就一直在为圆名校梦的考研而准备。可现实却不尽如人意，我失败了。分数线出来的那天，我在被子里窝了一天，谁也不想见。可日子总要过下去的。某天，朋友Y说厦门工作好找，要我过去试试。于是，我当天就买票过去了。

可我在厦门兜兜转转，工作却一直没着落。一个礼拜过去，我投了上百家公司，简历仿佛石牛入海般毫无音讯。有一次，我和一家公司开始聊得好好的，可一听我没有项目经验，对方立马挂了电话。朋友Y劝我别投与IT（信息技术和产业）类相关的职位。那些公司都喜欢招应届生，毕竟付的工资要少很多。可我又不甘心，坚持一家一家公司地投送简历。功夫不负有心人，第二周，我收到一家IT公司的面试通知。

我七兜八转来到厦门软件园，与负责人电联后在楼下相遇，相互寒暄了一小会儿，双方感觉良好。那时候，我有种被录用的错觉。开始的时候，面试很顺利。看到技术面试官点了点头，我心里认为这工作成了。可之后，那位女面试官沉默地看了我一小会儿，犀利地对我说："你们的课程，大三就应该结束了，为何你现在才找工作？"我本想把我考研的事情交代清楚，可一想到朋友Y千叮万嘱告诉我，有的公司不太喜欢考过研的。于是，我解释说，当时毕业旅行去了。面试完后，之前那个负责人礼貌性地将我送到电梯口，对我说："录用与否下午会发电子邮件给你。"当时我也没多想，然而一个下午过去，手机却根本没显示邮件信息。

我在朋友Y家又挤了两天，朋友H问我想再考研吗？我一晚上辗转反侧，想起了那段整天待在图书馆的艰苦岁月，想起看书的战友们，突然有种想哭的冲动。曾经有好几次，我想发个短信问候他们一下，但我却迟迟未按下键。我害怕他们问起我现在的生活，我不想让他们知道，我现在过得多么惨。那晚，我失眠了。我想起了L，他对我说的"选择比努力更重要"。我心里一直排斥他，仿佛赌气的孩子，我给他发了一条短信，短信上写着"努力比选择更重要"。

朋友L没有回复我。我不知道那时候，他的心情如何，是否真的认为我已经无可救药，决定与我绝交了。随后，我回复朋友H，我回来"二战"。第二天，我收拾好行李，跟朋友Y道谢告别。我继续走上了那条已经失败过的道路。我知道我有再失败的可能，但我并不害怕。那一年，我住在一间不足十平方米的房间里，为梦中院校开始第二次奋斗。

我不知道在这个时代，梦想还值不值钱。在那将近四个半月的时间里，我习惯了一个人早出晚归，习惯了一个人在别人的学校里匆忙而过，习惯了那一张张陌生的脸，习惯了为节省一块钱车费而跑步去书店。我很羡慕那些看上去不怎么努力，却"轻而易举"获得成功的人；也羡慕那些经过一番彻骨寒，最终赢得梅花扑鼻香的人。而我，看上去是那种表面上很努力，却怎么也成功不了的loser（失败者）。

那年到最后，我还是输了。很多时候，我会想，那所名校对我们这类看上去很努力却一直失败的人来说，真的就是一个梦想吧。亲戚们劝我安分点，别那么拼，"你就是那个命"。当初劝我重视选择的L得知我再次失利，也劝我说：

"你看我，在银行工作多好，待遇高，也没太大的压力，你还是安分点吧。"

在家过年的那几天，为了避开熟人，我选择窝在家里，或者去书店看书。正月初五，侄女闹着要看《美人鱼》，我解释说里面没有周星驰。她说海报上写着周星驰，那里面就有周星驰。我拗不过她，带着她来到电影院。我看到博物馆里那条咸鱼，突然傻傻地哭了起来。

我感觉我快变成了咸鱼，像咸鱼那样，在城市里随波逐流。我想起我的过去，起早贪黑，那么努力，可最后一无所有，成为别人的负担。"你成功地感动了自己，却成了别人的笑话。"

在厦门工作的朋友Y得知我再次失败后，微信安慰我说："你或许认为命运亏欠了你的努力，但你却经历了常人未承受过的孤独。你输了一场考试，却赢得了内心的笃定。你比你想象的要更坚强，比你想象的要更有尊严。不管怎么走，我依然是你坚强的后盾。"

在那个夜里，我问过自己，像我们这种努力挣扎的小人物到底需不需要梦想。我们卑微地站在高楼之下，蚂蚁一样仰望城市楼林之间狭窄的天空，不知该往哪里走。最后，我想起了Y的安慰，她说的话不无道理。命运从未亏欠过你的努力，它总是以另一种方式补偿你。只要你一直那么努力，终有一天，你所希望的生活将会来临。

　　我再次拿上简历，穿梭于城市的各个角落，脑海中回荡着周星驰曾经说过的话："做人如果没有梦想，跟咸鱼有什么分别？"而这，也是现在的我对生活的回答。

第四章
梦无止境，繁花盛开

〜〜〜〜〜〜〜〜〜〜
〜〜〜〜〜〜〜〜〜〜〜

人生是不断与"理想的自己"进行
比较，而非生活在他人的评价之下。

——阿德勒

感恩是必须具备的素质

一个学业优秀的年轻人去一家大公司申请一个管理职位。他通过了第一次面试，主管进行最后面试，然后做最终决定。主管从简历中发现，这个青年的学业成绩一直非常优秀，从中学直到研究生研究课题，从来没有一年学习成绩不好的时候。

主管问："你在学校获得过奖学金吗？"

青年回答说："没有。"

主管问："是你父亲为你付学费吗？"

青年说："我一岁时父亲就过世了，母亲替我付学费。"

主管问："你母亲在哪里工作？"

青年说："我母亲是洗衣工。"

主管要求青年伸出他的手。青年伸出一双既光滑又完美的手。

主管问："你有没有帮助你母亲洗衣服？"

青年回答说："从来没有，我母亲总是要我好好学习，多读书。另外，我母亲洗衣服比我快。"

主管说："我有一个请求。今天你回去后，给你母亲洗洗手，然后明天早上来见我。"

青年觉得自己有机会得到这份工作。他一回去就高兴地要求给母亲洗手。母亲觉得奇怪，高兴但怀着一种复杂的感情，向孩子伸出自己的手。

青年慢慢地为自己母亲洗手。

他洗着洗着，热泪盈眶。

这是他第一次注意到母亲的手上有那么多皱纹，伤痕累累。有些伤痕一沾水就疼痛万分，母亲忍不住颤抖。

这是青年第一次意识到：就是这双手，每天洗衣供他上学。母亲手上的伤痕就是母亲为他学业优异和他更美好的未来所付出的代价。

洗完母亲的双手后，青年悄悄地为母亲洗干净所有剩下的衣服。

那天晚上，母亲和儿子谈了很长时间。

第二天早晨，青年走进主管办公室。

主管问道："能告诉我你昨天在家里都做了些什么，知道了些什么吗？"

青年回答说："我为母亲洗了手，还洗完所有剩下的衣服。"

主管问："请告诉我你的感受。"

青年说："第一，我现在知道了什么是感恩。没有我母亲就没有今天的我。第二，通过共同努力和帮助我母亲，我现在才意识到要完成一件事是多么困难和艰苦。第三，我开始理解亲情的重要性和价值。"

主管说："这就是我要找的经理应具备的品质。我想招聘一个能感恩他人帮助的人，一个体恤他人为完成一件事同样付出艰辛劳动的人，一个不把金钱作为其唯一人生目标的人。你被录用了。"

后来，这个年轻人工作非常努力，并得到了他下属的尊重。他带领的每一位员工都在努力工作。公司的业绩也大大提高。

这一代人

一

上星期，在帕丁顿车站的一个咖啡店里，我问一个正在看报纸的女人我是否可以跟她同坐在一张桌子旁边。当她放下报纸时，我们认出了彼此：我们曾经在"90后"组织工作，这个组织专为想赶上正在接受普通中等教育的同龄人的未成年母亲提供培训。在"90后"组织，我教那些女孩英语，莎莉教数学。一转眼，20年过去了。

我们开始聊起来。无论从谁的角度来看，莎莉的生活都是成功的。52岁的她是位受人尊重的演讲家，婚姻幸福，两个孩子都已经成年，身体都健康，还有一个美丽的家。

我问起她的儿子："萨姆现在忙什么？"那一瞬间，她的脸弥漫了悲伤，眼泪流了下来。她尴尬地想把泪水擦干净，但只是徒劳。

她突然流泪，并不是她的大儿子死了，而是她感觉自己和大儿子之间的关系已经死了。23岁的萨姆在一家刚创建的网络公司见习，没有工资。跟其他很多在找工作的毕业生一样，萨姆仍跟父母一起住。刚开始时，莎莉夫妇和萨姆18岁的妹妹都很高兴他毕业后回家住。可是，萨姆随后提的各种要求控制了他们的生活。

莎莉告诉我："刚开始的时候他要求我们给他零用钱，每周150英镑。我们给他了，就当他见习要交学费吧。可是，过去一年里他的要求让我们渐渐不能接受。他想要浮华的衣服，想要新的智能手机，想要去外面吃饭。上星期他甚至找我们要1000英镑，说要跟大学时的一些朋友去滑雪。"

莎莉的丈夫是一名律师，他愿意给萨姆支付滑雪之行的费用，但莎莉拒绝了。萨姆为此很生气，打坏了他那间卧室里的家具，打碎了装菜的盘子，并吓唬他妹妹。莎莉说："他尖叫着说我们欠他的，因为他从未要求出生，他希望我们死。他咆哮着说他一无所有并不是他的错，是政治家让国家变得太混乱，我们夫妇拥有一切，他却一无所有。他直接诅咒我，用一些真的很肮脏的语言诅咒我。"

从那之后，情况变得越来越糟糕，甚至莎莉都不敢单独跟萨姆在家。

二

父母想给孩子更好的生活，但往往因此把他们宠坏了。

莎莉的经历令人害怕，但这种例子是不常见的吗？似乎是很常见的，我在哪里都见到过，我看到的是丑陋的"我"一代，像萨姆这样的二十几岁的专制君主，他们只在乎他们自己，当事情不如他们所愿时就抱怨所有的人。

可是，谁该是受指责的呢？恐怕莎莉的痛苦是她自己造成的，这是令人尴尬的事情。那是她的过失，她自己也知道。

萨姆在牛津郡的一座美丽的独立式房子里长大，他上的是私立中学，跟家里人去美丽的地方度假，父母对他真的有求必应。

萨姆的成长教育跟莎莉完全不一样：莎莉是由单亲母亲养大的，她的衣服和圣诞节礼物往往都是来自慈善商店。莎莉回忆说："那时的生活真的很艰难。我在学校里被富家子弟取笑。我想有他们有的东西。所以，当我有了孩子以后，为了给孩子们富裕的生活，我不分白天黑夜地工作，我那么爱孩子们——可能我太宠他们了。"

叫父母们诚实地谈论他们那些二十多岁的孩子，你会经常听到这些困惑与内疚的话语。我认识另外一对都当律师的夫妇，他们发现他们的孩子在大学里没有去听课，孩子逃了一学期的课他们才知道。又有一对开了一家社交聚会策划公司的夫妇发现暂时没有找到工作，正在为他们打工的女儿从他们的公司里偷了钱。从以上两个例子来看，父母们都爱孩子，把孩子当宝，孩子们令人震惊的行为让他们的父母感到非常失败。

我怕父母们真的很失败。很多中等阶级的父母是在20世纪70年代后期才生孩子，他们都曾经考虑给予孩子太多的后果。事实上，也有很多孩子没有受到坏的影响。但太多孩子变得贪得无厌、奢侈娇纵，像老是长不大的少年。

从本能来说，所有的父母都想要孩子有比自己更好的生活，像母鸟宁可自己饿肚子也要先喂饱小鸟一样，是一种非常自然的现象。然而，物质主义流行的这几十年已经扭曲了这些本能。我们用正确的理由去做错误的事情。

三

我是家里的第三个孩子，家里常常负债，经济状况很差。我在乌干达出生，1972年随家人移民到英国。因为父亲赚钱不多，所以母亲白天在一家幼儿园里做饭，晚上还领一些针线活回家做。我的布偶和布偶穿的衣服是母亲用剩下的边角料跟用过的火柴棍做成的。如果有个亲戚送给我一件英国制作的衣服，我会一直穿好多年，脱线了母亲会趁我熟睡的时候缝好。这段人生经历让我变得适应力很强，但也让我想给我的孩子们所有我小时候想拥有却得不到的东西。

对于我和很多像我这样的人来说，梦想已经不再遥不可及：社会变化了，我们购买力强了，父母两人都有收入，有更多的钱来给孩子享受。我的孩子们还小的时候，每年看到母亲们努力地满足她们的孩子的要求，有时我也会让步，给我的两个孩子买最时尚的跑鞋和滑板。现在我儿子三十多岁，女儿21岁。

但很多善良的父母没有看到，对孩子做出太多让步，反而不好。给孩子们买足够他们用三辈子的物品，盲目地送孩子去参加一个又一个社交场合，没要求孩子做出什么回报，孩子们就会对应得利益有一种不现实的感觉。

今日，数百万的这些自私的年轻人正在面对真正的难题：缺少工作机会、没有住房、艰难地在这加速全球化的世界里生存。在困境里，他们下意识的反应就是责骂和抱怨某人——他们的父母。

但是，令人难过的是，大多数的父母只会更加地纵容孩子。按照现在这种情况发展下去，以后自私的孩子会更多。当然，我们必须支持孩子，但在必要的时候，我们必须学会拒绝。

幸运的是，我的两个孩子都知道向善，从来没有剥削我们。但这一点，我要感谢我的母亲，如果没有她的持续影响，我想，我早已经溺爱他们了。

是的，两个孩子比我以前拥有的多很多：他们上的是私立学校，可以经常去外面吃饭，有昂贵的手机等物品，还可以去奇异的地方滑雪，但他们也懂得节制。即便现在，我也听到母亲的声音说："要教会他们知足常乐。"

以前，母亲住在住房协会提供的一个小套间里，我的两个孩子都喜欢去那儿。她会教我和孩子们必需的谦卑、慷慨和正派。她会说："不要索求太多，否则，连上帝也会对你们的要求感到厌烦。"

听了莎莉和其他像她一样的人的诉说，我就明白我的母亲的建议使我没有冲动地给儿子和女儿过多。

四

像莎莉这样的例子数不胜数。我有一个熟人的儿子32岁了仍然待在家里，拒绝出去找工作，还吸食大麻，每天穿着松松垮垮的运动服在家里吃了睡、睡了吃，什么都不干。他在大学里学的是商业管理，但在被三个单位拒绝之后就再也不出去找工作了。他的母亲说他得了抑郁症，他的女朋友说得更透彻一些——她说他只是被宠坏了。

接下来，我们说到希瑟，一个化学专业的毕业生。有好几个单位向她伸出过橄榄枝，但她都拒绝了，说他们给的工资都太垃圾。她的父亲，一个白手起家的商人，对此充满了遗憾："我的生意现在不好做，她一点同情心都没有，反而为我们家不再有能力一年去度假三次而暴跳如雷。"

我是新闻学教授，在好几个大学里任课。有一些大学生跟我说他们不会从底层干起，他们想一开始就当自由作家，或者专栏作家。因为他们的一贯娇纵，他们的父母认为他们是可以这样开始的。

媒体行业的激烈竞争使年轻人更加自怜，更是只关注自己，以至于中年和老年人把他们看成失败者或只会挥霍父母财产的寄生虫。

从我们所看到的情况来看，未来看起来更黯淡。我们不能忘了，到我们这一代人老去的时候，我们在很大程度上得依靠这些自私的、贪婪的孩子。

万事开头难

我是月入十万的煎饼大妈

我在这里给大家讲一讲，我家煎饼有多火。

每天早上不到六点，就有人开始排队买煎饼，两个锅同时摊。

在上班的高峰期，排队能排到马路上去。有的顾客因为排队加塞还吵架。忙的时候连收钱的时间都没有，我就把钱盒子往门口凳子上一放，让大家自己找钱。一摊就是两三个小时，停不了手。

在2001年的时候，一张煎饼卖两块钱，一天我能卖四百张煎饼，卖八百块钱，净赚我就能赚五百块钱。一天挣的钱，就能赶上我以前刷碗一个月的工资，简直超出了我的想象。

万事开头难

在我刚开始摊煎饼的时候，让我记忆最深刻的，就是我第一天出摊，摊第一个煎饼。

那个时候天特别冷，我就盼星星盼月亮的，好不容易等来了第一位顾客。心里头不知道为什么特别紧张，手就开始哆嗦，老怕给人摊坏了。结果一上手，就把煎饼搂出个洞来，还有一个面疙瘩，我很紧张的，我就叫了一声："姐，我给你放两个鸡蛋，只收一个鸡蛋的钱行吗？"

当时这个大姐脾气就上来了，说："就你摊成这样，还要钱呢？白给我都不吃！"

当时我心里特别难受，但是我咬咬牙还是忍过来了。因为我想到了我闺女，如果我要不迈出这一步的话，我闺女可能就会失学。

我闺女特别懂事。每次我带她去超市买东西的时候，她想吃什么东西，都会小声地问我："妈妈，这个东西贵不贵？如果贵的话就算了，我不馋，给我买便宜的就行。"孩子的每一句话都刺痛我的心。

我就想：为什么人家的孩子想吃什么买什么，为什么我的孩子就不能？不管多难，我也要靠我自己，给孩子闯出一条路来。绝不能放弃，坚持卖下去，不管是刮风下雨，一天都不能歇。

用心就是我的独家秘方

有的顾客说你那个面不好，那我就重新再去试。有的顾客说你这个味道不好，我就一样一样地再去调，食材都选最新鲜的。

每天凌晨三点我就起床。葱花、香菜都是现切的，隔夜的东西都不要，秋天霜打过的叶子有点发苦，我就把香菜叶子全部去掉，留下那个新鲜的秆儿。

把那绿豆面往铁板上这么一摊，打上鸡蛋，撒上葱花、香菜，远远地就能闻到一股香味，吃起来是外香里脆的。

我这一摊就十来年过去了，但是在那个时候，我也没有什么想法，我就是一个普通摊煎饼的。

我卖的不只是煎饼

直到有一天，有一个老顾客回来了，说："你给我摊三十来个煎饼。"我说："你一下子要这么多？"他说："我家闺女，从小就吃你家煎饼长大的，现在出国留学了，我要去看她，问她需要带些什么。闺女说了，'我什么都不需要，给我摊几十张煎饼就行了，叫阿姨亲手给我摊。我特喜欢吃她家的煎饼。'"

听了她爸爸这个话我很感动。想想这个小姑娘，从那么点儿就开始吃我家的煎饼，已经长成一个亭亭玉立的大姑娘了，还没有忘记我家煎饼。

我心里有一种动力和信念，摊煎饼不光是为了养家糊口，我要把它当成事业去做。

还有一个外国学生，我印象深刻。有一天傍晚放学的时候，一下子围了一圈人，过来吃煎饼。他也围了过来，我就问他，你要几个煎饼，他伸出一个手指，我就认为他要一个煎饼，我点点头，因为他的语言我也听不懂。当我把这煎饼摊好递在他手里的时候，结果他给了我一块钱，我就伸出两个手指头说："一张煎饼两块钱。你这个钱不够，再给我一块。"当时他抱着煎饼特尴尬的样子，就做了一个动作，意思是钱不够了。我一看没钱了，我就冲他摆摆手，我说："那你就拿走吧。"

从那以后呢，他是天天过来摊煎饼吃。有的时候还带一些外国同学过来吃，这一晃半年就过去了。有一天，他带着五六个人过来，到了我店门口叽里咕噜地说了好多话。我一句也听不懂。我就问他，你要几个煎饼呀？结果呢，他从兜里掏出两百块钱给我，还很激动的样子。我一看不对劲儿，我就跑到隔壁去叫那小伙子，我说，你赶紧过来给我翻译翻译，他说的是什么。

原来呀，他是美国人，要回国了，以后不再来中国了。这次是带着他的爸爸妈妈还有朋友，过来最后一次吃我家的煎饼。

他一说要走了，我心里酸酸的，有一种想哭的感觉。当他走过马路的时候，回过头来冲我挥手的那一刻，我心里真的特别难受。

我在这两百块钱上写了一句话："希望以后还能见到你，外国朋友。"我就把这两百块钱，永久地保存着。

我感觉我卖煎饼，不光是为了赚钱，我卖的不只是一个煎饼，还有一种温暖的感觉。

小小的煎饼，也能帮助更多的人

在这之后呢，还有好多人过来跟我学做煎饼，有认识的、不认识的，只要有人学，那我就教。有四川的扬子，还有河南的一个张大姐，还有安徽的一个小陈，还有我家的亲戚，都跟我学做煎饼。

有一个山西的大姐，原来她在北京给人家做保姆，后来她就不干了，跟我学做煎饼。在她临走的时候，我就鼓励她，我说："万事开头难，你能走出第一步，你就能迈出第二步。"我说："回去有哪些不懂的地方，你给我打电话。"

等她再次给我打电话的时候她说："我家孙子上幼儿园的钱，都是我出的，大姐，我非常感谢你教我做煎饼，我靠卖煎饼养活了一家子人。"

听了这些话，心里暖暖的。

我自己的生意，也是做得红红火火的。从一个普普通通的小煎饼摊，现在做到了三家分店。

我的女儿，也没辜负我的期望，考上了大学，还去了一趟美国，现在读研究生。

做煎饼也能做出成就感，煎饼虽小，也足以温暖人心。温暖了他人，也成就了我自己。我要把感恩的心，回报给其他需要帮助的人。人的一生，赚多少钱并不重要。能够交到多少朋友，帮过多少人，这才是人生最大的财富。

我希望我的煎饼，能温暖更多的人。我的愿望就是，把煎饼摊到全世界！

真正努力的人，来不及焦虑

一

昨晚我临睡前，翻看了一下朋友圈。发现朋友有在加班的，有在写稿的，甚至无事可干的人，也要熬夜思考人生。

老实说，每当看到大家都在拼了命地努力时，我有一种深深的焦虑感。因为有一句话说：比你厉害的人，比你还要努力。

可是我反过来想想，似乎我也并没有浪费太多时间。每天早5点起，晚11点睡，午休1小时，但我少睡一分钟，就会毁一天。

曾经我也试过，早上再早起半小时，晚上再多熬半小时，甚至午休，再缩短半小时，然后利用这些时间学习充电。

可是事实上，这样做不仅打乱了我的生活节奏，还没真正起到节约时间提高效率的作用。因为每天睡得不够，休息不好，生物钟被打乱，于是整天无精打采，总是无法集中精力做事。后来我渐渐地学会了，按照我自己的节奏和步伐来努力。因为我非常清楚地知道，自己努力的极限，不在时间上，而在思维方式上。我不能用战术上的努力，去掩盖战略上的懒惰。

如今有越来越多的人，其实都很努力。但是他们越努力，就越焦虑。很大一部分原因在于，他们总是去简单衡量自己与别人努力的程度和力度。其实这毫无可比性，只要你清楚地知道自己的方向在哪里，并且一步一个脚印，不慌不忙地走下去，总会等到柳暗花明的那一刻。

二

记得前几天，我有点事儿想找朋友A谈谈，她告诉我，最近很忙，没时间约见我。

于是我问她，究竟在忙什么？她说，最近她报了很多培训课程，有学做PPT（演示文稿）、学摄影、学画画的，线上线下都报了一大堆。

我问她，为什么突然想要学这么多东西？而且她今年下半年，还要考专业资格证书，按理说，她应该集中精力去复习才对啊。

朋友说，最近有一句话很流行，就是"时代抛弃你的时候，连一声招呼都不打"。

于是看着很多人一会儿在研究股票，一会儿在炒币，一会儿又在讨论人工智能。

她有些慌了，觉得自己什么也不会，完全是白痴一个，所以狠下心，试图要一口气学到上百种技能，以防被社会淘汰。

其实如今很多人都很努力，但就是没有定力。他们很难静下心来去做好一件事，而是囫囵吞枣地去做很多事，以求取得一种"我很努力、我很上进、我拼尽了全力"的假象。

其实每个人的时间和精力都是有限的，所谓的成功，并不是说你要成为一个事事通、门门懂，但样样都拿不出手的人。而是你即便做一件事，也可以把它做到极致，成为某个领域和行业的专家。

很多人的焦虑，其实并不来源于努力，而是来源于一颗想要努力，但是又太着急的心。

三

记得去年，我表妹为了减肥，选择了每天晨跑5公里，刚开始她还信心十足，觉得自己一定能快速瘦身。可是刚坚持了不到一周，她就决定放弃了。我问她，为什么不继续跑下去？

她无奈地说，你看我跑了这么久，可是身上的赘肉根本就没有少啊，我每天起得这么早，辛辛苦苦地去跑步，结果毫无效果，这不是浪费表情吗？

我告诉她，如果你继续坚持下去，一定会有效果。但问题就是你才没坚持几天，就灰了心，泄了气，没了劲。无论做任何事，都需要付出长久的努力，这世上根本没有所谓的速成法，不过是日复一日的厚积薄发。

后来表妹咬着牙，继续坚持了1个月、2个月、3个月之后，她慢慢尝到了跑步的好处，不仅瘦了好几斤，身体也变好了，抵抗力也增强了。

不知道你有没有这样的减肥经历，你尝试了很多种别人成功的方法，却没有一次真正奏效。于是你就失去信心了，你觉得自己就属于易胖体质，无论如何努力，都无法瘦下来。

其实很多人做事都如此，每当他们做不好一件事时，总是怀疑自己的方法不对，其实大部分时候他们的出发点是好的，方向也是对的，但问题是他们总想急于求成，总是半途而废，总是只有三分钟热度。

所以如果你不懂得坚持，那么即便你再怎么变着法地折腾，最终也会以失败告终。

四

如今焦虑成了许多人的通病，即便努力的人，也依旧无法根除这样的状态。其实我们只需做到这三点，就能缓解焦虑，慢慢变得沉着、平和、安静地去好好努力。

第一，从我出发。每个人都有自己的努力方式和方法，你要做的不是跟别人去做无谓的比较，而是要把靶心对准自己，稳步前行。记得村上春树曾说："不管全世界所有人怎么说，我都认为自己的感受才是正确的，无论别人怎么看，我绝不打乱自己的节奏。"

第二，要有定力。不要被世俗的言论绑架，也不能被功名利禄绊住脚步，更不要人云亦云，用自己的脚步，走别人的路。你必须清楚地知道，自己的长处在哪里，爱好在哪里，优势在哪里，然后瞄准这个方向，不断地精进。

第三，持之以恒。其实成功和失败，有时候只是一线之隔。有的人之所以比你厉害，莫过于他们比你坚持得更久一些，比你更有耐心一些，比你更能熬一些而已。

真正努力的人，从来不会焦虑。他们只是按着自己的步伐，坚持不懈地，一步一步去靠近目标。

相信苦尽甘来

我的一个朋友，总是觉得自己命不好，吃汉堡都能吃出苍蝇，喝凉水都塞牙、长胖、肚子痛。她每天上网到凌晨，然后中午十二点起床，过了几个月她开始间歇地吐血。她说：你看我命多么不好。

我没法劝好她，可是我没法不管她。她单纯天真，天赋异禀，不知道对人防备，也从没坏心。她的灵魂总是紧绷着脸，恼怒地瞪着这个世界，却不知道我们和这世界一样，爱她这真诚的小模样。

我的另一个朋友，她说知道自己胖，交了男朋友也吵架，不把她放在心上，终于分手，她说，我心知肚明都是因为我不够好。如果我高挑又苗条，有着那个谁谁谁的天使容貌，我一定不会落到这样卑微痛苦的境地。

可是她是那样一个容易满足的可爱女孩儿。当我忙到深夜准备东西的时候，静静地陪在我身边不走开，帮我分担一些工作后自己又累得上火。即使是再简单的工作也总能做得兢兢业业风生水起，上完班买个火烧就去自习室准备进修考试。卑微坚强，咬着牙含着泪地和生活对抗、硬挺。

可是我还见过一些女孩儿，上名校，进名企，打扮得永远那么得当，神采永远那么飞扬，生活得总是风姿绰约，游刃有余的样子，总拥有那么多的崇拜和拥簇。我还认识一些女孩儿，身材高挑匀称，妆容舒服清新，参加各种"丽人"的比赛，在T台上展示风采，台下总是一片闪光和赞叹。

直到我和她们成了室友、朋友，才能看到不会暴露在人前、人人、微博上的那一面。她们夜晚挑灯苦读，绞尽脑汁逛遍商店找到最适合的那件衣服，五点半起床背掉的那一本又一本单词书。每周至少三次轮番的跑步、瑜伽、游泳、舞蹈，成千上万遍地在大镜子前踱步、摆位。

年纪轻轻当上项目经理的她拨开藏起的白头发，告诉我，并没有什么天生的好命。

拿到"帆船丽人"、签约一个又一个平面模特的她告诉我：生活这场表演，更需要百遍练习，才可能换来一次美丽。

生活给你一些痛苦，只是为了告诉你它想要教给你的事，一遍学不会，你就痛苦一次，总是学不会，你就在同样的地方反复摔跤。

你以为只有你倒霉、不顺、挫折、郁闷，仿佛永远看不到未来。

你以为只有你有解决不完的问题，倾诉不完的烦恼，逃不掉的郁闷，等不来的好运。

你以为大家都是等着天上掉好运，砸到自己，从此衣食无忧，不用努力就很瘦、很白、很美，坐等着让人羡慕，不用付出就有回报。

这样的人有没有？有，但是真的很少。而且最重要的，你不是。

你不知道那些所谓好命的女孩儿，在哪一个深夜多做了哪一道题，所以多会了哪一点知识，于是比你多了那么0.01分，你不知道，好命的女孩儿也不会知道。

你不知道好命的女孩儿在哪一顿饭比你少吃了哪些东西，在哪一个体育场多跑了几百米，所以比你瘦、比你美、比你精神，你不知道，好命的女孩儿也不会知道。

可是我猜测，她们都会知道，在年轻的时候，不能懒惰，不能停下，要厚积薄发，要不留遗憾，要拼尽全力。勤能补拙，苦尽甘来。

都是一样的人，都会面临一样多的问题。人的一生，也不过是解决问题的一生而已。奋力向前奔，一定会头破血流，可能闯出天地，但是不勤奋地拼一下，就只有混吃等死。何来好命，只是自己选择的路罢了。

回头望去，谁不是一路的血迹斑斑？

只是在每一个演出、考试、比赛的当口，闭上眼睛，想起这一路鲜活记忆，很充实，已尽力，不遗憾，因为活得太用力而记得那么清晰，不由自主地微笑起来：已经无愧我心，其他尽凭天意。

因为在这条路上，我们并没有选择。无路可退，也无法逃避，只能让肃杀的风凛冽地扑面而来，冻得鼻青脸肿却不屈地缓慢前行。

不是风雨之后总能见彩虹。

但是咬着嘴唇、温柔又倔强、勤奋又无惧的女孩儿总会胜利。

相信你会成为更好的自己

王小波在《黄金时代》中写过："那年我二十一岁，在我一生的黄金时代，我有好多奢望。我想爱，想吃，还想在一瞬间变成天上半明半暗的云，后来我才知道，人生就是个缓慢受锤的过程，人一天天老下去，奢望也一天天消逝，最后变得像挨了锤的牛一样。"

可是我过21岁生日时没有预见到这一点。我觉得自己会永远生猛下去，什么也锤不了我。也许几年以前，90后还不太能懂这句话。如今再看，难免心头一紧。

一身"生猛"的冲劲与欲望，在跌跌撞撞中被渐渐磨平。奔向30岁，身边的人开始走向财务自由之路，在一线城市有车有房，而自己却还在出租屋里浑浑噩噩地度日。

美国伯克利大学临床心理学博士梅格·杰伊（Meg Jay）在一期名为《20岁光阴不再来》的演讲，探讨"如何度过人生青年时期"的问题。视频上传后，五天内被分享了60万次，被《纽约时报》《今日美国》《洛杉矶时报》誉为"最实用派"的人生规划。她用自身的经历与研究告诉年轻人：20岁不把握光阴，就是在让30岁后的自己陷入中年危机。

时间已经不早了

对于很多人来说，20岁之前的人生仿佛只是一次赛跑，终点就是高考，而奔跑的过程单一无趣，缺乏自主性。但是一进入大学，就不再有人告诉我们今天该做什么题、明天要考哪门课。

究竟想过什么样的生活？主动权突然就落在了自己手中。面对这样的改变，很多人选择的是"等"。

在宿舍的被窝里等，在游戏的厮杀里等，等待机会自己撞上门来。可是毕业后才知道，机会永远不给没有准备的人。

最后等来了失业、失恋，还要给自己冠上"年轻，所以不成熟"的借口。殊不知，你的"不成熟"可能会影响自己的一生。

梅格·杰伊认为，不论从心理学、社会学、神经学，还是从生育能力的角度来看，"20岁，是你能对你的感情、幸福，甚至对这个世界做出的最简单，也最有潜在影响力之事的时期"。

在《中国诗词大会》第三季中，击败北大学霸成为总冠军的雷海为，是位外卖小哥。

23岁时，他偶然在书店看到一本《诗词写作必读》，被书中的诗深深吸引，从此，他就在双休的时候专门去书店看诗词的书。他每天背一两首诗，一直坚持到现在。等餐时，同事们都在玩手机，他则在静静地看着诗词书。一个只有高中学历的人，在37岁时用勤奋和汗水创造了属于自己的神话。

有人说，就像身高一样，20多岁的人智力发展也到了"头"。

在人的一生中，儿童时期的前五年是脑部语言区和大脑其他部分发育的关键时期。同样，把参照系缩小到成年时期，20多岁就处于这最重要的位置。

美国医学心理学家韦克斯勒用标准化智力测验测查了7~65岁人的智力发展状况。他发现，智力发展的第二个高峰期在22~25岁，此阶段性格的改变程度也远大于其他时期。二字头的人生不是发展的"搁浅期"，而是发展的"潜力期"。

研究人员想告诉你的是：时间不早了，如果想要做些什么，现在就是时候。

回不去的 20 岁

梅格·杰伊在演讲中分享了一位40多岁咨询者的倾诉与感叹："原先人们告诉我，30岁不过是新的20岁，不过是人生中又一个10年罢了。可今天我才发现不是这样的。20多岁时谈恋爱就像玩抢椅子，我知道我的男朋友不适合我，但这段感情不算数，我只是在消磨时间，每个人都东奔西跑地玩乐。但在30岁时，音乐就停止了，每个人开始坐下，我不想只有我一个人站着。"

梅格·杰伊说，中年危机的最大问题，不是买不起一辆红色敞篷，而是发现自己不能拥有想要的职业、不能选择自己想爱的人。因为随着年龄的增长，人会越来越惧怕做错事而浪费时间，于是迅速开始事业，选择一个城市，结婚、生子。

知乎上"你见过最不求上进的人是什么样子"问题下的一个热门回答，就形容了这样的状态："他们为现状焦虑，又没有毅力和决心去改变自己。不曾经历过真正沧桑，却还失守了最后一点少年意气。他们以最普通的身份埋没在人群中，却过着最最煎熬的日子。"

人到中年的不甘与煎熬，都是年轻时随便放弃自己的后果。

主持人刘同的书中有篇《写给20岁的日记》，他说："你成长中所有遇到的问题，都是为你量身定做的。解决了，你就成为了你这类人当中的幸存者。不解决，你永远也不知道自己可能成为谁。二十岁到三十岁，这十年的过程中，我们都走过一样的路。你觉得孤独就对了，那是让你认识自己的机会。"

用心建立人际网络

在一期《圆桌派》中，史航说："当一个人跳进水里，真正托起他的，不是接触他皮肤的那些少量的水，而是身下大量他接触不到的水。"而那些更加优秀的人，就是所谓"摸不到的水"。一个人未来的伴侣和交际圈，很大概率也来源于我们现有交际圈之外。

梅格·杰伊在演讲里分享了女孩艾玛的故事。

那年她25岁，做着服务生的工作，对自己的前途毫无打算，身边还有个眼高手低的男友。听了梅格·杰伊的建议后，艾玛开始相信朋友与生活是可以自己选择的，于是开始慢慢积累身份资本，扩大自己的交际圈，有意识地去结交自己想结交的人。

几年后，艾玛通过一个前室友的表亲，获得了一份艺术博物馆的工作，而这个工作给了她离开原先糟糕男友的理由，也使她更谨慎地选择了人生伴侣，过上了让自己满意的生活。新事物往往产生于旧事物之间微弱的联系之中，好比"朋友的朋友的朋友"，而这些微弱联系就是你进入一个新群体，开启一番新天地的钥匙。

乔布斯在斯坦福大学的著名演讲中也提到："你不能预先把点点滴滴穿在一起，唯有未来回顾时，你才会明白那些点点滴滴是如何穿在一起的。所以你得相信，你现在所体会的东西，将来多少会连接在一块儿。你得信任这些体会，直觉也好，命运也好。这种做法从来没让我失望，也让我的人生整个不同起来。"

所以，20多岁时，不要拘泥于自己的圈子。

尽可能多地参加各类活动，结识更广阔平台里与自己志同道合的人，积累每一个细小的身份资本，这些资本间会产生微弱的联系，催生未来发生决定性的质变。

相信总有更好的自己

北大高才生杨奇函在《如果你想过1%的生活》中写过这样一段话："集中精力在圆锥的高上追求高度，比匍匐在一个低层次追求接触面的广度，有效果且有效率得多。博士刚毕业的学术菜鸟认识一个基层政府科员的难度略大，但是院士没事就会跟省长交流交流，喝一杯茶。"

在20多岁这几年，相较于追求身份认同，更重要的是增加自我价值。

不要等到机会来了，却发现自己没有接住的能力和勇气。知道自己要的是什么样的生活，就要有意识地朝那个方向尝试和努力，在这个方向里做尽可能多的有益尝试和积累。

不要总是因为一时应付的拖延，浪费时间。《庄子·知北游》中有一句描写时光易逝的话："人生天地之间，若白驹之过隙，忽然而已。"

二十几岁的黄金时代，珍贵性无与伦比。

鲁迅在《热风》里说："愿中国青年都摆脱冷气，只是向上走，不必听自暴自弃者流的话。能做事的做事，能发声的发声，有一分热，发一分光，就令萤火一般，也可以在黑暗里发一点光，不必等候炬火。"

时光一去永不回，劝君惜取少年时。

拽着生命不断前行

一

上大学的时候，有一次参加社团活动，活动完后剩下很多废纸箱、塑料瓶。本来我准备全部扔掉，但被另一个社友及时制止。他打了一个电话，不一会儿就来了一个小伙子，年纪和我们差不多，蹬着一辆小三轮。

小伙子麻利地捆绑好东西，扔上车，和社友打个招呼就走了。我说："你们认识？"社友说："那是我同学。"我感到有些诧异，开玩笑说："这哥们倒是挺'别致'的啊。"

那时候，学生做兼职、搞创业的是不少，但选择的大都是相对体面的行业。像这哥们蹬个小三轮四处跑，挽起袖子搬家、收废品的，不说独树一帜，也确实非常罕见。

社友说："这算什么，人家一年到头就没停过，开学和

期末蹬三轮搬家，学期中段兼职卖电话卡、卖公交卡、做家
教……只要能赚钱的，他都干，学费生活费全部自己挣，也是
没办法，从小父母就不在了，靠奶奶一个人带大，初中开始他
就自己挣学费。刚入校的时候，辅导员知道了情况，准备向系
里申请一次捐款，还被他拒绝了。"

听完后，我既敬佩又觉得有些同情。社友瞥了我一眼：
"快别同情了，惭愧还差不多。人家读书挣钱两不误，奖学
金、助学金，还有各种收入。不夸张地说，现在人家混得比我
们好多了。"

我和那小伙子此后再也没有交集，更不知道他后来的生
活怎么样。不过我想，对于他这样的人来说，哪怕生活再黯淡
无光，也遮掩不了他心中自带的光芒。

二

我第一年考"二级建造师"的时候，在培训班里认识了
一位大叔。

其实，在他这个年纪考证的人不是没有，但许多人只是
去碰下运气。可我发现他上课挺认真的，厚厚的书本上到处都
是标注，笔记也做了好几本。我觉得挺意外，他说："都是生
活逼的，不拼不行啊！"

原来，五年前他以自己的名义作担保，帮朋友贷款

五百万搞工程。后来工程出了大问题，朋友被判刑，五百万全压在了他身上，车子房子都被抵押，还欠下了一屁股外债。

当时他已四十好几，身边的朋友都不敢轻易借钱给他，想东山再起也没有启动资金。而他还有一个正在上大学的孩子，本来正计划着出国留学，出事后，连学费都成了问题。

他想尽办法，从卖衣服到开小饭馆，从跑运输到批发水果，只要能赚钱，他都尝试。

对于这种大起大落的人生，其中滋味自然不会好受。他倒是很想得开，"大活人不能被生活逼死啊"。

我至今都记得他努力听课的样子，那是一种对待生活永不妥协的姿态。

三

我一个朋友的老公当年高考发挥失常，大学就读于一所很普通的本科院校。有一次，他去一所名牌大学找同学玩，忽然意识到，大家都在校园里的时候，可能还暂时看不出什么太大差别，可如果自己不努力，一旦走入社会，立马就会走向两个世界。

于是，他开启了疯狂的学习模式，每天早晨五六点钟便起床读英语；全班三十几人，就他一个人励志考托福。

结果，第一次考托福，失败。第二次终于过线，最后又折腾了很久，才申请到梦寐以求的大学。

在国外为了省钱，他住得离学校比较远，每天都需要坐火车上学。而当时班上的其他留学生，有亿万富豪的孩子，也有还未毕业便已被知名公司提前预订的学霸。唯独他无论家庭条件，还是学习的基础与天赋，都远远不及别人。

最后一年，考完试他觉得十拿九稳，直接打包准备回国，可不久却收到了自己挂科的消息。他当时眼泪都出来了，挂科就意味着重修，重修就意味着金钱与时间的双重消耗。

接下来，他查了一下挂科的原因，发现自己不是没有及格，而是成了挂科率的牺牲品。但重修已成定局，就这样他又推迟了一年才毕业。

他一直都觉得自己不够幸运，唯一令人欣慰的是自己足够努力。生活不会对你永远温柔，但如果你对未来满怀憧憬，你也就慢慢学会了在逆境中保持微笑。

四

生活中总有些人，尽管不够幸运，甚至深陷泥沼，但内心始终翻腾着一股躁动，就像遥远地平线上的光，挣脱山峦的围缚，越过无垠的原野，迸射出野蛮生长的力量。

这个世界本就有许多不公平，此时的处境可能是曾经的因果，也可能是生活的无奈。

也许，你有着无法改变的出身，有着遥不可及的梦想。可能，有些人唾手可得而又随手丢弃的，在你那里却总是努力仍不能拥有。但是，尝试在泥泞中抬脚，总好过深陷其中不愿自拔。

明天的意义，绝不是将人生停歇在命运的阴影里，而是要用力地拽着命运不断前行。

你也许不幸运，但可以很努力。

谨以此书，献给那些单枪匹马、跌跌撞撞、勇敢面对生活挑战的人。

愿你被这个世界温柔以待，愿你目之所及、心之所向满满都是爱。

梦想的尽头，有星光等候

愿你一生清澈明朗，
所求遂所愿

郭婷　主编

红旗出版社

图书在版编目（CIP）数据

愿你一生清澈明朗，所求遂所愿 / 郭婷主编. — 北京：红旗出版社，2019.8

（梦想的尽头，有星光等候）

ISBN 978-7-5051-4915-1

Ⅰ.①愿… Ⅱ.①郭… Ⅲ.①成功心理—通俗读物 Ⅳ.①B848.4-49

中国版本图书馆CIP数据核字（2019）第163383号

| 书　　名 | 愿你一生清澈明朗，所求遂所愿 |
| 主　　编 | 郭婷 |

| 出 品 人 | 唐中祥 | 总 监 制 | 褚定华 |
| 选题策划 | 华语蓝图 | 责任编辑 | 朱小玲　王馥嘉 |

出版发行	红旗出版社	地　　址	北京市北河沿大街甲83号
编 辑 部	010-57274497	邮政编码	100727
发 行 部	010-57270296		
印　　刷	永清县晔盛亚胶印有限公司		
开　　本	880毫米×1168毫米　1/32		
印　　张	25		
字　　数	680千字		
版　　次	2019年8月北京第1版		
印　　次	2020年1月北京第1次印刷		

ISBN 978-7-5051-4915-1　　　定　价　160.00元（全5册）

前　言

很多时候，我们捧读一本书，是在褪去了所有的野心后，感受更多的轻松和真诚。读完之后不禁在想，一定有一个我们未曾抵达的世界，存在着飘满玫瑰香气的海。大海里也许就深藏着所有流逝的年华，而每一声波浪都是岁月中的呢喃。它和我们所处的世界一样不完美，有着所有光明和所有黑暗。

谢谢你，愿意做一个内心柔软、坚持梦想的人，给更多人以榜样的力量。而这份温暖也将传递下去，变成一束光，让未来的世界更光芒万丈。

谢谢你，懂得感恩友人。谢谢那些志同道合的朋友，曾陪你走过无数对酒当歌的深夜，给你最温暖的陪伴与鼓励。当初他们义无反顾地挺你，做你最坚强的后盾，你也将给他们最真诚的陪伴和点赞。

一定要有人来分享你生命中的美好，无论是亲人、爱人、朋友，还是陌生人。这件事情和有人来分担生命中的不美好一样重要，甚至更重要。不是为了展示或炫耀，只是单纯地让他们见证你最骄傲的时刻。

他们曾陪你走过黎明前的漫漫长夜，于是更懂得朝阳下你的笑容背后所有的努力与坚持。他们曾见过你最无助和最迷茫的模样，于是更明白奋力奔跑的你需要付出怎样的汗水。他们或许曾经质疑过你的选择，但当你终于迈出脚步时，他们会给你无条件的信任与鼓励。

大概，能遇见许多这样的人，本就是生命中的一种骄傲吧。在这一年的最后一段日子里，愿你有更多的骄傲时刻。也愿有更多的人，可以微笑地看着。

每个平凡的日子，都有不平凡的感动。愿你用感恩的心感谢世界，感谢自己，知恩图报，有恩必报，无愧于心，潇潇洒洒地在人间走一回。

时间是一场有去无回的旅行，好的坏的，都是风景。人间四时留不住，白驹过隙岁月荏苒。这一年又要与我们擦身而过，而过往种种也将碾入岁月陈酿，五味俱全，冷暖自知，待到岁暮日斜时，共饮一季绿蚁新醅，静待初雪千放可否？

目 录

第三章　征途未完，提灯前行

第四章　未来可期，梦想不老

第一章
初心不改，静等风来

　　要记得在庸常的物质生活之上，还有更为迷人的精神世界，这个世界就像头顶上夜空中的月亮，它不耀眼，散发着宁静又平和的光芒。

　　　　　　　　　　　　　　——毛姆

时间能治愈一切

一

　　熊佛西一生创作了27部多幕剧和16部独幕剧，是我国著名的戏剧家，但他的结发妻子朱君允却鲜有人知。朱君允比熊佛西大6岁，与熊佛西在哥伦比亚大学研修戏剧时相识，虽然她的家人反对他们的恋情，但在熊佛西的热烈追求下，她仍然选择与他在一起，在纽约结了婚。

　　婚后，两人度过了一段美满幸福、令人羡慕的时光。据熊佛西的女儿熊性淑回忆，父母当时志同道合，夫唱妇随，十分幸福。后来，熊佛西只身一人去了大后方，朱君允则带着三个孩子住进老同学家避难，然后由上海转道香港，取道云南，到熊佛西所在的四川与他会合。

　　在路途中，朱君允收到了熊佛西的来信，熊佛西拒绝她和孩子前往自己的住处，因为当时他已经与其他女人同居了。他在信中写道："你是有能力的女人，能够抚育三个孩子成人。"朱君允看到这封信的时候，感觉整个世界都崩塌了。

最终，她与丈夫在成都离婚，独自抚养三个孩子。失去了感情的庇护，要独自承担三个孩子的抚养重任，她一度感觉掉进了生命的地窖。但时间治愈了她的伤痛，她在成都住下，到母校金陵女子文理学院教书，教授西洋通史和英国文学，白天工作，晚上照顾孩子，等孩子睡下了，她就开始挑灯写作，最终谱写出一段属于她自己的一阕欢歌。

没有人可以预知未来，当你身陷生活的泥沼，至少可以努力掌控自己的情绪，等待时光轻抚过你的灵魂。

二

电影《当幸福来敲门》中，男主角克里斯·加德纳是一位普通的黑人男青年，跟妻儿生活在美国旧金山，做着平凡的推销工作。当时的他，虽然没觉得自己的生活有多幸福，但是也没觉得痛苦，他跟每一个普通美国男人一样，过着平淡的生活。

但风云难测，裁员让他突然之间丢了饭碗。失业加剧了妻子琳达对他的不满，妻子离开了他，带走了儿子。没多久，妻子又把儿子还给了克里斯。最后，克里斯账户里的钱已经不够支付房租，他和儿子被赶出了公寓。

　　事业的失败，婚姻的破裂，经济上的潦倒，几乎要把克里斯击垮，但他没有放弃自救，努力打工赚钱，试图以此传递给儿子乐观面对困难的精神。

　　一次，克里斯偶然遇见了一位开高级车的男子，问他做什么工作才能过上如此高级的生活。对方告诉他，自己是股票经纪人。于是，克里斯萌生了要做股票经纪人的想法，他在一家股票投资公司得到了实习的机会。不懈的努力加上灵活的头脑，克里斯很快掌握了股票市场的知识，还开了一家属于自己的股票经纪公司，成为百万富翁。

　　没有无缘无故来敲门的幸福，每个人都要自己"请"幸福来敲门。

三

　　有位先生同我深夜谈心，说他这些年看到很多原本过得不好的人被时间治愈，没钱的赚到了钱，身体不好的努力锻炼后身体变好，但自己仿佛一直原地踏步，没有赚到很多的钱，也没有过上有趣的生活。

　　我问他，是不是觉得自己一直处于人生的低谷。

　　他说是。说这句话的时候，他一点都没有犹豫。

　　我想，他真正想和我聊的话题，大概应该是怎样走出人生的低谷吧。

怎样的处境算是人生的低谷呢？亲人忽然逝去，公司忽然裁员，伴侣忽然离开，身体忽然生病，或者每一天都是同样的日子，比如这位先生。他乐于帮助新来的同事，与上司相处得也很好，生活安稳，婚姻美满，只是还没有站在他想要攀登的顶峰——他说，他对工作的热情，在日复一日的加班中已经全部耗尽，不想再为工作操心。

可是，自己不努力试着做出改变，浑浑噩噩地过着普通的人生，是不会走出低谷的。

跌倒的人如果自己不愿起来，任凭别人怎么帮扶，也难以让他站起来。没有人能够在一夕之间改变自己身处低谷的处境，每一个身处低谷的人，只有稳住脚步，走足够多的上坡路，才有机会被时间治愈。

藏在心底的那一抹柔软

一

初秋的一天，我们公司组织去画眉谷旅游。开车的是司机张师傅，他为人忠厚，平时寡言少语，大家都亲切地称呼他张哥。

车开了两个小时后进入山区，行到拐弯处时，遇到了一件意想不到的事。

就在前方不远处，几只灰褐色的山鸡在路上悠闲地溜达着。张哥想刹车已来不及了，他放慢车速，鸣起喇叭，想把山鸡惊飞。

只见一只老山鸡扇动翅膀，扑棱棱地向前奔去，把吓得惊慌失措的小山鸡赶往路边。他急忙调转方向盘，让车从它们的空隙间穿过，但还是隐约听到异样的声响。

当车停下来时，他跳下车向车尾处跑去。老山鸡身后溅出一道血花，小山鸡们伸着脑袋啾啾地哀鸣着。以老山鸡的健壮体魄，原本可以逃过一劫，想到此他不由心里一颤，双手托起它放进草丛里。

上车后，他难过地说："咳！撞死一只山鸡。"那声音像一阵轻风，被大家的说笑声淹没。到达景区后，我们穿行在山林间，尽赏秋色斑斓。看到张哥挎着相机，不时有人冲他喊："来，给我拍一张。"

到家后，我点开张哥的QQ空间（腾讯公司开发的即时通讯软件的附属产品），看他拍的照片，却意外地读到一篇短文。他记录了路上发生的事情，在结尾处不无伤感地写着：面对如此伟大的母爱，我的心好痛。唉！

我的心，跌落在这云朵般柔软的叹息里。忽然明白为什么晕车的我，那天感到格外地踏实，一个对自然界弱小生命充满敬意的人，心中自会多一份责任与担当。

二

有一天，母亲买菜时突然昏倒，被送往医院。经过一番检查后，医生说是心跳过缓引起的，建议安装心脏起搏器。

跟医生沟通确定了手术方案，手术时间定在次日下午，负责手术的是该院心血管内科的梁主任，听说是位颇有盛名的医学专家。

我正犹豫要不要给他送红包，抬头见母亲苍白的脸上显露出忧虑的神情，额头上渗满细密的汗珠。经过一番考虑，我还是揣着钱来到主任办公室。

起初，主任客气地回绝，后来经过几番推让，还是收下了红包。我长吁了一口气，回病房把情况跟母亲讲了，她心里这才稍稍安定下来。

手术进行得很顺利，母亲的身体日渐好转，主任多次到病房巡视，嘱托按时服药及保养事宜。母亲说："医生还是挺负责的。"我低声附和道："那是！收了红包态度就是不一样。"

过了些天，母亲要出院了。我去收费处办理出院手续，发现押金多出来了些，细问之下才知是主任转来的，正是我付的红包钱。

原来他是怕病人心理负担过重，用一种委婉的方式，悄悄地回绝了患者家属的好意。

我想去跟梁主任道个别，顺便表示感谢，谁知办公室的门敞开着，但他人却不在。只见桌子上的玻璃下压着个纸条，上面写着一行小楷：吾厚吾德。

那字迹刚劲而飘逸，透着古朴与禅意，看上去严谨刻板的医生，也有温软柔和的另一面。这让我既感动又惭愧，怔怔地站立片刻，眼角泛起一阵潮意。

三

这个故事是听邻居刘姨讲的。那天，她正在屋里做家务，听到一阵急促的敲门声。打开门，是一位陌生的邮递员，他从邮包里掏出一张贺卡，一脸着急地说："你快看看，是不是出啥事了？"

刘姨疑惑地接过来一看，刹那间泪如雨下，她顾不上跟邮递员多说，转身回屋给女儿打电话。

事情的起因是这样的，她的女儿在网上认识了一位年轻男子，深深地陷入这场恋情中，却遭到父母的极力反对，她和家人大吵了一架后离开了家。

交往一年后她才发现，那男人是一只多情的蝶，并不肯为某一朵花停驻。正值春节临近，羞愤交织的她含泪在贺卡上写道：妈妈，请原谅我这个不听话的女儿，这是我最后一次跟您道声祝福了。

邮递员送信时发现地址有误，原来女孩的父母因旧房拆迁搬了家。他看到贺卡上的内容，意识到可能是一位女孩跟家人的最后道别。他不由得心急如焚，忙向周边的居民打听，终于问到新的地址。

彼时天色已晚，又下着大雪，可他觉得一刻都不能再等了。在雪地上蹒跚行走了近一个小时，他终于找到收信人刘姨，于是就出现了开头的那一幕，这封及时送达的贺卡，拯救了一颗濒临绝望的心，在母亲的苦苦相劝下，女孩踏上了回家的路。然而，让刘姨感到遗憾的是，她至今不知道那位邮递员的名字。

林清玄曾说："柔软心是莲花，因慈悲为水、智慧做泥而开放。纵观尘世，的确如他所言，心中蕴藏着柔软的人，更具仁爱悲悯之情。亦唯其如此，人生的荷塘里才能开满清净的莲花，微风吹来，花香盈怀。"

成功的门都是虚掩着的

1968年，在墨西哥奥运会的百米赛道上，美国选手吉·海因斯撞线后，转过身子看运动场上的记分牌。当指示灯打出9.95分的字样后，海因斯摊开双手自言自语地说了一句话。这一情景通过电视网络，至少有好几亿人看到，可是由于当时他身边没有话筒，因此海因斯到底说了句什么话，谁都不知道。

1984年，洛杉矶奥运会前夕，一位叫戴维·帕尔的记者在办公室回放墨西哥奥运会的资料片，当再次看到海因斯的镜头时，他想，这是人类历史上，第一次有人在百米赛道上突破10秒大关，海因斯在看到记录的那一瞬，一定说了一句不同凡响的话。这一新闻点，竟被400多名记者给漏掉了（在墨西哥奥运会上，到会记者431名），这实在是个天大的遗憾。于是他决定去采访海因斯，问他当时到底咕哝了句什么话。

凭着做体育记者的优势，他很快找到了海因斯。当他提起16年前的事时，海因斯想了想笑着说："当时难道没人听见吗？我说，上帝啊，那扇门原来是虚掩着！"

谜底揭开之后，戴维·帕尔接着对海因斯进行了采访。针对那句话，海因斯说："自美国运动员欧文斯于1936年5月25日在柏林奥运会上创下10.3秒的百米赛世界纪录之后，以詹姆斯·格拉森医生为代表团的医学界断言，人类的肌肉纤维所承载的运动极限不会超过每秒10米，的确，这一纪录保持了32年，这一说法在田径场上非常流行，我也以为这是真的，但是，我想我高水平该跑出10.01秒的成绩。于是，每天我以自己最快的速度跑50公里。因为我知道，百米冠军不是在百米赛道上练出来的。当我在墨西哥奥运会上看到自己9.95秒的纪录之后，我惊呆了，原来10秒这个门不是紧锁着的，它虚掩着，就像终点那根横着的绳子。"

后来，戴维·帕尔根据采访写了一篇报道，填补了墨西哥奥运会留下的一个空白。不过，人们认为意义不仅限于此，大家都觉得，海因斯的那句话给世人留下的启迪才是最重要的。

突破思维定式

三十岁后，我发现身边追求"安逸"的朋友越来越多。尤其是几个发小聚会时谈到未来规划，彼此难免陷入尴尬。毕竟，多数人除了追溯童年忆苦思甜以外，剩下的仅有那点儿大同小异的相互安慰。小张说："你看我现在也挺好的，有家有娃，有车有房，虽然工资不高，但起码生活稳定。"小李说："别看那些人赚得多，都是拿自己命换来的，这叫'有命赚钱没命花'，何苦呢！"小王说："就是！何必给自己那么大压力，安安稳稳不挺好，差不多就得了。"

以上对话，你是否似曾相识？难道这么想就错了吗？当然不是。倘若你真的每天都活得云淡风轻、与世无争，那自然是一种高层次的境界。但怕就怕，明明是你自己碌碌无为，却还安慰自己是平凡可贵。这么说虽然刺耳，但事实的确如此。不是有这样一句话："如果你不按照你想的方式去活，那迟早会按照你活的方式去想。"虽然，听起来像句鸡汤，但事实上，其背后有着非常严谨的科学依据。

一

一个人最难改变的，不是个性，而是自己的"心智模式"。中国有句老话，叫"三岁看大，七岁看老"，这句话并非没有道理。所谓"从小看大"，其实是一种概率学思维，存在部分的合理性。比如，性格内向的人多半适合做幕后，性格外向的人多半适合做台前。然而，"从小看大"却又忽略了人性中的不确定因素，比如，这个社会上很多社交达人、演讲高手、成功人士，小时候都是性格腼腆、不善言辞的人。既然如此，那为什么我仍然坚定地以为"从小看大"具有一定的科学依据呢？

事实上，问题的根源在于"心智"。用心理学来解释，每个人在潜意识中都不断秉持着"承诺一致性原则"。换句话说，当我们心里被植入一种"心智"时，为了维持这个自我认知，便会不断地采取行动来证明这种认知的正确性。这种"心智模式"，就好比我们的手机里被预装了一个木马软件，无论你怎么反抗，它的威力只会增强不会减弱。唯一的解决办法，就是将系统彻底重装。

所以，回到最初的问题：为什么有的人才三十几岁，就急于过"一眼看到底"的生活？因为多数人早早就给自己的大脑里安装了一个"木马"，它深深地刻在基因里，表面上你所给出的答案都是经过深思熟虑的，可实际上那只不过是来自你"心智模式"的本能反应。简单而言，绝大多数人并不是真心想要安稳，而是他们不相信自己还能过上另一种生活。

二

这个世界上最幸福的生活，叫作"自己想过的生活"。可绝大多数人并不知道自己究竟想过什么样的生活。

我发现，如今职场上越来越多的人患上了一种叫作"职业倦怠"的怪病。所谓职业倦怠，其实就是价值感缺失，做什么事都觉得没意义，甚至会产生焦虑、抑郁的情绪。

其实，职业倦怠从来不是凭空而来的，它是长期负面自我认知积累的产物。导致这种怪病的罪魁祸首，就是"贴标签"。

记得小时候，我的父母和老师经常说我是个内向的孩子，一看到陌生人就缩成一个球，不敢上前打招呼，更不敢当众展示自己。久而久之，我逐渐形成了一种思维定式，认为我天生就是个不善于和人打交道的人，于是无论后来遇到任何社交场合，都会主动地把自己藏在角落里，争取不让别人注意到我。

讲到这里，不知你发现没有，"内向"之于我而言，其实就是一种标签。为了不与自我心智产生冲突，我的行动开始逐渐向其倾斜，慢慢地形成了一种难以撼动的"思维定式"。

换个角度说，在我们从小到大接受的教育当中，很多父母和老师都喜欢用"贴标签"的方式来衡量一个学生。比如，一个学生每天下课跑去踢球，老师就会说他调皮；一个学生上课总打瞌睡，老师就会说他懒惰；一个学生连续两天忘了穿校服，老师就会说他臭美……

然而事实真的如此吗？爱踢球的孩子就没有安静的时候吗？打瞌睡的孩子就不能是因为昨晚熬夜学习吗？忘了穿校服的孩子说不定真的是因为校服丢了呢。

成年人之所以如此爱给别人"贴标签"，本质上其实不过是为了偷懒。毕竟，一旦某样东西被贴上了标签，就可以方便你轻松地分类处理了。然而，大人只顾着偷懒，却忘记了一个更重要的事实：你所给别人打上的标签，势必会让对方形成一种难以改变的"心智模式"。

话说回来，上述很多人口中所追求的"安稳"，本质上也只是一种自己给自己贴上的标签。

三

理想的决策不是先给结论，再佐证；而是先佐证，再给结论。换句话说，真正的高手特别善于绕开直觉思维的陷阱，他们唯恐自己受到思维定式的局限，所以在问题面前总会多问几次为什么。比如，一个人在工作中总不顺心，要么被老板批评，要么被同事排挤，这时候难免会陷入"职业倦怠"。这时候，有的人可能会想，是不是我不适合在这家公司工作呢，或者是我压根儿不适合在公司的环境下工作？唉，反正工作也没起色，不如安安稳稳过好小日子，追求我自己"想要的生活"……相反，一个真正具备思考能力的人会怎么想呢？

在我看来，一个正常人的思考路径起码要经历以下几点：老板为什么总是批评我？是不是有哪件事我做得不够好？这件事情是不是同样影响了同事对我的判断？如果真的是这样，我该如何避免同样的失误呢？

前者的思维方式是"只见树木，不见森林"，而后者的思维方式却是在一片森林里努力地寻找真相。

所以说，倘若想要改变自己的思维定式，正确的方法是首先把自己"去标签化"。正如前面我所提到的，作为一个从小到大注定被认为是"不善交际"的人，后来我又是如何克服这一点的呢？方法很简单，即把"抽象的标签"转化为"具象的情景"。

比如，我曾经问过一个认为我性格内向的朋友："你认为我通常是在什么时候表现得有些不善言辞？"没想到他的回答是："其实你跟熟悉的人一起时特别能侃侃而谈，但第一次见陌生人时就会冷场。"听完他的这番回答，我终于知道问题所在了：我所谓的内向，其实是在遇到不了解的陌生人时，不自觉地开启自我防卫机制，害怕个人的私域部分被"过度侵占"。于是，我逐渐开始磨炼自己与陌生人交往的技巧，尽量让自己主动地放下防备本能，后来便再也没有人拿"内向"二字来形容我了。

四

思维定式还常常伴随一个更大的误区，即"盲目认同因果定律"。

"有因必有果"，这句话并不全面。比如说，有天赋，"努力"就一定可以成功吗？给你乔布斯的天赋、资源、背景、能力，让你在这个时代再走一回，你觉得你能获得乔布斯那样的成就吗？我猜99.9%的回答是否定的。

人到"中年"之所以懈怠，其实是好像看透了世间难以改变的一些"因"，比如，成功人士的家境、教育、资源、人脉等，却忽视了自己主观人为的一些"果"，如思维模式。

在我看来，因果定律不是必然联系，而是偶然联系。所谓必然联系，是100%的逻辑关联；偶然联系，则是有概率的，且关联概率存在于1%~100%之间。换个角度说，一个人能否获得成功，最关键的不是你所拥有多牛的装备，而是"运气"！

也许你会有些许疑惑，既然成功靠的是运气，那我还努力什么？别急，正是因为成功靠的是运气，所以我们才更要运用好"概率思维"，并通过一次次精打细算地下赌注，来不断积累自己的"运气"。

假如你手里有一百万的投资款，必须投给你对面坐着的两个人：一个是一无所有但志向高远的二十多岁的小伙子，一个是有车有房但寻求安稳生活的四十岁左右的中年男子，请问你会选择投给谁？

毋庸置疑，想必很多人和我一样，都会选择前者。

为什么多数人会选择那个身无长物的毛头小子，而不是那个沉稳老辣的中年男子呢？原因很简单，因为中年男子身上具有强烈的"确定性"。

具有"确定性"难道不是件好事吗？怎么放到这里反而不对了呢？

要知道，投资是以概率权换得更高回报的杠杆行为，成功者善于用概率来计算获得回报的大小，哪怕承担一定的风险，他们也会坚持如此思考。

而失败者的思维定式呢？他们并非不乐于下赌注，而是他们更倾向于寻找确定的事物，换言之，也就是那些直觉范畴内最大概率的"稳定"。

不信你可以试想一下，倘若这一百万真的是你辛辛苦苦赚来的所有存款，当你势必要拿它做投资的时候，很有可能绝大多数人会跑去投那个四十岁左右的中年男子了。

毕竟，相对于冒风险的高回报，多数人更倾向于无风险的稳定报酬。然而他们却忘记了，这个世界上压根儿就不存在绝对的零风险。

所以，话说回来，什么是"运气"？按照我的狭义理解：运气其实就是某种概率权，就是你要做出一个选择时综合的前提条件。那么，如何才能不断创造出属于自己的"好运气"呢？那就需要我们摒弃思维定式，学会用概率思维去做出每一个重大决策。简而言之，当你遇到一个问题时，先不要急着下判断，而要尽可能地收集有效数据，通过系统化的分析再做决策。

好比说，"失败是成功之母"这句话，是不是大概率正确的呢？如果你真的研究过大多数成功人士的成长经历，就会得出一个截然相反的概率学定论：成功是成功之母，失败是失败之母。就像大发明家爱迪生曾说的那样："谁说我失败了，我不过是知道了有九千九百九十九种方法是行不通的而已。"

事实上，很多人的成功都是基于他过往一次次的成功，没有前期多次小小的成功及其他从成功中获得的信心，他们必将失败无疑。所以，一个人的运气，很大程度上是掌握在自己手里。当生活亏待了你，先不要急于给自己的人生定性，首先要摘掉别人给你的标签，聚焦于一个微小的事情，命运并不像你想象的那么难以战胜。

内心深处的感动

我读大学的那几年，每逢双休日就在姨妈的小饭店里帮忙。

那是一个春寒料峭的黄昏，店里来了两个特别的客人——父子俩。

说他们特别，是因为那位父亲是盲人，他身边的男孩小心翼翼地搀扶着他。那男孩看上去才十八九岁，衣着朴素得有点寒酸，身上却带着沉静的书卷气，该是个正在求学的学生。

男孩来到我面前，大声说道："两碗牛肉面！"

我正要开票，他忽然又朝我摇摇手。我诧异地看着他，他歉意地笑了笑，然后用手指指我身后墙上贴着的价目表，告诉我，只要一碗牛肉面，另一碗是清汤面。

我先是怔了一怔，接着恍然大悟。原来他大声叫两碗牛肉面是给他父亲听的，实际上是囊中羞涩，又不愿让父亲知道。我会意地冲他笑了。

厨房很快就端来了两碗热气腾腾的面。男孩把那碗牛肉面移到他父亲面前，细心地招呼："爸，面来了，慢慢吃，小心烫着。"他自己则端过那碗清汤面。他父亲并不急着吃，只是摸摸索索地用筷子在碗里探来探去。好不容易夹住了一块牛肉就忙不迭地把那片肉往儿子碗里夹。

"吃，你多吃点儿，吃饱了好好念书。快高考了，能考上大学，将来做个对社会有用的人。"父亲慈祥地说，一双眼睛虽失明无神，满脸的皱纹却布满温和的笑意。让我感到奇怪的是，那个做儿子的男孩并不阻止父亲的行为，而是默不作声地接受了父亲夹来的牛肉片，然后再悄无声息地把牛肉片又夹回父亲碗中。

周而复始，那父亲碗中的牛肉片似乎永远也夹不完。

"这个饭店真厚道，面条里有这么多牛肉片。"老人感叹着。一旁的我不由一阵汗颜，那只是几片屈指可数、又薄如蝉翼的肉啊。做儿子的这时赶紧趁机接话："爸，您快吃吧，我的碗里都装不下了。""好，好，你快吃，这牛肉面其实挺实惠的。"

父子俩的行为和对话把我们都感动了。姨妈不知什么时候也站到了我的身边，静静地凝望着这对父子。这时厨房的小张端来一盘干切牛肉，姨妈努努嘴示意他把盘子放在那对父子的桌上。

男孩抬起头环视了一下，他这桌并无其他顾客，忙轻声提醒："你放错了吧？我们没要牛肉。"姨妈微笑着走了过去："没错，今天是我们开业年庆，这盘牛肉是赠送的。"

男孩笑笑，不再提问。他又夹了几片牛肉放入父亲的碗中，然后，把剩下的装入了一个塑料袋中。

我们就这样静静地看着父子俩吃完，然后再目送他们出门。

小张收碗时，突然轻声地叫起来。原来那男孩的碗下，还压着几张纸币，一共是6元，正好是我们价目表上一盘干切牛肉的价钱。

一时间，我、姨妈，还有小张谁都说不出话来，只有无声的叹息静静地回荡在每个人的心间。

做一个努力的人

有一次，在我参加的一个晚会上，主持人问一个小男孩：你长大以后要做什么样的人？孩子看看我们这些企业家，然后说：做企业家。在场的人忽地笑着鼓起了掌。我也拍了拍手，但听着并不舒服。我想，这孩子对于企业究竟知道多少呢？他是不是因为当着我们的面才说要当企业家的呢？他是不是受了大人的影响，以为企业家风光，都是有钱的人，才要当企业家的呢？

这一切当然都是一个谜。但不管怎样，作为人生志向，我以为当什么并不重要；不管是谁，最重要的是从小要立志做一个努力的人。

我小的时候也曾有人问过我同样的问题，我的回答不外乎当教师、解放军和科学家之类。时光一晃流走了二十多年，当年的孩子，如今已是四十出头的大人。但仔细想一想，当年我在大人们跟前表白过的志向，实际一个也没有实现。我身边的其他人差不多也是如此。有的想当教师，后来却成了个体户；想当解放军的人，有的竟做了囚犯。我上大学时有两个同窗好友，他们现在都是我国电子行业里才华出众的人，一个成长为"康佳"集团的老总，一个领导着TCL集团（知名消费类电子企业集团）。我们三个不期而然地成为中国彩电骨干企业的经营者，可是当年大学毕业时，无论有多大的想象力，我们也不敢想十几年后会成现在的样子。一切都是我们在奋斗中见机行事，一步一步努力得来的。与其说我们是有理想的人，不如说我们是一直在努力的人。

并非我们不重视理想，而是因为树雄心壮志易，为理想努力难，人生自古就如此。有谁会想到，十多年前的今天，我曾是一个在街头彷徨，为生存犯愁的人？当时的我，一无所有，前途渺茫，真不知路在何处。然而，我却没有灰心失望，回想起来，支撑着我走过这段坎坷岁月的正是我的意志品格。当许多人以为我已不行、该不行了的时候，我仍做着从地上爬起来的努力，我坚信人生就像马拉多纳踢球，往往是在快要倒下去的时候"进球"获得生机的。事实也正是如此，就在"山重水复疑无路"的时候，香港一家企业倒闭，给了我东山再起的机会，使我能够与掌握世界最新技术的英国科技人员合作，开发技术先进的彩色电视机，从此一举走出困境。

有人说，"努力"与"拥有"是人生一左一右的两道风景。但我以为，人生最美最不逊色的风景应该是努力。努力是人生的一种精神状态，是对生命的一种赤子之情。努力是拥有之母，拥有是努力之子。一心努力可谓条条大路通罗马，只想获取可谓道路逼仄，天地窄小。所以，与其规定自己一定要成为一个什么样的人物，获得什么东西，不如磨炼自己做一个努力的人。志向再高，没有努力，志向终难坚守；没有远大目标，因为努力，终会找到奋斗的方向。做一个努力的人，可以说是人生最切实际的目标，是人生最高的境界。

许多人给自己定的目标太高太功利，因为难以成功而变得灰头土脸，最终灰心失望。究其原因，往往就是因为太关注拥有，而忽略做一个努力的人。对于今天的孩子们，如果只关注他们将来该做个什么样的人物，不把意志品格作为一个做人的目标提出来，最终我们只能培养出狭隘、自私、脆弱和境界不高的人。

不忘初心，方得始终

1912年春天，哈佛大学桑塔亚纳教授正站在课堂上给学生们上课，突然，一只知更鸟飞落在教室的窗台上，欢叫不停。桑塔亚纳被这只小鸟所吸引，静静地端详着它。过了许久，他才转过身来，轻轻地对学生们说："对不起，同学们，我与春天有个约会，现在得去践约了。"说完，便走出了教室。

那一年，四十九岁的桑塔亚纳回到了他远在欧洲的故乡。数年后，《英伦独语》诞生了，桑塔亚纳为他的美学绘上了最浓墨重彩的一笔。

古语有云："不忘初心，方得始终。"

什么是初心？初心，就是在人生的起点所许下的梦想，是一生渴望抵达的目标。

初心给我们一种积极进取的状态。苹果公司创始人乔布斯说，创造的秘密就在于初学者的心态。初心正如一个新生儿面对这个世界一样，永远充满了好奇、求知欲和赞叹。因为如此，乔布斯始终把自己当作初学者，时刻保持一种探索的热情，"现在的我仍然在新兵营训练"。

每个人都拥有自己的初心，纳兰性德说："人生若只如初见。"在这个时代，初心常常被我们遗忘，"我们已经走得太远，以至于忘记了为什么出发"。因为忘记了初心，我们走得十分茫然，多了许多柴米油盐的奔波，少了许多仰望星空的浪漫；因为忘记了初心，我们已经不知道为什么来，要到哪里去；因为忘记了初心，时光荏苒之后，我们会经常听到人们的忏悔：假如当初我不随意放弃，要是我愿意刻苦，要是我有恒心和毅力，一定不会是眼前的样子。

人生只有一次，生命无法重来，要记得自己的初心。经常回头望一下自己的来路，回忆当初为什么启程；经常让自己回到起点，给自己鼓足从头开始的勇气；经常纯净自己的内心，给自己一双澄澈的眼睛。

不忘初心，才能找对人生的方向，才能坚定我们的追求，抵达自己的初衷。

就像一首诗中所言：从前，所有的甜蜜与哀愁，所有的勇敢与脆弱，所有的跋涉与歇息，原来，都是在为了向着初来的自己进发。

席慕蓉说：我一直相信，生命的本相，不在表层，而是在极深极深的内里。这里的"内里"即为"初心"，它不常显露，很难用语言文字去清楚地形容，只能偶尔透过直觉去感知其存在，但在遇到选择之时，在不断地衡量、判断与取舍之时，往往能感知其存在。

林清玄说：回到最单纯的初心，在最空的地方安坐，让世界的吵闹去喧嚣它们自己吧！让湖光山色去清秀它们自己吧！让人群从远处走开或者从身边擦过吧！我们只愿心怀清欢，以清净心看世界，以欢喜心过生活，以平常心生情味，以柔软心除挂碍。

白岩松说，在墨西哥，有一个离我们很远却又很近的寓言：一群人急匆匆地赶路，突然，一个人停了下来。旁边的人很奇怪：为什么不走了？停下的人一笑：走得太快，灵魂落在了后面，我要等等它。是啊，我们都走得太快。然而，谁又打算停下来等一等呢？如果走得太远，会不会忘了当初为什么出发？就如中国一句古话：不忘初心，方得始终。

爱是什么

记忆中很多年，家里每天的早餐都是一样的：鸡蛋面条。从来没有更换过。鸡蛋就是普通鸡蛋，面条是外面买的成把的挂面，不粗不细的那种。

母亲似乎只会做这一种早餐，葱花爆锅，放入水，水开了以后放入挂面，再打进去整鸡蛋，鸡蛋不多不少，一人一个。小时候，不太会分辨是否喜欢，只知道大人做什么就吃什么，所以每天早上，一家人便吃着这千篇一律的早餐。我还曾以为所有人家的早餐都是这样的。

直到中学住校，无意间发现学校略为简陋的小食堂里，竟然有稀饭、咸菜、油条、油饼——其实也并不是很多，却已经丰盛到让我吃惊，一下子就颠覆了我10多年来对早餐的概念。从此，我早餐时的渴望彻底被唤醒，周末再回家，母亲煮的面条，吃在口中，再无味道。

中学后，我开始拒绝吃母亲做的早餐，理由是天天早上吃，吃够了。然后跟母亲要了钱去外面吃，当然也知道了街上的早餐五花八门，其丰盛程度，远远胜过学校食堂。以后就很少再吃母亲做的早餐，除非是自己懒，不想出去，才勉强吃几口。

后来读了大学，放假回去，发现早上母亲竟然还是在做鸡蛋面条，同样的做法，同样的程序，同样的面条，和父亲一人一碗，碗里卧着荷包蛋，上面漂着几粒小葱花。

那天早上我用微波炉热了牛奶，打开前一天从超市买的夹心面包，坐在他们旁边，边吃边跟他们开玩笑："妈，真服了你了，几十年如一日……"又跟父亲说："爸，这么多年，你没吃烦啊？"

"吃烦了能怎样？你妈就会做这一样。"父亲笑着说，"你妈当姑娘时娇气得很，什么饭都不会做，就这鸡蛋面条，还是结婚前临时抱佛脚，你姥姥现教的呢。"父亲说着，挑起面条低下头吃起来——我倒没觉出他吃烦的样子。

母亲拿筷子戳了我一下："小白眼儿狼，你就吃这个长大的，现在反倒一口不吃了，鸡蛋面条怎么了？你也长到了一米八，也健康结实。"

母亲说的倒是事实。我喝了一口牛奶说："如果每天喝牛奶，没准我都去NBA（美国职业篮球联赛）打球了……"

说笑着，父母已经将鸡蛋面条吃完，收拾碗筷了。

从此好像就再也没看到过母亲做的鸡蛋面条早餐，大学毕业后，我成了家，妻子也是家里的独生女，在家时更娇气，甚至连鸡蛋面条也不会做，我们的一日三餐，要么在外面吃，要么叫外卖……直到过了一年多，终于外面的饭都吃烦了，两个人才开始学着做饭。学习做饭其实不难，很快，各自有了几样拿手菜。我们分了工，早餐我负责，中餐都在单位吃，晚餐，自然交给妻子。

渐渐明白生活就是这些柴米油盐。柴米油盐的光阴里，我们的孩子一天天长大，父母也相继退休，慢慢苍老。母亲66岁那年，身体出现状况，去医院检查，肺癌晚期，3个月后离开了人世。母亲一走，父亲格外孤单，快70岁的老人了，我实在不想他一个人生活，妻也建议将父亲接过来，和我们一起住。于是母亲去世一个月后，我们将父亲接到了家里。

父亲搬过来后，为了让他吃好，每天早晨，我变着花样做早餐，各种稀饭小菜、花卷、粽子，甚至还学会了做馅饼。但父亲对这些饭菜却似乎并不太热衷，比起从前，饭量减了许多。我问他是否饭菜不可口，父亲摇头，解释说："年纪大了，饭量自然就小了。"

我以为父亲说的是真话，直到几个月后的那天早上。那天是周末，我和妻习惯地有点儿贪睡，起床时，已经快9点钟了。父亲已经下楼活动回来了，他没有打扰我们，坐在沙发上看报纸。想起没有给父亲做早餐，我赶紧跑进厨房，边洗菜边探出头问："爸，饿了吧？"

父亲摇摇头："不饿，我刚吃过了。"我有点儿疑惑，问父亲是否在外面吃的。父亲有点儿不好意思地说："我出去买了把挂面，自己煮了一碗，还放了个鸡蛋，知道你们不爱吃，也没给你们煮。"

我拉开厨房的抽屉，果然有一把已经拆开的挂面。我走出来，坐在父亲身边："爸，您吃了大半辈子妈做的鸡蛋面条，还没吃够啊？"

父亲放下报纸，摘下老花镜看着我："傻孩子，怎么会吃够呢？一辈子都吃不够，天底下所有的早餐，都没你妈做的鸡蛋面好吃。"父亲深深叹口气，"只是你爸，没这福气了。"

父亲说着，眼睛潮湿了，我想说些什么，却忽然哽咽。

同一种早餐，父亲和母亲，从20多岁就开始吃，日复一日，一直吃了40多年。她一直做，他就一直吃，从来不说厌烦，从来不要求更换。原来，在父亲心里，那是天底下最美味的早餐。我在此刻才明白，这也许是一起生活了40多年，从没有说过爱的父母，对爱情最好的诠释。

爱是什么？是在没有了一个人的早上，另一个人，如此深深地怀念她曾做过的一成不变的早餐。

飞得更高

人世间生活了二十余载，就要面临婚姻，可是就在这几天刚刚明白了一个道理，不知对否，如果正确，愿与君共勉。

生活在这个无味的空间里，一切犹如钟摆左右摇晃，重复着枯燥的旋律，钟摆左右摇晃，只有轨迹，没有足迹。虽然有前进的动力，但是却没有潜力。一切总是在预料当中；厌倦了这种生活，更厌倦了这种气息，更厌倦了这里的人们，因为没有感动，更多的是懊恼，生活中处处使人碰壁。

怀念！怀念往昔的时光与岁月，思念记忆里蹉跎的人们。

一切的一切虽然已经过去，但的确是你一生中难以忘记的。

一生中，为你付出的人，少之又少；为你牺牲的人，寥寥可数。为你付出全部、牺牲了一切的人，是你的父母。

为了你，两鬓斑白、皱纹满布的人只有父亲、母亲。所以，人生中不可能做到对得起任何人，但是只求对得起自己的父母。

现在的我已经成人，参加了工作，马上就要面临婚姻，但是，我深深地知道这一切并不是我自己通过奋斗所拥有，而是父母的无私赠予，无论从精神上还是物质上他们给予我的都是厚重的，而且是永恒的，其他人无法比拟的。

给予了我生命，给予了我做人的道理，给予了我一个稳定的工作，给予了我一个温暖的家，一切的一切，都是父母给予的。

小学的时候，家境贫寒、生活窘迫，由于学校离家比较远，中午只能在学校里吃，母亲每天都给我包一些花生米和玉米饼。那时候的我总是不想吃这些，想吃大米和白面，但是这些都是母亲省吃俭用积攒下来的。

初中的时候，父亲每天都会给我1元钱，让我中午在学校吃碗面，母亲会额外给我5角钱，让我买零食吃，但那时候感觉太少了，可是父亲在单位中午基本都是不吃饭的。

高中的时候，父亲知道我是个节省的孩子，所以经常来远在百里之外的学校看我，并且请我吃一顿大餐。虽然几个月才能有一次，但那是我高中生活中最奢侈的。

大学要去远在千里之外的城市求学，爸爸没有送我，是因为他们知道我长大成人了，但是每一次开学和放假都是父亲和母亲最牵挂的，因为路途遥远要坐二十个小时的火车，夜深的时候父亲总是不睡觉等着我报平安。

在大学里我看见了大千世界的缤纷色彩，也体会到了人生的另一种境界，是对人生的升华，也是对做人本质的一种考验，在那里我恋爱了，那是我第一次恋爱。她陪我走过了大学里的春夏秋冬和酸甜苦辣，最后还是分手了。虽有些惋惜、虽有些留恋，但是却不后悔，因为是我提出的，因为父母反对。但是我并没有怨言，因为我知道父母也是希望我能幸福。

现在我又遇到了一个女孩，马上就要结婚，感觉挺幸福的，她很好，善良而可爱，但是不能评价她和我前女友哪个更好，因为她们都好，也不能说更爱哪个，因为都爱，但是，我会珍惜眼前的，会更加爱她、呵护她，因为她是我的妻子。

还有一个人在我心里和我的父母一样重要，他就是我的哥哥，小学时候我俩在一个小学，中午买一包饼干，他总是让我吃一大半，他吃一小半，记得那时候我馋得想吃巧克力，他就用他的中午饭钱给我买巧克力，自己挨饿，小的时候被人欺负，他总是冲在前面，像失去理智似的，就这样不知受到了学校和被打孩子家长的多少次批评。

还记得哥哥上大学的时候，开学要走，我哭着喊着不让走，抱住他的大腿就是不松手，最后还是走了，弄得母亲都流泪。

哥哥小的时候吃的苦比我多，妈妈总说他命苦，他现在已经三十出头了，每天都为琐事奔波、操劳……

人的一生遇到的人很多，接触的人也很多，有你的亲人，有你的朋友，也有你的同学，但是真正为你付出、无私奉献、真正爱你的人只有几个，对于我来说，只有父亲、母亲、哥哥、妻子。人生在世不可能对得起每一个人，但是一定要对得起他们，因为父亲和母亲给了我生命，给了我上半生的幸福，给了我一切，哥哥为我的人生增添了色彩，也是我上半生的脊梁，妻子给了后半生的爱，给了我后半生的幸福。

我在单位和同事们聊天的时候曾经说过，一个人，从结婚以后，你的一切便不属于你自己了，包括你的生命，因为，在结婚前你是个孩子，不用考虑什么，因为有人为你考虑，但是结婚后，你要为别人考虑，要做一个好儿子、好丈夫、好父亲。你要考虑如何做一个孝子、一个体贴的丈夫和一个称职的父亲。只有这样才能对得起他们，对得起那些为你付出的人、为你牺牲的人。

第二章
欲戴王冠，必承其重

即使失败一百次，也不要后悔一次。

——东野圭吾

坚定自己的信仰

人生在世，或多或少都会经历一些情感的波折。随着生命中的情感路线越走越远，蓦然回首，往事在记忆里，喜怒哀乐，悲欢离合，那些在生命中出现过的人，在心灵的深处那片被爱踏足过的芳草地，是否还保留着一份珍贵的情感借以回味逝去的时光，只是我们终将会错过一些可以陪伴一生的人。总有一些感叹，在我们灵魂的悸动中，如同昙花的闪现，梦境一般摇曳起光阴的故事，当泪水悄然滑落的瞬间，我们才发现，原来在我们生命行走的过程中，随时都可以抓住幸福和美丽，只是我们都没有好好去珍惜，再多的回忆也只能付诸东流，成为一生的遗憾。

人生漫长，为了生存，我们从一个环境投入到另一个环境，从一种状态投入到另一种状态，随着心灵的不断向往，我们不得不告别一些人和一些时光去追寻理想的光环。随着时代的变化，我们的思想和行为也在跟随着时代的脚步不断地变化。在情感的空间里，我们被新生的观念左右着，从而偏离了最初的信念、誓言与承诺。在现实生活中，我们都没有太大的勇气去面对未来的命运，因此，我们往往都在和一些人擦肩而过，直到我们都到了谈婚论嫁的年龄极限，通过不断地回忆与比较，顿时感悟，原来生命中确确实实错过了一些可以长相厮守、共度一生的人。黯然神伤，是命运喜欢捉摸人，还是人喜欢捉摸命运，缘分这东西，说有就有，说没就没。当爱情来临的时候，我们都应好好去珍惜，不要错过了随手可得的幸福，一旦失去了，只能任由回忆填充空虚的情怀，为自己错失的时光而终生饮恨。

当遇到合适的人，彼此可以融合生活，不管简单也好，复杂也好，都不要犹豫，犹豫之间，他或她就有可能成为她或他的人。不要贪图物质的享受，也不要贪图精神的高尚，世间没有十全十美的人，也没有十全十美的生活，不管贫贱富贵，开心就好。我们往往会被一些生存的假象所迷惑，使得我们在爱情的道路上处处受挫，坎坷连连。爱情是什么？谁都不能给出一个标准的答案，正如我们的人生一样，是没有标准的，而我们唯一可以做到的就是珍惜现有。未来是一个未知数，没有人可以预知它的具体形态，也没有人可以预知自己或者他人的未来，因此不要被假象迷惑，以至于"此情可待成追忆，只是当时已惘然"。

然而，随着我们世界观、人生观、价值观的不断改变，我们的爱情观也在随之改变，看一看自己以及周边的人，就会发现很多人错失爱情的同时，往往错失了自己，从而郁郁寡欢，在人生中迷失了方向。我们每一个人，内心深处都有着美好的初衷，只是随着环境的演变，导致我们偏离了中心的轨道，一个人一旦失去了坚定的信念，那么也就失去了动力与能量，还拿什么去谈理想，更没有资本去拥有幸福，爱情随时都有可能成为生命中的昙花一现。当有一天我们发现了问题的所在，试着去补救因为自己的过错而造成的流失的时候，却是物是人非，时光不再。

生命中终将会错过一些人，我们应该感谢那些错过的人，他们让我们明白了幸福的珍贵。是该好好反省自我的时候了，不要再去错过适合自己的人，不要任由往事的缺憾占据痛楚的心扉，时光不等人，只有人去等时光。不要相信该是自己的终究是自己的，不去争取不去把握的话，永远都不会有机会。缘分是什么？缘分就是给了你一次遇到的机会，幸福全靠你去争取。天上不会掉馅饼，天底下也不会有无缘无故的良缘，天赐的更在于人为。我们都应该去争取，去珍惜，不要再错过了能够"执子之手，与子偕老"的人生忠实的伴侣。世事无常，人生反复，我们不管什么时候，处在怎样的环境里，都要坚定自己的信仰，不要让遗憾吞噬了灵魂，不要让生命饮恨在荒废的时光……

飞翔的天使

世界上很多事情是说不清楚的，在一家医学院学习的梅子居然和她的另外5位寝友到了同一所医院实习。因为她们学习的专业相同，她们都被安排在妇产科实习。在学校能够一起学习生活，实习又能够在一起，这让六姐妹非常欢喜。但没过多久，一个问题残酷地摆到六姐妹面前，这所医院最后只能留用其中一人。

能够留在这所省内最高等级的医院是六姐妹的共同渴望，但她们不得不面对"有你无我，有我无你"的残酷竞争与淘汰。毕业的日子越来越近，六姐妹的较量也越来越激烈，但她们始终相互激励着，相互祝福着。院方为了确定哪一名被留用，举行了一次考核，结果出来了，面对同样出色的六姐妹，院方一时也不知道该如何取舍。但现实是，院方只能够留用一人。

六姐妹中，开始有人表示自己家在外省，更喜欢毕业后能够回到家乡；有的人干脆说家乡的小县城已经有医院同意接收她……美丽的谎言感动着一个又一个人。

这天，六姐妹都突然接到一个紧急通知，一名待产妇就要生产，医院需要立刻前往她家中救治。六姐妹急匆匆地上了急救车。一名副院长、一名主任医生、6名实习医生、2名护士同时去抢救一名待产妇，如此隆重的阵势让六姐妹都感觉到一种前所未有的紧张。有人悄悄地问院长，是什么样的人物，需要这样兴师动众？院长简单地解释道："这名产妇的身份和情况都有些特殊，让你们都来，也是想让你们都不要错过这个机会，你们可都要认真观察学习。"车内一片沉寂。待产妇家很偏僻，急救车左拐右拐终于到达时，待产妇已经折腾得满头汗水。医护人员七手八脚把待产妇抬上急救车后，发现了一个问题，车上已经人挨人，待产妇的丈夫上不来了。大家知道，待产妇到达医院进行抢救，是不能没有亲属在身边办理一些相关手续的。大家都下意识地看向副院长，副院长低头为待产妇检查着，头都未抬地说道："快开车！"所有人都怔住了。不知道该如何是好。这时候，梅子突然跳下了车，示意待产妇的丈夫上车。急救车风驰电掣地开往医院，等梅子气喘吁吁赶回到医院的时候，已经是半小时后了。在医院门口，她被参加急救的副院长拦住了，副院长问她："这么难得的学习机会，你为什么跳下了车？"梅子擦着额头的汗水回答道："车上有那么多医生、护士，缺少我不会影响抢救的。但没有病人家属，可能会给抢救带来重大的影响。"

　　3天后，院方的留用结果出来了，梅子成为幸运者。院长说出了理由："3天前的那一场急救是一场意外的测试。将来无论你们走到哪里，无论从事什么职业，都应该记住一句话，天使能够飞翔，是因为把自己看得很轻。"

阳光总在风雨后

1987年3月30日晚上，人们渴望已久的第59届奥斯卡金像奖的颁奖仪式正在举行。洛杉矶音乐中心的钱德勒大厅内座无虚席，灯光闪耀。在热情洋溢、激动人心的气氛中，高潮出现了——在一片掌声和欢呼声中，玛莉·马特琳步履轻盈地走上领奖台，凭借在《上帝的孩子》中出色的表演，获得最佳女主角奖。

手里拿着金像奖的玛莉·马特琳非常激动，仿佛有很多很多话要说，但是人们并没有看到她的嘴动，接着她又把手举了起来，但这姿势并不是向人们挥手致意，明眼人已经看出她是在向观众打手语，内行的人已经看懂了她要表达的意思：说心里话，我没有准备发言。此时此刻我要感谢电影艺术与科学学院，感谢全体剧组同事……

原来，这个奥斯卡金像奖最佳女主角奖的获得者，竟是一个不会说话又听不见任何声音的聋哑女孩。

玛莉·马特琳出生时是一个正常的孩子，但她在出生十八个月后，被一次高烧夺去了听力和说话的能力。

玛莉·马特琳从小就喜欢表演，对生活充满了热情。她八岁时加入伊利诺伊州的聋哑儿童剧院，九岁时就在《盎司魔术师》中扮演多萝西。十六岁那年，玛莉离开了儿童剧院。幸运的是，她还能时常被邀请用手语表演一些聋哑角色。正是这些表演，改变了玛莉的人生。玛莉看到了自己存在的价值，克服了自卑的心理。她珍惜每一次演出的机会，不断锻炼自己，努力提高演技。

1985年，十九岁的玛莉在舞台剧《上帝的孩子》的演出中饰演一个次要角色，可就是这次演出使玛莉走上了荧幕。后来女导演兰达·海恩丝决定将《上帝的孩子》拍成电影，可是寻找女主角萨拉的扮演者却让她煞费苦心。她用了半年时间陆续在英国、美国、瑞典和加拿大寻找，但都没有找到中意的。于是她又回到美国，再次观看舞台剧《上帝的孩子》的录像。她发现了玛莉高超的演技，决定立即起用玛莉担任影片的女主角，饰演萨拉。

玛莉饰演的萨拉，在全片中没有一句台词，只是通过极具特色的眼神、表情和动作，揭示主人公孤独和多情、自卑和不屈、消沉和奋斗、喜悦和沮丧的内心世界。玛莉非常珍惜这次机会，她勤奋、严谨，认真地对待每一个镜头，用自己的心去感悟、去拍摄，表演得惟妙惟肖，让人拍案叫绝。

就这样，玛莉·马特琳实现了人生的飞跃。她当之无愧地成为美国电影史上第一个聋哑影后。正如她自己所说的那样，她的成功，对每个人，不管是正常人还是残疾人，都是一种激励。

苦难并不可怕。成功者把苦难看成是不断进步的阶梯，同时苦难也是无数成功者背后一道亮丽的彩虹。我们应把苦难当成是对人生的一种激励，激发起你坚强的意志，激励你朝着人生目标奋进。

不经受磨难，就不能成就大事。历史上许多有影响的人物都经历过磨难与挫折。例如，贝多芬是一位音乐家，然而他的一生并不顺利。很小的时候，父亲酗酒，母亲早逝，对他影响很大；青春年华时，他却失意孤独；当他步入创造力鼎盛的中年时，却遭遇了对音乐家致命打击的耳聋。无数的挫折与磨难并没有击垮他，他高喊着："我要扼住命运的咽喉！"于是，他在挫折、痛苦面前，完成了名垂史册的《第二交响曲》。

天生我材必有用，即使你失败了，遭受过挫折，只要不气馁，继续奋斗，成功一定会属于你——阳光总在风雨后。

努力到无能为力

生活就如同时间一样，对每一个人都是一样的。但是却因为人与人的思想、思维、心态等不同便出现了不同的局面，有的人过得贫苦心酸，有的人过得衣食无忧，有的人过得锦衣玉食。

面对如此落差的生活，自然就会心生埋怨或牢骚满腹。但是，我们可有进行过深层次的分析和思考，为什么别人可以过得很好而你却过不好？很多时候，我们就是太在意自己家境，或父母为我们积累的财富以及给予我们的物质基础太过于薄弱，把借口和理由全部推到了父母的身上，如果只是这样那还不为过，要是把自己不努力才导致自己生活不如别人当成是父母的罪过，那么这样就太不应该了。

父母能给予我们的其实只有生命，这已经是大自然对我们最大的恩赐，我们绝对不能不感恩反而忘恩负义或者恩将仇报等，那是我们最大的罪过。我们其实更应该知道自己的处境与别人的不同，要找到自己奋斗的方向和目标，并不断地去努力和改变。如果只是一味地抱怨或发牢骚，那样可能一辈子也就这样了。

在我们的身边出生卑微、家境贫寒、遭遇不好的人比比皆是，但是他们却可以活得潇洒自由、幸福美满，而你怎么不能呢？这就是我们该思考的，应该清楚：抱怨没有用，一切靠自己。因为在这个世界上我们唯一能依靠的只有自己，为什么？因为你靠别人，别人不可能永远帮助或者侍奉你，有一天他们会离开你；你靠父母，父母不可能永远把你当孩子或不让你长大，有一天他们也会离开你；你靠亲戚朋友，亲戚朋友不会时时刻刻都能帮助你，有一天他们也会爱莫能助。

抱怨，其实是最大的阻碍，如果我们就因为遇到一点点的不如意或不顺心就开始心灰意冷、垂头丧气、一蹶不振，整个人如此颓废下去，那么谁也拯救不了你，谁也改变不了你，最终真的就会谁都看不起你。我们应该时刻保持一种阳光心态，自信地生活，生活本来就不总是那么美好，那么我们就更没有理由不去把它过好。这种心态其实才是难能可贵的，但是我们很多人就是做不到，或许他们总会觉得这样就是做作，就是矫情，就是在勉强自己。但是，我们可以仔细地去观察一下我们身边的人，那些整天只会抱怨的有几个成功了？没有。反而，那些遇到困难主动寻求解决办法的基本都小有成就，这就是区别，这就是你一直想不明白的。所以，你的生活不如别人，那是因为你吃不了别人能吃的苦，你不想像别人付出的那样多，你不去面对或者害怕面对那些困难与挫折。

古语有云："吃得苦中苦，方为人上人。"正是告诉我们面对生活的苦与累是理所应当的，我们只有经历了世间的苦才会砥砺我们坚韧不拔的意志和不屈不挠的品格。我们需要的是行动而不是抱怨和牢骚，只有行动才能解决问题，抱怨只能算得上是对自己无能的愤慨。因为自己没有能力或勇气去克服和改变，才会找借口和理由来推托，才会不断地心生怨艾，最终困扰自己，从而庸庸碌碌消耗了一生的宝贵时光。要成为人上人，就必须克服抱怨心态，消除牢骚心理，用一种"我能行"的自信去拼搏，这样你的人生自然与众不同。

要想真正地活出一个像样的自己，那么就得时时刻刻都正视自己，正视自己的缺点和不足，正视自己生活的不美好之处，正视自己的行动与能力。然后不断地在实践过程中完善自己，彻底地告别抱怨，这样你就会获得一个全新的自己，你才会真正的蜕变，勇敢地走出生活的包围圈，跨出思维的禁锢区和舒适区，大胆地去践行自己的想法，克服生活中的种种困难。只为成功找理由，不为失败找借口。告诉自己，借口和理由只能是某些时候对别人的一种敷衍与应付，但这其实也是不应该的，因为我们做人就应该敢作敢为，有胆识、有担当，绝无任何借口，这样雷厉风行的作风是我们前进的动力和利器。每当自己在遇到一些失败或挫折的时候，要清楚自己是能力不济还是准备不够充分，是自己没有意识还是别人捷足先登，而不是一来就抱怨命运不公或者埋怨自己能力不如别人。这只在一念之间便决定了你以后的一个成就与收获，有时候你清楚根源在哪里，那么便为你后续的生活提供了借鉴和警示，知道自己该从哪些方面去努力攻克，自己该提升哪些方面的能力。

与其花时间去抱怨不如把这些时间留给自己去思考、总结和改进。因为只有把时间充分运用起来才会让我们没有时间去胡思乱想，才会更能够激励自己奋发向上、积极进取。这样紧张而充实的生活才是我们必需的，如果你没有时间去颓废，没有时间去抱怨，没有时间去无聊，那么你一定可以像别人一样优秀，你也会觉得自己换了一个模样，那么你就活出了一个真我。因为我们每个人都有三个"我"——假我、自我、真我，只有将自己的潜能全部激发出来并坚持不懈地努力下去，才会发现真正的我，才会发现自己也具有优秀的潜质。所以，不要随便地抱怨自己，只需要努力到无能为力，拼搏到感动自己就可以了，就能够人生无憾。

我们来到这个世界，似乎就是为了要做点什么，因此，在这个漫长而又短暂的生命时光里，我们真的应该多一些努力少一些抱怨，不断地敲响自己奋斗的号角来警示自己，不断地激励自己，抱怨没有用，抱怨只能是对自己无能的愤慨。

只追前一名

一个女孩，小的时候由于身体纤弱，每次体育课跑步都落在最后。这让好胜心极强的她感到非常沮丧，甚至害怕上体育课。这时，女孩的妈妈安慰她："没关系的，你年龄最小，可以跑在最后。不过，孩子，你记住，下一次你的目标就是：只追前一名。"

小女孩点了点头，记住了妈妈的话。再跑步时，她就奋力追赶她前面的同学。结果从倒数第一名，到倒数第二、第三、第四……一个学期还没结束，她的跑步成绩已到中游水平，而且也慢慢地喜欢上了体育课。

接下来，妈妈把"只追前一名"的理念，引申到她的学习中："如果每次考试都超过一个同学的话，那你就非常了不起啦！"

就这样，在妈妈这种理念的引导教育下，这个女孩2001年居然从北京大学毕业，并被哈佛大学以全额奖学金录取，成为当年哈佛教育学院录取的唯一一位中国应届本科毕业生。她就是朱成。其后，朱成在哈佛攻读硕士学位、博士学位。读博期间，她当选为有11个研究生院、1.3万名研究生的哈佛大学研究生总会主席。这是哈佛370年历史上第一位中国籍学生出任该职位，引起了巨大轰动。

"只追前一名"，就是所谓的"够一够，摘桃子"。没有目标便失去了方向，没有期望便失去了方向，没有期望便失去了动力。但是，目标太高、期望太大的结果，不是力不从心，便是半途而废。明确而又可行的目标，真实而又适度的期望，才能引领人脚踏实地、胸有成竹地朝前走。

"只追前一名"的理念不像其他的大道理难听又难懂，相反，它简单易行，很容易激起孩子的自信心和高昂的斗志，目标虽小但是具体。在实现这个目标时，孩子会心无杂念、扎扎实实、认认真真地去做，摒弃了华而不实。孩子在一次次小的成功中，得到了他人认可和赏识，就会逐步走向大的成功，就会做出一番大的事业来。

一句话可以毁掉一个人的信心，甚至破灭他对生存的希望；但一句话也可以鼓励一个人从失落中走出来，或让人从新的角度认识自己，从此改变他的人生。所以在任何时候，我们不要吝啬说一句鼓励的话，给一个信任的眼神，做一件力所能及的小事。一个人的力量对于自己也许是很有限的，但他却可能帮助激发另一个人的无穷潜能。

勤奋和智慧终将成功

2006年，高中辍学的万大鹏怀着美好的梦想来到北京。

刚到北京的时候，大鹏觉得自己好歹也是读过高中的，找一个推销员、营业员之类的活儿应该没问题，事实却并非如此，人家一看他土气的衣着，一听他外地的口音，就挥挥手让他走。

眨眼两个月过去，弹尽粮绝之时，有一位老乡找到他，问他愿不愿意干餐厅服务生。大鹏已经失去了挑三拣四的信心，只能心不甘情不愿地说："先干干试试吧。"这样，大鹏成了一位端盘子的服务生。

刚做这个工作的时候，大鹏心里很不是滋味。苦点累点他不怕，他最不能忍受的是客人那种居高临下的神情和吆三喝四的语气。干了一个星期，大鹏打退堂鼓了。他去和厨师长一说，厨师长劈头就骂："你连端盘子这样的小事都干不了，将来还能做什么？趁早回老家去吧，别在北京混了。"这番话激发了大鹏性格中倔强的一面，他想：是啊，即使我不喜欢这个工作，既然干了就要干到最好，不能让别人小瞧我。

从那以后，大鹏认认真真地端起了盘子，慢慢地，他发现，其实想要端好盘子也不是那么容易的，比如怎样和顾客交流、怎样向客人推荐菜式等，都很有学问。单单要记住那几百个菜名、了解几百个菜的特色，就够人受的。为了尽快进入角色，大鹏将每样菜的名字、特色和原料写在小纸条上，贴得满宿舍都是，随时随地默记。和别的服务生不一样，大鹏还特别在意自己的仪表，每天下班以后，他都坚持洗头、洗澡，将自己的工作服洗干净晾干，第二天头发清爽、衣着整洁地迎接客人，一改往日那种邋里邋遢的形象。这样没过多久，就有客人注意到他了："嘿，这小伙子挺机灵，不错。"每次听到客人的表扬，大鹏都会开心好一阵。

有一次，大鹏和同事刚刚搞完卫生，一个来餐厅送货的工人却留下了几个脏脚印。别人也看见了，都无动于衷。大鹏看着干干净净的地板上留下几个脏脚印，觉得很别扭，就找了块抹布，跪在地上擦。恰巧被路过的经理看见，经理冲他赞许地笑了笑。

后来，饭店推出"铁板系列"的特色菜。这里的铁板和其他餐厅的不一样，这是整整有20公斤重、长达50厘米的大铁板。因此，端铁板就成了一个颇有难度的活儿。

在确定端铁板的人选上，经理想到了那个跪着擦地板的男孩子："就让他来吧，小伙子虽然身板单薄些，但是干活儿认真，肯定能行。"

于是，大鹏被委以重任端起了铁板，薪水也从每个月500元涨到了800元，这让他很高兴。

第一天端铁板，大鹏原本信心十足，但是端了十几个铁板下来，他发现这个活儿远远没有他想象中的容易：要端着20公斤的滚烫的铁板，楼上楼下地跑，速度还不能慢，因为速度慢了，铁板的热度就会降低，等端到客人的餐桌上时，就没有了那种噼啪作响、烟雾缭绕的效果，真够难的。半天的铁板端下来，大鹏的胳膊和大腿又酸又痛，软得像面条儿似的。

在困难面前，大鹏不服输的性格又发挥了作用。端了一个星期的铁板之后，他开始琢磨：平时端铁板都是将铁板端在胸前一溜小跑，胳膊一动不动地举在胸前，不但姿势僵硬不好看，而且肌肉紧张，自然会觉得累。有没有办法使一点儿巧劲儿呢？下班以后，他就闷在厨房里端着一块铁板反复地试，结果发现将铁板摔出去时，铁板会有一股向前的惯性，这时候是铁板带着人，而不是人带着铁板，特别省劲儿。

第二天上班时，大鹏决定将自己的发现应用于实践，他将铁板轻轻往左边一甩，然后人跟着铁板的惯性往前冲；等到感觉这股惯性快没了的时候，他又将铁板收回来，再往右边一甩，人跟着惯性又是一阵小跑。这样甩来甩去，不但胳膊和腿部的肌肉放松多了，姿势也洒脱多了，而且根本不需要花什么力气。初尝到甜头，大鹏兴奋极了，迫不及待地将自己的好方法与同事们分享。

累的问题解决了，大鹏又开始琢磨：能不能让端铁板的姿势变得好看一些呢？有一天，他看见同事在午休的时候没事干，在餐厅光滑的地板上做了一个溜冰的动作，居然一下子滑出去好远，姿势还特别优美。大鹏眼前一亮：如果将这个滑行动作加入到端铁板当中，一定会很帅吧？

那以后，大鹏在端铁板的时候总是有意识地训练自己做滑行动作，为此闯了不少祸。有一次，他一不小心摔倒了，铁板从手里飞了出去，万幸的是没伤着客人，可是他的脸却碰到了铁板上，燎出了好几个大水泡，险些破了相。还有一次，他在滑行的时候，重心不稳，铁板斜了，油溅在一位与他擦肩而过的客人的羽绒服上。为此，大鹏只得自己掏钱，将人家的羽绒服送去干洗……

那些日子，大鹏三天两头写检查，餐厅的领班和同事对他也有看法："让你端盘子你老老实实地端就完了，端盘子还能端出什么花样儿来？"可是大鹏偏不信，餐厅里不让练，他就利用休息时间抱着个大铁板，跑到餐厅后面的社区花园里去练。他端着铁板苦练滑行的情景成了花园里的一大奇观，常常惹得许多人围观。

终于有一天，在上班的时候，大鹏端着铁板，一个漂亮的滑行动作，竟然一下子滑出了一丈多远，到了客人的餐桌旁，他"啪"的一个定格，那造型帅极了也酷极了。这是他第一次成功完成端着铁板滑行的动作，客人们看呆了，瞬间的沉默后，都情不自禁地为他鼓起掌来。

在这之后，大鹏又补充了倒滑、旋转等动作。他的目标是将简单的端盘子升华为一种表演，带给客人美妙有趣的享受。

一来二去，越来越多的客人知道了大鹏所在的这家餐厅，知道这家餐厅有一个小伙子端铁板的动作特漂亮。常常有客人点名要大鹏上菜，如果他忙得分不开身，有的客人会拒绝买单。曾经有一家三口，为了欣赏大鹏的端铁板表演，连续两个月天天来餐厅吃饭。这家的孩子还无限崇拜地对大鹏说："叔叔，等我长大了，也要向您一样端盘子。"

大鹏成为餐厅风景之后，薪水也一涨再涨：从最初的每月800元涨到现在的2500元，再加上奖金，大鹏每个月的收入超3000元，直逼炒菜的大师傅。

当时，在全北京，甚至全中国的所有端盘子的蓝领中，大鹏的薪水是当之无愧的第一名。而他感到最幸福的是，终于以自己的勤奋和智慧，赢得了客人发自内心的尊重。

打造属于自己的强者之路

有一个年轻人，因为家贫没有读多少书，去了城里，想找一份工作。可是他发现城里没人看得起他。

就在他决定要离开那座城市时，他给当时很有名的银行家罗斯写了一封信，抱怨了命运对他的不公。

信寄出去了，他一直在旅馆里等，几天过去了，他用完了身上的最后一分钱，也将行李打好了包。

这时，房东说有他一封信，是银行家罗斯写来的。信中，罗斯并没有对他的遭遇表示同情，而是在信里给他讲了一个故事：

在浩瀚的海洋里生活着很多鱼。

鱼鳔产生的浮力，使鱼在静止状态时，自由控制身体处在某一水层。

此外，鱼鳔还能使腹腔产生足够的空间，保护其内脏器官，避免水压过大，内脏受损。

因此，可以说鱼鳔掌握着鱼的生死存亡。

可有一种鱼却是惊世骇俗的异类，它天生就没有鳔！

而且分外神奇的是它早在恐龙出现的三亿年前就已经存在于地球上，至今已超过四亿年，它在近一亿年来几乎没有改变。

它就是被誉为"海洋霸主"的鲨鱼！英雄的鲨鱼用自己的王者风范、强者之姿，创造了无鳔照样追波逐浪的神话。

然而究竟是什么让鲨鱼离开了鳔在水中仍然活得游刃有余呢？

经过科学家们的研究，发现因为鲨鱼没有长鳔，一旦停下来，身子就会下沉。它只能依靠肌肉的运动，永不停息地在水中游弋，因而保持了强健的体魄，练就一身非凡的战斗力。

最后，罗斯说，这个城市就是一个浩瀚的海洋，你现在就是一条没有鱼鳔的鱼。

那晚，他躺在床上久久不能入睡，一直在想罗斯的信。

突然，他改变了决定。

第二天，他跟旅馆的老板说，只要给他一碗饭吃，他可以留下来当服务生，一分钱工资都不要。

旅馆老板不相信世上有这么便宜的劳动力，很高兴地留下了他。

10年后，他拥有了令全美国羡慕的财富，并且娶了银行家罗斯的女儿，他就是石油大王哈特。

心中有希望，脚下就有路。

与其为上天的不公仰天长叹，不如做一条奋力游动的鲨鱼，化短为长，去打造属于自己的强者之路，去完成自己的人生跨越。

父亲的力量

闲来无事，翻出一本散文集。随手打开一页，正是一篇纪念父亲的文章。当看到其中一句"父亲是一本书，做子女的也许要用一生的时间才能读懂"时，一阵锥心刺骨般的隐痛顿时刺上心头。屈指算来，父亲离开我已有六年了。这六年里，我无时无刻不在思念着他。我甚至祈求上苍能够给我一个机会，让我重新做一回父亲的女儿，那样我必定将自己所有的孝心都给予他，让他成为世界上最幸福的父亲。然而上苍永远不会给我这个机会，我也只能在愧疚中缅怀父亲了。

父亲只是个普通工人，没有什么文化，但他出生的家庭曾经是很显赫的。他出生在江苏一个大户人家，属于书香门弟，祖上遗留了不少田地和房产，父亲儿时过着少爷般的生活。后来日本人来了，家产全部被抢光，家道中落、一贫如洗，全家被迫逃难到上海。为了一家人的生计，父亲放弃了学业，不到14岁就给人当学徒、做小贩……整日在外奔波劳累。解放后，父亲为了获得一份高收入，瞒着家人报名到外地油田会战支援石油建设，从此一别上海40余年。

父亲的家世我也是成人后才得知，但在我很小的时候，我就知道他的成分是地主。在那个唯成分论的年代里，我好像天生就低人一等。别的孩子肆意欺负我，我不敢做丝毫抵抗，我怕他们骂我是"小地主"；小学每学期开学都要填成分，那是我最伤心欲绝的时刻。每次在我胆战心惊地填上"地主"时，我都有生不如死的感觉。为此我曾经在心里恨过父亲很长时间，我恨他让我小小年纪就要承受那么多的屈辱和难堪！

记得有一次父亲回上海探亲，给我带回一件祖母亲手缝制的缎子夹袄，夹袄上还有祖母用金线精心绣制的花边。当我穿着这件新衣服上学时，同伴们嫉妒得眼珠子都要瞪红了。他们一边朝我吐口水，一边骂我是"小地主"。我一路哭着跑回家后，将那件衣服狠狠地扔在地上，再用力地踩上几脚。父亲让我捡起来，我就是不捡，父亲气得扬起手要打我。我一边哭，一边叫嚷着："谁让你不是贫农，你为什么是地主？如果有贫农愿意要我，我现在就不做你女儿！"父亲扬起的手慢慢地又放了下来。那一刻，我分明看见父亲的眼角里含着眼泪。

在儿时的记忆中，父亲是很严厉的。他对我的要求非常严格，用他自己的话说就是："女孩子从小就要守规矩。"他像培养一个大家闺秀般地培养我，我说话、走路、坐卧、吃饭乃至端碗的姿势都必须按他的要求去做。小时候，他经常把我关在家里，让我背《三字经》《增广贤文》《弟子规》《千字文》等古文。而只比我大一岁的哥哥，父亲却放任他在外面自由自在地玩耍。于是，这样一幅画面便在我脑子里永久定格——父亲拿着一把尺子，我像个受戒的小和尚一样恭恭敬敬地站在他面前，一字一句地背："人之初，性本善。性相近，习相远……"背不出来，父亲手里的尺子就高高扬起，而此时哥哥正躲在一旁幸灾乐祸地偷笑。经常是我一边背一边哭。那时的我心里想的就是：我怎么命这么苦啊？有个地主爸爸，让我受这么多的臭规矩。如果我有个贫农爸爸，保证我再不用背什么"养不教，父之过。教不严，师之惰……"了。

我渐渐长大了，地主成分已经对我的生活构不成丝毫影响。长大了的我发现父亲是很疼爱我的，我开始心安理得地享受他给予我的一切。记得上技校时一个冬天的傍晚，寒流来临，气温骤降。父亲担心我的被褥太薄，骑着自行车走十几里路来给我送厚被褥。途中天降大雨，父亲怕被褥淋湿，脱下雨衣盖在被褥上，自己则冒雨前行。当他来到我的宿舍时，嘴唇都冻乌了，一时连话都说不出来。我当时正沉迷于一本小说中，只顾躺在床上，连句问候的话也没对父亲说，更不用说去送送他了。

有句俗语说："年轻时犯的错，上帝都会原谅。"而我对父亲犯的错，假如真有上帝，我想他肯定不会原谅我。在父亲活着的有生之年，我从未给他买过任何东西。我送他的唯一礼物：一双羊皮手套，还是我在技校参加法律竞赛获得第一名的奖品。当我把手套拿给父亲时，他眼睛都笑眯了，连声夸赞："还是女儿好，女儿有出息。哪像儿子，一点用都没有。"他戴着那双手套坐单位的值班车，有座位他不坐，偏要站着。他故意抓着上面的栏杆，让车上所有人的目光都盯着他戴着手套的手。当有人夸他的手套漂亮时，父亲立刻得意扬扬地说："这是我女儿奖的，我那个女儿可有出息了，别人都叫她才女呢。我女儿文文静静的，一点也不像别人家的女儿疯疯癫癫的。"父亲的话引起了很多人的反感，而他仍旧兴奋地自顾自说下去。连母亲都看不下去了，对别人说他太虚荣。唉，一双羊皮手套就能引起父亲那么多的满足。可惜我对此认识得太晚了！

我参加工作后，父亲就一直在山东会战。退休后，他被反聘留在山东继续上班。其间，我结婚成家、生孩子，一心只围着自己的小家转，父亲被我渐渐地淡忘了。只在逢年过节，我收到父亲托人带给我的礼物毛呢大衣或羊皮靴时，才会想起原来他还在山东。1997年，退休已经5年的父亲终于回到湖北，回来后他就再也没有起来：胃癌晚期。在他住院的那段时间，我每去一次医院，心灵上就要受一次煎熬，我后悔自己对他的关爱太少。坐在父亲的病床前，我问他："爸爸，我真的不是个好女儿，你怪不怪我？"父亲笑着说："傻孩子，爸爸怎么会怪你呢？从小到大，你都是爸爸最喜欢的孩子。你哥哥就说爸爸偏心，爸爸是偏心，爸爸就是喜欢你比喜欢他多！"

病中的父亲话特别多，每次我去看他，他都要唠唠叨叨说上半天。他对我说："你小时候生了一场大病，差点就死了。医生说你没救了，不准备管你了，忙着去斗私批修。你妈妈没办法，跑来找我。我正在上班，一听就急了。我跑到医院，逼着医生抢救你。我说如果你们救不活我女儿，我就跟你们拼命，医生吓坏了。后来又说要给你输血，我二话没说就让医生抽血。那时我刚下夜班，头昏得厉害。"听着父亲的叙述，儿时的往事如电影一样在我脑海里放映：上小学时，每逢下雨天，父亲都会到学校接我。怕雨水溅湿了我的裤脚，就一路背着我回家。路上还边走边说："有谁要小女孩啊？我家卖小女孩。我的女儿又聪明又漂亮，你们买不买呀？"趴在父亲背上的我就连声高叫："不卖，不卖！要卖就卖哥哥。"父亲接着又说："你哥那个臭小子，没人要的！"说这话的时候，他根本就没注意到哥哥就走在他身旁。

还记得有一次，是我四五岁的时候吧，我在水渠边拔野花，一不小心掉进水渠里。水流湍急，一下子将我冲出好远。父亲当时正在很远的地方，他突然感到胸口一阵疼痛，预感到我要出事，于是就拼命地往前蹬着自行车，一把将我从水里捞上来。我上来时已经昏迷不醒了，他再晚来一步，我恐怕就不在人世了。

在父亲生命的最后日子里，他已经有些神志不清了。有时我去看他，他都感觉不到我的存在。然而在父亲的追悼会上，哥哥含泪对我说了这么一件事：父亲临死前两天，突然回光反照。他把哥哥叫到身旁，语重心长地对他说："你一直说爸爸偏心，爸爸是偏你妹妹，所以你妹妹才那么任性。你妹妹有得罪你的地方，你不要怪她，要怪就怪我，是我把她给宠坏了！以后你一定要多照顾你妹妹，你是哥哥，你妹妹有事你一定不能不管。"啊，父亲，我深深挚爱的父亲，你让我怎么报答你对我那如海洋般深邃的爱呢？

父亲是一本书，我做女儿的就是一位读者，我想我只能用一生的时间细心地去读这本书，才能够品尝出这本书中的酸甜苦辣，才能够感悟到其中所蕴含的人生真谛！

适当放慢你执着的步履

我曾经在一本杂志中看到过这样一篇文章。一位著名企业家在作报告时，一位听众问："你在事业上取得了巨大的成功，请问，对你来说，最重要的是什么？"

企业家没有直接回答，而是拿起粉笔在黑板上画了一个留有缺口的圆。于是引来台下听众不解的疑问："这是什么？"是"零""圈""未完成的事业""成功"……

面对这些回答他未置可否："其实，这只是一个未画完整的句号。你们问我为什么会取得辉煌的业绩，道理很简单：我不会把事情做得很圆满，就像画个句号，一定要留个缺口，让我的下属去填满它……"

这个故事体现了企业家的睿智，同时也告诉了我们一个非常简单的道理：做人做事都不能太满。

人的一生也是这样，即使你这一生再成功，事业再辉煌，也难免在某一个环节会出现缺口。留有缺口的人生，并不说明你不成功。实际上，也是蓄势待发寻找更佳切入点的一次机会。多少年之后也许会成为你生命中一笔不可多得的财富。

做人做事何尝不也是一样呢。当你无论做什么都想做的完美无缺，都不想留有一点瑕疵，甚至眼中容不下别人的一点过失，那么你就活得太累。其结果真的并非圆满。

但事实上，很多事情真的可以忽略，有些事情出现了空白，留下了遗憾，虽然你一时纠结郁闷，但是绚丽多彩的人生离不开这浓墨重彩的润色。

在我经历了人生的风风雨雨后，回首凝望走过的路，细细想来一切都是过眼云烟，很多事情在岁月的长河里也只不过是昙花一现的幻影。何必在意旅途中驿站里那点微不足道的失意？

我有一位朋友大学毕业就进入了一家国企，当时正逢企业改扩建，意气风发的他，凭借着一腔热血吃住在一线，工作干得非常出色，32岁就做到了处领导的位置上。但是他不满足现状，辞去了安逸的工作，选择了单干。整天忙忙碌碌的他，与父母虽然同住在一个城市，但是很少有机会陪他们吃顿饭，父母过生日，几次因生意场上的事务出差在外，孝顺的他也只能通过电话送上对老人家的祝福，妻子在家几乎承担了所有的家务，儿子的学习他也顾不上，第一年高考落榜，第二年还是名落孙山，最终选择了自费出国留学……

事业的成功招来不少人的羡慕，他的整个人生都充满了金钱、身份、地位，挣钱成了他生命的全部，几乎连自己简单的生活都让应酬占据了，加上他凡事都身先士卒以及要求完美，让人看了感觉他像一个上满发条的陀螺，在不停地旋转。

由此可见太满的人生，势必导致人生天平的倾斜，其实这既是一种自我摧残，也是对自己对家人不负责任的表现，同时也忽视了身边的很多朋友，这种活法平心而论其结果就是光鲜了外表，透支了内在。

做人做事都不能太满，殊不知，太满的背后并非圆满。有的人为了挣钱耗费了所有的空闲，还有的人一辈子勤勤恳恳，还没来得及享受退休生活，就永远地谢世了。太满则亏，太盈则泄。其实人生有很多的智慧，生活有太多的哲理，留一点空白给自己，留一点欠缺给事业，这也许是一种智慧的活法。

放弃那些该放弃的，珍惜那些该珍惜的。适当放慢你执着的步履，不要让人生太满，因为太满的人生充满了强烈的欲望。我们适当地留给心灵一片宁静的空白，给大脑一个发呆的机会，去陶醉某种看似无聊的追求，让身心享受一下放纵的节奏，再细细咀嚼，这何尝不是给心灵煲的鸡汤？

做个默默努力的人

前些天，我们单位的小杨通过了市级的遴选考试，成功升迁。能到那个更广阔的平台学习和锻炼，是很多身在基层的年轻人的梦想。这次考试，据说报名的人数就达到了上千人，能够从这么多的竞争对手中脱颖而出，确实不易。

大家在祝贺小杨的时候，也请小杨传授一下备考的秘诀。而小杨谦虚地说，他知道自己底子差，所以就笨鸟先飞，在报考前就开始复习了。作为小杨的室友，我目睹了他"先飞"的过程。

一般人花三个月来备考，而小杨花了半年时间。他的桌子上堆着近百张做过的试卷，还有一本被翻烂的厚厚的错题本，这些都是他半年来复习备考积攒下来的。

小杨每天早上六点准时起床，背诵教材，中午只留下二十分钟的时间休息，剩下的时间都在做模拟题，从来不参加我们的宵夜或者唱歌聚会。

起初，小杨的笔试成绩并不太理想，只排第三，距离第一名还差了好几分的距离。为了能在面试当中拔得头筹，他每天晚上都会在网络上模拟答题，按照面试的流程，正襟危坐、字正腔圆地大声练习，一度练到了声音嘶哑。面试的时候，小杨遥遥领先，被成功录取。

小杨说自己是一只笨鸟，可真正的笨鸟哪里知道要先飞？

先飞的鸟儿目标明确，能够预见行程中的困难，所以当别人还在休息的时候，它就开始拍打翅膀、起身飞翔。懂得用笨办法的人，其实都是聪明人。

表姐是我们村里唯一的重点大学硕士毕业生，现在在一家知名的企业做财务主管，也是我的学习榜样。

表姐从小就是别人眼里的"老实人"。小学的时候，语文老师检查全班背课文，因为整篇背诵检查的时间太长，老师就常常只抽取文章里的开头和结尾。同学们掌握了老师的规律，就投机取巧，只背诵前后几段。可是表姐却轴得很，一向都是吭哧吭哧地把全篇都背完，才去老师那里背诵。

表姐读书很认真，但成绩一直一般。初中毕业的时候，家里人以为表姐考不上大学，再加上家里经济条件不好，便劝表姐读了中专。读完中专表姐便参加了工作，可是这个时候她又是轴劲儿毕现：放不下她的大学梦，于是在工作之余开始了马拉松式的求学路程。

表姐的专科和本科都是在业余时间自学完成的。在结束了所有的本科自考之后，她又萌生了报考全日制研究生的想法。

表姐认为自己笨，没有经过系统的校园学习，所以报考了考研培训班，每天在工作之余，还去夜校听课。彼时的她已为人母，职场妈妈的日常已经够辛苦了，却还要在孩子休息之后爬起来读书。那段时间，表姐像铁打的人一样，围绕着工作、学习和孩子打转，生活几乎没有一丝的空隙。最终，表姐如愿地考上了她的目标院校，辞掉了家乡小镇的工作来到上海读研，并且靠着自己的努力在上海站稳了脚跟。

论天分，表姐确实不够出众，但论毅力，她比一般人强太多。像这样长远规划自己的人生，并且能够坚持去实现理想的人，有谁能说她不聪明呢？

生活当中我们常常会遇到这样的事情：那个最不起眼的同学突然在某项大型比赛当中斩获头奖，那个少言寡语的同事居然一跃而上夺取了业绩冠军，那个寂寂无名的朋友突然就成为了行业典范……

那些平时不露锋芒的普通人突然在某一天惊艳亮相的时候，总会引发人们的好奇：他是怎么做到的？

其实，如果你仔细观察，就会发现，他们都是最聪明的带着引号的"笨鸟"。别人休息的时候，他们还在赶路；别人偷懒的时候，他们依然全神贯注。他们敢于付出比别人高出许多倍的努力，所以即使飞得没有别人快，他们最终也能飞得比别人更高。他们知道自己离理想的高空还远，所以时刻都在为翅膀聚集能量，用努力和汗水慢慢地浇灌心底的梦想。

笨鸟先飞，是勇者发自灵魂深处的胆识与力量，也是智者不屑于贪图捷径的气度与格局。

所以，那些默默努力的人，其实都是最聪明的人。

第三章
征途未完，提灯前行

我们每个人都有不同程度的自卑感，因为我们都想让自己更优秀，让自己过更好的生活。

——阿德勒

每一次失败都在为未来助力

　　我的好朋友璐璐是一个勤奋上进的女孩子。一次，璐璐约我出来吃饭，席间却一直沉默不语。我看出了她的心事，在我的一再追问下，她才缓缓向我道出最近发生在她身上的事情。

　　临近期末，十几门考试的复习重担压在身上。璐璐的学习成绩一向很好，这与她平时天天泡在图书馆的努力密不可分。但是现在临近毕业，为了提高自己的社会实践能力，璐璐想在学习结束之前找到一份实习的工作。

　　精心准备、反复修改的简历，经过多次投递之后，便是漫长的等待。终于，在期末考试前一周，璐璐收到了一家互联网企业的面试邀请。激动的璐璐暂时停下了手头的复习工作，花了两天的时间准备面试。面试前一天晚上十二点，她还在灯下认真总结面试思路。

第二天，璐璐提前半小时到达面试现场，却发现应聘者都是来自各大名校、实习经验丰富的同学。初次参加面试的璐璐十分紧张，看到其他同学对答如流，更是倍感压力。在几位面试官的注视下，璐璐连头都不敢抬，结结巴巴地背着自己预先想好的答案。

一周后，璐璐便收到了企业的拒信。

本来是一次无法避免的失败，可璐璐就是想不开。期末考试的前一天晚上，璐璐失眠了。一整夜，她都在想自己为什么比不过其他同学，为什么这么紧张，连话都说不流畅。这次机会就这样错过，下一次还不知道什么时候才能拿到面试邀约。

第二天，璐璐顶着黑眼圈去考试，连复习过的内容都忘了一大半。

在接下来的两周的复习中，璐璐总是无法集中精力。一边想着总结这次面试失败的经历，一边又想着继续投递简历。每当她拿起笔，脑海中面试失败的影子总是挥之不去。

结果，期末考试中璐璐发挥得十分糟糕，连平时一半水平都没有达到。实习方面也毫无进展，璐璐只好在家里度过了整个暑假。

看着落寞的璐璐，我不禁想起自己几年前的经历。

我和璐璐的性格正好相反，璐璐多愁善感，我却是个乐天派，什么事都不放在心上。

我从小学习钢琴。一次，老师为我报名参加市里的钢琴比赛。一开始，我每天保证两个小时的练琴时间。没有太多紧张情绪，初赛时我发挥得非常稳定，顺利进入复赛。

能从几百名选手中突出重围，自豪感和成就感萦绕着我。我的复赛曲目和初赛曲目是同一首，经过一个月的反复练习，已经相当熟练。于是，接下来的两周我都没有碰钢琴，每天都在和朋友逛街、购物中度过。只是在比赛前一天弹了几遍，然后便心安理得地去睡觉。

比赛当天天气很冷，我的手也冷冰冰的。弹到一半，我却突然忘记了下面要弹的旋律。我故作镇定地弹了几个音阶，想用这种方法和下面的内容连接起来，可当音阶结束之后，我依然没有想起下面的旋律。

空气尴尬地凝固，我怯怯地说了几句"谢谢老师"，便匆忙离开舞台。

比赛之路就这样戛然而止，通过了几百人进五十的初赛，却没有通过五十进三十的复赛。为什么明明在家弹得那样熟练，一上台却忘谱呢？

后来，钢琴老师告诉我：弹钢琴靠的是一点一滴的积累，台下练得再好，台上也只能发挥八九成的实力，剩下的百分之十，往往是由于突发事件或者心理状态导致的波动区间。台下的功夫一旦欠缺，上台之后马上就会显现出来。

面对失败的过去，不要沉湎。失败是成功之母，失败的经验为我们搭建了成功的阶梯。要相信，任何一次失败都不会白费，都在为未来助力。

面对成功的过去，不要骄傲，而竞争存在于人生每一个角落。过去的好状态并不意味着会延续到将来，如果停止了努力，那失败也会不期而至。

不念过去，不畏将来。保持良好的稳定性和成功的秘诀是：忘记过去，不担心尚未发生的事。专注现在，才是一切成功的源泉。

相信自己，你能行

一

最近这段时间，身边很多人似乎都有点沮丧。某次活动没表现好，某次考试考糟了，某次任务没完成好，都会使人产生一种"我怎么这么差"的感觉。

即将毕业的朋友找我倾诉，说自己的生活过得一塌糊涂。她不喜欢所学的专业，毕业没有方向，还对即将面临的社会人际关系感到烦恼。最后，她对我说："我发现自己对未来一无所知，甚至根本没有勇气踏入社会去接受生活的审视。我太平凡了，什么都不会，什么都不行。"

"不会就学，觉得不行就拼尽全力去试，没有什么困难是解决不了的，只是自己不想去解决而已。"这是我给她的建议。

我突然想起，网上有这么一个帖子引起了大家强烈的共鸣。帖子的问题是："你最讨厌别人问你什么？"回答者说："我最讨厌别人问我是什么学校、什么专业，听完后提醒你学校不行，或是专业不行。"

说你不行的人，你千万不要让他得逞。如果是你自己觉得自己不行，那更不要让自己得逞。

二

以前，我一直觉得自己是个很差劲的人，总觉得自己什么都不懂，什么都不会，对未来特别迷茫无助。

高中时，班主任让我好好努力把偏科问题解决，争取考个好大学。我很无奈地回答："那些学科好难，我不行。"朋友们邀请我一起学跳舞，我尴尬地摇头说："我没有舞蹈天赋，更没有舞蹈基础，我不行。"同学们举荐我去参加作文比赛，我害羞地低下了头，连忙一个劲地拒绝："我肯定不行，把机会让给其他同学吧。"

那时，类似"我不行""我不会"的话占据了我很大一部分的生活。我总觉得自己长得不漂亮、成绩不好、交际能力不行，就一概而论自己所有的事情都不行。直到有一次，我参加了一个征文大赛。我认认真真地准备了一篇文章，没想到获得了全国二等奖。我突然发现，很多时候并不是自己真的不会、真的不行，而是自己没有勇气去踏出那一步。

没有行与不行，只有做与不做。做了可能还行，不做就永远不行。

三

人很奇怪，越是在逆境中，越是成长得快。上班后，我的老板给了我很大的启发。

有一次老板让我写一篇关于游戏行业的文章，并且只给三天时间。我那次真的疯了，觉得那项任务对我来说很艰难，因为我对游戏丝毫不感兴趣，平时接触得就少。于是，我忐忑不安地向老板申请换任务。他问我理由是什么，我说觉得自己能力不足，担心完成不好任务，影响公司的业务。

老板听完我的话，突然从座椅上站起来，一脸严肃地说："我不想听到公司的员工说自己不行，我只想知道，给你多少时间，你能够把这件事情做好。许多能力都不是天生的，你既然不会，那就更得抓住这次机会好好锻炼。"

没办法，我只能悻悻回到办公室开始查资料、理思绪、分析过往的文章。为了把这篇文章写好，我晚上回家后继续加班。高兴的是，我终于在规定时间内完成了任务。

经过那一次，每当再遇到有难度的任务，我都不会再去找老板诉苦了，而是想办法解决问题。我越来越发现，人就是在不断解决难题的过程中成长的。如果永远说自己不行，不去主动面对困难，那就永远也不会前进。

四

我的一个朋友就是那种典型的"你说我不行，我偏要行"的人，她很倔强，骨子里有一种不怕输不服输的劲儿。不过，她绝不是在逞强，她分得清轻重。

说来有趣的是，她学了并不热门的专业，家人一直对她没抱太多希望，就连她的老师也经常自嘲这个专业的衰落。没想到她却靠着自己不断地摸索和学习，在这个大家并不看好的行业里发光发亮。

很多人失败了，就会找各种客观原因来搪塞，就像有的人找不到心仪的工作，可能就会责怪学校不行、专业不对。其实，最重要的还是自己没有好好努力。

不要让别人对你的否定轻易得逞，更不要被"我不行"三个字轻易打败。下次再遇到难题，或许你可以说："我试试！"

成功，就是坚持比放弃多了一次

一

小罗是我定做橱柜时认识的销售员。我去装修市场逛，在一个小店前，小罗在门口发传单。他看见我，赶紧上来推销，说他家的橱柜质量高、价格优，只是才开始做的一个小品牌，很多人并不知道。看我在犹豫，他非常热情地说带我逛一下，还说："姐，你放心，你在不在我这儿买都没关系，我快辞职了。"

然后他果真带了我一路。在路上给我讲各品牌橱柜的优势，看橱柜时要重点注意哪些方面，看抽屉时需要注意什么，看台面时哪个地方重要……

看他这么诚恳，我实在觉得盛情难却，比较了一下，好像他家的质量也还行，就在他那儿下了订单。后来安装什么的，他都特别负责，正好单位的几个同事家也需要，我就一并把他介绍过去了，大家都很满意。

某天，在路上碰到小罗，他认真地跟我说："姐，你知道吗？要不是你那天的那个订单，我当天就得卷铺盖走人了，我要特别谢谢你。"

原来，那段时间，正是他人生最艰难的阶段。进入橱柜行业时间不长，尽管他很努力，但还是没有业绩，工资非常底，租的房子快到期了，没钱续租。店长说那一周如果再没有业绩他就得走人。遇到我的那天是店长给他限期的最后一天。

上班的时候，他想，都已经坚持这么久了，再坚持一天，认真地坚持完这一天，就听天由命。然后，就遇到了我，还有随之而来的业绩。现在他已经是那家分店的店长了。

很多时候，工作遇到瓶颈，职场遭到重挫，财产受到损失，感情碰到麻烦……每件事都会让你看不到希望和明天。但往往走投无路之时，就是峰回路转之机。

你未来的样子藏在现在的坚持过程里。要么坚持，要么出局。区别在于，前者比后者多一次。

二

我的声乐老师，出生于甘肃贫困山区。父母身体都不好，他小学毕业后就不得不辍学去拉面馆打工。

打工的拉面馆在一所大学的旁边，在打工期间他看到大学生们的生活，非常羡慕，下决心自己也要读大学。于是使劲攒钱，打了三年工后，又倒回去插班读书。

回去后发现落了三年，文化课跟不上，大学离他非常遥远。但他觉得不能绝望，总能找到其他办法可以实现愿望。这时有位特别善良的声乐老师告诉他，艺术生的文化课要求稍微低一点点，但艺术成绩要突出才行。于是他跟老师说，要跟着老师学声乐，不管多难。

其他同学早晨 7 点起来练声，他5：30就起来，晚上别的同学睡了，他还在路边琢磨怎么发音，每天如此，从不间断。

他说，打工时那么难我都挺过来了，上学的这点苦根本不算什么。但真正让他受打击的是每次面对老师：他入门时间晚，没有基础，进步比其他同学慢得不是一点半点，每次到老师那儿去试唱、汇报，对他都是煎熬。

其他的同学进去，老师都说又有进步了，或者说哪里需要改进。他每次唱完，老师都劝他，你还是回去好好学文化课吧。每次从老师那儿出来，他都特别难过。

有几次，当着同学们的面哭到抽噎，一边哭一边诅咒发誓说：我不学了。但第二天早晨起床练声前他就给自己鼓劲：再坚持一次，再坚持一次说不定我就可以上大学了。一直坚持了600多次，终于老师说：可以了。然后顺利考到音乐学院，走上了专业的道路。

有人说，在你想要放弃的那一刻，想想为什么当初坚持走到了这里。

我们都知道"不忘初心，方得始终"，却少有人知道它的下一句却是扎心的"初心易得，始终难守"。

大事小事，成败与否，都不在于力量的大小，而在于你能坚持多久。所有看起来幸运的故事，都源自坚持不懈的努力。命运的转折往往都是从坚持的下一次开始。

三

有一个关于竹子的故事。说有一棵竹子在前4年的时间里，总共长了3厘米，每年不到1厘米。但从第五年开始，却以每天30厘米的速度快速生长，仅用六周就长到了15米。到了15米时，很多人开始羡慕，觉得从3厘米到15米，成长得真容易。

可是，有多少人，不是没等到15米，而是没熬过那3厘米。前4年的那3厘米，其实只是竹子在地面的生长速度，但在地下，它已经匍匐了几百米。从表面看它貌似停滞，遥遥没有希望，事实上它在扎根，在为明天的飞跃做准备。

人生的任何大大小小的目标，都和竹子的成长过程一样，坚持熬过最初的那3厘米，你就是下一个"锦鲤"。

坚持是什么？就是你失败了99次，99次都想放弃，但咬牙多坚持了一次，到100次的时候，成功落到了你头上。

　　人生，从来不是看到了希望才坚持，而是坚持了才看到希望。坚持还是放弃，中间隔着一个词，它的名字叫努力。

　　面对生活，面对压力，我们都有过焦虑迷茫和痛不欲生。在觉得撑不下去打算放弃的时候，记得提醒自己：坚持一次，再坚持一次。

　　人生的途径各不相同，成功的路数却千篇一律。只要你的坚持比放弃多一次，就会发现，梦想在不远的拐弯处等着你。

真正厉害的人，都能自我洞见

人一生当中，最重要的莫过于自我洞见，一个能洞见自己的人，一定是高能且活得明白的人。所谓洞见自己，就是认清自己的能力与边界，清楚自己的优势与软肋，知道自己的思考方式与行为方式，并能立马做出相应的行动，以便于更好地应对这个世界。

洞见，从承认无知开始

人最难的事，莫过于承认自己的无知，因为一旦这样做，就代表着要在人前展示脆弱，放下面子。而人出于动物性生理本能，是不会把脆弱展示出来的，既是担心遭到攻击，同时心理上又不愿意放下面子。所以，这就造成了大多数人，不愿意承认自己无知，也就不能洞见自己，人与人之间的差距，也就由此拉开了。

如果说，承认无知是自我洞见的开始，那自我洞见，就是人生改变的开始。

《超级演说家》里有一个片段让我记忆深刻，就是天才童星杨心龙演说的那一段。杨心龙从小热爱演讲，九岁时他的演讲视频被父亲传到了网上，结果他就突然火了，网友还给他取名叫"演讲帝"。

后来2011年的央视网络春晚，他应邀成为了给力团的一名评委，和其他童星一同共事。从那一刻开始，他的人生轨迹改变了，他也真正经历了一把"年少成名"。但如他所说，年少成名是一把双刃剑，玩得不好就会伤到自己。因为粉丝的众星捧月般的呵护，以及明星的光环加身，他也曾迷失了自己。

出名后，他回到学校瞧不起其他同学，没办法和他们好好相处，曾让等他踢球的伙伴在寒冷的冬天等他半小时。结果是，最后伙伴们都远离他，他一个朋友也没有了。好在他及时认识到自己的错误，在《超级演说家》的舞台上，他讲出了这段经历，并当着所有观众的面，向他的同学认错："对不起，杨心龙错了。"那一刻，所有观众为之动容，我从他们眼里读出了期待与肯定：一个勇于认错、勇于承认自己无知的人，将来一定是大有出息的人。

演讲结束后，他的导师乐嘉对他说："自我洞见是一生的功课，你能在公众演讲中，讲出自己的成长轨迹，并当众承认自己的无知，厉害极了。"

认识自己很难，认识到自己的无知更难，而一旦做到，人生就会开始变得不一样。

最近我认真读完了《人类简史》这本书，作者尤瓦尔·赫拉利有诸多发现是非常令人震撼的，其中谈到的一点我记忆深刻，书中讲到和东方人相比，欧洲人为何能在科学精神的指引下开启工业文明之路？很大原因就在于，西方世界愿意率先承认自己的无知。

现代科学的基础就是拉丁文前缀"ignoramus-"，意思是"我们不知道"。在科学革命时期，西方的地图就留有很多的空白，因为"我们不知道"。而东方王国的君王则正好相反，认为自己什么都知道。作者在书中写道："科学革命并不是'知识的革命'，而是'无知的革命'。真正让科学革命起步的伟大发现，就是发现'人类对于最重要的问题其实毫无所知'。"

真正的洞见，是有着高度的自我觉知能力，对自己的无知，对问题的反省都有深刻的洞察。洞见，从承认自己的无知开始。

自我洞见，决定你的人生高度

人成长的过程，是一个不断认识自己的过程，层次越高的人，越能清晰地认识自己，层次越低的人，越是不知道自己到底是谁。

《道德经》里讲：知人者智，自知者明。意思是，能够了解他人的人是有智慧的，能够了解自己的人是高明的。简单说就是自我洞见。

老子之所以这样说，是因为人要做到自我洞见是很不容易的，而且在说到自我洞见的不易时，常以"目不见睫"这个成语作比喻。

每个人都有一双眼睛，这双眼睛能观天文、识地理、看社会，唯独对眼皮上的睫毛视而不见，所以唐代诗人杜牧也发出了"睫在眼前长不见"的感叹。由此可以悟到，一般情况下，我们发现别人的短处和劣势较容易，而发现自己的短处和劣势就如"目不见睫"一样困难了。所以，人们要用一个"贵"字来形容自我洞见的难能可贵，人贵有自知之明就是这么来的。

其实，真正自我洞见的过程是痛苦的，尤其对两种人而言，一种是成长过程中受到强大外力影响的人，另一种是饱受性格缺陷折磨的人。可是任何人一旦真正做到了这一点，人生高度可能就由此开始改变。

因为，第一，它帮助我们认清自己是谁，从而为探知自己一生终究想要什么打下基础；第二，帮助我们意识到自己的问题和局限，从而为个性的修炼打下基础。

就好比建房子，基础打牢固了，才能建起高楼大厦。

我深为敬仰的德国诗人海涅，就是这样一个人，他对于自身的认识，一直都是清清楚楚、明明白白的。

海涅出生在一个犹太商人家庭，父母希望他经商，但他发现自己并不感兴趣，他感兴趣的是法律，于是他进入大学学习法律。之后，他又认识到自己喜欢的是诗歌，于是他果断放弃了法律，忠于自己的内心开始创作诗歌。写诗以后，海涅开始游历，广泛接触社会，写散文札记，而他的写作也毫不留情地讽刺了德国当时的落后状态。后来，七月革命爆发，海涅立即受到鼓舞，他离开了祖国，来到巴黎，自此他的诗歌创作也达到了最高峰。

类似经历的有鲁迅、济慈、弗洛伊德，以及我们生活中许多优秀的人。

他们对于自我洞见的态度不屈不挠，虽然经历过痛苦的挣扎，但这挣扎的过程就是洞见自我的重要过程，并且洞见过后，迎来的将是人生的新高度。

人人都要学会自我洞见

说到洞见，可能会有人问，什么是洞见？洞察和洞见有什么区别？

多方思虑过后，我觉得这个答案比较贴切。洞见是看清自己，而洞察是读懂他人；洞见是基于意识，而洞察是基于热爱；洞见是很痛苦的，而洞察是很快乐的。

最近我时常在想，为何读懂自己比看清别人更困难？每个人在劝解别人的时候，都表现得像一位哲学家，但当自己遇到困难的时候，却表现得像傻瓜一样。

最后得出的结论是，原因在于人们从不愿意真正地洞见真实的自己。因为他害怕，害怕看到自己的阴暗与缺陷，害怕解剖自我与面对现实。可以说，绝大部分人在自我洞见上面是缺失的，正因为如此，洞见自我更显难能可贵，但同时也是每个人必须要去做的。

那如何自我洞见呢？

第一，自我洞见需要技术。自我洞见也就是认识自己，认识自己的无知，认识自己的能力与边界，认识自己的优势与软肋，认识自己的思考方式与行为方式。因为很多时候，人的自我认识未必清晰，就会把问题归咎到别人身上，而事实上，一切问题的根源就是你。

第二，自我洞见需要自律。注意随时记录自己关键时刻的心理与行动，如果你当时没有记录，仅凭后期的回忆，很难还原事实的全貌。这种记录的耐心有时必须出于目标的驱动，即从记录的第一天开始，你就知道将来你要用到它，用它自我反省、指导行动，而且你很清楚，记录一天并不难，难的是能够抵抗惰性坚持记录。

　　第三，自我洞见更需要勇气。勇敢承认并面对自己的软肋、缺陷、阴暗等。尤其是当那些根本不了解你，但是喜欢你的人们，突然发现原来他们喜欢的人居然是这样的啊，他们很可能会全部逃跑。这个时候你要理性对待，不能失了方寸。因为人类的天性如此，人们喜欢的其实只是自己臆想出来的那个幻象，而非事实，这也是为何明星必须内心警觉，需要时刻和粉丝保持内心距离和建立神秘感的原因，因为卸妆是不美的，同样，真相也未必美。

　　自我洞见是一生的功课，当你开始洞见自己，你就能一步一步上升到人生的新高度，人与人真正的差距，在于自我洞见的程度。

失败就是人生中的坏天气

有人将失败比喻成一种随时会令人溺水的深潭，可是有一个人，一生中曾经一千零九次掉入这个深潭，历经了一千零九次的失败，他不但没有溺水，反而获得了新生。面对人生的第一千零十次考验时，他终于成功了。他说："一次成功就够了。"

少时的艰辛和困苦注定了他一生的挫折和不平凡。在他五岁时，父亲病故，家里的日子变得艰难起来；十二岁时，他母亲带着他和弟妹们改嫁，继父待他非常不好，所以他不得不辍学；十四岁时，他离开了继父家，过上了流浪的生活；十六岁时，他参加了远征军，却因极度晕船而被提前遣送回乡；十八岁时，他结了婚，只过了几个月，妻子就卷走了家中的所有财产逃回了娘家；二十岁时，他当电工、开轮渡，当铁路工人，样样不顺；三十岁时，他做保险公司推销员，由于老板不兑现奖金而与其发生矛盾，而后愤然辞职；三十一岁时，他通过自学法律，当上了律师，可在一次审案时，却在法庭上与当事人动起手来，因而他又痛失律师的工作；三十五岁时，他做轮胎推销员，不幸又一次光顾他，当他开车路过一座大桥时，大桥钢绳断裂，他连人带车跌到河中，为此身受重伤而休养了好几年；四十岁时，他开了一个加油站，却因与竞争对手发生矛盾将其打伤而引来一场没完没了的官司；年近五十岁时，他与第二任妻子离婚，自己带着三个孩子艰难地生活；六十多岁时，他开了一家快餐店，经营自己的山德士炸鸡，但生意刚刚红火起来，政府修路又占了他的店，他再次沦为穷光蛋。无以为生的他，只能依靠政府每月的一百零五美元救济金生活。

后来，他凭借自己做炸鸡的绝活，到一些小餐馆推销自己的炸鸡技术，在两年当中，他曾被拒绝了一千零九次，终于在第一千零十次时，他得到了一个饭店老板的一句"好吧"的回答，于是他逐渐有了属于自己的品牌和专利。七十多岁时，他转让了自己创立的品牌和专利，并拒绝了购买人将股份作为购买金的一部分支付给他的要求，但后来事实证明了这种选择的错误性，股票大涨，他失去了成为百万富翁的机会。

八十多岁已经暮年的他，还想自己做点什么，于是他又开了一家快餐店，结果却因商标专利再次和人打起了官司。可他并没有就此甘心，而是失败了再重来，不懈地坚持着。终于，在他八十八岁时，他大获成功。他，就是肯德基的创始人——哈伦德·山德士。

哈伦德·山德士发明了著名的"肯德基炸鸡"，开创了"肯德基快餐连锁"业务，肯德基餐厅遍布世界各地，全球共有三万多家，肯德基成为世界最大的炸鸡快餐连锁企业，而以山德士形象设计的肯德基标志，也成为世界上最出色、最易识别的品牌之一。

面对无数的失败和变故，哈伦德·山德士曾说："人们经常抱怨天气不好，实际上并不是天气不好。只要自己的心态乐观自信，天天都是好天气。"

不要在意自己的不完美

世界上存在的不见得都是完美的，但是不完美的存在也有其存在的理由，也有其存在的价值。最起码，不完美不是你的错。再悲观的时候也有理由不悲观，再失望的时候也可以找到希望，再大的劣势也还会有属于自己的优势。契诃夫说过：世界上有大狗，也有小狗。可是小狗不应该因大狗的存在而心慌意乱，所有的狗都得叫，各自按照上帝赐给它的声调去叫。既然如此，你又何必在意自己的不完美呢？如果你还徘徊在自己的不完美中，那么，请你现在就从阴影里走出来吧！

印度有一个农夫，住在山坡上，要到山坡下的小溪边去挑水。天天挑，习惯了也不觉得太吃力。

农夫挑水用两个瓦罐，有一个买来时就有一条裂缝，而另一个完好无损。完好的水罐总能把水从小溪边满满地运到家，而那个破损的水罐走到家里时，水就只剩下半罐了，另外半罐都漏在路上了。因此，他每次挑水挑到家都只有一罐半。这样一天天过去，一直过了两年。

有一天，有裂缝的水罐在小溪边对它的主人说："我为自己感到惭愧，我总觉得对不起你。"

"你为什么感到惭愧？"农夫问。

"过去两年中，在你挑水回家的路上，水从我的裂缝中渗出，我只能运半罐水到你家里。你花了挑两罐水的气力，却没有得到你应得的两满罐水，没有得到你应得的回报。"水罐回答说。

农夫听水罐这样说，微微一笑，对它说："在我回家的路上，我希望你注意，留神看看小路旁边那些美丽的花儿。"

当他们上山坡时，那个破水罐看见太阳正照着小路旁边美丽的鲜花，这美好的景象使它感到快慰，但到了小路的尽头，它仍然感到伤心，因为它又漏掉了一半的水，于是，它再次向农夫道歉。但是农夫却说："难道你没有注意到小路两旁，只有你的那一边有花，而另一边却没有开花吗？因为每次我从小溪边回家，你都在浇花！两年来，这些美丽的花朵给了我一路的好心情。如果不是因为你，这条路上也就没有这么好看的花朵了！"

徘徊在不完美阴影里的人不可能取得骄人的成绩，任何时候都不要徘徊在自己不完美的阴影里。失之东隅，收之桑榆。在一方面失去了，可能会在另一方面收获。虽然水从水罐

的裂缝中渗出去，损失了一部分水，可是路旁的野花却因此而
得到了浇灌，开出美丽的花朵，而水罐和它的主人也得到了一
路的风景。我们也可能在生活中不经意地损失了什么，但一定
不要为此而难过，或许不久以后，你就会得到变相的收获。

不要辜负自己曾经历的苦难

这城市总是风很大，孤独的人晚回家，外面不像你想的那么好，风雨都要直接挡。愿每个独自走夜路的你，都足够坚强。

"在你静下心看书的时候，总有一些话把你吸引了，你的情绪会受牵动。它让你想起曾经烦心的事情，那时候你找不到答案。可那段话让你找到了答案，就在那一瞬间。"那时候分享这段话给朋友，他说：这首诗是扎心了，还是戳心了，还是闹心了？我说是戳心了。

想起开学刚来这里时，我的心情像两个行李箱一样沉重。这是我第一次真的离开家，一个人在异地。那天，爸妈一起来了，我还记得，六号饭口挤满了人。我爸妈找了一个人比较少的窗口排队，而我却找了一个人最多的。

爸妈吃完了，我才慢吞吞地端着面走过去。他们一定不知道我排那么长的队不是因为我喜欢吃面，而是我想时间慢点再慢点走。一起到学校门口，他们转身离开的那一刻，真的很扎心。

那时候我明白：行李尚未收拾，未来也不成样。没有人敌得过时间，再深刻的情感都有被淡忘的一日。转身离开，继续微笑，去经历你所期待的大学生活，去经历你所恐惧的未来。

如今一年过去了，而我也不是当初刚踏进校门的那个女孩。这一年，有太多太多的不足。我还是会忙到十一点多回宿舍，吹着珠海的风，明明不是特别冷，而自己却瑟瑟发抖。还是会很想家，故事层层叠叠，回忆周而复始。很多时候我都会觉得熬不过去了，把自己的生活搞得一团乱。有段时间特别糟糕，那时候除了上课、宿舍，就是图书馆，每天都会去图书馆复习要考试的科目。

看着满满的笔记，把该背的题、该背的文字都背了一次，本以为会通过考试。可当出成绩单的时候，意外地挂科了。明明是很努力很努力想得到的东西，为什么会这样？有时候觉得命运好像在故意捉弄我，真的是怕什么来什么。

每天除了上课就是看电影、看综艺、看电视剧，很意外看到一档综艺里面有一段话，我至今还记得，是刘可乐说的："我承认我可能所有的努力，就只是完成了平凡的生活，但或许，这就是人生的意义所在吧。"

听到这段话时，我烦躁的心竟然突然安静了下来。我知道，我可能以后还是会挂科，以后的生活还是会忙到一团糟，以后更孤独的路还是得一个人走。但我好像不害怕了，是真的不害怕了。尽管无法说出那段文字给了我多大的力量，可我就是有了继续走下去的勇气。

对于那些我们以为熬不过的坎，只要我们再坚持一下，相信自己，总有一天会过去。人的一生，即便没有机会行走在高原大漠，但内心一定要海阔天空。

不要辜负了自己受过的苦难，这样善良又努力的你，一定会得到曾梦寐以求的所有美好。生活坏到一定程度就会好起来，因为它无法更坏了。我们只有努力过后就会知道，许多事情，坚持坚持就过去了。

坚持的意义

一

很久以前听过一句话，我一直记到今天："30岁后，请做好你和别人差距变大的心理准备。这里的差距，不仅指别人甩你几条街，也包括你甩别人几条街的情况。但是，很多时候，是前者。"

前段时间回家，意外见到发小刘波。我们一直都是非常好的朋友，中学时经常一起上学，一起泡自习室。高考后，我考上了一所一本大学，刘波只考上了一所三本大学。毕业后，我们相约去了北京，租住在五环外的城中村，各自找了一份起薪不高的工作。许多个周末，我们聚在一起吃个饭，互相鼓励。

但北京真的太大了，梦想仿佛触手可及，却又那么远。

那个冬天，房东儿子要结婚，临时要我搬家，公司工资又延迟一个月才发。在寒风中，我攥着自己只有1500元的全部存款，终于坚持不住了。

我做了逃兵，回到了老家的小城市。刘波坚持了下来，但我们慢慢失去了联系。

这次聚会才知道，他后来选择自己创业，现在是一家小科技公司的老板，月收入超过10万元。

世间最大的落差，大概就是这样：你们曾经拥有同样的起点，但才几年时间，别人就成了你仰望的对象。

二

一位世界重量级拳王曾说：每个人在脸上挨一拳以前，都很自信。

可多数时候，你都不想去挨那一拳。只有那些心平气和接受命运安排，并且极富韧性的人，才会过得更好。

做记者时，我曾经采访过一个老总。他年轻有为，却只能坐在轮椅上，因为23岁时的一场车祸。车祸后，母亲办理了提前退休的手续，一心照顾他。但他不服输。

他先是努力恢复，然后在网上做电商。吃了很多苦，受过无数嘲笑，也领受过数不清的怀疑，但他坚持慢慢地熬。

他的电商规模越来越大，最后成立了公司，招了20多个员工。采访中，他谈吐大方自信，充满魅力，也许这就是所谓的百炼成钢。

在刹那间，我仿佛都明白了。真正的失败其实只有一种，就是你无法做到这两个字：坚持。

三

人和人的距离，到底是怎样拉开的？

我曾经听过许多分析，但我最认同的观点，依旧是这一个：人与人之间最小的差距是智商，最大的差距其实就在于是否坚持。起点差并不可怕，坚持才最重要。

有许多人在奔跑的过程中，会因为各种各样的事情选择放弃。当你觉得北京很大、梦想很远，选择了放弃的时候，有些人则咬紧牙关留了下来。当你觉得自己注定要普通，而有些人却始终想绝地反击。

毕业后，你习惯于随波逐流、缺乏奋斗的激情，而有些人有毅力、愿吃苦。他们继续学习，追赶趋势，积极积累人脉，短短几年间就实现了自我的大爆发。

真不是他们有多厉害，而是他们实现了"坚持型成长"。因为坚持，他们拥有了不一样的格局，而格局决定了结局。

四

这世上没有平白无故的闪闪发光，当你选择了舒服的那条路时，你和别人的差距其实就已经拉开了。

总有一天你会明白，多数的成功，都是坚持和积累的结果。所以，你应该努力培养自己坚持的能力。

当然，坚持并不是固执地钻牛角尖，它应该是结合自身实际的一种理性坚守。我也深知坚持的不容易，尤其在北上广这样的大城市。你可能会被房租、生活费压得喘不过气；你可能会因为当前微薄的收入，无法去学一门新专业、新技术……但无论怎么样，我们都不能在前进的道路上徘徊。

只要今天的你比昨天又好了一点点，就有了坚持的意义。

跌倒了，起来拍拍身上的灰，继续坚持，继续勇往直前吧！

没有容易的人生，只有不言放弃的你我

一

　　李阳终于顺利通过了遴选考试，实现了多年来的愿望。她的朋友第一时间把这个好消息分享给了大家，引起很多人羡慕。倒是李阳自己淡定很多，只是笑着道了几次谢，其他什么也没多说。

　　我给李阳发了一条表达祝贺的私信，很快就收到了她回复来的三个字："你懂的。"

　　因为工作的缘故，李阳一直和她先生分居两地。生了孩子后，她选择把孩子带在身边，白天请保姆帮忙照看，晚上下了班回宿舍再自己接手。

　　边工作边带娃本来就不容易，可偏偏那几年，不如意的事又一件接一件地发生。先是父亲得了重病，需要李阳经常请假照看；单位领导对她总是忙不完家事的情况表示很不理解，又无形中给了她更多的压力。

今年这场考试之前，李阳曾给我打来电话。电话中她大哭一场："我女儿这几天发烧住院，我已经连续三晚没睡个好觉了，明天一早还要参加考试，我该怎么办？"

那晚的我，很是为电话那头的她感到难过，却想不出一句适合安慰的话。因为我知道，在生活的困难面前，言语有时太苍白无力了。除了硬着头皮面对，别无他途。

事实也证明，痛哭过后的她，勇敢地抹干了眼泪，打起了精神去参加考试。否则，她不会有今天这个令人惊喜的结果。

"挺住"，从来就不是什么豪言壮语，它事实上意味着你知道再艰难的日子、再黑暗的光阴，只要肯咬牙坚持，就一定会有熬过去的时候。你要先把苦日子挺过去，好日子才会来。

二

"成年人的世界里，没有'容易'二字。"第一次听说这句话时，我还是个初入职场的"小菜鸟"，对生活充满幻想，却又总是因为现实的种种打击而倍感失落。

那段时光，独自在这个城市谋生的我，只觉得日子过得无比灰暗。我很多次工作上受了委屈都不敢跟家人说，也没地方可去，只好等所有人都下班了，一个人躲在办公室偷偷哭上半天。

而告诉我这句话的人，是我那时候的部门主管。在我又一次躲在办公室抹眼泪的时候，她出现在我面前，手上拿着一盒纸巾。

"是不是觉得特别难？可是成年人的世界里，没有'容易'二字。"她坐下来，这样说。

也就是在那次聊天中，我才得知如今事业小成的她，其实也走过一段无比艰难的时光。刚毕业时，因为家人突然重病，急需用钱，她硬着头皮去应聘业务员，经常要被外派到偏远的地方，一出差就是十天半个月。为了省钱，她出差时只住那种十分破旧的旅馆，在汗水和眼泪中睡去。尽管人生跌到了谷底，尽管生活最难的时候，但她却从来没想过要放弃。她一直提醒自己：没有绝望的处境，只有对处境绝望的人。哭过之后，她开始尝试壮起胆子谈业务，利用各种空余时间恶补行业知识，虚心向前辈请教经验，就这样从零做起，一点点打开了市场。

"现在想起来，当时那些觉得大得足以遮天的困难，也不过都是小事。其实不想跟你讲多大道理，只是想告诉你，生活有时没的选择，不管它给你什么，咬牙接住就是了。"

三

作为一个独自在外打拼多年，也走过不少弯路的姑娘，我曾经无比羡慕身边一些看起来总是顺风顺水的同龄人。

直到这些年，随着阅历日益丰富，特别是人到中年之后，我才发现，生活真的不会轻易饶过谁。工作、家庭、孩子，还有日渐年老的父母，无论哪个环节出点问题，都足以让人焦头烂额、疲惫不堪。

母亲曾遭遇车祸，左腿受重创，不得不手术。她术后第一次换药，需要用力挤压伤口，把淤血排出。我拉着母亲的手，看她疼到脸色发白、冷汗直流，却愣是没掉一滴眼泪。倒是本该要安慰她的我，忍不住看哭了。

后来与母亲聊起这件事，她笑着说："妈从小父母早逝，吃了那么多苦，也都熬过来了，知道人生没有过不去的痛和坎，你也要记住这一点。"

我摸着她的手，拼命点头。

是啊，我们都是再平凡不过的人，人生最大的愿望也不过就是希望能够幸福安然地走完一生。

遗憾的是，无论如何祈求命运垂青，那些艰难困苦依然会无可避免地袭来。而唯一能帮助我们度过这些时光的，只有默默挺住、不言放弃的自己。只有你下定决心，坚守不负此生的愿望，眼前的困局，也会逐渐消解。

愿我们都有好运，如果暂时没有，就要学会闯过艰难好好生活。

越努力越幸运

一

最近，朋友圈和微博都被"锦鲤"刷屏了，似乎只要转发了"锦鲤"，好运就能附体，所有你想要的都会得到。

其实，大家心里都明白，这只不过是一种心灵的寄托，甚至有的时候就是跟风好玩罢了。但仔细想想，"锦鲤"真的会帮助我们实现梦想和愿望吗？

前段时间，公司有个新项目启动。刚开始，我和身边的不少人也会转"锦鲤"。但等到项目完成的时候，我想要感谢的，还是每天加班拼搏的自己和身边并肩作战的同事。我并没有想到那一张张"锦鲤"的图片。

越长大越明白一件事，捷径和侥幸只是另外一种形式的浪费时间。对于追求梦想的人来说，从一开始就应该脚踏实地，这反而才是最近的道路。

曾看过这样一句话：人生里的有些路要自己一步一步去走，苦也要自己一口一口去吃，除此之外没有任何捷径。

想要获得真正意义上的拥有，除了把脚下的每一步路走得更加坚定和踏实，任何其他的附加都不过是你给自己的安慰罢了。

二

来北京的第二年，我决定辞掉刚刚有起色的工作，成立自己的工作室。那个时候，没有人给我发工资。我每天就待在出租房里，写文章、编辑、后期制作、策划内容，工作到凌晨两三点钟也是家常便饭。那个时候，常会听到有人对我说："女孩子不应该太累，你很难得到自己想要的一切……"但事实证明，我还是克服了所有的困难，坚持到了现在。

很多时候，你可能付出了10分的努力，却只能得到5分的回报。但如果因为回报不够理想而放弃努力的话，那结果往往连1分都没有。所以，当一道道困难摆在面前，你最先想到的应该是如何去克服，而不是逃避。

有的人，上学的时候遇到自己喜欢的学科，就用尽全力去学；不喜欢的，则会逃课绕道而行。结果期末考试的时候，成绩不好的学科始终没有改善。有的人，工作中遇到棘手难办的事情，总想靠拖延应付了事，或是期待他人出手把问题统统解决掉。结果每次到最后，都是手忙脚乱，存在的问题到末尾了也没有得到解决。

这一路走来，与其浪费太多时间去寻找捷径，还不如用这些时间踏踏实实解决眼前的困境。命运早已给我们的人生做了很多标注，每一个坎都只有跨过去了才可以算了结。

三

我记得电影《天才枪手》中，男主角班克为了摆脱贫寒的生活，不惜联合天才少女小琳上演了一出作弊大戏。虽然刚开始两个人都有了不菲的收入，但最终还是被教育机构发现，不仅失去了金钱，还影响了自己的学业。

或许今天的你因为一个小小的捷径获得了理想的成绩，但明天的你也有可能因为一个小小的偷懒失去现在拥有的一切。

要知道，我们一旦习惯了走捷径的甜头，就会不由自主地期待下一次的不劳而获，并且再也不愿踏踏实实地下功夫，到头来反而会绕更远的路、吃更多的苦。既然谁都没有与生俱来的幸运，那倒不如在拥有好运之前，让自己先变成那个努力的人吧。

我曾经在书里看过这样一段话：生命本没有意义，你能给它什么意义，它就会有什么样的意义。与其终日冥想你的人生有何意义，不如试用此生去做一点有意义的事情。

我们都是单枪匹马、一路过关斩将走到现在，其实有些捷径并不好走，其实有些成功也并没有你想象的那么难。与其转发"锦鲤"，拼尽全力寻找那个并不存在的捷径，不如好好冷静一下，想想怎样跨过眼前一个个重要的关卡。

成功路上没有捷径。千万别心急，一起好好努力，总有一天，你没有"锦鲤"，也可以越努力，越幸运。

不要抱怨工作太辛苦

不少人都在抱怨自己的工作又累又苦，工作量大但工资少，但是你在哭诉自己的工作量大但是工资少的时候，有位六十七岁的老人已经身兼二十个工作，有位姑娘身兼九职，什么？假的吧！有这么牛吗？

苏格兰奥克尼群岛最北边的北罗纳德赛岛，岛屿的总面积只有六点九平方公里，岛上居民仅有五十人，由于这里气候条件极端，很多年轻人都离开了家乡，剩下的大多是一些年纪比较大的居民。别的地方的人们找工作都很头疼，而在北罗纳德赛岛上，工作比人多出了好几倍。

岛上一位六十七岁的老爷爷叫比利，因为勤勉工作获得了2016年的"英国荣誉奖"，他在岛上的工作多达二十种：飞机场的交通管理员、火灾消防员、度假屋老板、服务员、出租车司机、导游、灯塔管理人、岛上议员、建筑承包公司总经理、贸易公司董事、牧民等，其中，牧羊工作占据比利的时间最长。为了保护羊群，他在岛上还专门成立了一个羊群保护部门。每天除了牧羊之外，比利还得维护全长十三英里（约二十一千米）的羊群栅栏。

就是这么一个老人，在这个小岛上是不可或缺的一分子，当有人问比利为什么年纪这么大了，还要这么拼，明明可以在家好好安享晚年时，比利说出了令人钦佩的回答。他说"因为我还年轻"，仅仅就这一句话让多少年轻人自愧不如。

在岛上还有一位二十六岁的姑娘名叫萨拉，身兼九职。她不仅是邮递员、消防员、导游、护士、女司机、公务员，而且还帮助管理空中交通、行李处理等，她甚至还养了一群羊。萨拉差不多是岛上最年轻的居民了，为了维持在小岛上的生活，萨拉不得不身兼数职。而其他居民也大多同时拥有好几份工作。由于萨拉很能干，岛上的居民十分喜欢她。

萨拉并不是土生土长的岛民，她是三年前从英国的爱丁堡搬过来的。

由于患有抑郁症和害羞，萨拉在老家生活了二十三年却只认识左邻右舍，而搬到这里之后，她跟岛上的每一位居民都成了朋友。虽然这里人口稀少，但到处充满着友爱。人们有事互帮互助，没事就打趣唠嗑，俨然是一个大家庭！当然这里也不存在大城市的各种条条框框，人们在这里生活自由，哪怕一人做好几份工作，也还是能在闲暇时，看一看大海，逗一逗海狮！

为了能让这位最年轻的岛民留下来，热情的居民还曾偷偷从其他地方邀请男孩子跟萨拉约会。这让萨拉哭笑不得，但也十分感动。不过他们还真是多虑了，萨拉已经深深地爱上了这座充实而又温情的小岛，打算余生都在这里度过了！

看到这里你是否还会觉得自己的工作多、工作累？抱怨永远没有动手做来得实在，当你在怨天尤人的时候，人家早已甩你一大条街了。只有意见，却从不行动，你谈何成功？

第四章
未来可期，梦想不老

一切美好事物都是曲折地接近自己的目标，一切笔直都是骗人的，所有真理都是弯曲的，时间本身就是一个圆圈。

——尼采

失败了不妨再试一次

失败并非面目可憎，失败只是结束了你的一个错误的想法而已，也是你选择正确做法的一个新的开始。每天你都能选择享受你的生命，你也可以憎恨它，这是唯一一项真正属于你的权利。没有人能够控制或夺去你的态度。如果你能时时注意这件事，你生命中的其他事情就会变得容易许多。是选择在失败中永远地沉沦，还是在失败中重新创造奇迹，都是你的自由。

"失败"，是最让人避之不及的字眼。有谁会喜欢失败呢？别说是"屡战屡败"，就是一两次失败也会让一些人觉得元气大伤，更别提精力、时间、金钱的损失了。失败过的人或多或少有一种自卑心理，认为生活中许多事情并不是自己所能意料的，成就事业只是那些有特殊才能的人或是幸运儿的事，对自己来说都是高不可攀的。于是，有的人会自认无能，从生活的跑道上退到一边，去做看客。正所谓"一朝被蛇咬，十年怕井绳"。失败让人变得懦弱，更愿意活在内疚中，他会不断地责备自己：我当初要是那样做就好了，就不会失败了。失败对于一些自尊心较强的人来说更意味着耻辱，自尊心强的人从不会承认自己的失败，他们会找一些借口来逃避自己的失败。如一个人与别人下棋连输了三局，他会硬着头皮说：第一盘，他差一点儿就输了；第二盘，我差一点儿就赢了；第三盘，是因为我让着他。他从来都不会承认自己的失败，不会说：我输了。

那么，失败真的有这么可怕，真的令人如此讨厌吗？

作家毕淑敏原来当过兵，从事过军医工作，直到三十四岁才开始创作。当有人问起她："假如你在投稿时，第一次不中，第二次不中，第三次还不中，你会怎么办呢？"她坚定地回答："估计三投不中的话，我就不干了，因为对于这件事我已经尽了全力了。当一投不中时，我会想是不是编辑的眼光不行，我可能再找其他编辑部，如果大家都看不中的话，则说明是我写作材料上的问题，这时我会选择急流勇退。"人们常说："失败是成功之母。"这句话并不是要你在面对所有的失败的时候，都要再尝试，我们不能机械地理解这句话，我们要遵从于事实，在对自己所做的事情做一个理性的、科学的分析后，再选择是否要急流勇进还是勇退。因为生命是有限的，精力也是有限的，在连续多次冲击后还是一无所获的话，我们就要果断地修改自己的行动目标，转变一下行动的策略，这样暂退一步积蓄力量是明智的选择。从某种意义上说，失败也是一种成功。致力于制造白炽灯泡的爱迪生曾被人取笑说："你都失败了一千二百多次了。"然而他却反驳说："不，我并没有失败过，我成功地发现了一千二百多种材料不适合做灯丝。"

失败的原因有很多，有的是因为客观条件还不成熟造成的，这需要我们有足够的耐心等待时机成熟，而不是轻易地放弃自己的目标。而由于主观不成熟造成的失败，却需要总结教训，以利再战。失败并不表示你是一位失败者，而是代表你尚未成功，但是你从中得到了宝贵的经验，也学会了变通，更坚定了必胜的信念。失败让你更乐于尝试，它也在提醒你要转变一下方式去做事情，也预示着你要有一个全新的开始，它会让你变得越来越坚强。

感谢失败，是失败让我们成长，当面对失败时，心智成熟的人会告诉自己："无所谓，失败了我再试一次。"

活成自己想要的样子

一

昨天和晴子约着喝咖啡，隔壁一对情侣引起了我们的注意。

姑娘眼里带着泪花，哭哭啼啼地对男友抱怨："我不想去干兼职了，今晚还得交5000字的手写论文，我还一个字都没写，怎么办？"男生看向姑娘的眼神充满了无奈："那你怎么不早点准备啊？这个作业总不能是你们老师临时布置的吧？"

女生撇撇嘴："说这些有什么用啊，我就是现在开始写，也要写好几个小时，根本就来不及，要是交不上作业，我这门课就挂了。"男生很认真地说："我跟你说过很多次，不能把事情都拖到最后去做，得把自己的时间安排好，可是你从来都不听，现在这个结果，完全是自找的啊，那还能怎么办。"

女生的脸色变得很不好看，她生气地拍了一下桌子，然后就怒气冲冲地出了咖啡店，男生也快速追了出去。

晴子已经忍不住笑了出来："我真的觉得男生说得没毛病，自己的事情自己不能提前安排好，那可不就只能怨自己嘛。"

如果是别人来说这句话，我可能会在心里嘲笑对方五十步笑百步，毕竟"拖延症"这个病，几乎人人都有。但是这话从晴子口中说出，我挑不出任何毛病，因为她是一个自律到可怕的人：晚上十点半睡觉，早晨五点半起床，中午二十分钟午睡，工作日下班后一小时跑步加健身，周六上午舞蹈课，周末晚上瑜伽课，安排得张弛有度，计划雷打不动。

她的微信个人签名就九个字：自律，出众；不自律，出局。

真正的自由，一定是从自律中来，只有把握好时间，在规定时间内做好必须做完的事情，你的生活才能真正属于你。生活对每个人都是公平而严苛的，自律之人必会出众，不自律，那就注定会被淘汰出局。

二

曾在知乎上看过一个问题："你见过最不求上进的人是什么样子的？"

点赞第一的回答这样说：

"他们为现状焦虑，又没有毅力践行决心去改变自己；三分钟热度，时常憎恶自己的不争气，坚持最多的事情就是坚持不下去；本想在有限的生命里体验很多种生活，却只会把同样的日子机械重复很多年；终日混迹社交网络，脸色蜡黄地对着手机和电脑的冷光屏，可以说上几句话的人却寥寥无几；不曾经历过真正沧桑，却还失守了最后一点少年意气，他们以最普通的身份埋没在人群中，却过着最煎熬的日子。"

评论区中，一万多人点赞了那句"我就是这样的人"。

我们都曾对生活怀有千万种期待，设想过人生的无限种可能，却在明日复明日中消耗了青春，殆尽了活力，从心灵到生活，变得麻木。没有一个人的人生是容易的。可同样是一道看着很难的题，有人终其一生都没做出答案，有人却找到了属于自己人生的最优解，并在不断地优化它。

我曾看过这样一句话：自律，是解决人生问题的首要工具，也是消除人生痛苦的重要手段。还是一样的道理，自律之人出众，不自律之人，淘汰出局。

三

一位作家说：人的一切痛苦，本质上都是对自己无能的愤怒。

刷剧、赖床、泡吧、打游戏，这些事情很简单、很酷，但时间长了，会慢慢蚕食你的精力，让你走向堕落。

健身、上课、读书、旅行，这些能让你变好的事，也许最开始很难坚持，但每当坚持过一个阶段，都能在这个过程中成为更好的自己。

说要自律的人很多，但是能够坚持自律的人很少。就像爬一座险峻的高山，越临近山顶，能够咬牙坚持着往前走的人就越少。真正能够登顶的人，注定是少数，注定是那些心无旁骛、坚持着往前走的人。

别总羡慕那些成功的人，世上没有任何一份好运来得容易，人生也没有近路可走，但你往前走的每一步都算数。越勤奋，越努力，就会越自律、越优秀。

就从现在开始吧，别想太多，做了再说。

愿我们都能不虚度年华，成为坚持自律的自己，活成自己喜欢的样子，过上想要的生活。

读书改变命运

一

前一阵，知乎上有个热门问题：为什么大多数人宁愿吃生活的苦，也不愿吃学习的苦？

调侃之外，点赞最高的答主特雷西亚是这样说的：

"生活的苦难可以被疲劳麻痹，被娱乐转移，无论如何只要还生存着，行尸走肉也可以得过且过，最终习以为常，可以称之为钝化。

"学习的痛苦在于，你始终要保持敏锐的触感，保持清醒的认知和丰沛的感情，这不妨叫锐化。

"简而言之就是：生活的苦，会让人麻木，习以为常；学习的苦，则让人保持尖锐的疼痛感。"

这让我想起2015年初，15岁的堂弟初中二年级没读完就辍学了。他给出的理由是：知识学不会，上学没意思。游荡荒废了大半年后，在家人的劝导下，堂弟去一所中专学校学习临床医学。

今年春节见面，得知他竟然在复习准备参加高考，读大专提升自己，这让我意外又惊喜。

问他为什么又想通了要去读书，堂弟说："去年一年，我在县里医院实习。科室里的医生都是大学毕业，甚至有的护士学历都比我高。虽然我没有受到太多的鄙视，但是面对别人高超的专业技术和扎实的基础，我还是感觉有点丢人。如果不继续读书深造，以后根本无法立足。"

听了堂弟的话，我很庆幸他还没有被生活的苦所麻痹，他还愿意在尖锐的学习痛苦中勇敢前进。他还明白，在应该奋斗的年纪不能选择安逸。

这对于他来说，是难能可贵的。他给了自己一个新的机会，去奋力拼搏一把，改变自己未来的人生轨迹。

二

一博是我大学时去外校做社团活动认识的朋友。

他从小乡村考进省城的一所大学，学习计算机软件相关专业。在他们村里，流行去广东打工，一博的哥哥17岁就去了广州打拼。

进入大学以后，一博学习依然勤奋刻苦，大学四年都坚持早起学英语，常常在实验室泡到夜里十一二点才回宿舍。他的头发老是长到耳朵下面都没去剪，不是为了耍酷，而是因为天天泡实验室没时间，并且他觉得在实验室也没有什么新鲜人物要见，有没有好形象不重要。

大四时，一博被院系推荐保送本校研究生。研究生的三年，他还是孜孜不倦地努力钻研。后来毕业时，经过导师推荐，他去了一家很不错的公司上班，起步薪水就上万了。

那时，一博哥哥的薪水也是1万多。看似兄弟二人不相上下，可是，33岁，已经打拼十几年的哥哥，与26岁，刚刚起步的一博，真的一样吗？

有次聊天，一博说："如果不是读书，如果不是高考，我的人生经历应该是我哥的复制版，可能借着我哥的经验会稍微好一点。但现在，我靠自己的努力学习，用了比我哥更少的时间和辛苦，实现了不一样的人生，并且起点还要更高些。"

在我们的生活里，高考、大学，可能并不是唯一的出路。但不可否认，这是大多数人最好的、最便捷的路。

"读书改变命运"，这个理论在当今社会仍然适用。并且越喜欢读书的人，越有机会去选择自己想要的生活。

三

读书这条路，为许多人打开了一扇机遇的大门。虽然也会面对艰难困苦，但相比起来，年轻时吃读书的苦，不算苦，那是财富。

那些成长的磨砺、奋斗的汗水，都将化作你的底气和格局，累积成你向上攀爬的阶梯，支撑着你看到更美的风景。

电影《无问西东》里，王力宏饰演的富家子沈光耀，跪在母亲面前背诵的家训第三条："祖宗虽远，祭祀不可不诚；子孙虽愚，经书不可不读。""子孙虽愚"当然是谦辞，读书学习才是最想要着重强调的。可见，无论贫富，读书学习的重要性都是一样的。

无论任何人，这世上有两样东西是抢不走的：一是藏在心中的梦想，二是读进大脑里的书。

读进脑袋里的书，是我们人生道路上的指路标。你想走向哪里，书知道答案。

读书学习是我们一生要做的修为，这是我们每一个人通向广阔世界最好的路。

行动大于一切

一

多少人怀抱雄心壮志想要有自己梦想中的未来，可又有多少人败在了自己无法改变的懒惰上。

刚上大学的时候，我们几个高中同学凑在一起吃饭，谈到大学舍友，桃子跟我们说，她们宿舍有一个叫汤圆的人好酷的。

年轻时，我们最喜欢把梦想挂在嘴边。桃子宿舍的人刚熟悉，晚上躺在床上卧谈，不知道是谁提起了梦想这个话题。其他人都只是说说自己希望干什么，但也都说太遥远太渺茫。汤圆不一样，那个晚上，汤圆对未来的明确规划让桃子她们觉得好厉害。

汤圆说，她以后要有自己的服装品牌，不是只在网店玩玩的那种，是可以在各个商场的黄金位置有一席之地的那种。她说，所以，她要在大学期间多赚点钱，为以后多做点准备。她说，她要每个周末出去兼职，晚上带个家教，偶尔写写小说、写写鸡汤。

桃子说，那天晚上，汤圆说了好多好多，她们一宿舍的人听得好认真好认真。

宿舍其他人都没有什么明确的目标，有的人学这个专业还是被莫名其妙调剂来的。只有汤圆可以把自己想做的事情说得那么明白，简直就是所有人的偶像啊。

桃子激动地给我们讲着汤圆，眼里满是崇拜。她夸张地说："你知道吗，她在说着未来的时候，整个人都在发光啊。"

可后来，桃子再没提起过汤圆。

二

前段时间看了一篇文章，作者讲她的同学们在20岁出头的年纪，有的有了车、有了房，有的有了一些存款。评论里，是一堆受到激励的人。

突然想起汤圆，那个曾经被崇拜着的姑娘，想她如果像她当初说的那样坚持下来，现在也应该在做着自己想做的事情了吧。

随手发微信问桃子，汤圆怎么样了？桃子很久没说话，过了一会儿，发过来一个无奈的表情。

桃子告诉我，汤圆周末从来就没出去兼过职，有时桃子她们出去兼职，问她去不去，她也总是找各种理由推托。要么说她不舒服，要么说她要学习，要么说她要写东西。但桃子她们都知道啊，汤圆就是懒得去。她倒是写过两篇小说，但没被录用，也就没了下文。

现在，桃子宿舍的其他人都用自己兼职的钱假期去各个好看的城市玩了，汤圆还每个月从家里拿生活费。

桃子说，汤圆这两年吧，做得最多的事就是一遍一遍说着自己未来要做什么，然后一天天倒在床上看剧、刷微博。从前说好用来写稿和学习的电脑，现在装满了各种网游。她说，汤圆现在每天都待在床上，夏天空调开足看小说，冬天窝在被子里时不时睡着。

最后，桃子说："你知道吗？她甚至重修了好多门课。"

"你当初不是好崇拜她来着吗？"我问。

"当初不是年少无知吗？"桃子说，"之前以为有目标有梦想就是好的，现在才知道，光有目标还不行，真的在努力做什么才最重要。"

三

我也不是没有见过努力的人。

高三那年，我们宿舍有个同学，晚上十二点上完晚自习回宿舍，我也就差不多睡觉了，她却开着台灯在床上又支起一张桌子。早上，我总是到最后不得不起的时候才起来，那时她早已经到了教室。

那一年，我没怎么在食堂吃过早餐，因为起得晚来不及。她也是，没在食堂吃过早餐，因为她永远把早餐带到教室，和单词、公式一起吃下去。

全班都买了的高考模拟题，真正做完的只有几个人，其中就有她。我看过她的题集，上面花花绿绿的，黑色的是解题过程，红色的是错的地方，褐色的是涉及的知识点。没有人的书像她的书一样写着那么多东西。

我不知道她到底哪里来那么多精力，我不知道她怎么可以坚持那么久，但我知道最后的结局，她考到了一个很好的大学，我想都没想过的学校——那个学校的名字，曾经贴在她的床头。

毕业聚餐的时候，大家都说好羡慕她，但我心里只有佩服。我默默拿了杯酒和她坐在一起，我看到她仰起头的时候眼角有泪花。

四

你有梦想，你也知道要怎么去实现，你知道你要像个疯子一样努力才可以做到。但是，努力太累了啊，睡觉的时间那么少，无论外面刮风下雨，无论别人是不是懒懒地躺在温暖的被子里，你都要起来继续努力，这真的太累了。

而这世界诱惑也多，新出的韩剧据说很好看，那款刚出的游戏好像很好玩，你一直追的美剧又更新了呀，待在被子里面好温暖。做这些事情，可比努力轻松舒服多了。

于是，你常常把梦想放在嘴上，却从来没想过要赶紧从床上爬起来做些什么。而有的人，虽然没有天天把梦想挂在嘴边，但他知道做点什么总是好的。

我们都知道自己想要什么，但最后都输给了懒惰，到头来，什么梦想都是一场空。

所以，你永远不要奢望每天躺在床上，一毕业就能有车有房。努力，行动，从现在开始吧！

你只需好好努力

妈妈喜欢花，特别喜欢，而且那些本来平平常常的花儿，在妈妈的手里也会一下变得多姿多彩。看到一种特别的花儿，妈妈会像孩子一样惊喜，并且要想方设法地弄到手。我常常笑妈妈的痴。

我总觉得妈妈爱花甚于爱我，所以我不喜欢花，一点也不喜欢，妈妈为此大为不解。在她眼里，那花是会说话的，是有感情的，一年四季，她都离不开她的小花园。

我不喜欢，也不知道什么季节开什么花，只在每年春天第一朵花开放的时候，我才被妈妈强行拉到花前，行一个注目礼。

今年的春天，妈妈又对着那些干枯的花盆浇水、施肥。我突发奇想，给妈妈买了几盆特别名贵的花，把她那些干枯的花盆，统统放到角落里。

过了几天，我却发现，妈妈的那些花儿，又回到了原来的位置，而我买的那几盆名贵的花，却不见了。我正在疑惑，妈妈叫我了："你的花在这儿呢，那么名贵的花儿，放在院子里会冻死的！"

"妈妈，那些花儿是买给你的，你别老说是我的花。"

"我还以为你也喜欢花儿了呢！"

"我什么时候说我喜欢花儿了？你那些干枯的花盆里，能长出什么来？到现在了连芽都没有。"

妈妈并不分辩什么，只是笑。又过了几天，妈妈很神秘地笑着，要我去看一样东西。那神情就像她老人家得到了什么宝贝。

妈妈拉着我到了她的花盆前，原来她的那些花儿长出来了，深红色的花芽挤挤压压地长在一起，像一群可爱的孩子，引逗着你的目光。

"每一粒种子都值得期待！每一粒种子都能开出鲜艳的花，但这需要一点时间。"

我看看妈妈，笑了："妈妈，你什么时候成了哲学家了？"

后来，我也受妈妈影响，渐渐喜欢起花来。

有一次一个朋友从南方带来几颗花籽，花籽像一块小小的鹅卵石，棕色的种皮油润光亮，朋友告诉我说，这花籽虽然好看，但在北方是种不活的，给我只是让我赏玩。

妈妈看到了，要我把它们埋到花盆里。我才不呢，朋友明明告诉我说种不活，我何苦费那心思？

后来，我玩腻了，把花籽随手扔到饭桌上。妈妈宝贝似的拿去，认认真真地埋到花盆里。

"妈妈，朋友都说了，这花在北方是种不活的。"

"活不活说了不算，是种子都想发芽开花，种到土里再说。"

对于母亲的痴，我无话可说。

那花籽连一个芽也没有，我觉得妈妈一定很失望。故意看着妈妈的花盆问她："妈妈，你种的花儿呢？发芽没有？"

谁知道妈妈一点也不伤感，依然兴奋地说："现在还没有，它发芽不发芽的有什么，重要的是我每天都期待着它发芽，生活是需要期待的，不然人活得就没有意思了。期待的过程就是一个幸福的过程。"

我没有说话，悄悄离开母亲的小花园，是啊，我们都长大了，离开了家，回来的日子当然很少，一直是这些花儿陪伴着我的母亲！虽然是每一粒种子都值得期待，但花开花落依然会给人带来许多忧伤。可我每次回家，妈妈总是把手指向那些盛开的花儿！

期待的过程就是一个幸福的过程！别问事情结果如何，努力就可以了！

抓住一切机会

一

在之前的一份工作里，有个核心员工突然离职了，她负责的业务很重要，但一直招不上来合适的人。管理层最后的决定便是：先让她原先的下属顶上来，同时寻找更合适的人选；如果没有合适的人选，那么就破格提拔这位下属。

正好我和这位下属关系很好，闲聊的时候提醒她："如果最近有让你顶替原来老大的工作，哪怕工作量大，不给你名分也要接下来，这绝对是一个好机会！"

她将信将疑："真的吗？其实老大已经找我谈过了，再晚一步我就要拒绝她了。"

后来，她从别处打听到了小道消息，果然管理层的决定是：因为这个职位太难招人了，所以改为内部培养，但她的资历暂时又无法直接被提拔，因此先让她在这个岗位上熟悉一段时间做出些成绩后，再给予相应的头衔。

这位同事是极其幸运的，在最需要做决定的时刻，恰巧有局内人提供了可靠的情报，让她明白多出来的工作责任其实是宝贵的机会。但在大多数情况下，我们身边并没有这样的线人能及时提供内部情报，更麻烦的是，机会来时，总是喜欢披着黑暗的外衣——外表看起来毫无诱人之处，充斥着可怕的工作量、棘手的任务和模糊不清的前途，如果贸然前往，就可能落入重复劳动的陷阱，让人不知所措。

后来，这位下属同事获得晋升后问我："你当初怎么知道这是一个好机会的？"我给她讲了我的另一段亲身经历。

二

我曾跟过一个女强人老板，她说过这样一段话："如果你们想升职，就要用更高职位的职责和工作来要求自己。你是经理，就要先做出高级经理的业绩；你是经理助理，就要先做出经理的工作成绩，然后你们才有资格找我谈升职加薪。"

大家听罢面面相觑，私下里议论：这老板真是太会当了，不给我们升职还想让我们主动给自己加活儿。

那次训话后，只有一个同事走了心，按照更高的标准工作。大半年后，果然率先被升职。

当时这件事对我触动很大，也令我非常疑惑。从结果来看，女强人并未食言，因为按照更高标准工作的人的确是被第一个提拔了；可另一方面，考察的周期也太长了，拼死拼活地干了大半年才升，很难讲最后的结果究竟是因为过了观察期，还是给了个安慰奖。

这个问题一直如影随形地跟着我，我在生活、工作中不断地遭遇着类似的难题：该怎么判断这是披着黑暗外衣的机会，还是单纯重复型劳动的叠加呢？拒绝它，我担心和机会失之交臂；接受它，我又会担心付出没有相应的回报。

无数次碰壁后，我找到了问题的答案：如果你想做出正确的选择，那么自己心里要提前准备好一把标尺，而这个标尺，就是你为现在的努力所预设的目标。

假如你的目标是从一位平面设计师，转化为成功的交互设计师，那么你就需要在平时不断测算距离这个目标还有多远，通过衡量你还欠缺哪些技能、知识、项目经验，来打磨内心那把标尺。这样，当你的领导告诉你"有人离职、需要你承担更多责任"时，你就能很容易地判断这到底是你要抓住的机会，还是只是付出额外的劳动力。

三

我们都希望自己能有更多机会，但大多数到头来都只能抱怨："为什么某某那么幸运，我就没有这种机会。"这是因为，机会很少会以我们所设想的方式降临。

它不会打扮得漂亮体面，金光闪闪地邀约："快来尝试，人生从此就会不同！"现实生活中，这样出现在我们面前的反倒是一些陷阱。真正的机会往往会以灰头土脸的形象出现，混杂着各种你并不想要的东西，打包售卖：它有你想学习的技能，却也有让人烦心的"杂碎活儿"；它有诱人的岗位，但薪水却很平庸……多种多样的组合之下，你只有揣着内心那把标尺，才知道该如何选择，又如何自信地去坚持。

心怀目标的人会明白，成功就在树上，等那层黑衣褪去，果实就会慢慢成熟，只是还需要一些时间的沉淀。而他们也不会再枉自哀叹，为何多产的总是别人的岁月？

不比较，才快乐

一

十三岁那年，辛烷的个头猛地一蹿，出落成亭亭玉立的少女，对美有了朦胧的向往。

那时家里条件不好，辛烷的衣服都是妈妈亲手缝制。新衣裳穿不了几个月，就有些短了。妈妈就找来蓝的、灰的布条，在袖口和下摆处接上一段。

有一天，班里转来一名女生，叫楚楚。见到她时，辛烷眼前一亮。楚楚穿了件粉色的连衣裙，裙子边上缀着闪闪的亮片。因为这条裙子，楚楚显得那么出众，像朵盛开的喇叭花。

楚楚坐在辛烷的前排，课间，转身跟辛烷说话。刚讲了几句，她指着辛烷的袖口说："真奇怪，怎么有两种颜色？是你妈妈做的衣服吗？"

　　楚楚的声音很大，辛烷觉得窘极了，恨不得找个地缝钻进去。后来，楚楚总想跟辛烷一起玩，但辛烷总是对她淡淡的。

　　有个周末，楚楚来辛烷家里找她借课堂笔记。

　　这时，辛烷的妈妈走过来，说："小鱼汤熬好了，快趁热喝吧。"辛烷的妈妈经常到市场上捡别人不要的小鱼，熬成乳白色的鱼汤，给辛烷补养身体。要在平时，辛烷早就呼噜呼噜喝起来，可那天辛烷没应声，不想被人揭下衣襟上的"穷"字。

　　辛烷把笔记递给楚楚，送她到门口，楚楚回过头说："辛烷，你妈妈可真好……"

　　辛烷这才知道，楚楚的母亲前些年因病去世了。辛烷因为家境不如楚楚而自卑，哪知楚楚却在羡慕自己有一位爱心满满的妈妈。

　　风，吹来一阵阵花香。两双手，轻轻地握在了一起。

二

　　后来，辛烷上了高中，观看新生文艺晚会时，看到了同班的阿美。

　　阿美穿着洁白的芭蕾舞裙，随着音乐翩翩起舞。她用脚尖演绎着快乐与悲伤，动作美妙绝伦，礼堂里响起热烈的掌声。那晚，阿美的独舞获得了一等奖。

辛烷知道阿美学习好得没说的，正暗暗地跟她较劲，没想到她的舞也跳得这么好，辛烷心里有点酸酸的。

阿美得奖的那天，很多同学围上前，向她表示祝贺。她一边说谢谢，一边微笑着望向辛烷，她把辛烷当作朋友，渴望从她那里，听到一句赞美。可那一刻，辛烷故意把头扭向一边。

隔了几天，辛烷路过学校的舞蹈室，见阿美坐在教室的长椅上，正在揉捏脚趾。

那是怎样的一双脚啊，结满茧子，伤痕累累，前脚掌已然变形。看到辛烷一脸惊诧的表情，她说："跳芭蕾时间长了，脚就变成这样。"她的话让辛烷想起安徒生笔下的美人鱼，每走一步都要忍着疼痛。

辛烷理解了阿美的努力和付出，那些掌声是她应得的荣光。辛烷真诚地说："阿美，你是最棒的，祝贺你。"阿美愣了一下，羞涩地笑了。

原来，为别人喝彩，是一件这么美好的事。因为，一个人是孤单的，两个人就有了温暖。

三

前段时间，辛烷参加了一场同学会。为此，她特意化了精致的妆，穿上浅紫色的套装，去赴那场春之盛宴。

那个夜晚，他们唱歌，跳舞，喝着红酒，拼却一醉。最后喝多了，开始聊天。

大学时鬼灵精怪的小君，现在是一家公司的老板。还有大大咧咧的小卓，说自己拥有两套住房，还买了一辆车……听到这里，辛烷不免有些怅然。她这位当年的好学生，至今仍是"月光族"，日子过得很紧张。

辛烷向一位文友老师倾诉了内心的失落。那位老师捡起几粒石子，扔进平静的湖面，荡起一圈一圈的涟漪。老师说："'比较'如同石子，你的心就是这湖面。有了比较，就有了计较，有了纷争，心也就乱了。"

听了老师的话，辛烷的心顿时敞亮了起来。自此，辛烷摒弃无谓的抱怨，学会感恩和珍惜。

我们总在不经意间与他人比较，并为此纠结、烦恼，其实生活就像歌里唱的那样："越单纯越幸福，心像开满花的树。"

幸福并非建立在比较之后的自我满足上，它只是一种感觉，一种生活态度。遇到比自己优秀的人，懂得欣赏别人的好，同时觉得自己也不错，这是一种平和、达观的心态。

在这纷繁复杂的世界里，不跟他人比较，坚持做自己，你才能眉眼安然，内心从容，拥有快乐的人生。

简简单单地做好自己

有个农夫养着一头驴和一只非常漂亮的哈巴狗。驴住在牲口棚里，吃的是充足的燕麦和干草，虽然不愁温饱，却每天都要到磨坊里拉磨，到森林里去拉木材，辛苦得要命。一开始，驴子也是任劳任怨，可是日子久了，驴子就开始抱怨起来。

因为它发现，哈巴狗根本不用拉磨、拉柴，每天只是搞些小把戏，就能得到主人的喜欢。主人还经常逗着它玩，每次出门赴宴，也总不忘给哈巴狗带回点儿好吃的东西。

再看看自己，每天累死累活地工作，不仅得不到像样的奖励，还总遭到主人的训斥。这实在是太不公平了！

有一天，驴子看见哈巴狗围着主人撒欢，又是跑又是跳，主人开心地笑了。于是它想，这样就可以赢得主人的欢心吗？那有什么难的，我也可以啊！

于是，驴子便学起了哈巴狗，它扭断了缰绳，跑进主人的房间，像哈巴狗那样围着主人跳舞。它又蹬又踢，撞翻了桌子，把碗碟摔得粉碎。

可即使是这样，驴子还是觉得不够过瘾。于是，它便趴到主人身上，用舌头去舔主人的脸。这下可把主人给吓坏了，不停地喊着救命。仆人们听到奇怪的吵闹声，以为自己的主人遇到了危险，立刻跑来搭救。可怜的驴子，不仅没有得到理想中的奖赏，反而遭到了一顿痛打，重新被关进了牲口棚。

被打得半死的驴哀叹道："我再也不想用任何方法来讨主人的欢心了。我是一头家畜，是用来帮助主人干活的；而哈巴狗是宠物，它天生就是要讨别人的欢心的。我们都有自己的事情要做，我根本不需要去羡慕它或者成为它。虽然它能做的事情，我做不到；可我能做的事情，它同样做不来。"

有一次，蛇在动物晚会上表演蛇舞，受到了大家的赞赏。很快这种行为便成为一种时尚，动物们纷纷剃光了尾巴上的毛，用无毛的尾巴模仿蛇的动作。

猴子剃光了长尾巴，用光尾巴打架，名曰二蛇相会；白猪剃光了自己的小尾巴，打了个转，名曰银蛇独舞；花猫剃光了自己好看的尾巴，旋转着身子捉自己的光尾巴，名曰猫蛇赛跑。

松鼠看到大家都剃光了尾巴，并且表演了丰富多彩的节目，便有些耐不住寂寞。它决定跟大家一样，剃光自己的尾巴，在松树上表演精彩的舞蹈。它理所当然地认为，自己会表演得相当出色。

大象得知松鼠要剃光尾巴，便好心地劝告它说："松鼠，你的尾巴可千万不能剃光啊。你的尾巴是用来保持平衡的，一旦剃光了尾巴，你就会有危险的。为了你自己的安全，还是不要追求时尚了吧。"

松鼠说："大象，我知道你是为我好，但你会不会想太多了？你看，大家都剃光了尾巴，不是也都没事吗，怎么到我这里就会有危险了呢？放心吧，我一定没问题的，等着看我精彩的表演好了。"

大象见松鼠把它的话当成耳边风，只好无奈地离开。于是，松鼠便找来剃刀，剃光了自己的尾巴。它兴奋地攀上大树，想像往常一样表演轻松欢快的舞蹈。可是它刚蹦了两下，便感到头重脚轻，失去了平衡，一下子从高高的树上掉了下来，把大腿摔断了。

松鼠后悔当初没有听大象的话，才导致今天这样的结局。此时，它也明白了一个道理：别人能做的事情，自己未必就能做，有些事情是不能模仿的。

很多时候，尤其是当身边的人获得荣誉或奖赏的时候，我们总是会心生嫉妒：我又不比他差，他都可以，我为什么不行？而事实上，对别人来说轻而易举的事情，也许你真的无法做到，即使做到了，也总有一种东施效颦的别扭感。

每个人都有自己的特点，也都有属于自己的事情要做，你根本不需要去模仿别人。别人的东西虽然很好，却未必适合你；别人擅长的事情，说不定反而是你的灾难。只有找到属于自己的位置，才能最大程度地发挥自身的优势，实现自身的价值。我们与其羡慕别人模仿别人，不如简简单单地做好自己，找到自己真正的优势所在，尽自己最大的努力，去赢得世人的喜爱和尊重。

你不需要跟别人一样，因为你是你自己。

谨以此书，献给人生旅途中迷茫、彷徨的你、我、他。

　　愿我们有梦有远方，面朝大海，终会等到春暖花开。

梦想的尽头，有星光等候

愿你眼中有光，
活成自己想要的模样

郭婷　主编

红旗出版社

图书在版编目（CIP）数据

愿你眼中有光，活成自己想要的模样 / 郭婷主编.
— 北京：红旗出版社，2019.8
（梦想的尽头，有星光等候）
ISBN 978-7-5051-4915-1

Ⅰ.①愿… Ⅱ.①郭… Ⅲ.①成功心理—通俗读物
Ⅳ.①B848.4-49

中国版本图书馆CIP数据核字（2019）第163379号

书　名　愿你眼中有光，活成自己想要的模样
主　编　郭婷

出 品 人	唐中祥	总 监 制	褚定华
选题策划	华语蓝图	责任编辑	朱小玲　王馥嘉

出版发行	红旗出版社
编 辑 部	010-57274497
发 行 部	010-57270296
印　　刷	永清县晔盛亚胶印有限公司
开　　本	880毫米×1168毫米　1/32
印　　张	25
字　　数	680千字
版　　次	2019年8月北京第1版
印　　次	2020年1月北京第1次印刷

地　　址　北京市北河沿大街甲83号
邮政编码　100727

ISBN 978-7-5051-4915-1　　定　价　160.00元（全5册）

前　言

　　有时候路太长，走着走着就找不到北了。在迷路的那段日子里，经历了喜怒哀乐，尝遍了酸甜苦辣。当找到方向再继续往前走，还是原来的步伐还是原来的你，只是不会再频频回头看了。

　　也许有那么一个时侯，你忽然会觉得很绝望，觉得全世界都背弃了你，活着就是承担屈辱和痛苦。这个时候你要对自己说，没关系，很多人都是这样长大的。风平浪静的人生是中年以后的追求。当你尚在年少，你受的苦，吃的亏，担的责，扛的罪，忍的痛，到最后都会变成光，照亮你的路。

　　成功路上最心酸的是要耐得住寂寞、熬得住孤独，总有那么一段路是你一个人在走，一个人坚强和勇敢。人的一生没有过不去的坎，跨坎的原动力在自己。

　　生活不是用来妥协的，你退缩得越多，能让你喘息的空间就越有限；日子不是用来将就的，你表现得越卑微，一些幸福的东西就会离你越远。在有些事中，无须把自己摆得太低，属于自己的，都要积极地争取；在有些人前，不必一再地容忍，不能让别人践踏你的底线。只有挺直了腰板，世界给你的回馈才会多点。

人生是一场孤旅，你就是你，独一无二的自己，无论是走在人群中还是站在旷野里，不要有太多祈求和依赖，因为即使是你的影子，在黑暗中也会离开你。你再优秀也会有人对你不屑一顾，你再不堪也会有人把你视若生命。所以，得志时不要骄傲，落魄时不要堕落，活着不为取悦任何人，选择一种姿态，活得无可替代。

长大之后的我们，都是与生活作战的人。单枪匹马，跌跌撞撞，再苦再累也要咬紧牙关。这个世界上，有很多人，从来没有被生活善待过，却依然温柔地对待生活。遇见最美的人生，遇见最好的自己。生活的冒险是学习，生活的目的是成长，生活的本质是变化，生活的挑战是征服。

我们都相信，奇迹有时候是会发生的，但是你得为之拼命地努力。机会只留给有准备和有勇气的人，奇迹也是如此。

总是要很久以后才能明白，我们把勇敢都用在了别处，然后再用青春的盲目选择为今后买单。你问开不开心、值不值得，谁又能回答呢？没有回程票，只能风雨无阻往前走。

请相信，那些执着于远方和梦想的时光里，连痛都是一种幸福。那个照亮了方向的太阳，就是我们熠熠生辉的梦想。

目　录

第四章　流年笑掷，未来可期

第一章
风过无痕，追梦有声

分秒必争，利用好时间，就没什么问题。

——儒勒·凡尔纳

和不优秀的自己和解

我很少认为自己优秀。

小时候是学不会哭泣、卖乖、懂事，得不到大人的夸赞和奖赏；长大一些读书又不够好，不善交际，老师和同学很少关注我；总算跌跌撞撞地找到以后要走的路，在决定努力写作的时候，又发现在做这件事且有才华的人多如过江之鲫。

时间让我认识到，我是一个不漂亮、不苗条、不富有、缺少天分和文字直觉的人。

现在的朋友聊起小时候的事，她说小时候觉得自己非常特别，一定和别人不一样。她认为自己的身体里没有器官，是独立而不同的个体。

有一次生病需要拍X光，她在医院里看着片子非常失落，因为她发现自己与其他人没有什么不同——相同的构造、相同的器官。她第一次体会到沮丧这种"高端"的感觉。

不知道你是不是也有这样的经历，小时候有许多让现在的自己发笑的想法，现在看来当时的自己幼稚且荒唐。

曾经的我认为现实中有嫦娥，她可以帮我完成暑假作业；认为我在晨读时间随机哼出的歌词，可以红遍中国；认为自己拥有稀缺的血液，能够拯救世界；认为我手背上心形的粉色胎记，是上辈子留下的记号；认为存在其他平行空间，生活在那个世界的人可以看到我，诸如此类。

当然，随着成长，我发现这些"认为"统统不成立。有一段时间我非常不开心，觉得自己一无是处，因为跟想象中的"我"比起来，自己实在太平凡、太普通了。

我很生气，生气我怎么能是现在这个样子！

这个发现是不是有些残酷？

但是，这个世界上也有奋起直追、笨鸟先飞、大器晚成等成语。有27岁才正式学画，到56岁名声大振的齐白石；有47岁才打算揭竿而起，55岁建立大汉王朝的刘邦；有65岁才出版第一本书的作家劳拉·英格尔·怀德。

我不知道他们小的时候是如何看待自己和世界的，至少，后来他们知道了平凡的自己可以通过努力来改变，并做一些不平凡的事情。

人不能一直停留在想象中，这样十分消耗比高原氧气还稀薄的自信。一旦失去自信，在不知创造并且怀疑自己的情况下，人很容易窒息。会被平凡的生活扼住脖子，透不过气，然后失去挣扎的能力。

我慢慢地放过了自己，了解自己没有超凡的能力。接纳这样的自己，去尽力改变思想不够成熟、写作技能宛如新生婴儿的自己。

时间让人的身体成熟，但也带来思想的空虚。身体像一件单薄的容器，经不起敲击，很容易破碎。思想如钢铁、石块、泥沙，每增加一些知识，就像在容器里投入一些贴补壁面的材料，慢慢地，躯体和思想相称，才能变得坚不可摧。

但如果不给皮囊中填入实质的内容，放纵思想的空虚，人一旦遇见现实锋利的针尖，皮囊就会被扎破，空虚如风飘散，身体将变成萎缩而干瘪的气球。

我知道自己需要钢铁、砖块和泥沙，所以在不断修炼着。

关于想读的书，想锻炼的身体，想变得更漂亮的外表，想获得读者认可的心情，想写出精彩内容的才华，对于这些追求，我一刻也没停止过。

但偶尔也因疲惫而懈怠读书，因懒惰而放松健身，因妥协于平凡的眉眼而不去打扮，因一些忽略和批评而拒绝接受它们，因不曾得到天赋的垂青而异常失落。

这些瞬间，是阻碍我的沼泽、沙漠、鸿沟或悬崖，我曾停在它们面前，因为害怕陷入危险，可是有什么比平庸更危险的呢？

我拒绝平庸的方式有些土气，是出走、读书和抗拒融入平淡的生活，确切地说，是思想上抗拒融入平淡的生活。

我在努力变成一个有趣的人。当内心出现懊恼、烦躁、犹疑、愤怒的时候，我劝告自己，不要这样，生活中还有许多有意思的事情需要去做。

烦躁时就坐下来看风景，疲惫时就停下来听音乐，孤独时就读"治愈"的故事，愤怒时就换上衣裤去奔跑发泄。

仔细感受每一天的经历，发呆、快走、被碰撞、受委屈、同情生病的虚弱者、爱慕漂亮的明星、期待一场愉快或悲伤的恋情，这些都是我在做的事。

我希望时间能带来真正的成长，而不是每年更改的数字。

接纳自己的普通，让努力的自己和现在不够优秀的自己和解吧。

只要你想做，一切都不晚

摩西奶奶是美国一位女画家。她出生在纽约一个贫穷的小镇，因家庭贫困，仅受到有限的教育，学识不多。摩西奶奶从小就在别人的农场干活挣钱，27岁嫁给同样在农场干活的工人，一生都是在农场里面度过。在那里她靠刺绣乡村景色，养活家人。她一生孕育了十个孩子，天天都有干不完的琐事。在她70多岁的时候，因为一直刺绣，导致手指关节发炎，不得已放弃了刺绣，在家里绘画。她自学成才，常以风景作画，一共作画一千多幅。

摩西奶奶是后人的榜样，虽然她从来没有接受过正规艺术的培训，但是热爱画画的她拥有惊人的创作力。在她仅20年的绘画生涯中创作了1600幅画。主要描绘童年的乡村景色，能够细致地捕捉到天气的细微差别。摩西奶奶的作品都是怀旧的标题。摩西奶奶80岁的时候在纽约办了一个展览会，她朴实、丰富多彩的晚年生活，受到了人们的欢迎，从此她逐渐受到大家的关注，之后摩西奶奶的作品在美国开始畅销。1961年她在胡西克瀑布去世，享年101岁。有学者评价她：她虽然出身不好，却凭借自身的努力和对生活的热爱，得到了世人的认可与赞扬，她乐观的精神值得所有人学习。

摩西奶奶从77岁开始作画，是大器晚成的代表。对真正有梦想的她来说，生命的每个时间都是年轻的、都是及时的。作画之后，她的作品在世界各地的博物馆都有展出，80岁的时候，她已经是全球闻名的画家。摩西奶奶的画都是用鲜艳、明快的色彩对比，绘画出一些简单、欢乐的场面，人们看到后会把这个意境当作内心的清凉剂。摩西奶奶的画之所以出名，是有一天她的画正在杂货铺的橱窗上展览时，被艺术家路易斯看中，他买了那幅画，他觉得这画太美了，想要更多。之后这位艺术家帮助了摩西奶奶，他把摩西奶奶的其他作品带到画廊，后来更多的画商知道了摩西奶奶的画，把摩西奶奶介绍到了艺术界。

摩西奶奶80岁时在纽约办的展览会，引起了全球轰动。此后摩西奶奶的画在艺术市场上畅销，而且赢得了很多奖项。摩西奶奶大胆的色彩获得了成功，她自己也指不出是谁给过她这样的灵感，她一生都是农妇，也不会有艺术大师能够影响到她。"成功不怕晚，只要你有追求。你最愿意做的事，就是你能做好的事，想做就从现在开始做。"摩西奶奶的这句话，一直影响着后人。她乐观向上的心态和对生活的热爱，值得所有人学习。

摩西奶奶80岁举办的展览会，不光展览摩西奶奶的画，还展示了一些她的私人收藏品。这些物品中的一张明信片得到了大家的关注，这是一张1960年摩西奶奶寄给一个叫春上水行的日本人的明信片，这张明信片使这个日本人受到了很大的启发。明信片上有摩西奶奶的一幅画和一段话："做你自己喜欢做的事，上帝会高兴地替你打开成功之门，哪怕你已经80岁了。"

摩西奶奶为什么能够启发春上水行呢？因为这个日本人很想写作，很小的时候就一直喜欢文学，可是在学业有成之后做了医生。在医院里工作，让春上水行非常不自在，而且他快步入中年，他不知道该不该放弃这个自己不喜欢但收入很稳定的工作，于是在他迷茫的时候，他给摩西奶奶写了一封信，希望可以得到摩西奶奶的指点，对于春上水行的信，已经一百岁的摩西奶奶，立即回复了他。这是摩西奶奶的故事中最令人感动的。那么为什么大家如此关注这个明信片呢？原来春水上行，就是日本以及全世界都享有盛名的作家。他得到摩西奶奶的指点，成功转业，做了自己梦寐以求的事情，并获得了成功。"只要你想做，现在就是恰当的时间，一切都不晚，对一个真正有追求的人，每个时期都是及时的。"这是摩西奶奶常说的一句话。

别让人偷走你的梦

在美国某个小学的作文课上，老师给小朋友的作文题目是"我的志愿"。

一位小朋友非常喜欢这个题目，他在本子上，飞快地写下了他的梦想。他希望将来自己能拥有一座占地十余公顷的庄园，在壮阔的土地上植满如茵的绿草。庄园中有无数的小木屋、烤肉区及一座休闲旅馆。除了自己住在那儿外，还可以和前来参观的游客分享自己的庄园，有住处供他们歇息。

写好的作文经老师过目，这位小朋友的本子上被画了一个大大的红"×"，发回到他手上，老师要求他重写。

小朋友仔细看了看自己所写的内容，并无错误，便拿着作文本去请教老师。

老师告诉他："我要你们写下自己的志愿，而不是这些如梦呓般的空想，我要实际的志愿，而不是虚无的幻想，你知道吗？"

小朋友据理力争："可是，老师，这真的是我的梦想啊！"

老师也坚持："不，那不可能实现，那只是一堆空想，我要你重写。"

小朋友不肯妥协："我很清楚，这才是我真正想要的，我不愿意改掉我梦想中的内容。"

老师摇头："如果你不重写，我就不让你及格了，你要想清楚。"

小朋友也跟着摇头，不愿重写，而那篇作文也就得到了大大的一个"E"。

事隔三十年之后，这位老师带着一群小学生到一处风景优美的度假胜地旅行，在尽情享受无边的绿草、舒适的住宿及香味四溢的烤肉之余，他看见一个中年人向他走来，并自称曾是他的学生。

这位中年人告诉这位老师，他正是当年那个作文不及格的小学生，如今，他拥有这片广阔的度假庄园，真的实现了儿时的梦想。

老师望着这个庄园的主人，想到自己三十余年来，不敢梦想的教师生涯，不禁感叹道：

"三十年来为了我自己，我不知道用成绩改掉了多少学生的梦想。而你，是唯一保留自己的梦想、没有被我改掉的。"

只是多了一个想法

中国台湾有家饮料公司生产的一种饮料原先销路不畅，后来他们采纳了一位专家的建议，在每包饮料的包装上印上一个动人的、很有诗意的爱情小故事，并将此饮料命名为"爱情饮料"。原料、配方依旧，但包装一换，马上就吸引了众多的青年男女，他们边饮用饮料边欣赏故事。接着该公司又动脑筋搞了个征文比赛，将从中选出的爱情故事印在包装上，反响十分强烈，参赛者踊跃。这些参赛者还做了公司的义务推销员，饮料销量顿时猛增。

无独有偶，日本有个叫吉田正夫的人，他有一次去外地省亲，在市集上看到一个渔民在摆弄一种小虾，这种虾不是用来吃的而是用来观赏的。原来这种虾产于日本的南方，自幼就习惯于成双成对地生活在石缝中，长大后已无法从石缝中游出来，就这样在石缝中度过一生。渔民根据这种虾的特性，捕捞后，把它们一对对放在稍作加工的石缝中，注入清水，略加装饰，作为观赏性的小动物出售。

但吉田正夫更进一步想，这些小虾成双成对地在石缝中生活一辈子，不是可以作为爱情专一的象征吗？吉田正夫顾不得省亲，急忙赶回东京，经过一番筹划后，在东京开了一个结婚礼品商店，专卖这种小虾。

他经过精心设计，使用一种小巧玲珑的玻璃箱，将人工制作的假山石置于其中，作为小虾的“房子”，再装饰一些水生植物，倒入清水，让虾在“石房子”内生活得十分安逸。纪念品上还附有简短说明，把小虾从一而终、白头偕老的故事描绘得真切动人。许多新婚夫妇见了后都会买一个带回家，甚至很多老夫老妻也纷纷买一个回去作观赏和纪念。

同一种东西，换一种方式和角度去经营，收到的效果就会完全不一样。饮料还是原来的饮料，小虾依旧是原来的小虾，但加上一个故事、一个寓意之后，产品变得好玩起来，一下子就吸引了顾客的眼球，成了抢手货，而且身价倍增。

其实，世上没有绝对无用的东西或失败的事物，只是利用的方式不同罢了。同一种事物，在不同的人眼里，或者在不同的际遇里，往往会有不同的价值，关键还是看你怎么去运作和经营。

发掘更好的自己

记忆深处，小时候体育课上，老师组织我们男生搞了一个跳高比赛，标竿上升到90厘米时，总有几个男生跳不过去，这样就受到别的同学的一片嘘声，在这嘘声中，也有无地自容的我，因为我也是这跳不过去的男生当中的一个。

后来，老师为了让所有男生体育成绩合格，就再讲了一遍跳高的技巧，我一字一句地听到心里去了，临到再一次跳高时，我鼓起勇气，按照老师说的技巧再一次尝试，这一次竟然跳过了，此时，班上所有同学齐刷刷地为我鼓掌。

这件事一直影响了我许多年，当自己落后时，就要受到别人嘲笑，只有当自己进步了，才能受到别人的尊重和鼓励。做更好的自己，才能遇见更好的别人。

生活不如意事十之八九，有阴就有晴，有得到就有失去，有快乐也就有不快乐，我们在这种种复杂中，如果深陷其中，就会迷失自我，只有提高自己的高度，让自己在生活的淬炼中，修炼自己的内心，不与乱事乱人纠结，尽量和正能量积极的人交往，让自己时刻保持一种旺盛的状态，时刻让自己处于一种最佳的状态中，那么，生活的美尽向你绽放。

有时，我们难过了，可以允许自己难过一会儿，但是不能允许自己自此就沉沦其中，生活有许多切片，这片窗户看到的是小狗死掉，另一扇窗户也许就是鲜花盛开。因此，适时地切换频道和状态，是对自己把控力的锻炼，这一点很重要。

人生不可能没有遗憾，没有遗憾的人生就是一种遗憾，我们所要做的就是用正确的心态和方式处理这些遗憾，收拾好自己的心情，轻装上阵，走更远的路，看更大的海。既要学会放下心中的执念，又要对得起自己的不甘心，因为我们放下的是不可能得到的东西，我们的不甘心，是对自己生命的负责。有时，我们边走边流泪，心中曾经认为的不可能，都成为了可能，而那些遥不可及的目标，都成了身后的风景。

你若盛开，花蝶自来；你若精彩，天自安排。有时，我们缺少的只是一种自我精彩的勇气，明明可以让自己变得更好，可是放弃了机会；明明可以证明自己，却缺少了勇气。很多时候，不是我们不行，而是我们不敢去想，不敢去试，害怕失败比失败本身这件事更可怕。

其实我们每个人都可以发掘更好的自己，做最好的自己，只是我们失去了自我探索的能力。那些朝九晚五的安稳让我们迷离，那些灯红酒绿的诱惑让我们沉沦，那些纷繁复杂的人情让我们疲惫，那些狐朋狗友的"情谊"让我们纷乱，我们只是一个被欲望驱使的奴隶，而不是主宰欲望的主人，当一个人能够正确处理自己的欲望和生活琐事时，才能收获一个最好的自己。

而最好的自己往往是极其简单的，生活俭朴，不乱于心，不困于情，时刻保持一种轻盈的状态，对突如其来的事，往往有很好的把控力，绝不会被自己的欲望所吞没，神清目明，心中有爱，疏而不离，淡泊如水……

无论如何，都不要灰心

　　我去采访这个人的时候，是个雨天。从这个西部小城到隶属它的一个偏远山区，一路上均是抬眼可见的绿，万物又重新活过来一般，雨也是一段一段的，有一段路敲得车窗玻璃噼噼啪啪，过一段又淅淅沥沥，小得听不见声音。

　　我坐在车里，想象着这个人，期待又害怕听到她的故事。有时候，坚强不是个好词，它意味着太多苦难必须硬撑。怎么有人打开生活这个装满五彩缤纷巧克力的盒子，拿到的总是那个苦涩的纯黑巧克力，虽说它有助于清醒，但不能回味，除了苦还是苦。

　　两个小时翻沟绕道，我们终于见到她。站在我面前的这个老师，穿着紫色金丝绒的运动外套，黑色料子裤，黑色的凉鞋里套着天蓝色的袜子。短发，一双大眼睛浑浊暗淡，脸上挂着淡淡的笑，朝人打招呼的时候声音很轻，只有介绍她丈夫的时候，声音稍大一些。

那个男人，瘦长的脸上眼角微微下垂，鼻翼两端两道法令纹尤为清晰深刻，看起来比她年长不少，至少这样比较起来，她的脸上几乎看不见什么皱纹。

他们并排坐在校长室的沙发上，她讲起自己的故事。

"我们是重组家庭，我丈夫比我大十三岁，我们共同养育了五个孩子。去年最小的儿子也结婚了。虽然物质上并不富裕，但是我心里觉得很幸福。"她说话的时候，不时转头看身边的丈夫。

不得不深究在重组之前，他们都经历了什么？重组家庭真的会幸福吗？看多了平常的重组，大部分时候都是平时互相做伴，有事的时候却是各回各家、各找各妈、各揍各娃。

忆起过往，那位女教师便落泪了，她断断续续地说着，把自己囫囵吞下的往事一点点倒出来。2001年之前，她的生活都算得上平顺，倒不是说有多富足，但一家人平安健康，自己教书，丈夫种着几亩果园，日子还算过得去。然而一场意外把平静的生活一下搅坏了。

那年，她丈夫拉着一货车苹果去广州贩卖，因为那里能卖上好价钱，可是去了之后却发生意外，再也没有回来。那个时候，她大女儿正读高一，二女儿刚上初中，小儿子还在念小学，本就患病的婆婆得知噩耗，又犯了脑梗。

命运同她开的这个玩笑，差点击垮她。那时候的她整夜整夜以泪洗面，但平日里还要假装没事人，安慰孩子，照顾老人，教书种地，以一己之力担起生活重担。

她也不晓得那些年自己是怎么挺过来的，也许就是一天一天麻木地过吧。这期间总有人劝她，找一个人一起生活，凭她自己的那点工资和果园里的微薄收入（她上课太忙，几乎没有时间照看果园），怎么能养活那么一大家子人？她怕，怕重新找的那个男人对她的孩子们不好，也怕误了孩子们的学习。对许许多多普通的人来说，上学还是最后一根救命稻草，若抓住了至少不用继续在土地里刨食了。

就这样过了三年，硬撑到大女儿上了大学，小女儿读了高中，儿子念了初中，她经人介绍认识了他。

起初她是不愿见的，但听说他同自己情况一样，爱人生病去世，孩子又在外地工作，家里就只有他和80多岁的老母亲，便动了心。加之，这人也是一位老师，她猜想，老师该不会有多坏吧。虽然凭职业推测人品显得过分荒谬，但彼时的她，还能找到什么更好的理由吗？

"实在是太苦了，我觉得自己一个人实在撑不下去了。"她的眼泪像断了线的珠子，扑簌扑簌落下来。

就这样，在亲戚朋友的极力撮合下，同病相怜的两人于2005年9月18日走到了一起。她担心孩子一时接受不了这个陌生男人做爸爸，便在前一天晚上，同小儿子谈心。

而令这个丈夫感动的是，那天下午他第一次去她宿舍，小儿子推门进来看到他时就喊他"爸"，声音洪亮，笑容灿烂。

"孩子叫了一声爸，我一下子眼泪就出来了，真想上去抱抱他。"她丈夫的眼眶也红了。坐在他对面的我，差点落泪，为这个小小年纪便知道母亲艰辛不易的男孩子。

他们看望了各自的父母，又相约着去西安见了双方的儿女，简单一桌餐，两个家并成了一个家。

一曲壁钟响起的柔声，嘀嘀嗒嗒地在寂寥的空间里回响。十四年甘苦与共的日子，在两人细细碎碎地诉说中，温情延展。

她的婆婆脑梗后期已经不能行走，他便到处请医求诊，奔波买药，带着老人去镇上、县上做理疗。

这边，他87岁的母亲病危，她每天下了课便匆匆赶回家，变着法地给老人做饭。老人念叨着想吃黄杏，她便匆匆出去，10块钱买了两个杏。这对她来说，是极奢侈的事儿。

他的大儿子有了孩子，她提前一个月就做好了尿布、褥子、小衣服，包了整整一大塑料袋送到西安，为了伺候儿媳妇坐月子，她还专门请了一个月假去照顾，不爱上网的她，天天上网查新菜式，害怕儿媳妇营养跟不上，从早到晚洗洗涮涮毫无怨言。那一个月，不是亲生的他们，却比亲生的母子都相处得融洽、和谐。

而她的二女儿读高中的时候得了湿疹，皮肤溃烂，他看得心疼，听说交大附属医院皮肤科治疗得好，他便带着孩子前前后后去了十几次，从刚过年看到收麦的时候才治好。

尽是这些点点滴滴的小事儿，把两个人、两家人凝聚在一起。

去年，她的小儿子在婚礼上几度哽咽："感谢爸爸，在我们母子四人最困难的时候，走进了我们的家，给了我们很多爱。爸爸妈妈，放心吧，儿子长大了，一定会孝敬你们的。"

说这些的时候，他们泪流满面。

我们听得无限唏嘘。该说些什么？爱情吗？还是亲情？莫不如说是真心。以前总觉得这个东西过分虚无，但若没有真心，什么都不会如此美好地发生。她说，重组家庭的不幸福多半是因为算计得过分清楚，但我们没有，我的和你的都是我们的。

后来，她悄悄告诉我，2013年他又生病了，体检的时候检查出的，幸亏发现得早，做了手术，现在已经恢复了。她说，那段日子觉得自己陷进冰窟窿，好在儿女们那么多双手齐心协力拉住她，又为他联系医生看病，这才躲过了一劫。好险啊，她长出一口气，生活里的考验真是无处不在，但还是不能灰心啊。

初夏的雨，下一阵子就晴了，天空像染了色的蓝色画布。他们相跟着走出校长室，她又抬头笑着说："人生可不就是风雨之后有彩虹嘛，重组家庭同样幸福。"

少年，请你努力

你学习一般，考上了现在的这个学校，成绩不算好，拿不到校奖、国奖，自习不规律、上课不常听，考试全靠突击，同学帮一把也能考到七八十分。

你家境一般，父母都是普通员工，在这个城市一个月生活费一千二，没事下下馆子，一个月添一件衣服，想买台相机要等几个月，经常要咬咬牙才能买双自己喜欢的鞋。

你特长一般，不会吉他、不会钢琴、不会跳舞、不会画画，想学摄影却不会修图，想上台演出却没有信心，学校晚会比赛的时候，你经常站在台下的人群里而不是台上的聚光灯下。

你长相一般，不算英俊或者不算美丽，身材不算臃肿但是也没什么肌肉或者没什么曲线，平时只是稍稍打扮一下，容貌看上去并不出众，只能算整洁，你开玩笑地称自己是千万屌丝之一。

你的生活感情也是一般，有时候会遇见自己心仪的那个他（她），但是总抓不住机会，眨眼间他（她）就被其他人俘获，你就开始伤心抱怨，但是几天之后又开始寻找新的他（她）。总之，你没有什么特别的地方，就和周围的千万个你一样。

但是，你和其他的你一样，渴望飞翔、渴望自由。

你不甘心拿不到奖学金，看见别人得奖的时候你会说完全是突击的结果，你开始上自习，坚持了一个星期。

你不甘心自己的父辈平平，会批判会讽刺自己周围的官二代富二代，立志要努力让自己的孩子成为富二代，你坚持了一个星期。

你不甘心自己什么都不会，你开始学吉他、买轮滑鞋、借修图的书，对着镜子微笑说自己有信心，你坚持了一个星期。

你不甘心自己没身材没长相，你开始健身长跑练肌肉练线条，你坚持了一个星期。

你不甘心自己没有伴侣，你决心洗心革面重新做人，你删掉电脑里的游戏、你收起床上的懒人桌、你仔细地洗了个澡、你为自己化了妆，决定出去走走开始新的生活，你坚持了一个星期。

然后，这一个星期之后，你还是和周围千万个你一样，你还是和一星期前的自己一样。

少年，你来到现在的学校，是为了什么？

别人说："二十岁是人生最美好的时光，不应该局限在学校里教室里，应该享受生活。"于是你相信了。

别人说："这样的年纪本应是率性的，而我身边的太多人在考虑诸如家庭类型、毕业发展方向、是否异地、价值观等问题。这导致本来深深互相喜欢的两个人错失了一段美好的时光，他们所谓爱情的忧伤不过都是自己在矫揉做作。"于是你相信了。

于是你觉得，二十岁的你就该"享受生活""随心所欲"，享受"人生中最后的自由时光"。

于是你觉得，二十岁的你就该"快乐地去恋爱，仔细享受和他（她）在一起的一分一秒，其他什么都不去想"。

于是你觉得，二十岁的你就该"风华正茂，挥斥方遒，指点江山，激扬文字"。

少年，请允许我猜测一下你的未来。

现在的你，用着父母的血汗钱，买着包包、板鞋和iPhone（苹果手机），经常去酒吧、去茶楼，去看你所谓的众生百态，积累你所谓的生活经验。大学四年，你考研意外之外地落榜，又因为双选会时公司都不中意的缘故，你在毕业的时候还没有找到心仪的工作。收拾了行李回家，父母对你说去试试这个或者那个工作吧，你说这工作太简单了不适合我。你去更好的企业寻找机会，却因为表现平平被拒之门外。每天都是这样，没能力却不甘心，最终变成啃老族。

现在的你，和他（她）恩恩爱爱，每天黏在一起，上课他（她）会等你，下课他（她）会接你，午饭你们一起吃，晚饭之后还会一起散步，他（她）说未来怎么办，你说不要考虑未来，认真过好现在。不幸运的话，几个月后他（她）会觉得你在玩弄他（她）的感情而离开你，留下你独自一人空悲切，反复问自己究竟哪里不对。幸运的话，你们一直谈到毕业，最后你会悔恨自己不够优秀没能去他（她）所在的城市读研或者工作，带着不舍和悔恨分手。

现在的你，在网上看见自己赞同的观点会全力支持，看见自己不认同的观点会全力否定。你觉得现在正值当年的自己就该这样敢于说出自己的心声。最后，你的观点完全来自于网络，当你想说话的时候，才发现忘记了自己的声音，自己已经失去了原来敏锐的判别能力。

少年，我只想问你一个问题，现在的你、二十岁的你有什么资本？

你成绩一般但是你有很多自由时间去支配，你觉得很欣慰。

你家境一般但是你的要求爸妈都会满足，你觉得很欣慰。

你特长很少但是有一个擅长的，靠着这点你在周围的聚光灯下过得很满足，你觉得很欣慰。

你没有伴侣但是有很多朋友会喊你喝酒、唱歌、出去逛街，你觉得很欣慰。

现在的你很欣慰，时间久了呢？

生活是一盘棋，需要用心去下，当你有资本的时候你才能赢。

是的，我能理解你要自由、你要自己的天空。但是我不知道你的父母和老师有没有教育过你，自由也是要付出代价的。

少年，我不知道你是怎么了。

你想要好的成绩但是你不去学习。

你想要富裕的生活但是你不去奋斗。

你想要健康的身体但是你不去锻炼。

你想要自己称心如意的生活，但是你从来没有想过改变自己。

少年，你知道未来的意义吗？

我承认现在的每一天都是未来必不可少的一部分，但是你有认认真真地考虑过自己要一个什么样的未来吗？你有仔仔细细地考虑过怎么样去到达这个未来吗？

你在犹豫，你在抱怨，你在彷徨，你在悲叹社会的不公，但是你有什么权利、有什么资本要求你所在的环境、所处的世界为了你去改变？

现在的你只是千千万万个你中微不足道的一个，少了你地球还是一样会转。

少年，你知道责任两个字怎么写吗？

我知道你很喜欢自由自在、很喜欢享受你的生活。

是啊，二十岁的你再不玩就永远没机会了，这也是你所相信的。

我敢打赌，一定很久没人和你说过"吃得苦中苦，方为人上人"这句话了吧。

当你谈论飞翔的时候，你是不是忘记了地心引力的存在?

二十岁的少年，爱玩你去玩吧。

我过了二十岁的年纪，我还有未来，不陪你了。

少年，在这个世界上你到底怎样活着?

时间，总嘲笑我们的痴心妄想!

人生有时候，总是很讽刺。

梦想的种子

当祁文博还是个孩子的时候，就学会了用勇敢和坚强撑起困境中的家庭。

京沈高速公路北李官站附近有一条岔路，坎坷曲折地步行约20分钟后，眼前是一片棚户区。祁文博的家就在棚户区的尽头：一间十多平方米的平房。

火炕占据小屋半壁江山，破木板搭成的桌上压着破碎的玻璃板，厨房里的铁炉用来做饭、烧水兼取暖。唯一的一张彩色全家福合影里，小文博无忧地笑着……

生活的窘迫让小文博过早地懂事。她从不要零花钱，孩子们吃的零食对她来说是一种奢侈。尽管全家勉强度日，幸运却从未眷顾这个小姑娘。

小文博8岁那年，妈妈忽然患上精神分裂症。为攒够治病的钱，爸爸每天凌晨4点起床赶往早市卖鱼，晚上要去很远的地方上货，深夜才能回家。这样，只有小文博来照顾妈妈了。发病的妈妈常半夜跑出家门，睡觉时，文博总是靠着妈妈，尽量不让自己睡得太沉；或是找来一根细绳，一端拴着自己的手腕，另一端拴着妈妈的手腕，只要绳子一动，她就会醒来。迷糊中一旦感觉妈妈不在身边，她就得跑到黑漆漆的马路上去找。

通往小文博家的土路很偏僻，下雨时都是泥，下雪时全是冰。她泪流满面，深一脚浅一脚地呼喊着妈妈，最害怕的就是妈妈翻过铁丝网，爬上附近的铁路。然而，她还是不得不一次次进入铁丝网中，把目光呆滞的妈妈拉回来，为此，铁丝网常把她的胳膊和腿划出一道道血痕。

即使夜里睡不踏实，白天小文博也要坚持上学。尤其是三九天的早晨，天还没放亮，刺骨的寒风令人睁不开眼睛。小文博起床，套上棉马甲，搓着双手，操起斧头劈柴……浓烟滚滚中，她被呛出了眼泪才引燃土炉子。先烧一锅开水，给妈妈醒来服药用；再熬一锅稀粥，切点咸萝卜丝，就是一家人的早饭；等粥烧开的间隙，她打开英语书背单词，还用烧火棍将单词一遍遍写在地上。

6点20分，小文博背起书包徒步上学去。土路要走20分钟，迎宾路上再走20分钟，才到公交车站。为了省下往返两元的车费，她再徒步走20分钟。怕家人担心，她常谎称自己乘车了，暗地将这些钱攒下来，贴补家用。

她是英语课代表，带同学们上早自习成了她的习惯。午休时，别的同学去小饭桌吃饭，她就啃从家里带来的馒头。学

校德育主任秦兴隆最先发现了小文博的窘境，自掏腰包承包了
她的午饭。

小文博小学四年级时，家中唯一的顶梁柱——爸爸被查
出癌症晚期，对这个家庭来说无疑是雪上加霜。"爸妈，咱家
天没塌，有我呢！"痛哭之后，擦干眼泪的小文博，在父母面
前展露出明丽的笑容。

第一次手术后，爸爸的身体极度虚弱，医生要求他在
家中休养。可爸爸若歇着，全家便失去生活来源，别说付房
租，连饭都吃不上了。爸爸勉强在家休养了半个月，又去市场
卖鱼，过度劳累让他在不到一年的时间里做了第二次手术。

有人劝爸爸，家里太困难了，别让孩子念书了。爸爸说
什么也不同意："我不治病，也得让孩子念书！"这句话，
小文博一直记在心里，成为她刻苦学习的最大动力。班级第
一，年级第一，校第一，区第一，她考得一次比一次好——优
异的成绩，成为这个苦难家庭的最大希望。

因为妈妈屡次犯病，小文博不得不辍学一年，全天待在
家中陪护妈妈。

劈柴，砍掉过指甲；做方便面，烧煳过大勺；拉电闸，
摔破过膝盖……为了一家三口的饭食，她甚至趁妈妈午睡
时，天天出去捡塑料瓶、旧纸盒。

苦难面前，小文博始终面带微笑，从未退缩与怨天尤
人。"打记事起，姥姥就对我说，哭着过也是一天，笑着过也
是一天，为啥不快快乐乐地过每一天呢！"

这世界，因你而美好

一个长得黑黑的女孩子，坐在一大堆旧鞋当中，她无助地极不情愿地用手抚摸着这些旧鞋，但这是她的工作，她刚想趁机休息会儿，旁边师傅严厉的目光射了过来，她马上反应灵敏地将思维收了回来。

她的工作是负责修鞋，用针扎，然后放在修鞋机上面，用线穿透破烂的地方。这样机械的工作，使得她的神经有些麻木，但为了糊口她选择了坚持，她一想到母亲的病容，就觉得浑身充满了力量。

她有个业余爱好，喜欢画画，她曾经一度求母亲让自己能够上学，她想成为一个艺术家，但捉襟见肘的家庭，使得她暂时搁置了这份梦想。

她有事无事时，便在皮鞋的底部画画，这可是个充满乐趣的工作，她一度将整个皮鞋下面写满了字，画满了画。直到有一天，师傅发现了这个致命的问题，他对她的嚣张与任性十分恼火：这会给我们带来坏印象的，你简直是在砸我们的饭碗！

麻烦终于来了，一位客人发现了这个问题，他歇斯底里地要求，将皮鞋下面的画全部清除掉，并且向他赔礼道歉，他还拒绝支付修鞋的费用。

小女孩痛哭流涕，她没有想到自己的理想，也会给人带来麻烦。

福无双至，祸不单行。又一位顾客拿着鞋子找了过来，这是一位绅士，他的名字叫迪尔，他拿的鞋子下面画着一只张开的翅膀。

"这是你的恶作剧吗？"迪尔先生质问小女孩。

小女孩点头称是，同时低下头希望他能够谅解自己。

师傅在旁边点头哈腰着说："先生，是我管教无方，请您一定不要和一个孩子过不去。"

"不，她简直是个天才，如果她一直在皮鞋下面画画的话，我相信有一天，她能够打破吉尼斯世界纪录的。"

小女孩惊恐地望着迪尔先生，她不知道他的话是褒是贬。

"你愿意去我的学校吗？我是说学艺术、绘画、写字，我是一名老师，艺术老师，不必考虑费用问题，面对一个天才，我是应该有所牺牲的。"

这个叫卢拉的小女孩听后喜极而泣，她跟随着迪尔踏入了艺术的殿堂，她不负众望，在众多的学生当中脱颖而出，成为沙特阿拉伯首屈一指的艺术大家。

当游客们步入上海世博会沙特馆螺旋式艺术走廊，一定会看到左侧的墙面上展示的一百一十八幅漂亮的书法作品。这些作品都是沙特阿拉伯女艺术家卢拉所设计创作的，作品富有诗意、优雅，色彩缤纷，淡黄色底子不仅有漂亮的画，还有采用沙特王子诗句所写的书法，有些画作高达五米。

逆境不可怕，怕的是无信仰

2012年，华人导演李安携影片3D巨作《少年派的奇幻漂流》震撼出场。是震撼，没错。全景3D特效美轮美奂，逼真感觉犹如亲身经历一场风暴。从商业角度来说，继《阿凡达》之后，这种三维观影模式依然吊足观众胃口，而演员高超的演技更不需多说。

笔者很庆幸当天错过另一场电影，选择了《少年派的奇幻漂流》。直到影片结束，我还沉浸在老虎上岸后转身离去的画面。

关于信仰

《少年派的奇幻漂流》中的两个片段讲述了有关信仰的故事。第一，少年派的全名叫帕西尼，读音同小便的单词。由于自己的名字，他经常被同学取笑，后来少年派将自己的名字称为π。π是无限不循环的，这个名字说明了人生的不可预见性。第二，派的父亲是动物园园长。某天，派去参观老虎，拿起饲养员准备的肉打算丢给老虎吃。就在老虎张开嘴巴要吃少年派手中的肉时，他被父亲拦下了。父亲说，老虎就是老虎。不过少年派不信，且深感委屈。

影片告诉观众，信仰救了派。在物欲横流、消息四通八达的快节奏社会，信仰似乎离生活越来越远。其实不然。所谓信仰，是由心而发的自救，不是神，但又感觉神的存在，勾勒一个坚定的符号。在危险的时候，在无处躲藏的时候，求生的信仰愈加坚定。

一个人从濒死中逃离出来，会豁然开朗，相信神的存在。其实，那个神便是你自己。

关于人生

影片《少年派的奇幻漂流》的两个开放式结局一直是观影者热衷讨论的话题。一个是派和他的动物朋友们；一个是水手、厨师、母亲和派吃人的故事。故事的情景是跟随上帝的善，故事的结局却是人性的恶。影片用了80%的长度向观众讲述了一个童话故事，留给真实结局的只有20%的剧情。为了80%的美好，观众可以不去思考所有的逻辑，只需要一个完美的结局。就算明知老虎的本性是凶残的，也还存着美好愿景，这是因为生存的需要，人生亦如此。

在派的脑海中始终有天马行空的想象，千变万化。就算在海难时，当派落入救生艇的一刹那，心中仍有些惊喜划过，那是一种对生命未知情绪的期待、不安与兴奋在相互纠结。电闪雷鸣般的挣扎、乘风破浪的刺激、静如止水的安静、海底世界的离奇——这些全部来自于青春的激情。于是，每个人心中都有一个漂流记，幸与不幸，如人饮水，冷暖自知。

关于教育

最终，电影《少年派的奇幻漂流》的剧情像海浪一样，涨起之后落下。这部影片留给观众思考的无疑是派带来的意义。本片以一个童话的姿态，用另一种隐形的力量，将每个人心底看不见的东西讲出来，让观众看见一个真正的社会。而无数像派一样的少年，经过叛逆、质疑之后一次次找回真实，回归正轨。这些少年正一步步成为家人、朋友，或者陌生人。

第二章
梦无止境，繁花盛开

路过我们生命的每个人，都参与了我们，并最终构成了我们本身。

——蔡崇达

你在找借口，我在想办法

大学毕业后，我应聘到一家知名广告公司做人力资源专员。某日在整理员工档案时，我发现了一个有趣的现象：策划部总监苏藻和公司前台陈雯居然都是历史专业的毕业生！而且两人毕业于同一年，进公司的时间也差不多，陈雯的毕业院校甚至比苏藻的还要出名一些。

要知道，策划总监的工资可是前台员工的六七倍！这个奇怪的现象引起了我的兴趣，我开始留意起二人的言谈和举止来。

经过一段时间的观察我发现，苏藻做起事来总是雷厉风行，是特别爱动脑筋的那种人，对于公司分配的任务，她相当上心，没有条件创造条件也要将策划文案做得漂漂亮亮，拿到的奖金是别人的好几倍，是一位极具"钱途"的知性女白领；相比之下陈雯则懒散许多，前台的工作比较清闲，除了收发传真、接听电话和接待客人基本上就没什么事情可做了，所以大部分时间陈雯都在上网聊天，再不然就是逛淘宝，态度一点都不积极。这使我大致明白了造成两人之间差距的原因，而几次谈话则更加验证了我的猜测。

某日晚上我加班到九点钟，下班时在电梯口遇见了苏藻。我们随意聊了几句，然后一道去楼下的面馆吃消夜。吃饭时我问她："苏姐，你大学好像读的历史专业吧，怎么想到做广告这行？"

苏藻笑了："历史可是公认的冷门专业，毕业时找工作那叫一个难，我投了好多份简历，但通知我面试的公司却少之又少，就算接到面试电话，也最多是走个过场，找到工作的机会相当渺茫。那时候我就不断地想办法把自己推销出去。后来我发现本专业的毕业生最爱往学校、史学编辑部等地方投简历，但那么多份简历投过去对方未必能仔细看，所以我就避开那些地方，开始留意其他行业，刚好这时候我发现咱们公司招实习生，就跑来应聘。"

"那当时公司录取你了没？"我好奇地问。

"开始公司不肯要我，说只要广告或者新闻专业的在校生。"苏藻笑着说，"我就软磨硬泡，说自己可以先试用半个月，暂时不拿工资，如果公司觉得我不行随时可以开我。老总看我这么执着，就同意了。"

苏藻还告诉我，那半个月里她拼命地表现，努力想办法让公司留下自己；转成实习生之后，她又不停地想办法转正，转正后又使劲儿想办法升职，交出好作品。"我就一直想办法啊想办法，其实只要你肯动脑子，就会发现什么专业啊、现实啊，都不能变成阻碍，你最终会美梦成真。"苏藻调皮地说。

苏藻的话令我深受鼓舞，而几天之后我又在陈雯那里听到了一通截然不同的理论。那天路过她的座位时，我刚好听见她和另一位女同事在聊天。陈雯抱怨说，自己当初读大学时偏偏报了个最冷门的专业，闹得找工作特别难，而且自己又是女生，现在的工作单位都青睐男生，女生求职最吃亏。还有就是现在这个社会处处需要关系，跟她同宿舍的女生就靠家人的帮忙进了一家事业单位，像她这种没背景没关系的女生，根本就无法在社会上立足……

旁边的同事轻声质疑道："我听说苏总监也是学历史的，人家怎么……"她还没讲完，就被陈雯粗声打断了："没办法，有些人运气就是好，跟人家拼运气哪里能拼得过，当初要不是我爸妈逼着我读死书，我现在也不至于混成这样……"

听了陈雯的话，我不禁莞尔，也完全明白了为什么两人在毕业数年之后会产生这样的差距。她们一个在努力想办法，琢磨着如何让自己变好，另一个则拼命找借口，为自己的无所作为开脱，并不断强化消极的自我认知，这样一来，高下立见分晓，战斗力自然不可同日而语。

你需要坚强的理由

小时候住得偏，要去书店得先从家门口出发，走两百米到车站，花3块钱坐公交车到市里。那时候我经常缠着我奶奶去书店，奶奶很疼我，一到假期就会带我去。从家里到书店要用将近一个小时，但在那个时候我从来没有觉得这一小时有多漫长。

那时市里的新华书店也不大，只有两层，一层放着很多畅销书，楼上放着实用类的书，只有一小块儿摆放着少儿读物。我记得买的第一本书是《三毛流浪记》，当时还买错了，多花了十块钱，我心疼了一个星期。

再后来大了一些就是买漫画书《七龙珠》，一共有四十二本。当时我天天省吃俭用，有了钱第一时间就是拉着奶奶陪我去书店，很快我就集齐了一套书，一个月之后我发现少了两本，为此我还跟我奶奶发了一顿无名火，她一个劲地哄我，我只知道生气，等到晚上的时候我发现那两本书在我的枕头下面。

印象里那是我第一次觉得，自己又可怕又无知又任性。

上了初中，我爸换了工作，我们一家也顺理成章地搬到了市区，奶奶也跟着我们搬到了市里。到了市里之后，去书店就不用乘那么久的公交车了，但又舍不得打车，尽管那时打车起步价只是7块钱。走路去新华书店需要不到一个小时，我就自己走路去书店。

书店已经翻新过了，成了三层，书也比以前多得多了。底楼的旁边还开了一家很小的冰激凌店，每次买完书觉得累了就窝在冰激凌店坐着，直到店员催着我买东西我才走。书店的二楼新开了音像作品的专柜，那时候我买了很多卡带，有周杰伦的《八度空间》、王菲的《将爱》、五月天的《为爱而生》，那时候我妈还以为我是在听英语单词，其实不是，复读机里装的都是这些音乐。

初一的时候我还经常拉着奶奶陪我去书店，衣服也是他们买回来给我我就穿。初三的时候，我就开始自己买衣服了，那个时候特别叛逆，觉得爸妈选的衣服都不好看，偏要自己选。

奶奶有时也会问我要不要去书店，我都是甩甩手说，不用了，我自己去。

到了高中，我家又搬了一次家，这次搬到了市中心的位置。市里不再只有那一家新华书店了，但我还是偏爱一直去的那家。现在的书店有了4层楼，每层楼的面积也更大了，只是我不去买那些"课外书"了，每次去书店都是买老师指定的辅导书。

再后来，我就不去书店了。

重新开始去书店，是在出国两年回国后。那时候是最浮躁的时候，做什么事情都觉得无聊。实在无聊的自己跟朋友逛书店买了几本书，谁曾想就这么看起来一发不可收拾。然而尽管家里的书越来越多，奶奶陪我去书店的次数却一直停留在以前。

奶奶和我妈隔几个周末就会去逛街，我妈总是半开玩笑地让我陪她逛街，帮她挑衣服，可是我总是说没时间。其实我也不是在忙什么，不过是上网聊天或者跟朋友出去玩。

直到有一天我妈用半开玩笑的语气跟我说："你又要出国了，以后不知道什么时候才能再一起逛街了。"

我才发现其实我很自私。小时候想去书店了就缠着奶奶，也不管她的身体到底好不好，那时候的夏天很热，等公交车的地方只有一个站牌，根本没有地方躲太阳，奶奶每次都帮我挡太阳，直到有一天我发现，曾经高大的背影已经只能够到我的肩膀了。

四年级的时候，我妈还在乡下工作，很少有机会去市里。我记得有一次我在看《四驱兄弟》，我妈刚回家，我指着电视里的四驱车对我妈说，我要这个模型。我妈笑着说，最近很忙没有时间，以后有空了就带我去买，我当时朝我妈发了一顿火，说了很多话，然后摔门进了自己的房间。两个星期之后，一直没时间去市里的妈妈，给我带回来了一个模型，可当时我居然嫌弃说这不是我要的那一款。

如果有时光机，我一定穿越回去抽自己一巴掌。

我重新看起书来，这习惯倒是让我爸很开心，他常说看书是开阔眼界的好办法，你没有办法经历一百种生活，但是你能看一百本书。我很任性地说要出国的时候，他也全力支持我，我当时没有想过出国的生活会是这么枯燥而又辛苦，只是我爸说我做的决定，他就一定支持。

后来就到现在了，我家里的书已经堆满了书柜，我妈每次整理都很费劲。奶奶每次看我出门也不问我去哪里了，自从高中以后，她再也没问过要不要陪我去书店，她的身体已经不像我小时候那么好了，现在看起来比以前苍老多了，可是她还是一如往常地照顾我，担心我，就像我从没长大一样。

回国后我执意要给家里做顿饭，出国多年的我也算是得心应手，可我奶奶总是不放心，她在我不知道的时候把菜都偷偷切好了，我当时到厨房看到她的背影，真的很想哭。出国的时候，我奶奶老是说不用担心家里，让我安心，然后转过头去偷偷地抹眼泪，我总是笑着说，没事的，又不是不回来。

老人是最寂寞的，我听说我们永远不应该和老人、小孩生气，因为一个人生才刚刚开始，什么都不懂，一个人生接近尾声，应该尽量快乐。

去年的时候，妈妈突然动了手术，全家人都不让我知道，我也很忙没有跟家里联系。直到有天我爸说我妈想我了，我才问起怎么了，这才知道我妈现在躺在床上刚动完手术，虽然事后得知是很一般的小手术，但是当时我一个哆嗦手机差点掉地上。

我这才知道，爸妈都已经青春不在了，他们也曾有过梦想，也曾风华正茂，只是现在他们的梦想变成了我，他们把自己的下半生都倾注在我的身上。他们从来就不欠我什么，是我欠他们的，可是我还在一味地索取。爸妈都渐渐老去了，而我根本无法想象有一天全世界最爱我的人离开是什么情景，我也根本不敢去想象，我只希望那天永远不会出现。

啊呸，看我又在胡说什么呢。

写第一本书的时候其实我一直瞒着爸妈，主要是怕我爸说我不务正业。后来出书后，虽然我爸还是常常数落我不务正业，可是他却是第一个把我的书看完的人。现在我站在我爸身边已经比他高出很多了，他总是不服输地说我没比他高多少，不知道为什么每次他这么说的时候我都很心疼。

我妈每次跟我视频都会问我，钱够不够用什么的。我每次都说够了，可她下次还是会问，其实我妈赚钱挺辛苦，每次回国都能听到她电话里业务忙来忙去。其实我知道她就是担心我过得不好，所以我从来没在她面前示弱过一次。虽然我常常跟我妈闹别扭，可是在我心里，她就是全世界最漂亮的女人，没有之一。

为了看到远方的我的样子，他们愿意在电脑前等几个小时。成长的时候，千万不能忘了身后的家人。

记得以前看过一篇日志："为何人要背负感情。人活在世上已经很不容易，为何却要懂得'情'字，为何要为所爱所念之人心疼。亲情、爱情、友情，哪一样不是沉甸甸地压在我们心头最脆弱的那一个尖上。为何人会有贫穷、寒冷、疾病，会有不顺心、会有委屈、会有泪水；为何人会有分别、不舍、担忧。而每当有人去遭受这些的时候，爱着自己的人也一样遭受着这些。"

人为何要背负感情？因为我们只有经历了这些，才能更好地安慰他人。一个人会觉得过不下去，是因为他只想到自己，想想身后的父母和朋友，就会觉得没有什么过不下去的。

你的父母正在为你打拼，这就是你今天需要坚强的理由。

完成任务的决心

在美国有位退伍军人，他在战场上负了伤，成了一个残疾的退伍军人。当他回到地方的时候，年龄也比较大了，再加上负伤，所以找工作变得非常不容易，很多单位都拒绝了他，而每一次他都迈着坚定的步伐，继续寻找可能的机会。

这一次，他来到了美国最大的一家木材公司求职，他被招聘人员挡在了门外，一口回绝。

这个时候，他通过几道关卡，终于找到了这个公司的副总裁，他非常坚定地对这位副总裁说："副总裁，我作为一名退伍军人，郑重地向您承诺，我会完成您交给我的任何任务，请您给我一次机会。"

副总裁一看他的年龄，一看他这个样子，像开玩笑似的，真的就给了他一份工作。那是一份什么样的工作呢？那是在美国中部的一个烂摊子。

在此之前，公司派了很多优秀的经理人，都没有把这个工作做好，因为在那里有恶劣的客户关系，公司的欠款长期不能收回，公司在那里的形象受到了损坏。

副总裁想：比你优秀的经理人去都不能完成这个任务，我不如卖一个人情，也让你自己证明你不是那块料。那位退伍军人说："我保证完成任务。"

第二天，他就奔赴那个市场，几个月之后，他从美国中部挽回了公司在那里的形象，捋顺了客户的关系，并且清欠了几乎所有的欠款。

在一个周末的下午，总裁把这位退伍军人叫到自己的办公室。跟他说："我这个周末要出去办一点事情，我的妹妹在犹他州结婚，我要去参加她的婚礼。麻烦你帮我买一件礼物。这个礼物是一个礼品店里非常漂亮的橱窗里的一只蓝色的花瓶。"他描述了之后，就把那个写有地址的卡片交给了那位退伍军人。那位退伍军人接到任务后，郑重地向他的老板承诺："我保证完成任务！"

这位退伍军人看到卡片的后边，有老板所乘坐的火车车厢和座位，因为老板跟他说，把这个花瓶买到之后，送到他所在的车厢就可以了。

于是这位退伍军人立即行动，他走了很长时间才找到那个地址，当找到地址的时候，他的大脑一片空白。因为这个地址上面根本没有老板描述的那家礼品店，也没有那个漂亮的橱窗，更没有那只蓝色的花瓶。

各位，如果是你，你会怎么做呢？

你会向老板这样说："对不起，你给我的那个地址是错的。所以我没有办法拿到那只蓝色的花瓶。"但是，这位退伍军人没有这样去想，因为他向老板承诺过：保证完成任务。

所以他第一时间想到给老板打电话确认，但是老板的电话已经打不通了。因为在北美周末的时候，老板是不允许别人打扰他的，通常老板的手机是不接电话的。怎么办？

时间一分一秒地过去了，这位退伍军人结合地图然后通过扫街的方法，在距离这个地址五条街的地方，终于看到了老板所描述的那家店，远远地望去，就是那个漂亮的橱窗，他已经看到了那只蓝色的花瓶。他非常欣喜，但他飞奔过去一看，门已经上锁，这家商店已经提前关门。

如果是你，你会怎么办？

你会说："对不起老板，因你给我的地址是错的，我好不容易找到，但人家已经关门。"

但是，这位退伍军人没有这样去想，因为他向老板承诺过：保证完成任务。

这位军人结合黄页和地址，终于找到这家店的经理的电话。当他打通电话之后说要买那只蓝色的花瓶。对方说："我在度假，不营业。"然后就把电话撂下了。

如果是你，你会说："对不起老板，人家不营业，我买不到。"你会找出一大堆的理由说明自己没有完成这个任务。

但是，这位退伍军人没有这样去想，因为他向老板承诺过：保证完成任务。

他在想，即使我付出惨重的代价，我也要拿到那只蓝色的花瓶。他想砸破橱窗拿到那只蓝色的花瓶，于是这位退伍军人转身去寻找工具。等他好不容易找到工具回来的时候，正好从远处来了一位警察，全副武装，那个警察来到了橱窗前面，站在那里居然一动不动。然后这个退伍军人静心地等待，等了好久，那个警察丝毫没有走的意思。

这个时候，这位退伍军人意识到什么，他再一次拨通该店经理的电话，他第一句话说："我以自己的性命和一个军人的名誉担保，我一定要拿到那只蓝色的花瓶，因为我承诺过，这关系到一个军人的荣誉和性命，请您帮帮我。"

那个人不再挂他的电话，一直在听他讲。他讲述在战场上是如何负伤的故事，因为在战场上承诺战友，一定挽救战友的生命，一定要把战友背出战场，为此他身负重伤，留下残疾。

那个经理被他感动了，终于决定派一个人，给他打开商店的门，把蓝色的花瓶卖给他。

退伍军人拿到了蓝色的花瓶，他非常开心。但这个时候一看时间，老板的火车已经开了。

如果是你，你会怎么办？

你会找出一堆的理由向老板解释："你给我的地址是错

的，我好不容易找到，人家已经关门。我遭遇挫折、经历磨难，终于拿到了这只蓝色的花瓶，但你的火车已经开了。"但是，这位退伍军人没有这么想，因为他向老板承诺过：保证完成任务。

于是这位退伍军人给他过去的战友打电话，他想租用一架私人飞机，因为在北美有很多人拥有私人飞机。他终于找到了一位愿意把私人飞机租借给他的人，然后他乘驾飞机追赶到老板乘坐的火车的下一站，当他气喘吁吁跑进站台的时候，老板的火车正好缓缓地驶进站台。

他按照老板告诉他的车厢号，走到老板的车厢，看到老板正安静地坐在那里，他把蓝色的花瓶小心翼翼地放到桌子上。然后跟老板说："总裁，这就是你要的蓝色花瓶，给您妹妹带好，祝您旅途愉快。"然后转身就下车了。

新的一周开始上班的第一天，老板把这位退伍军人叫到自己的办公室。跟他说："谢谢你帮我买的礼物，我妹妹非常喜欢。你完成了任务，我向你表示感谢。

"其实，公司这几年，一直在选一位经理人，想把他选派到远东地区担任总裁，这是公司最重要的一个部门，但之前我们在挑选经理人的过程当中，始终不能够如愿以偿。

"后来，顾问公司给我们出了一个蓝色花瓶测试选择经理人的办法。在选择经理人的过程当中，大多数人都没有完成任务，因为我们给的地址是假的，我们让店经理提前关门，我们让他只能够接两次电话，在过去的测试中只有一个人完成了任务，是因为他把橱窗的玻璃砸碎拿到了那只蓝色花瓶，我们觉得这跟我们公司的道德规范不符，没有录用。

"所以在后来的测试当中，我们特意雇了一位全副武装的警察守在那里。但是所有这些，都没有阻碍你完成任务的决心。你出色地完成了任务，现在我代表董事会正式任命你为本公司远东地区的总裁……"

决定你命运走向的潜在力量

十多年前，他初到美国，是个名不见经传的涂鸦画家。

为了生计，他随即进入工作状态，在洛杉矶市偶尔为人创作喷漆壁画度日，所得报酬虽然不多，尚可维持生活。然而在最初创业阶段，他并非总是幸运的，日子过得捉襟见肘。除去日常开支，他把节余的钱全部用来购买绘画工具和涂料。每天天一亮就出门，一边写生和创作，一边找活干，直到终于落下了脚。

7年前的一天，他接到一个"大活"后，前往位于加州的一家公司的总部接受创作任务。公司总裁亲自接待了他，并委托他为总部办公室的墙壁创作一些喷漆壁画。

他辛辛苦苦把公司总部每一个办公室的墙壁上都画好了喷漆壁画，公司总裁感到非常满意，然而就在交工收钱时。却突然变卦地给了他两种获得工钱的方式——要么，他直接可以收取几千美元的现金；要么，他也可以用这些工钱购买这家公司价值相等的原始股票。

他一听这话，内心即刻感到既沮丧又茫然。一个刚成立不到一年的小公司，前途未知，有何好前景？若是支付不起工钱可以明说，竟拿一个尚不知深浅的外国人开涮？他思忖片刻，这家公司既然穷到这份儿上了，又是在美国本土与美国人打交道，只好用自己应得的工钱买下了这家公司数千美元的原始股。

不久之后，他再次陷入穷困潦倒的境地，成了一名无家可归者，但他仍然没有放弃艺术创作。身在异国他乡，经历漫长忍耐和寂寞，他完全把用工钱买股票的事抛在了脑后。

时光荏苒，他在无论经历怎样的坎坷和困顿，都坚持创作和打拼之后，逐渐打入上流市场，不仅曾受雇于美国白宫为总统奥巴马创作海报，还为不少美国流行音乐人的畅销唱片设计封面等。

7年后的2012年2月1日，他在第一时间听说，美国最大的社交网站"脸谱"公司即将申请上市。其市场价值有望达到一千亿美元，以此计算，势必造就一大批千万甚至亿万富豪，成为继谷歌之后最牛的造富机器，而持有"脸谱"原始股的人士皆能以公司"顾问"员工身份而时来运转，一跃成为千万或亿万富翁。

他这才想起，原来在7年前的2005年，"脸谱"网站刚刚创立不久，他用工钱买下的正是时任公司总裁西恩·帕克推销给他的"脸谱"原始股，他也因此一夜暴富成为一名亿万富翁，被称为世界上"酬金最高"的在世艺术家。

他的传奇故事随即传遍天下。有人说他很精明，也有人说他很幸运，更有人说他是奇迹。但其实，比财富更重要的正是他在涂鸦艺术上的原始股。因为，对于他来说，近7年来经历的艰辛和困苦丝毫没有让人看出他的精明、幸运或奇迹之处，恰恰相反，时常相伴他的却是艰辛和执着、梦想和期待。

他是韩裔美国画家崔大卫，从一个外国流浪汉已然成为一名非常成功的美国涂鸦艺术家。这些原始股虽在当年只值几千美元，但是现在随着"脸谱"上市，他持有的原始股价值达到两亿美元。

而在没有成名、成就和成功之前，他人生中唯一的原始股就是涂鸦艺术。倘若没有涂鸦艺术作为他人生的一只"股"，他不可能拥有现在这么巨大的财富。

所以，在这个世界上，你的人生有没有原始股，拥有多少股，拥有怎样的股，才是决定你命运走向的潜在力量和成功的关键。

建造属于自己的梦

这是国外版的愚公移山的故事。我们为许多人缺乏远见而感到悲哀。但现实令我们又不得不承认，大多数人是生活在一个"提桶"的世界里，只有一小部分人敢做建造管道的梦。你是谁？提桶者还是管道建造者？

1801年，有两位年轻人，一个叫柏波罗，一个叫布鲁诺，他们是堂兄弟，住在意大利的一个村子里。

两个年轻人从小就是要好的伙伴，他们都有雄心勃勃的梦想。

他们常常没完没了地谈论，在某一天通过某种方式，让自己成为村里最富有的人。他们都很聪明而且勤奋，他们所需要的只是机会。

有一天，机会来了。村里决定雇用两个人把附近河里的水运到村广场的蓄水池里去。村长把这份工作交给了柏波罗和布鲁诺。

两个人各抓起两只水桶奔向河边开始了他们辛勤的工

作。当一天结束时，他们把村广场的蓄水池装满了。村长按每桶水一分钱付钱给他们。

"我们的梦想终于实现了！"布鲁诺大喊着，"我简直不敢相信我们的好运气。"

但柏波罗却不是这样想的。

他的背又酸又痛，用来提那重重的水桶的手也起了泡。他害怕每天早上起来都要去做同样的一个工作，于是他发誓要想出更好的办法，来将河里的水运到村里的蓄水池里来。

管道建造者柏波罗

"布鲁诺，我有一个计划，"第二天早上，当他们抓起水桶往河边奔时柏波罗说道，"一桶水才1分钱的报酬，却要这样辛苦地来回提水，我们不如修一条管道，将水从河里引进村里去吧。"

布鲁诺愣住了。

"一条管道？谁听说过这样的事？"布鲁诺大声地嚷道，"柏波罗，我们拥有一份很棒的工作。我一天可以提100桶水，一天就是1元钱！我已经是富人了！一个星期后，我就可以买双新鞋。一个月后，我就可以买一头牛。6个月后，我还可以盖一间新房子。我们有全镇最好的工作。我们这辈子都不用愁了！放弃你的管道幻想吧。"

柏波罗不是一个容易气馁的人，他耐心地向他最好的朋友解释这个计划，可惜的是这并不能改变布鲁诺的想法。于是柏波罗决定，即使自己一个人也要实现这个计划，他将白天的一部分时间用来提桶运水，用另一部分时间以及周末的时间来建造他的管道。他知道，要在像岩石般坚硬的土壤中挖出一条管道是多么艰难的事。因为它的薪酬是根据运水的桶数来支付的。他知道在开始的时候，自己的收入会下降。他也知道，要等上一两年，他的管道才能产生可观的效益。柏波罗坚信他的梦想会实现，于是他全力以赴地去做了。

不久，布鲁诺和其他村民就开始嘲笑柏波罗了，称他为"管道建造者柏波罗"。布鲁诺挣到的钱比柏波罗的多一倍，并常向柏波罗炫耀他新买的东西。他买了一头毛驴，配上全新的皮鞍，拴在了他新盖的两层楼旁。

他还买了亮闪闪的新衣服，在饭馆里吃着可口的食物。村民尊敬地称他为布鲁诺先生。他常坐在酒吧里，掏钱请大家喝酒，而人们则为他所讲的笑话格外地高声大笑。

小行动带来大成果

当布鲁诺晚上和周末睡在吊床上悠然自得时，柏波罗却还在继续挖他的管道。头几个月里，柏波罗的努力并没有多大的进展。他工作得很辛苦——比布鲁诺的工作更辛苦，因为柏波罗晚上、周末也还在工作。

　　但柏波罗不断地提醒自己，实现明天的梦想是建立在今天的牺牲上面的。一天一天过去了，他继续地挖，一次只能挖一英寸。"一英寸又一英寸……成为一英尺。"他一边挥动凿子，打进岩石般坚硬的土壤中，一边重复这句话。一英寸变成一英尺，然后10英尺……20英尺……100英尺……

　　"短期的痛苦带来长期的回报。"每天的工作完成后，筋疲力尽的柏波罗跌跌撞撞地回到他那简陋的小屋时，他总是这样提醒自己。他通过设定每天的目标来衡量自己的工作成效。他这样一直坚持了下来，因为他知道，终有一天，回报将大大超过此时的付出。每当他入睡前，耳边尽是酒馆中村民的嘲笑声时，他一遍又一遍地重复这句话："目光要牢牢地盯在回报上。"

时来运转

　　一天天、一月月过去了。有一天，柏波罗意识到他的管道已经完成了一半，这也意味着他只需提桶走一半的路程了。柏波罗把这多出的时间也用来建造管道。终于，完工的日期越来越近了。在他休息的时候，柏波罗看到他的老朋友布鲁诺还在费力地运水。布鲁诺的背驼得更厉害了，并由于长期的劳累，步伐也开始变慢了。布鲁诺显得很生气，闷闷不乐，好像是为他自己注定一辈子要运水而愤恨的样子。他在吊床上的时间减少了，却花更多的时间泡在酒吧里。当布鲁诺进来时，酒吧的老顾客们都窃窃私语："提桶人布鲁诺来了。"当镇上的醉汉模仿布鲁诺弓腰驼背的姿势和他拖着脚走路的样子时，他们都咯咯地大笑。布鲁诺不再买酒请大家喝了，也不再讲笑话了。他宁愿独自坐在漆黑角落里，被一大堆空酒瓶所包围。

最后，柏波罗的重大时刻终于来到了——管道完工了！村民们簇拥着来看水从管道中流到水槽里！现在村子里有源源不断的新鲜水了。附近其他村子里的人也都纷纷搬到这个村子中来，于是这个村子发展和繁荣起来了。管道一完工，柏波罗便再也不用提水桶了。无论他是否工作，水都一直源源不断地流入。他吃饭时，水在流入；他睡觉时，水在流入；当他周末去玩时，水还在流入。流入村子的水越多，流入柏波罗口袋里的钱也就越多。

管道建造者柏波罗的名气大了，人们都称他为奇迹创造者。政客们赞扬他的远见，还恳请他竞选市长。但柏波罗明白他所完成的并不是奇迹，这只是一个宏伟梦想的第一步。知道吗，柏波罗的计划大大超越了这个村庄。

柏波罗计划要在全世界建造管道！

招募他的朋友帮忙

管道的建立使提桶人布鲁诺失去了工作。看到他的老朋友向酒吧老板乞讨酒喝，柏波罗的心里很难受。于是柏波罗安排了一次与布鲁诺的会面。"布鲁诺，我来这里是想请求你帮忙的。"布鲁诺挺起腰，眯着他那无神的眼睛，声音沙哑地说："别挖苦我了。"

"我不是来向你夸耀的，"柏波罗说，"我来向你提供一个很好的生意机会。我建造第一条管道花了两年多的时间。但这两年里我学到了很多！我知道该使用什么工具、在哪里挖、如何连接管道。一路上我都作了笔记，我开发了一个系统的方法，能让我们建造另一条管道，然后另一条……另一条……

"由我自己来做，一年可以建成一条管道。但这并不是利用我的时间的最好方式。我想做的是教会你和其他的人建造管道……然后你再教其他人……然后他们再教其他人……直到管道铺满本地区的每个村落……最后，全世界的每一个村子都要有管道。"

"只要想一想，"柏波罗继续说，"我们只要从流进这些管道的水里赚取一个很小的比例，而越多的水流进管道，就会有越多的钱流进我们的口袋。我所建的管道不是我们梦想的结束，而仅仅是开始。"

布鲁诺终于明白了这幅宏伟的蓝图。他笑了，向他的老朋友伸出他那粗糙的手。他们紧紧地握住对方的手，然后像失散多年的老朋友那样拥抱。

提桶世界里的管道梦

许多年以后，尽管柏波罗和布鲁诺已退休多年了，他们遍布全球的管道生意还是把每年几百万的收入汇进他们的银行账户。他们有时会到全国各地旅行，也会遇到一些提水桶的年轻人。

这两个一起长大的好朋友总是把车停下来，将自己的故事讲给年轻人听，启迪他们建立自己的管道。一些人会听，并且立即抓住这个机会，开始做起管道生意。

但悲哀的是，大部分提桶者总是不耐烦地拒绝了这个建造管道的念头。柏波罗和布鲁诺无数次地听到相同的借口：

"我没有时间。"

"我朋友告诉我，他认识的一个朋友的朋友试图建造管道，但失败了。"

"只有那些很早就开始动手的人才可以从管道那里赚到钱。"

"我这辈子一直都是提水桶的，我只想维持现状。"

"我知道有些人在管道的骗局中亏了钱，我可不干这个。"

柏波罗和布鲁诺为许多人缺乏远见而感到悲哀。

但他们也承认，他们是生活在一个"提桶"的世界里，只有一小部分人敢做建造管道的梦。

任何事情做好了，都有前途

她出生于日本东京一个普通的家庭，十岁那年，父亲不幸去世，生活的担子便落在了母亲的身上。高中毕业后，为了减轻母亲的负担，她毅然放弃了学业，尽管她的学习成绩十分优秀。接着，她像所有平凡的女子一样，找工作，谈恋爱，结婚，生孩子，然后辞职回家，相夫教子，做一个全职太太。

时间一晃，三年过去了，此时她已是两个孩子的妈妈。由于家庭开销大，而她丈夫的薪水又不高，生活常常捉襟见肘。为此，她决定出去找份工作，补贴家用，等攒够了钱，再买一套房子，将母亲接到自己身边来。这些年母亲为了她，吃了太多的苦，受了太多的罪，让母亲过上好日子，是她理所应当做的。

正当她准备四处求职时，表妹找上门来，给她介绍了一份工作，这份工作就是推销人寿保险。当时表妹怕她不答应，就骗她说是做事务员，只需打打字，算算账，就可以拿到10万日元的月薪。这个数字对她来说是很有吸引力的，无异于雪中送炭。她对表妹感激涕零，当即就答应了下来。谁知上班后才发现，自己做的工作实际上就是推销员。

对于推销员这个词她是十分反感的，尤其是人寿保险，因为在日本，保险业被人们戏称为"寡妇"，意思是一无可取者和别无所长者的工作，换句话说，卖保险的都是一些走投无路的无能之辈。这对她来讲简直是一种侮辱，她是一个有一技之长的人，并且以前在单位里还是一个不大不小的头目。

她有一种上当受骗的感觉，将表妹狠狠地骂了一顿，并打算离开第一生命株式会社。母亲知道这件事后，打电话对她说："傻孩子，任何职业都没有高低贵贱之分，无论什么行业，只要你做好了，做到第一，都会有光明的前途。从某种意义上来说，你认为比较好的职业，别人同样认为好，大家都往里面钻，竞争往往十分激烈，最不容易做出成绩来；而你不看好的职业，别人也同样不看好，那么竞争相对就要弱许多，以你的资质，或许能在保险界干出一番大事业来！"

在母亲的鼓励下，她对保险业有了新的认识，决心扎下根来，脚踏实地做好这份工作。常言说："打虎亲兄弟，上阵父子兵。"她觉得要卖好保险，首先得从自己的亲戚、朋友、熟人做起，那比"陌生拜访"要容易得多。于是，她给所有认识的人分别寄了一张明信片，并在上面附言："也许你很讨厌保险业务员！但是为了我的学习，请您务必赐见。"让她做梦也没想到的是，她一下子就成功签下了187单业务。没过多久，她又通过以前单位社长的帮忙，签下了3000万日元的订单，公司的领导和同事都对她这个新人刮目相看。

为了取得客户的信任，每年感恩节，她都会给客户送上一只火鸡；每逢客户遇到什么困难，她总是积极地伸出援助之手。她的真诚、热心和爱心赢得了客户的尊重，也为她保险业的发展铺平了道路。随后，她做得顺风顺水，每年的业绩都相当于公司804名推销员的总和，连续16年蝉联日本保险销售冠军，并创下了世界寿险销售第一的辉煌业绩，荣登吉尼斯世界纪录。

她就是被誉为"日本保险女王"的柴田和子，每年的收入高达17亿日元（折合人民币约3亿元）。在全球寿险界，柴田和子堪称是一个传奇人物，只要人们谈到寿险销售成绩，总会不由自主说"西有班·费德雯，东有柴田和子"。在成就事业的路上，柴田和子始终坚信母亲说过的话："任何事情，只要做好了，都会有前途，哪怕是让人看不起的保险推销员。"

不从众，才会出众

葡萄籽外壳坚硬，牲畜不吃，沤粪不烂。甚至有厂家专门给种植户签订协议，只收葡萄，葡萄籽归种植户拉走。处理掉这些堆积如山的葡萄籽，厂家一年不知要"垫"进多少费用。

在北京发展的郑州女孩张丽雯却不这样认为，她说："葡萄籽不是垃圾，而是放错了地方的宝贝！"

既然是宝贝，那些堆积如山的葡萄籽，张丽雯都全要了。消息传出后，北京市大大小小的葡萄酒厂老板都乐滋滋地找上门来，只要张丽雯收下一文不值的葡萄籽，都答应长期免费供应。

男朋友一时惊呆了！他万般阻挠，并骂张丽雯："这是傻子才肯作出的决定。人家都弃之不要的废物，你却这样看好！"

"不从众，才会出众！越是别人不看好的葡萄籽，就越有商机。"张丽雯看着一脸焦急的男友，不忘幽默地开了一句玩笑："这是商机！暂时保密！"

2009年8月，张丽雯说服男友，并一起筹资300万元从法国采购回来一套压榨设备，建起了"葡萄籽榨油厂"。

葡萄籽能榨油？直到这个时候，人们才知道张丽雯所说的"宝贝"，原来是把葡萄籽加工成葡萄籽油。

原来拿到农业大学硕士学位的张丽雯，和在法国留学的同学取得了联系。她的同学在世界著名葡萄酒产地法国波尔地区打过工，同学告诉她：葡萄籽能榨油！听到这个爆炸性消息，张丽雯高兴得一夜未合眼。同学还告诉她，葡萄籽油内含有4%左右的花青素，花青素具有很好的美容养颜的作用。亚油酸含量在70%左右，还含有维生素E、维生素A等多种人体需要的营养素。葡萄籽油甚至比花生油的价值还高，在国外广为销售。

2010年初，葡萄籽油一上市就成了抢手货。由于产品不愁销路，原料又不花钱，这一年张丽雯就赚了500多万元。

一下子赚了个盆满钵满的张丽雯，又遇到了新的麻烦——机器剥离出来的葡萄籽外皮渐渐堆成了一座小山。相信葡萄籽不是垃圾的张丽雯，更不相信葡萄籽外皮成不了宝贝。男友又急了：别瞎折腾，葡萄籽外皮又榨不出什么油，把它当垃圾扔了吧！

谁说葡萄籽外皮是垃圾，它同样是放错地方的宝贝！张丽雯又一次搬出了自己不一般的看法。这次，熟悉张丽雯的人，都等着看她的笑话，认为张丽雯从葡萄籽外皮上再也折腾不出什么新鲜玩意儿来了！

用葡萄籽外皮和杏仁壳混合，经过高温炭化、活化后加工成活性炭，每吨活性炭市场价1.5万元。这是中国农科院的专家替张丽雯支的着。一堆无人问津的葡萄籽外皮垃圾成了每吨1.5万元的活性炭！每一个人听了，都难以置信。张丽雯没有就此止步，她还要在活性炭上做文章。活性炭具有韧性强、不易变形的特点，将它压制成炭板后进行艺术加工，可成为市场上一个独特的卖点，每年仅炭雕艺术品一项，张丽雯就能卖到上百万元。

从葡萄籽到葡萄籽油，从葡萄籽外皮到活性炭以及炭雕艺术品的开发，葡萄籽的"油"可谓被张丽雯彻底"榨"干了。到2012年6月，短短的3年时间内，张丽雯从废弃的葡萄籽中挖掘出了2000多万元的惊人财富。有人问：一粒咬之不烂，吞之无味，弃之不惜的葡萄籽，你是如何看好它的开发前景的？张丽雯说："不从众，才会出众！当所有的人都把葡萄籽看成是垃圾时，我却说它是放错了地方的宝贝！"

所以张丽雯成功了！

朝着心中的目标努力

我曾经收到一封大学生的来信，大致意思是说他有一个很好的创业计划，但苦于得不到资金，迟迟无法付诸实践。他在信中说，希望能找到某位有钱的大人物，给自己投资100万元——在他的逻辑里，钱是实现理想的前提。

当然也有人不这么看，比如一个叫乔小刀的家伙。他说，不要等有钱了再去创造你的梦。那些想着攒够了钱再开始执行梦想的人，也许一辈子都走不出第一步，因为钱从来没有够用的时候。对于缺乏足够的创业资金的人来说，就得着眼于降低成本的方式。不要想着一开始就十全十美，只要有一种敢于接受瑕疵的心态，钱的障碍自然就降低了。

乔小刀现在的身份比较复杂——纪录片导演、音乐厂牌"微薄之盐"创始人、民谣歌手、演出策划人等。而在13年前，这个揣着400元，从老家来到北京闯荡的年轻人最早的工作是电焊工。

在《好的生活没那么贵》这本书里，乔小刀回忆了这个过程。

刚到北京的时候，每天下班之后，乔小刀会骑着30元买来的旧自行车去书店，到设计类书架前翻阅。看得多了，他发现装置艺术和抽象艺术与自己每天做的焊接工作很相似——如果一些零件摆在面前，不按既定的工艺焊接，而是按照自己的想法组合，一件前卫的作品不就出来了吗？于是乔小刀开始留意路边的垃圾堆和角落里的废弃物品，用从书里学来的抽象艺术的概念去审视它们，在脑子里试想着把它们组合起来能做成怎样的作品。

后来，他用了500元和一个月的时间，完成了80件作品，并且非常成功地举办了一次小型个人作品展。这些作品的素材包括：被人扔掉的旧拖布、被砸扁的油灯、餐馆里扔掉的鸡头、从地里挖出来的烂木头等，甚至他还用破打字机里的零件和熨斗，拼装成一件可以敲击的乐器。

他说，只要向生活弯腰，就能捡拾风景。

多年之后，乔小刀在很多场合都会这样鼓励年轻人：有想法就去做，试着去做。对他来说，不断冒出新的创意，并且不断试着把这些点子付诸实施，这就是最好的生活体验。

其实，对于"好的生活"，每个人的理解也不尽相同。你当然可以认为开豪车、住别墅、拎名牌包包的生活是美好的，而这样的生活必然是昂贵的。确实，现实生活让人们越来越功利，急吼吼地往前赶，很多时候我们不得不放下心中的梦想，拼尽全力去争夺能看得见的利益。只是当这一切统统过去之后，回过头，我们本以为梦想还在，可它早已不是当年的模样了。

所以，这个"用一万元可以出版一张唱片，三千元足够制作一部纪录片"的人就显得格外可爱。他用一次次的亲身经历告诉我们，钱从来不是实现梦想的绊脚石，只要你怀揣信念，并且愿意不断朝着心里的目标努力。

好的生活，真的没有那么贵。

一个落榜少年的现实漂流

　　李安，一位享誉世界影坛的大导演，在第85届奥斯卡颁奖礼上再次获得"最佳导演奖"，影片《少年派的奇幻漂流》也成为颁奖礼上的最大赢家。可以说，李安是一个电影奇才，可他在高中时代的表现并不突出，曾两次高考落榜。最后，他考上一所专科学校，走上了影视之路。

　　1954年10月23日，李安出生于中国台湾。家里有4个孩子，他是最顽皮的一个。李安的父亲说，李安从来都不闲着，不是出去乱跑就是在家里乱钻，身上经常受伤，青一块紫一块的。李安小时候身体并不怎么好，经常生病，但即使病倒了，他也玩心不改，惹得母亲直跟他生气。

　　李安出生时体重很轻，弟弟长得都比他结实。李安7个月大时，两个姐姐出了麻疹，他也被传染上了。当时，父亲刚好调到台东女中工作，这是父亲第一次升任校长，把时间全部用在工作上了，对家里照顾不周，结果，李安从此落下了肠胃的毛病，体质就更不好了。后来，全家人搬到了台东，刚一落脚，父亲又接任花莲师范校长，于是全家人又搬到花莲，在那里住了8年。李安10岁时，父亲再次调任台南二中当校长。可以说，李安的童年是在不断地搬家中度过的。

小时候，李安瘦小而多病，在花莲时，如果他连着两个星期不去打点滴，医生都会感到奇怪。那个年代，有一种营养品叫"胖维他"，李安吃了不少，可是一点效果都没有，父亲曾戏谑地说："胖维他都让你给吃得变成瘦维他了。"

上了高中以后，李安的体质有所改善，虽然还很瘦小，但不怎么生病了。老师说他发育晚，因为他的身高才150多厘米。个子虽然矮了点儿，可李安的人缘特别好，周围的人都很喜欢他。

高中是紧张而忙碌的，李安的成绩一直名列前茅。然而高考时，李安发挥得并不好，差6分与大学无缘。落榜给他带来不小的打击，他觉得自己特别没面子。父亲是高中校长，对他有着潜移默化的影响，他征求了父亲的意见后，决定去复读。然而，第二次高考也不顺利，在考数学的时候，他因为过于紧张，腹痛头涨，豆大的汗珠从额前滴下。后来，他甚至不能待在考场里继续答题了。根据规定，复读生再次参加高考时还得扣分，结果李安这次又没考上。发榜时，李安再也控制不住自己的情绪，他趁家里没人就跑了出去，直到晚上也没回家。父母下班到家，看到李安不见了，急得不行，到处寻找。只有弟弟猜到了他的去向，就骑着自行车，骑了1个多小时，赶到安平海边。很快，弟弟就发现了他的自行车。弟弟看着他的背影，大声地喊着。当时，李安甚至已有了最坏的想法，想一死了之，幸好弟弟及时赶到了。

回家后，没人敢惹他，都怕触到他脆弱的神经。母亲给弟弟分配了任务，哪儿也不许去，就在家里陪着哥哥。

复读的第二年，黄重嘉老师对李安的帮助很大。当时，黄老师也就二十几岁，帮他补数学，就像朋友一样。他们还一起听古典音乐，一起谈论文艺。李安谈到黄老师时说："他对我那么好，我的数学成绩却一直提不上来，真觉得没脸见他。"黄老师知道李安的成绩后，专门到家里来家访，他还帮李安准备专科考试。可是，李安的情绪一直没有稳定下来，他甚至当着老师的面，把桌上的台灯和书本推到地上。面对这样的学生，黄老师不但没生气，反倒安慰他："不读就不读，放心去考。"有了两次失败，李安反倒把考试看淡了，本来没抱太大的希望，却考出了优异成绩。在考数学的时候，他也没有紧张，考了68分，进入了艺专影剧科。李安在这所专科学校开始接触艺术，并有了日后的成就。

在艺专，李安学的是戏剧和美术，父亲虽然支持他，心里却一直很矛盾。在他的观念里，学艺术远不如学理工科。可是，他又不忍心打击多次受挫的儿子，只能强作欢颜。

很快，李安就从高考的阴影里走出来，融入新的学习生活。他是校内的活跃分子，又是文艺骨干，还多次参加环岛巡回公演，甚至到工厂里表演舞台剧。那时候，同学们的兴致很高，都把表演当作人生的一大乐趣。大家穿着戏服，搬着道具，载歌载舞，好不热闹。但每次回家后，李安总会收敛许多，他怕父亲责怪自己。父亲看到他黑瘦的模样，就在饭桌上开训："什么鬼样子！"李安要是听不下去了，就会把碗筷往桌上一放，直接回自己的房间。这种沉默的反抗，一度让他们父子间的关系异常紧张。后来，父亲一直想让他留学，希望他能拿到学位，成为戏剧系教授。然而，李安并没有按照父亲的意思去规划人生，而是一心做自己喜欢的事。

毕业离开艺专后，李安有了更多的展示机会，并尝试拍戏，最后到了一发不可收的地步。他的第一部作品《推手》就获得了中国台湾金马奖"最佳导演奖"等8个奖项的提名。他还曾获奥斯卡金像奖和金球奖的"最佳导演奖"，担任过威尼斯国际电影节评委会主席。2013年2月25日，第85届奥斯卡颁奖礼在美国洛杉矶举行，李安凭借《少年派的奇幻漂流》再次获得了"最佳导演奖"，影片还以"最佳摄影""最佳配乐"和"最佳视觉特效"三个奖项，成为颁奖礼上的最大赢家。

这就是李安，一个落榜少年的现实漂流！

真正优秀的人，从来不怕成功迟到

　　高考一结束，便接到一位学生的电话："老师，我感觉自己考得还不错，上清华北大可能有点小问题，但香港中文大学、浙大应该没问题……"我很欣慰，也为他感到开心。我的这个学生，去年高考超过一本线90分，却因填报志愿出了问题，没有被心仪的大学录取。

　　他决心再复读一年，许多人劝他：算了吧！复读一年就有点迟了。况且录取你的那所大学也不错，何必白白浪费一年的时间。但他坚持自己的想法，因为他相信：再复读一年，虽然会迟一年上大学，但他会考得更好。能上心仪的大学，这才是他想要的人生。

　　你看，那些优秀的人，在得失取舍面前，总是盯着最主要的目标，哪怕时间上延迟一点，也在所不惜。他们不迁就，不敷衍，按照自己的节奏，抵挡住眼前的诱惑，朝梦想的目标一步步迈进。他们用时间换空间，换来了更广阔的发展前景。

我有个同事，能力超强，年纪轻轻便得到提拔。但有一天，他因经济问题被免职，一时间令人唏嘘不已。然而，免职后的他并没有因此放弃。几年后，经过不懈努力，再次得到提拔重用。

原来，这几年他一边努力工作，一边总结教训，卧薪尝胆，给自己申冤。他被人诬告，别人利用虚假材料，蒙蔽了当时的办案人员，结果给他造成不可挽回的影响，浪费了几年大好时间。大家谴责诬告者时，他淡淡说了句：好事多磨不怕迟。

那些优秀的人，并不是一帆风顺的，在困难挫折面前，他们能沉下心，忍受所有的委屈，抛弃眼前的诱惑，放慢脚步，砥砺前行。在别人匆匆赶路时，他们不怕迟，不为自己的迟找借口，只为自己的理想去奋斗。

生活中，每个人的起点不同，有些人千辛万苦，才来到北京，有些人生来就在北京；很多时候，你穷尽一生，也仅仅达到别人的起点，甚至还达不到别人的起点。我们能做的是：不要过于斤斤计较起点高低，告别过去的自己，让现在的自己优于过去的自己，让自己在忍耐等待中变得更强大。

其实，每个优秀的人，他们都不怕迟，因为他们都具有一种优秀的品质：延迟满足。所谓延迟满足，就是甘愿为更有价值、更长远的结果，放弃即时满足的抉择取向，以及在等待中展示的自我控制能力。在追求的过程中，他们在储备个体的业务能力，完成各种任务，协调人际关系，为适应社会做了各种准备。

20世纪60年代，斯坦福大学米歇尔教授做了"延迟满足"实验。

多年以后，又做了详细调查，那些能够"延迟满足"的孩子，能够更好地调节自己的行为，抑制冲动，抵制诱惑，坚持不懈地保证梦想目标的实现。所以，人的命运轨迹是高是低，很大程度上与你面对诱惑时，能否做出延迟有关。

其实，"延迟满足"不仅适用孩子成长，也适用成人世界。延迟满足，让你表面上比别人更委屈，因为你要控制及时享乐的欲望，放弃眼前的诱惑，需要花更多的时间，付出比别人更多的血汗，在慢慢等待中煎熬。

成功不分先后，不必羡慕别人在舒适区享受，只要你在努力，每一天都会离成功更进一步。成功，永远不怕迟。

坚守一颗执着的心，不急不躁，按照自己的节奏生活、工作，即使迟一点，你也终会实现心中的梦想。

第三章
逆风飞翔，寻梦远方

世上并没有纯粹的无意识行动，只要我们善于去寻找，都能从内心找出行动的原因。

——让·雅克·卢梭

最重要的是超越自己

运动员大概生来就要让人绝望：如果你是浪里白条，却不幸与游泳健将菲尔普斯同场，你的位置从望其项背到望尘莫及，最后是神龙见首不见尾，波心只管荡，冷月自无声；或者你天生神力，但你的对手是土耳其举重神童穆特鲁，你青筋直暴，你大吼一声，你竭尽全力，你只差没吐半口血。他却气定神闲，一抓成功，还俏皮地冲你吐吐舌头。

各行各业都一样：出身贫寒的高斯，显然从来没参加过培优、奥赛，但他十岁就发现了等差数列公式，震惊学界；而年仅七岁的骆宾王——别忘了，中国人是计算虚岁的——在牙牙学语了"鹅鹅鹅"三个字之后，脱口而出"曲项向天歌"，从此不朽。

有一首诗这样说："书到今生读已迟。"确实是迟了。有些人携带着前世的记忆，有些人生而知之，还有些人根本就是鲤鱼精转世、小龙王附体。大部分运动员，金牌不会与之有关；绝大多数科学家，牛顿是牛顿，他是他。就好像现在的我，痴于音乐，却明白斯德哥尔摩音乐厅的大门永远不会为我打开。我该怎么做，永远放弃与音乐的情爱吗？

我最近在看李长声的《日边瞻日本》，他在里面说某作家："没什么名气，像众多的作家一样，是给著名作家和流行作家垫底的，不然，就那么几本名著或畅销书可构不成文坛。"我就笑起来，像在说我一样。

有一段时间，我很质疑自己的写作。

几乎所有的父母，在亲子论坛上说到自己的孩子，都是"聪明、活泼、健康"，哪里有这么多聪明人？行年至此，我已经明白我其实没有才华。承认这个，令我难堪，但我决定对自己诚实。我写了这么多年，我写得又不好。这世上的垃圾书已经满坑满谷，多我一本意义在哪里？我何必要写？

后来有一次，我走进人生的幽林，最痛楚的时候，是阅读给我以安慰。我不能看艰深的著作，因为痛令智昏，我的脑子不够用了。我就随便看那本杂志上的心灵鸡汤，某一日忽然被杂志上的一句话击中，掉下泪来。

那一刻我明白了：只要我曾经安慰过一个人，有一个人，从我的写作里得到过益处，因我的文字哭泣，我就没有白写，不算白来世上一遭。而我，深爱这个行业，像爱有夫的罗敷，不愿意还卿明珠双泪垂，愿意一直一直追求下去。

银牌也需要有人拿，在人生的赛场上，最重要的是超越自己。永不言弃，永不言倦，永不言辱，永不言败。

看得越淡越幸运

　　烦恼和痛苦皆因贪婪自私所致，在纷繁的大千世界里，应当保持一颗平常心，把很多东西看得淡些。

　　把金钱看得淡些。一个人活得是否有意义、有价值，并不在于他拥有多少财富，而在于他对社会有多大贡献。即使广厦千间，无非夜眠八尺；若得良田千顷，也就日食一升。人一旦失去了自由甚至生命，财富再多，也不过是镜中花水中月。

　　把幸运看得淡些。幸运是个水性情人，它对谁都露出迷人的笑容。而无论是谁，都无法始终牵着幸运女神的手漫步人生的旅途。

　　把烦恼看得淡些。痛苦与悲伤有它不可抗拒的规律，不幸和坎坷是生活中必然要出现的音符。只有看淡烦恼，走出情绪的阴霾，你才会见到晴朗的蓝天。

　　把得意看得淡些。谁还不曾有过鼓浪扬帆、指点江山的得意，关起门来，人人都可孤芳自赏一番。过高地看重顺境，将会使你的心灵犹如玻璃一般脆弱，尽管它显得那么光洁、坚硬，却经不起暴风雨的叩击。

把失意看得淡些。纵然有凄风苦雨般的酸楚，也会有月挂高天的明朗。生活犹如一面镜子，你对它哭，它会映你以哭相；你对它笑，它便还你以笑脸。坚忍的毅力总能绽放傲雪的冬梅。

把赞赏看得淡些。有些溢美之词未必是出于真心，因此，你认为自豪的，在很多人看来却微不足道。再说，过分看重这些，其实是自我欺骗，活得太累。不如挺起腰杆，干一番对得起良知良心和人生的事业。

把嫉妒看得淡些。尽管它有时会像恶魔一样缠得你心绪不宁，但这恰恰说明了你的才干和业绩得到了别人的承认。木秀于林，风必摧之。倘若你是傍着秀木而生的小草，连风都不会理你，那怎么能够体现你的生命价值呢？

把华发看得淡些。脸上的皱纹是生命的年轮，是生活的感悟，是智慧的飘逸。人之秋并不可怕，可怕的是孤独寂寞及沉睡不醒的心灵。

把疾病看得淡些。倘若没有病痛，人便会少了免疫力和缺乏另一种体验。有人重病缠身依然乐观开朗充满活力，有人身强体健却累垮了心灵。

朋友，把世间一切都看得淡些吧。如此，你才会在生命的旅途上轻装驰骋；如此，你的生命之树才会常绿常青。

把握好每一次机遇

不知道从什么时候开始，我们都变成了路上那个匆匆而去的背影，似乎每个人都很忙，忙得像一只一刻都不能停止旋转的陀螺，步履匆匆，无暇他顾。没有时间与家人一起吃顿饭，没有时间与朋友论道、聊会儿天，忙工作，忙升职，忙挣钱，来不及细品生活的滋味，来不及静候时光的飞逝。

刷朋友圈，看书看报，一目十行，囫囵吞枣，没有耐心去体会文章中人物的心境变化，更没有心情去领悟文章中风物人情的细致。看书看报看微信只读标题，变成了名副其实的标题党，因为忙乱，所以心安理得地停留在浅阅读的层面上。

出门旅行，喜欢跟团观光，因为可以省去旅途中的诸多琐事的烦恼，比如订票、住宿等问题。只要带上身体，像行军打仗一般，混在人群之中，来去匆匆，上车睡觉，下车拍照，到地儿购物，看过什么，当然是不知道了。

上网浏览，多数是瞅瞅大标题，很少会点击进入，哪怕大标题再揪心再刺眼，也不会随便点击，被忽悠的时代已经渐去渐远，淡定漠然，脸上挂着洞悉一切的微笑；喜欢挂QQ（即时通信软件）群、挂微信群，却不说话，喜欢刷新却不点击，喜欢围观微博，却不评论。

经常给父母打电话，却很少回家。打个电话问候一下，便心安理得，方便快捷省事儿，代替了回家开车堵车的心烦与纠结。能够听听儿女的声音，当然也很好很幸福，但天下父母最盼望的事情，还是能够和自己的孩子一起吃顿饭。

经常和朋友聊天，聊过之后却不知所云。朋友遍天下，打开手机，朋友有几十个甚至几百个，永远不知道哪个朋友会在什么时候和你见面聊天说事儿，就算见过面，聊过天，仍然会把朋友甲当成朋友乙，把朋友乙当成朋友甲。

天天和爱人一起吃饭睡觉，却记不得她前一天说过什么话，记不得她今天换了什么衣服和发型。似乎每一天都很忙，似乎每一天都在追赶什么，可是若要较起真来，问自己在忙什么，追赶什么，又无从作答。

真的不知道从什么时候开始，我们都变成了路上那个匆匆而去的背影，看不见路边开满鲜花的树，忽略了小桥流水的灵秀，来不及去品味亲情之暖、爱情之美、友情之甘，来不及品味生活中种种细节带给我们的感动。

半夜醒来，瞪着天花板茫然之际，忽然看见自己，一个人踽踽凉凉，向前独行，有些孤单，有些凄惶。这些年来，身体一直在朝着一个方向不停地奔走，而灵魂却一直在不远处若即若离。说话，不过大脑；做事，只是应对眼前。不知道自己想要什么，也不知道自己想去哪里。仿佛什么都想要，却一直是两手空空。仿佛哪里都想去，却一直停留在原地。

古印度有一句谚语：请走慢一点，等一等灵魂。不知不觉中，我们在生活中背离了自己，说着言不由衷的话，做着并不从心的事儿，被诸多的欲望追赶着脚步，没有幸福感，没有方向感，茫然而混沌，不知快乐为何物。

浅草没马蹄是一种闲情，采菊东篱下是一种意境，请带上灵魂赶路，请带上心生活，不妨试一下，生活肯定会变成另外一番景象。

社会"一切向钱看"的导向，已经使人迷失了方向。为了权、钱铤而走险，生命之本却封尘永久。爱恨情仇，痛苦中不可终日。工作上高指标高压力，无暇顾及真正的生活与生命的意义……

惊醒吧！生命不是这样用来虚度与浪费的。请认真地过好每一天，把握好每一次机遇，因为生命真的经不起等待。放下所有的欲望，认真体会一下生命深处的声音。让生命的本真主导自己，付出真心的爱，给予真心的爱，才会体会到人生处处之鲜花，事事之美好！

脚踏实地地做好每一件小事

一

我有个朋友特别有意思。大学毕业后进了一家报社实习，其间，他一直抱怨领导不给他上稿的机会，觉得自己就是怀才不遇。为此，他觉得领导根本没有眼光。

有一次，他指着报纸上的一篇稿子和我说："你看到了吗，这么烂的水平，领导就让上稿，我的水平比这强多了，但却没有机会，真是愁死了。"我劝他冷静下来等等机会。

后来，领导派他去做一个采访，他非常高兴，因为大展拳脚的机会终于来了。可是采访完了后，他突然发现自己根本不会写稿，不是逻辑不行，就是结构有问题，不是语言不行，就是风格有问题。这一刻他终于明白自己的水平存在极大的问题。

很多时候，我们抱怨自己怀才不遇，觉得目前的工作根本配不上我们，只要给我们个机会，就能一飞冲天。我们一直以为自己缺机会，缺伯乐，所以才没发展成自己想要的那个样子，但凡有了机会，就能一鸣惊人，但当机会来了的时候，我们却又不知所措。

与其一直抱怨自己怀才不遇，还不如认真努力，提高自己的技能，克服困难，如果你这样坚持下来肯定会有出头的机会。

二

同学小王就是个一直抱怨自己怀才不遇的人。

他是一家房产策划公司的老文案，大学毕业后，他就在这家公司干，看着身边的同事一个个升职加薪，小王心里愤愤不平，他觉得经理就是故意的。

他在微信上和我说："和我同期进来的同事都升职加薪了，很多人学历没我好，能力也就那样，不知道领导是怎么想的，我真是怀才不遇啊。"

刚来单位的时候，小王心比天高，发誓一定要混出一些名堂。很多基础的工作他根本不屑于做，好高骛远，总觉得以自己的能力应该做更重要的事。因为刚来单位，领导不敢把重要的工作交给他，每次都会给他一些小活儿，小王就马马虎虎地应付了事，时间久了，领导再也不给他活儿了，他自然也失去了表现的机会。

有人说，怀才就像怀孕，时间久了才能看出来，一个人只要认真努力地做，自然会得到领导的赏识，倘若你有真本事，那么一定会得到领导的重用。

千万不要好高骛远，抱怨自己怀才不遇，这样只会让自己更加被动，失去原本应该有的机会，到最后一事无成，虚度了光阴。

其实，这个世界上压根就没有怀才不遇。怀才不遇不过是你自己的一厢情愿。抱有这种想法的人，基本没有什么大本事。

三

一个一直抱怨自己怀才不遇的人，必然不会有一份好的前程，因为从未在自己身上找问题，也不相信结果是自己造成的，更不会踏实地做好眼前的事，觉得这些小事对自己来说太low（低水平）了。在别人的进步中，不断地用怀才不遇安慰自己。

事实上，抱有怀才不遇态度的人对自己极度不负责，他一直在寻找机会，但从未为这个机会做好应有的准备，一旦获得渴望的工作，就会漏洞百出，彻底露馅。

怀才不遇看似很有道理，但这不过是自我安慰的一种精神胜利法。一直抱有这个态度的人，根本无法认清现实。

　　对于这一点，朋友小李深有感触，他和大学同学进入同一家单位，两人专业水平都差不多，但是同学会认真完成老板交代的工作，而小李则一直在抱怨，他觉得老板安排的工作太小儿科了，所以根本不想做。后来，同学越做越好，深得老板赏识，而他却被炒了鱿鱼。

　　抱怨怀才不遇的人可能不会觉得小事有多重要，你要知道每一件大事都是由无数件小事组成的，只有脚踏实地认真做好小事，你的"才"才会慢慢地凸显出来，才会得到重用。

　　这世上没有怀才不遇的人，只有怀才不够的人。

叫醒沉睡的自己

一

我辞掉过一份让很多人羡慕的工作。

那个工作真是应了传说中那句"钱多事少离家近"的职业梦想：待遇不错，打车上班只需要20分钟，不需要朝九晚五地打卡，完美错过早晚出行的高峰期。每天睡到自然醒，上午十点多起床晃晃悠悠到公司，吃个饭，实际工作时长没几个钟头。同事们互相交流着在追的剧和新学会的蛋糕烘焙法，轻松的氛围里，容易让人对时间失去感知，不知不觉就日头西落倦鸟归巢。

偶尔和朋友们聚会，大家都开玩笑说我在北京，居然过上了比老家还要"安稳"的生活，简直不要太幸福。

是的，过去我也认为这样很幸福。劳作在这里不是刚需，懒惰显然比它更有市场。我刚去那家公司的时候，内心深处怀有一种说不上来的侥幸，觉得自己占了大便宜。无论从什么角度看，再换任何一家公司，都未必能达到此刻的面面俱到。

有时候也会按捺不住那股内心的冲动，想要用力打破迷局。却时不时碰到那些跑来跟我说"挺好的了，就这样吧，何必让自己那么累呢"的人。日子久了，包括我自己，也开始学着给自己吃定心丸："再等等看，先按兵不动。"

"再等等看"这四个字是容易让人上瘾的精神毒品。平庸的人只会纸上谈兵，优秀的人懂得身体力行。海边绚烂跳跃的澄澈日出，只有起得早的人才能惊鸿一瞥；西藏墨脱如仙如虚的漫山桃花，只留给每年四月风尘仆仆赶去的知音；那家心仪了很久的公司，也许刚录用一个各方面条件还不如你，但勇于争取的年轻人；隔壁班暗恋的男孩子，说不准正悄悄注视着你，只要你有所暗示，他就恨不得对你掏心掏肺……

不要让理想中的一切，止步于"等"这个原地踏步的假动作。一个人的行走范围，就是他的全世界。很多机会，你此刻不起身去尽力抓、猛力追，错过了，就不知道下次再遇见是什么时候。

二

长期处于"舒适区"会让你的生活危机四伏。

有一天下班回家，不到六点半的样子，我习惯性第一时间打开电视调到喜欢的频道，切好水果，抱着玩偶，开始心安理得地坐在沙发上享受所谓的曼妙时光。突然接到一个前辈的电话约我去附近的咖啡馆谈事，她正在开发一款新产品，让我在内容运营上帮忙出谋划策。

很久没有潜心研究类比过市场上各类产品的我，如今，只能说得出各大综艺节目的八卦。所以那天在咖啡馆里，我们关于产品的交流没能擦出多大火花。我的潜意识里已经习惯性拒绝动脑，无法集中注意力，拒绝一切创造性思维的挤压。

那位前辈大概通过我的表达，感觉到了我如今的心理状态，眉宇之间，难抑失望。她以一种"可惜式"的温和语气说："虽然说不上来哪里不对，但感觉确实不对。几年前的你，青涩而生猛，好奇心十足，奇奇怪怪的创意手到擒来，对事物的分析角度总是一语中的令旁人深觉震撼，浑身上下仿佛有取之不尽的储备能量。然而今天坐在这里的你，虽然看起来成熟许多，但那份呼之欲出的灵气却再也感受不到了。"

泯然众人矣。

她这一番话，像牙医手中的那把钳子，突然扎入已经被蛀虫掏空的牙槽内核之中，除了疼痛，更是酸楚，还让我有一种被戳破真实面目的羞耻感。

三

也是此时，我才意识到，在这段引以为傲的工作经历中，我得到的是短暂的、肤浅的阶段性轻松，失去的却是对事物的好奇心与思辨能力的提升。若我不能唤醒那个朝气蓬勃的自己，大概就要在所谓的好环境里，浑浑噩噩，烂掉原本鲜活的灵魂。

这世上的确没有什么是比叫醒自己更困难的事情了。

你在偷懒，有人努力；你在松懈，有人警惕；你满口伸张自由的同时，有人用行动证明了"自律即自由"的真理。瞧，很多时候，回头来看才会发现，所谓的幸运说到底不过是选择而已。

生命只有一次，宁可阵痛而清醒地活着，切勿在囫囵吞枣之间吞食幻想。

你必须叫醒那个沉睡的自己，因为时间有限，时代不会等你。

你必须叫醒那个沉睡的自己，因为梦境再美，终将一切归零。

你必须叫醒那个沉睡的自己，因为你不对自己狠，生活就会对你狠。你不逼自己一把，命运就会逼你一辈子。

成功的关键

一位亲戚说他这辈子最后悔的事情是，在十八岁那年没有选择去当兵。据他说，当时一切都准备好了，万事俱备随时出发，只是最后他自己放弃了。为什么放弃？因为他要跟隔壁的一位大哥去学理发，学理发能很快自己挣钱。结果他去学理发了。如果他去当兵的话，他相信，以他的性格和各方面的素质，在部队一定混得很不错。

在人生最关键的时候，他选错了。正应了那句话，选择不对，努力白费。

很多人都知道，天赋不如努力，努力不如选择，选择比努力重要。但是，在我看来，选择固然比努力更重要，但是选择本身就是一种需要大量练习、大量努力来磨炼的技能。

人生有很多关键性的时刻需要面对选择。上学的时候，选择学校；报高考志愿的时候，选择专业。后来工作了，还要选择一个适合自己的职业、适合自己的单位。甚至结婚的时候，到底该选择什么样的伴侣，都是一门十分艰深的学问。

俗话说，女怕嫁错郎，男怕入错行。选得对了，如鱼得水，平步青云；选择错了，如陷囹圄，可能一辈子也就玩完了。

但选择绝不仅仅是靠运气。现在的中国考试，有很多的选择题，哪怕是号称最难考的司法考试，其选择题的比例也占到了四分之三，但是，又有几个人能靠运气就通过呢。一个四选一的选择题，你都没有把握，何谈漫无边际的人生和社会现实。

优秀的选择能力本身根本就是努力的结果。它包含了对大量信息的收集、分析和仔细对比，这是一个极为辛苦的认知过程。虽然也可能在信息没那么全面、自己也拿不太准的情况下进行赌一把的可能，但那绝对是有理有据的，而不是闭着眼睛听天由命。这是学霸与学渣的区别，也是优秀与平凡的差距。虽然都可能在赌，但有的人有百分之八十的把握，有的人有百分之九十的把握，而有的人可能只有不到千分之一赢的机会。

我的朋友老廖最近在做一件事情，就是专门给那些经营不好的小企业把脉问诊。比如一家餐厅，生意为什么好，或者为什么不好。他会详细地罗列出一系列的清单，包括地理位置、就餐环境、菜品、服务、价格、品牌等，并逐一找到症结所在。

他的这个工作给了我很大的启示。经营企业如此，那么经营人生又何尝不可以如此呢！既然人生存在很多的选择，那么在面对关键时刻选择的时候，我们是不是也可以来一次这样的评估？

就像做对选择题的人，一定不能完全靠运气，不能完全靠直觉，我们必须具备关键时刻抉择的评估能力。而事实上，那些混得好的人，关键时刻的评估能力都不会太差。

毕竟，人生的选择往往就是非此即彼的选择题，继续读书还是去媒体混，当公务员还是下海经商，娶王翠花还是嫁给范冰冰，在这些问题中，你往往只能选择其中一种。

杨家将选择忠烈，成就千古英名；秦丞相选择卖国求荣，成了千古罪人。这样的例子，历史上不胜枚举，在那些杰出人物身上，更是表现得淋漓尽致。诸葛亮为了选择明主，观察刘备很久，不惜让他三顾茅庐；范增跟错项羽，"竖子不足与谋"，留下历史的遗憾。

选对了成功一半，选错了耽误一生。一旦选错了，你的努力可能是错上加错。毕竟，当方向反了的时候，你越拼命向前跑，离最初的梦想之地，只会渐行渐远。

如何确保自己在选择的时候，尽可能地选对呢，就像我的朋友老廖做的一样，在关键时刻，你必须运用自己所有的知识、智慧和运气，对将要做的选择，做一次关键性评估。

很多人在人生的选择上，根本从来没有想过去做这样的评估。他们的选择完全由着性子，凭着感觉来。他们根本从来没有考虑自身的条件、所处的环境，以及未来的趋势。事实上，在关键时刻的选择上，我们应该考虑的，也不外乎这三点，想清楚了，就成功了一半。

村上春树，一个出版书籍创造日本销量神话的天才作家，32岁才决定从事专业写作。在他推出的自传性作品《我的职业是小说家》一书中，披露了很多细节。其中就有关于他打算放弃一切，专心成为一名小说家之前，对自己将要做出选择的全面评估。虽然这样的评估，没有谁敢保证会百分之百地成功，但它扩大了选择的赢面。

当我们面对选择的时候，我们必须清楚地评估自己。从性格，到天赋，到努力程度，再到吃苦精神，甚至包括自己的人缘、人脉和资源，以及家庭对我们的支持、父母的实力等，都应该做一个深刻的思考。因为，这些东西都会成为你将来是否取得成功的因素。想清楚了这些问题，你应该想你是不是真的喜欢你的选择，这十分关键。

事实证明，如果不是十分喜欢，选择的结果一定是个悲剧。选择一个你不喜欢的人，害人害己，你们最终都会很痛苦；选择一个你不适合的职业，可能你得十分憋屈地将就着混一辈子。

除此之外，你还得想清楚你所选择的东西的未来前景，所谓时代大潮，顺者昌，逆者亡。马云、马化腾他们为什么很快成为了中国的顶尖富豪，只因为他们恰到好处地站在了时代的风口浪尖上，执时代之牛耳！这是任何努力都无法做到的，时代大势，就是时代之力。一个人，如果时代都在帮他，那就没有什么可以阻挡他，这叫天时地利人和。

一个混得好的人必须具备关键时刻进行选择时全面评估的能力。如果没有这样的能力，你可能运气好选对一次，但你不可能选对一辈子。但这样的能力并不是凭白无故就具备，除了天生敏感的直觉之外，这是一个人经过长期努力，注重积累，学会分析的结果。

你要选择或是放弃一样东西，你必须懂你自己，还要懂它。有的人为什么轻易就能够作出正确的选择，是因为他们长期的关注，长期的积累，做到了知己知彼，十分清楚这个东西是怎么一回事。

现在，我随便把一个选择题扔给你，哪怕二选一，你也没办法保证自己选对，因为你不懂，你只能蒙。这要求我们必须具备相应的专业精神，专业没有秘诀，专注久了，自然而然，就是专家了。当然，当你长时间专注一件事的时候，你也会慢慢学会读懂自己。读懂自己，除了有意识地自我分析之外，还在于长期做事积累起来的直觉。当你成了某个领域的专家，你大致也会判断清楚，它未来发展的基本走势。

什么样的人会作出正确的选择，说到底，专业的人会作出正确的选择。如果你选错了，并不仅仅是你的运气不好，而是你把所有赢的机会都给了运气。实际上，命运往往把握在自己手中，如果你足够专业，足够有能耐，哪怕是运气，也会被你选在手里。

记得我有个同学曾经说过，他永远也不相信，一个人凭运气就能够考上清华。但他又说，他相信，一个有实力的人，运气不太好的时候，也许只能够上浙大，或者复旦。这才是真正的明白话。

再也不要说什么选择比努力更重要了，能够正确地选择，也是之前努力的结果。那些混得好的人，只是选择对了吗？如果换一个人做出了与他们同样的选择，也一样混得好吗？我十分怀疑，如果让我去做阿里巴巴，到底能不能够成为中国首富，甚至能不能做下去。毕竟我一窍不通。那些作出正确选择的人，其实分两个方面：一是他们选择了适合自己的；二是他们努力让自己所选择的东西朝最好的方向发展。而这些，才是成功的关键。

如果你不想办法让自己更专业，就别再后悔当初的选择了。哪怕时间倒回去重新再来一次，也还是一样的结果。就算你作出了另外的选择，后来的发展也不会是你想象的样子。

行动起来最重要

一

刘杨演讲水平非常棒，时间控制能力、控场能力、应变能力等综合能力很强，而且她一直保持着学习的习惯。

为了一个演讲，她通常反复预演各个模块，想象自己会遇到什么难题，提前有个心理准备。她把自己的演讲内容专门录音，听上几遍，找出哪里讲得不好，哪里讲得很不错，再想想添加些什么内容会让演讲更有感染力、有价值。

刘杨本身是位严谨的女孩，她搜集很多段子，自己也学着讲上几段，开始她讲得并不搞笑，一遍遍训练下来，演讲也变得幽默起来。第一次听她演讲的人通常以为她是一位幽默的姑娘。

最难能可贵的是，刘杨在做演讲前，通常会对自己的观众做调研分析。她会提前了解自己的受众来自哪些群体，他们的职业、爱好是什么，他们最想从她这里听到什么，他们的痛点是什么，她能为他们提供什么一针见血的建议和指南。每次，她的演讲都能说到受众的心坎儿里，深受大家喜欢。面对大家的鼓舞和赞美，刘杨总是回以灿烂的笑容和感谢。

其实，刘杨内心藏着一个不为人知的故事。

刘杨大学时参加了一个挑战赛，挑战赛开场是一个自我介绍，还会针对自我介绍问几个问题。室友也参加了挑战赛，准备了一分钟自我介绍、两分钟自我介绍，还准备了五分钟自我介绍。室友提醒刘杨做好自我介绍准备，而刘杨不以为然。

挑战赛开始了，四位选手坐在一排，面对着八位评委。刘杨一看这阵势就蒙了，脑子里的想法纷纷杂杂，厘不清的思绪让她有种崩溃的感觉。

评委让选手们依次做一分钟自我介绍。

轮到刘杨了，她匆忙想了想，说明自己将从四个方面介绍自己，无奈舌头像被打结了，第一方面还没说完，就被评委以时间到为由打断了。

刘杨怎么走出挑战赛现场的，她都不记得，只是感到脸部发烫、心慌意乱。当初懒得做自我介绍的准备，等到了赛场却支支吾吾、几乎话都不会说。这让刘杨彻底清醒：想做好一件事情，哪有什么船到桥头自然直，不过是万事皆备顺水推舟。

不要试图省事，也不要抱有侥幸心理，你偷过的懒，总会在意想不到的时候狠狠打你的脸。

二

肖战大学毕业，户口档案托管在学校所在地的人才中心，去年，费了很大劲把户口迁回老家。迁档案又要走其他程序，肖战想着档案也用不到，干脆以后再说。

今年，肖战打算申请所居城市的户口，从来没想过档案在不在户籍所在地，走得是招工、调工两个不同的程序。

在网上查两者的不同，几乎都说差不多，好多人为了省事直接选择了招工，档案随它去。肖战看了看，也想直接走招工，不用再麻烦着去调档案。

他咨询了工作人员，招调工在养老金方面会有一些差异，档案以后调过来可以改调工，前提是攻读一个更高的学位。

肖战内心两个声音：一个是直接走招工，养老金那是以后的事情；一个是档案托管在学校所在城市的人才中心，早晚得调，现在不解决，一直都会是个麻烦。

最终，肖战觉得实在不能再拖拉下去了，以前为了省事，弄得现在这么被动，现在如果再图省事，不知以后又有什么样的麻烦。肖战准备好资料，拿到户籍所在地开出的调档函。

最困难的就是要回一趟学校所在城市，肖战路痴加晕车，又是第一次坐高铁，站点也不熟。不过肖战是非常坚定的，必须把档案这个麻烦解决了。高铁来回10个小时，地铁公交来回3个小时，走路办事也就1个小时的时间，饭也来不及吃。

以前通往人才中心的大门关了，肖战打了电话，原来入口变了，好容易找到入口，进去找办公室，发现不对，又打电话，发现办公位置也变了。

办好事情，已到原计划必须返回的时间，否则就可能赶不上车。天气热得蒸笼一般，一步一串汗。肖战打包好饭菜，抓紧乘坐返回的车，等了2分钟没有公交，迅速打车，也不管晕车不晕车，坐上高铁才是目的。终于坐上返程的火车，肖战感到前所未有的放松。

我们总喜欢怎么省事怎么办，却不知现在一点点堆积的懒惰会滚雪球般酝酿成大麻烦，打得我们措手不及。

任由懒惰驱使的我们，在困顿中才学会醒悟，在糟糕中才学会反思，在低落中才学会行动，在重击中才学会奋进。

三

涉及当下的享受和未来的享受，我们倾向于当下的享受；涉及当下处理麻烦还是未来处理麻烦，我们选择了把麻烦抛给未来的自己。

有脑成像研究发现，我们考虑现在的自己和未来的自己时，所用的大脑区域是不同的。

当我们想象未来的自己时，大脑的活动跟考虑陌生人的情况一样，即我们看待未来的自己就如同看待陌生人一样。比如，我们明知熬夜晚睡对身体不好，但我们还是晚睡；我们明知不锻炼身体相对比较脆弱，但我们还是不锻炼。

尽管我们不否认未来的自己与当下的自己息息相关，可我们还是选择了当下的享受，想舒适，想省事，不愿意去行动，更不愿意接受挑战。而且我们对未来的自己一直抱有过度乐观的预期，想象着未来的自己肯定不是今天这个样子，会变得有力量、敢于挑战，所有的问题都能迎刃而解。这也导致了我们不断拖延，今天的事情总是拖到明天去办，明天继续拖到明天。习惯了拖延，习惯了偷懒，生活就这么闲散懒漫地被打发着，偶尔为了赶进度，几近不眠不休。

直到遭受挫折和打击，才悔不该当初，决定要改变，但还是有很多的人不久又重新回到老样子。

当听到"将来的你一定会感激现在拼命的你"，多少人只是把它当一句鸡汤左耳进右耳出。可就是如此简单的道理，却把人分成两大类：多数人和少数人。懒惰的人居多，而每天都坚持并行动着的人，却只有少数人。幂次法则揭示了一个残酷的事实，大多数人终将平庸，脱颖而出的人永远是凤毛麟角。

一个人决定自律起来，不再偷懒，在选定的行业一直坚持着、精进着，他就能打败99%的人。

四

你对现状不满意，每天忧心忡忡，最重要的原因是你太懒了：你抱怨自己赚钱不多，那是你在工作中懒得投入时间和精力；你抱怨自己心情很差，那是你懒得去学习如何进行情绪管理；你抱怨自己免疫力低，那是你懒得走出去、懒得去锻炼去健身；你抱怨自己很孤独，那是你懒得去维护一段原本美好的感情；你抱怨原生家庭不好，那是你懒得从自身寻找突破点进行改变；你抱怨学习没什么用，那是你懒得去思考如何学以致用；你抱怨自己很差劲，那是你懒得发掘自己的优势并加强优化。

拉罗什富科说过："懒惰虽然柔弱似水，却常常把我们征服，它渗透进生活中一切目标和行为，蚕食和毁灭着激情和美德。"在遇到困难和麻烦的时候，我们不要一个劲怨天尤人，除了口头之快和获得他人一定的理解外，对于解决问题一点用处都没有。

多想想怎么解决当下的困境，多想想以后怎么能够防患于未然，最重要的是有了解决方案，就要迅速去落实、去行动。哪怕慢一点、累一点，只要你迈出脚，你就向前了一步、领先了一步。

只有行动起来，你才能真正体味到如释重负的感觉，才能觉察到自己在处理事情中散发出来的力量；在一个个问题的解决中，你才能逐步建立起自信心，对于自己的人生有越来越强烈的掌控感，愿意去迎接生活中的挑战，自然你的心情、生活态度也会得到很大的改观。

你偷过的懒，总有一天会狠狠打你的脸；你挥洒的汗，总有一天会照亮你的前程。

人生没有白走的路，每一步都算数，愿你在任何时候都目光如炬、信念坚定、勤于思考、脚踏实地，一天天逐渐变成你想成为的人。

卓越是一种态度

这几年，不管在我的写作内容还是在不同场合分享的生活经验中，我都喜欢提到"态度"这个东西，其实这是有缘由的。在我这几十年的生命历程中，有过两次和"态度"有关的"刻骨铭心"的痛楚和觉醒经验，因而促使我能以比较深刻的心情去看待它。

第一次是我刚上大学时。记得那天我在台北的街头等公交车去上学，站在我身旁的是一名金发碧眼的年轻外国男人，估计是来我们学校的交换学生或是来学中文的。等车的时间有点长，这名外国人可能为了打发时间，因此转头问我读的是哪个科系。由于还不太有经验和外国人直接对话，我当时紧张得完全记不得我念的科系的英文该怎么说，因此结结巴巴的，答不上来。

没有想到就在我满脸通红、结结巴巴的过程中，那个外国人居然用十分鄙夷的眼光和脸色斜眼看着我，并冷冷地撇下一句话："你确定你是大学生？"然后就转过头去，再也不看我一眼。

从那天之后，我就发誓要好好地把英语口语学好。但那时我还没有领悟并学到"态度"。

第二次的惨痛经验是在巴黎。

为了省下地铁钱，我在巴黎时每天都背着大大的书包走三站地往返于学校和住处之间。通往学校的路上，有一间十分精致美丽的服装店，每天"瞻仰"那家服装店漂亮的橱窗和里面所陈列的衣服，是当时手头拮据的我的一个小小的快乐。

有一天早上上学时，我惊喜地发现这家服装店挂出了换季打3～5折的告示，当时就想，嗯，也许下课回来的路上可以进去看看，此前虽然每天经过，可我从来没敢走进去过。

当天下午4点左右，我终于走进了这间美丽的小店。小店里除了左右两排吊挂的衣服之外，小小的店中央还摆了两个堆满衣服的推车，许多法国女人已经在那里挑选并试穿衣服。我怯怯地走近推车，怯怯地看看价格吊牌，怯怯地拿起一条长裤，并怯怯地询问店员我是否能试穿。

当时那条长裤并不合身，我因此又拿了另外一条，可惜还是不合身。就在我伸手从推车里准备拿第三条长裤时，当着众人的面，那名法国女售货员竟挡住了我的手，冷冷地说："你不可以再试穿了！"

我当时只觉得全身的血液都冲到了脸上，全身因羞辱而轻微地颤抖，在一阵晕眩中，我慌乱地拿起收银台边挂着的一串项链，几乎是以"玉石俱焚"的心情，花了120法郎买下了它，然后几乎是脚不着地地逃离了小店。我为自尊所付出的代价是：连续两个星期只吃得起干干的法棍面包！而那串铭记着羞辱、依照当时物价所费不赀的项链，我一次也没戴过！

满带着受伤和羞辱的心情离开那家小店时，灰蒙蒙的天空正下着毛毛细雨。我一路跑回住处，和着雨水，我的脸早已被泪水完全浸湿。

当天晚上，心情稍微平复之后，我躺在床上强迫自己回想下午的过程，强迫自己找出问题的原因：为什么别人都可以一再试穿，而我却不能？为什么她敢用这种态度来对待我？

最后，我明白了！因为是我"允许"她这么对待我！因为我的态度、我的神情、我的举止，告诉她："你可以欺负我！"

从这件事情之后，我从疼痛中学会相信自己和肯定自己的重要，也了解到在平衡的人际关系中得先学会取悦自己，再取悦别人。此外，从我所受到的羞辱里，我也学会了如何更宽厚待人和更柔软温和。因为我知道态度决定高度，它不仅仅传递了你将怎么对待你周围的人，也传递了希望周围的人如何对待你。

卓越是一种态度。

没什么值得你沮丧

世上本无事，庸人自扰之。世界本就无常，没有定论，你用好的眼光去看，世界就是好的；用坏的眼光去看，世界就是坏的。只要心存希望就没有绝境，任何事情都不值得你沮丧。

人生就像是一次漫长的旅途。有平坦大道，也不乏崎岖小路；有灿烂的鲜花，也有密布的荆棘。任何事情都有可能向两个方面发展，出现两种完全不同的结果，但即使最差的结果中也会蕴藏着希望，就如同最好的选择也可能伴随灾难一样。祸福相倚，用中国古老的哲学来解释，就是世事无常。

在人生旅途上，每个人都会遭受挫折、痛苦甚至失败，但生命的价值就体现在坚强地闯过挫折，冲出坎坷。跌倒的时候不要乞求别人把你扶起，失去的时候不要指望别人替你找回。

霍金曾这样说道："生活本来就是不公平的，不管你的境遇如何，你所能做的，只有全力以赴。"即使生活有一千个理由让你哭泣，也要拿出一万个理由来笑对人生。"不管风吹雨打，胜似闲庭信步"，保持心态平衡，勇往直前。

人们通常所说的绝境，在很多情况下，并不都是生存的绝境，而是一种精神的绝境，只要不在精神上垮下来，外界的一切就不能把你击倒。

美国第三十七任总统威尔逊说："我们因有梦想而伟大，所有的伟人都是梦想家。有些人让自己的伟大梦想枯萎而凋谢，但也有人灌溉梦想，保护它们，在颠沛困顿的日子里细心培育它，直到有一天得见天日。"意志坚强的人，总是能够顽强地守住自己的梦想，用希望点燃潜能，在绝境中创造奇迹。

一次意外事故，让米歇尔身上65%以上的皮肤都被烧坏了。为此，他动了16次手术。手术后，米歇尔无法拿起叉子，无法拨电话，甚至无法一个人上厕所。但是，曾经是海军陆战队员的米歇尔并不认为他的生活没有希望了，他说："我完全可以掌握我自己的人生之船，我可以选择把目前的状况看成倒退或是一个起点。"

谁都没有想到，6个月之后，曾经连基本的生活自理能力都失去的米歇尔竟然又能重新操作飞机了。

米歇尔为自己购置了房地产，买了一架飞机及一家酒吧，后来他还和两个朋友合资开了一家专门生产炉子的公司，这家公司后来成为佛蒙特州第二大私人公司。

米歇尔开办公司后的第四年，他驾驶的飞机在起飞时摔回跑道，把他的十二节脊椎骨压得粉碎，腰部以下永远瘫痪了。

米歇尔曾经觉得命运不公："我不解的是为何这些事老是发生在我身上，我到底是造了什么孽，要遭到这样的报应？"但他仍选择了不屈不挠，毫不放弃，尽最大的努力使自己达到最高限度的独立自主，他被选为科罗拉多州孤峰镇的镇长，后来又去竞选国会议员，他甚至将自己受伤后变得丑陋的脸成功地转化成一项有利的资产。

尽管面貌骇人、行动不便，米歇尔还是和正常人一样坠入了爱河，完成了终身大事，还拿到了公共行政硕士证书，并且一直坚持着他的飞行活动、环保运动及公共演说。

米歇尔说："我瘫痪之前可以做1万件事，现在我只能做9000件，我可以把注意力放在我无法再做的1000件事上，或是把目光放在我还能做的9000件事上。我的人生曾遭受过两次重大的挫折，如果你与我一样，能选择不把挫折拿来当成放弃努力的借口，那么，或许你可以用一个新的角度来看待一些一直让你裹足不前的经历。你可以退一步，想开一点，然后你就有机会说：'或许那也没什么大不了的！'"

什么是真正的强者？真正的强者就是类似于米歇尔这样的，怀着希望和自信，昂首迎接生活挑战的人。任何人都具备迈向成功的条件，哪怕你是残缺的。悲观者过早地放弃了希望，才使得生命沾满颓废的尘埃。一个人只要不灰心、不放弃，就没有任何难事能够击倒他。相反，遇到困难就灰心丧气，止步不前，只会让你处处碰壁。

所以，无论你失去了什么，请一定要紧紧握住希望不放。无论别人比我们多得到再多，只要希望在，我们就一定能在别的方面赢取更多。无论遇到顺境逆境，都要从容面对；无论获得或者失去，都要平静地接受。路在脚下，事在人为。

追求与众不同

我是陆蓉之，今年65岁了，我是4个孙儿的萌奶奶。我知道你们想什么，一个已经当了奶奶的老太太还把自己穿成这个模样要干吗呢？考虑过子女的感受吗？为老不尊。

可是我无所谓，我谢谢你们的关心，因为我知道你们当中一定会有人觉得我很可爱对不对？我并不是因为要上这个节目才穿成这样的，其实私底下我也常常这样打扮，打开我的衣橱，里面有五颜六色的少女装、公主裙，还有一些前卫出格的服装，总之就是没有正常奶奶穿的那种衣服。

没错，我知道我已经65岁了，可我就是有一颗不愿平凡的心。今天，我要在这里跟各位分享我的少女时代。我的职业是一个艺评家、策展人，所以我要长期跟艺术发生亲密的关系，就是这种关系成就了我的少女心。

我小的时候因为艺术才能，大家都说我是天才小神童，

13岁我就开了个展，17岁我画的一幅40米的长卷，被台北故宫收藏，我是他们收藏作品中年纪最小的画家。艺术带给我年少成名的滋味，更重要的是，它为我打造了最初的世界观。所以，我不要千篇一律，我就要追求极致，追求与众不同，我就是那件行走的艺术作品。所以在现实的人生里，我早就没有了年龄这个概念。

说了半天，其实让我永葆青春的就是爱情。我做过最骄傲的一件事，就是追到了我的萌爷爷，现在我要晒一晒我家的老爷傅申。虽然他已经80岁了，可是他一直是颜值很高的老帅哥。当我意识到我可以追求他的时候我已经45岁了，我经历过两次失败的婚姻，可我还是毫不犹豫地准备向他告白。

我拿起电话说："傅老师您明天有空吗？我想请您喝咖啡。""我不喝咖啡。""那我请您喝下午茶。""我不喝茶。"我正要说"那我请您吃饭"，他总不能告诉我他连饭都不吃吧，结果他说："我正在办展览，你可以到会场来，我们当面谈谈。"

我毫不犹豫地就在大庭广众之间向他表白，我说，傅老师，在您还没有结婚前，请您给我交往的机会，否则您会后悔一辈子。他愣了一下说，为什么？我说，优秀的女性懂得选择自己所爱，而且知道谁是最适合自己的。我这样直白地表达让他惊呆了，他想了一会儿说，我不喜欢胖胖的女生。What？这算什么？不过无所谓，我立刻减肥，所以我针灸、埋线，每天做运动，三个月就瘦了11公斤，然后我搬到他家楼下天天帮他煮三餐。这时候还有5个女生在追他，各个比我年轻，一个都不想放弃，我可是得想出策略来，我得干票大的，一举歼灭所有的对手。

就在他生日的前夕，我写了一封公开的求爱信登在最大的报纸副刊，说是要祝他生日快乐，其实我是要昭告天下：我陆蓉之出马追才子傅申了，闲杂人等一概靠边站。我到现在都还清晰记得萌爷爷拿着报纸暴跳如雷的样子，可是我已经达到目的了，转过身偷笑着进了厨房为他准备生日大餐。

可是这样交往了快要三年，老爷爷还是不肯跟我结婚。这下我决定放大招，改去追求我未来的婆婆。所以呢，我只要一有空就飞车南下各种讨好他的母亲，陪她买菜，陪她做饭，聆听她回忆往日的点点滴滴。有一天我未来的婆婆中风倒地，傅申那个时候在韩国办展览，所以我又是一个人飞车南下一手打理住院，照顾大大小小的事，一直到她去世，我还为她编辑了一本精美的纪念集，还办了一场温馨感人的追思会。

这个时候傅申他终于看到我里里外外能干的那一面，相信我是最适合与他携手终老的伴侣，他终于答应和我结婚了。我拜托你们千万不要觉得我实在太疯狂了，因为这就是爱情的魔力：当爱情来临的时候你会觉得你每一天都活力四射，灵感创意源源不绝，年龄就销声匿迹了。

现在你们有一些小兔崽子们动不动就说我老了，可是我要跟你们说，亲爱的孩子们，你们知道什么是老了吗？其实我也不知道，年龄到底算个啥，老了又怎么着，我这一辈子从来不会因为年龄去做什么，或者不做什么。我一生走来只做一件事，那一件事就是我想做。如果你还要再加一件事，就是我敢做。

一切都会如愿以偿

　　平庸的世界中，努力学会不丢失自己，在日复一日的太阳升起、月亮落下的轮回中，慢慢让自己成长起来，永远不要去责怪自己的生活不够美满，你要知道，你生命中最不起眼的平常时刻，都是永恒的美好。骤雨如鼓点般敲打在玻璃窗上，你躺在屋里的床上，百无聊赖地翻着身，心中不停咒骂着连绵的大雨阻断了你出门的计划。但你有没有想过，正是这场大雨，洗涤了整个世界的污垢，在大雨过后，整个生活好像重新开始般清新。

　　在一个与往常一样的夜晚，我因为失眠，从卧室走了出来，农场的晚上真是安静，我从屋内搬出一个小凳子，静静地坐在院子里，微闭着眼睛，用心去看这个寂静夜晚的一切，我听到了躲在草丛中的虫子正在鸣叫，我听到了夜风轻轻抚过树叶的声音，我看到了夜来香在一点一点开放的样子。

原来，生活的美就在这些轻易不被发现的时刻里，我越来越享受生活中每一刻微妙的时光，这些平凡不起眼的时刻，给漫长的人生增添了几抹可爱的生气。就好像我在画画的时候，总喜欢在画板上一些不容易被人们注意到的地方，画上一些我自认为可爱的、淡然的装饰，我就好像一个在与大人捉迷藏的小孩，将自己喜欢的东西藏到了不同的地方，然后，便怀着期待的心情，等待着大人们什么时候能够发现这些东西。

生命中这些不起眼的美好瞬间，就是命运同我们开的一个玩笑、玩的一个游戏。命运让我们能够在一路前行的过程中，不要只顾着埋头赶路，还要留意到身边的美丽景致，因为这些时刻，都会成为你留在心中的永恒。

我藏在画中的小秘密，总是被孩子们第一时间发现，他们会围绕在我身边，用他们的小手指出来，"奶奶，你在这里画了一朵紫色的小花，花上还有漂亮的蝴蝶，好美！""奶奶，这朵云彩为什么是彩色的，但是好漂亮啊，像我做梦的时候梦到的云彩。""奶奶，你为什么要画这个？"

在孩子们的眼中，我画中的一切，都能够让他们看得清清楚楚，他们是真正的生活哲人，他们用自己童真的语言，告诉了我生活中的每一处永恒其实就在眼底，你只要稍微地低下眼睛，就能看到。

可是，成年人拥有比孩子更丰富的人生经历、更加广博的见识，他们却总是看不到生活真正的样子，他们的眼中，生活是忙不完的工作、赚不完的金钱，还有无休无止的烦恼和争吵。

那些生活中所有不起眼的细微、有趣的时刻，他们都视而不见，他们习惯于忽视掉身边触手可及的小幸福，然后怅然地问自己，为什么自己如此不快乐。

不要忽视那些平常的时刻，不要淡忘最初的愿望，认真地、执着地坚持去快乐生活，那么，在最后，一切都会如你所想，如愿以偿。

第四章
流年笑掷，未来可期

要想度过一个充实的人生，只有两种选择。一种是"从事自己喜欢的工作"，另一种是"让自己喜欢上工作"。

——稻盛和夫

我更懂奋斗的意义

有一年暑假，我和大哥跟着老爸去地里挖番薯。当时聊到读书的意义，"读书的意义不是为了赚钱。"我理直气壮地说。

"不为了赚钱为了什么？难道是为了提高自己的人生价值吗？"我哥说完白了我一眼。

那时我读小学，我哥读初中。就在那片番薯地里，我跟我哥争执读书的意义不是为了赚钱，最后被他鄙视我装逼格。事实证明，我那时确实在装逼格。

当时家里非常穷，饭桌上永远是两个菜七口人吃，一年只在过年的时候买一次衣服。爸妈每天去海边忙完还要回地里干农活，但即使这样早出晚归，也只能凑够我们家里的日常支出。

后来读大学，家里负担很大，我申请了助学贷款交学费，课余时间做兼职挣生活费。100块一件的衣服都不舍得买，15块的外卖觉得超级贵，只能吃学校食堂。但那时也不觉得自己穷，因为大学毕业可以找工作赚钱了。

我第一次觉得自己非常穷，是刚参加工作的时候。毕业后，我带着仅剩的1000多块钱从学校搬到了另一个偏僻的城区工作。当时住在农民房的小隔层单间，月租280块，押一付一后，我身上只剩500块钱。

当时工资低，工作没前景，没有规划目标，整个人生就像我住的隔层单间一样潮湿阴暗。

三个月后我辞职，搬到了另一个城区，房租700块，押金1000块。在新单位工作三天后我回了一趟家，当时家里在盖新房又给了爸妈3000块，钱包空空轻飘飘地返回广州。

那时我已毕业4个月，银行卡里余额不超过1000块，住在郊区的农民房里，还欠着2万块的助学贷款，觉得人生很糟糕，仿佛这24年来，空忙一场。寒窗苦读12年，带着信念和野心考上大学，毕业后也并不能改变什么境遇。下班路过那些商场，呆呆地看着橱窗里那些新上架的衣服，却连走进去的勇气都没有。

穷，到底是一种很可怕的东西，似乎能把一个人梦想生活在大城市的野心和勇气浇灭，也能让人陷入绝望的境地。我开始怀疑自己的工作能力，也怀疑选择在广州工作会不会是一个错误的决定，在我最亲的人需要帮助而我只能给予精神帮助时，那就是一种绝望。

今年5月，我爸去医院检查出间质瘤。当时我刚辞掉工作创业一个月，身无分文，打工两年的存款都已经投进生意里，信用卡刷爆了，跟好朋友借了几千块，全身只剩几百块的伙食费。想到如果我爸需要动手术，我一分钱都拿不出来，我忍不住哭了起来。

在最亲的人需要钱而你却无能为力的那一刻，心口像是插了一把刀，痛苦，懊恼，自责，所有的情绪都跑到身体的每一个细胞里，那是绝望，是那种想抓住却无能为力的绝望。

我体验过最落魄的时候，也体验过穷到绝望的时候。我开始为小时候读书的意义不是为了赚钱的言论而感到脸红。从我对这个社会有认知开始，就知道穷很大程度上意味着被迫选择、被迫妥协。我们的选择不是因为爱，而是不得已。

所以，当每天日夜连续工作时，我觉得整个人也像打了鸡血。我这么拼命，就是为了有一天可以一口气拿出钱让我爸妈不用担心生病的事，也是为了有一天，我可以自主选择喜欢的生活，我的人生里没有被迫，我的人格可以自由。

也许从农村出来的大学生，在大城市里都很拼命，拼命工作，拼命生活，拼命为人生挣得主动权。

我朋友英子是家里唯一的大学生。那天她跟我说，家里要她出5万块盖房子。毕业两年半，她月工资6000块，每个月给家里寄生活费。

"我没有5万块存款。"她一脸无奈地说。

而就在前两个月，她换了一份可以经常出差的工作。

每周都要飞到各个城市跟医院谈项目。"每次出差都有补贴。"这也许是她选择这份工作的原因，哪怕很辛苦，但可以多赚一点钱。

"我想存钱在广州买房，但发现一个人打拼太难了。"她叹气说。

她住在租来的农民房里，月租500块。她说，这么拼命出差，都是为了生活。她的工资除了要安顿好自己在广州的生活，还要补贴在农村的家里。"今年台风把农作物都破坏了，颗粒无收，血本无归。妈妈的电话里头总是暗示家里没米下锅了。"

"还是当学生的时候最舒服自在，没有赚钱的压力，也没有家庭的压力。"她说。

作为同是从农村出来的大学毕业生，我深有同感。虽然在大学时，我们已经开始赚钱养活自己，但毕业出来面对工作和生活的压力才觉得非常有紧迫感。家在600公里以外的小村庄，一个人在光鲜亮丽的广州城卑微地漂着，住农民房，吃隔夜饭菜，穿廉价衣服，挤公交上班。"但生活总会好的。做完公司的这个项目，明年我想换一份工资更高更稳定的工作，不然在广州都混不下去了。"英子说完，笑了笑。

我们不需要什么来诠释这份贫穷掩盖着的拼命，但体会到了什么叫捉襟见肘，什么叫落魄和潦倒，什么叫无能为力的绝望时，这份拼命就是一股挣脱的力量。

你有一分钟吗

　　她叫苏意涵，是台北市的一个高二学生。2008年5月，她来到美国亚特兰大市世界展览中心，参加一年一度的英特尔国际科学展。这是全球最大规模的中学生科学竞赛，每年都会有众多优秀选手参赛。

　　苏意涵的展位很小，不到1平方米，她年龄也小，只有17岁。在这个高手如林、面积巨大的展览中心，苏意涵就像一只丑小鸭瑟缩于灰暗的一隅，而对面展位的主人却是一只闪烁着耀眼光环的白天鹅——一位美国学生，去年该项竞赛活动的金奖得主。那位美国学生被评委以及参观者里三层外三层地围得水泄不通。可苏意涵的展位前却总是冷冷清清的，几乎没有一个人。

　　时间就这样一分一秒地流走，苏意涵想，如果再这样下去，这次肯定是白来一趟了。她极不甘心，因为她带来的是一项在台湾被专家学者普遍看好的科技成果。

"当你籍籍无名时，你的成果无论怎样不同一般，也极有可能像一粒微尘被世俗的劲风吹走。"她想起了临行前亲友说过的一句话。"不行，我一定让这甜美的果实被人知道被人赏识，我不能让我近一年的辛勤劳动付诸流水，我要主动出击！"想到这，苏意涵向前一步跨出展位。她觉得自己走出这一步便进入了一个无限宽广灿烂的天地。

"你有5分钟吗？"苏意涵拦住欲从她展位前一晃而过的一位评委大声问。

那人看了一眼小小年纪、黄皮肤的她，摇了摇头，急匆匆走了。她这样拦了五次，都遭到拒绝。但她并不气馁，再一次拦住一位评委，这人终于肯留步了！苏意涵紧紧抓住这来之不易的机会，对着这位评委作了简要的自我介绍后，便有声有色地讲了起来："……这个实验主要是探讨燃料电池的触媒转换效率，这项研究对于改善混合同构型金属，加强原料电池的应用及缓解石油能源危机都有可贵的借鉴意义……"

五分钟到了，她要讲的话也正好全部讲完了。整个上午如此这般，她总算争取到了几名评委当了自己的听众。

她知道，评委们个个都是顶尖级的专家，多争取一个评委听自己的介绍就会多一分胜算，她觉得以五分钟来请求一个评委，是不是太过奢侈了？她决定下午索性只要一分钟。

"请给我一分钟行吗？"吃过午饭后，她便又开始拦评委了，果然就有更多的评委愿意听她的介绍了。她知道这既是机遇，也是更大的挑战，自己的语言必须更精练，更富有感染力。从听完介绍的评委微笑颔首的表情上，她知道自己收到了期盼中的效果。

果然，她成功了！她不但获得了英特尔国际科学化学科首奖，而且最大奖项"青年科学家奖"她也榜上有名。由此，她获得了5.8万美元的奖金、一台英特尔双核笔记本电脑以及学费补助、暑期打工及考察补助等。在历年的36位大奖得主中，仅有6名不是来自美国，苏意涵是亚洲人中的第二位幸运者。

一个人的成功，努力做固然很重要，而争取别人听你讲话更为关键，对于一个没有什么名气的人尤其如此。当然，这需要勇气，更需要你出色的说话艺术与水平。

在无声的世界里绘出有声的花朵

他出生在偏僻农村，父母老实本分，靠种庄稼维持全家生计。从小学三年级开始，他的听力不断下降。因为家境贫寒，错过了最佳的治疗时间。到初中时，他已失去大部分听觉，完全听不到老师讲课的内容了，只能靠课堂上抄老师的板书，课下借阅同学的笔记艰难学习。遇到不懂的地方，只能把想问的难题写在纸上向老师和同学请教。

苦难和不幸没有让他消沉绝望，凭着顽强的毅力，初中毕业时，他以全校第三名的优异成绩考入了本地重点高中。三年后，又以高出一本线50多分的优异成绩考入延边大学中文系。

进入大学后，因为听力上的缺陷，他开始用网络与他人说话，用文学来弥补心灵，创作了一大批文学作品，先后在《剑南文学》《百家》《词刊》《歌词天地》等报刊上发表，成为这些杂志的撰稿人，并多次在各级文学大赛上获奖。

每天晚上6点，他便背着从图书馆借来的诗词书籍，从寝室来到一公里外的师范楼，一个人在安静的教室创作。到这年年底，他将自己的得意之作《春江花月夜》投给了一家艺人官方网站，得到了该网站负责人的极大好评。

此后，他遇到了生命中的第一位贵人——在北京拥有自己传媒公司的张宏光，为对方的曲子填了一首《我想的美好》歌词，拿到了1000多元的报酬。对于他而言，这不仅是物质上的报酬，更是一种精神上的激励，成为他音乐道路上的转折点。此后，在张宏光等人的提携下，他先后为名家郑绪岚、吕薇等人作词，还应中央电视台《欢乐中国行》《同乐五洲》栏目的邀请，创作了《山水好心情》《漫步黄山》等一大批歌曲。他作为"一个音乐的舞者"以独特的姿态跳跃在灵动的音符上，行走在音乐带来的艺术喜悦深处。进而当选为2007年延边大学首届感动校园十佳人物第一名。

2008年大学毕业，他像众多残疾人求职一样屡遭挫折，长期陷入失业状态，没有工作，没有收入，没有住处。这时，一位大学老师向他发出了邀请，希望他能够参与自己的科研项目，正走投无路的他欣然应允。他没有让老师失望，2009年起，他开始连续在《词刊》等国家级期刊发表《方文山歌词创作的艺术风格》《流行歌词研究的设想》《罗大佑歌词创作初探》《车行歌词创作研究》等歌词研究论文与评论15余篇。参与多项高校省部级学术课题项目编辑统筹与撰稿工作，已撰写了近40万字学术作品，即将出版《韩国古代诗家对先秦汉魏晋南北朝诗歌的批评》《韩国古代诗家对唐宋诗歌的批评》等合著书籍，专著《明清中韩诗歌交流史》，结集歌词研究作品《歌词作家作品论析集》。

工作之余，他没有放弃自己的爱好，业余时间创作了一大批歌词。2010年8月，他再次接到了一个重大任务：为第十六届广州亚残运会创作一首歌曲《你让世界从此不同》，经过几个月的不断讨论、修改，最终确定为亚残运会主题曲。

他就是海南万宁的青年词作家王生宁，一位双耳完全失聪的"80后"。虽然王生宁本人听不到自己创作的歌曲，可他心中却充满了美妙的歌声，虽历经风雨和坎坷，始终坚持梦想，一路走来，最终走到人生的坦途。的确，每个人都可以拥有美丽的梦想，只要坚持，一路走来，你的人生便从此不同。

做一个敢于仰望星空的人

25岁这一年，青禾不顾上司的挽留和父母的反对，辞了渐渐稳定的工作，在她想要去的那个城市租了房子，开始准备考研。几乎所有人都劝她放弃。

读过研的同学告诉她其实读研也就是那么一回事，换一个地方和另一群人无所事事几年，毕了业依然要和学历比自己低的人一起竞争；上司告诉她，如果她不辞职继续努力一下马上就可以升职，到时候会有一笔可观的工资；父母说他们老了，没有能力再给她提供学费生活费了，他们希望她来养这个家……

身边所有人都不理解她为什么突然决定考研，在别人看来，本科毕业的她没有直接读研而是选择了工作，工作稳定之时她却又放弃了可以得到的所有，选择从头再来，毋庸置疑，从头到尾，她做的都是错误的决定。

可是青禾还是做了，不管不顾，干扰因素再多，她也不在乎，她就是想去她向往的城市继续深造。

有人问她为什么，她说为了理想。

青禾已经不记得自己为什么那么向往读研了，她记得的是从大一开始她就已经在准备考研了。本科读的是喜欢的专业，所以她认认真真地上每一堂专业课，修了许多相关的选修课来为考研打好基础。同学们从高中到大学开始堕落，可她却还是过着和高中一样的生活，每天6点起床，晚上11点休息。她在无人的操场上大声朗读英语，去参加英语角练习口语，去参加各种讲座。大学里，她没有一丝一毫的松懈。

大四那年，她获得了保研名额。她觉得自己的努力总算没有白费，她的梦想触手可得。但是现实很残忍，她的父母不支持她读研。

青禾一直知道自己想要读研的决定不会被父母支持，所以她一直很努力，努力地兼职赚钱，努力地学习拿奖学金，努力地得到了保研名额，可是她的父母还是不同意。原来，无论她怎么做都不够。

青禾来自一个小县城，家境一般，她的大学学费全部是贷款的，她知道父母负担不起自己的读研费用，她也觉得她不应该再是父母的负担，所以她让自己变得足够优秀，她也一直以为只要自己不再是父母的负担就可以，却原来她自己不仅不能是负担，她还要负担家里，负担比她还小的弟弟。

她终究还是与梦想失之交臂，凭借还可以的简历找了一份还可以的工作，养着自己也养着那个家。工作的那两年，她也不曾放弃自己的梦想，会做一些相关的兼职，关注着相关的动态，她忘不了自己的梦想。

王尔德说："我们都在阴沟里，但仍然有人仰望星空。"青禾不仅在仰望星空，她还想要得到喜欢的那颗星星。哪怕没有人支持，她也不在乎。

工作的这几年，青禾也想过，如果她是一个没有理想的人就好了，那样她可以在大学里放肆地玩，然后拿一个文凭，毕业后按照父母的意愿工作结婚，一辈子就这样碌碌无为，做一条永远不会翻身的咸鱼。但是很可惜，她不是，她已经见过更加广阔的世界，她回不去曾经那个狭隘的自己，更何况不管生活在怎样的环境里，她都有自己想做的事情，她也愿意为之努力。

张爱玲一生有三恨：一恨海棠无香；二恨鲥鱼多刺；三恨红楼未完。而青禾只恨自己没有坚持自己。这么久以来，她一直遗憾两件事，一是学院有出国交换的项目，本硕连读只需要读4年，她符合所有的条件，但她放弃了，因为出国的费用真的太贵了，她实在没有办法负担；二是毕业那年她没能拗过父母选择了工作，放弃了近在眼前的保研名额。

而现在，她终于没有办法忽视自己的内心，不论过去多久，她依然不能说服自己就这样按照父母的安排生活，她也不甘心就这样放弃自己的梦想，所以她决定重新追求自己的梦想，哪怕身后空无一人。

其实我们每个人都只是平凡人，我们想做的事情也要很难才能完成，更或者即便全力以赴也不一定会成功，也许我们走了许久的路也到不了目的地，但无论如何，只要有梦想就是好的，只要我们敢于仰望星空，就总有机会实现。

浮生一场，有人沉沦，有人平凡，也有人站在山峰之巅俯瞰众生。所有人都想做站在最高处的那个人，但总有人中途退出、放弃，所以最后抵达目的地的只有那寥寥几人，只有那很少一部分人功成名就被人仰望。可我们需记得，没有人能随随便便成功，那些成功的人也曾在阴沟里被淤泥缠身，只是他们比大部分人强，他们出发了就不曾后退，旁人冷言冷语也不在乎，他们只是想做一个有理想的人。

做一个无可替代的人

那一年，我从亚利桑那州立大学毕业，幸运地被当地一家知名公司录用，进入市场营销部工作。当然，首先要通过一个月的试用期。

部门主管是一名不苟言笑的中年男子，他常常半眯着眼睛，有时却透射出仿佛能洞穿一切的眼神，这让他原本就冷峻的面庞显得更让人生畏，尤其是对我这样的职场新人来说。

入职后的第二天，我便目睹了他的严厉。在讨论一个营销的策划案时，一个同事提出了看法，他是和我一同进公司的新职员。很显然，他的提议很糟糕，主管用一连串的反问很快就将他驳得体无完肤。同事涨红的脸让我暗自庆幸，还好自己没有说出愚蠢的想法。

会议快要结束时，主管突然指着我说："你呢？你有什么看法？""我和你的观点完全一致。"我不假思索地说出了这句话。它在我心里已经演练了无数次，我确信自己在说这句话时表情无比自然、生动，没有丝毫的别扭。果然，主管没有任何怀疑，面无表情地转过头去宣布散会。

此后，每次开会，我都不说一句话。看到同事依然坚持表达看法，接着被主管驳斥，我都在暗地里偷笑。然后在主管发言后，装作若有所思地点点头。这样一来，既显得自己有思考，又不经意地显示出与主管不谋而合。——我觉得自己简直就是一个天才！

试用期结束时，主管把我叫到办公室，用惯常的语气说："你知道，我们的观点总是很一致。"我微微点头，礼貌地微笑着，同时拼命地压抑着内心的激动和喜悦——接下来，一定是宣布我通过试用的消息。

但是，我猜错了。因为主管接着说："总是一致就说明我们中间有一个人是多余的。我不认为多余的那个人是我，你觉得呢？"这时，我又看到了从他半眯的眼睛里透射出的似乎能洞穿一切的目光。几乎是下意识的，我点着头回答："是的，我同意。"

几年后，我终于在其他公司站稳了脚跟。当我得知当年那个常常遭到主管驳斥的同事留了下来，并且发展得很好之时，我一点都不奇怪。是的，出错并不可怕，它能让你成长，至少能让你无可替代。而一味地附和别人，只会让你成为多余的那个人。

坚持，是最好的品质

我是一个有点小聪明的人，或者说脑子比较快，也因此从小到大一路走来以为凭着小聪明和滴溜溜转的脑子就能玩转一切。别人反应不过来的事儿我眨眨眼睛就懂了，别人听不懂的话我听一半就知道后半句是什么了，别人要集中精力去听的课，我一边走神一边听课还能一边喝可乐。因此，我从来都不是最用心的那一个，尽管我有时候也还算个认真的人。

我一直以来都沉浸在小聪明的美丽世界里，直到年后我的生活和职场里突然发生了好多事，在很多几近崩溃和焦躁的瞬间，我发现小聪明这件事已经吞噬了我的心很久，只是我一直不知道也不在乎而已。就拿职场来说，别人需要干三五个小时的工作，我只要稍微用点心一个小时就能做完，于是在剩下的几个小时里逗逗这个调戏一下那个。于是我浪费了大把大把的剩余时间，以至于我对自己目前的水平和能力很不满意。心思悔恨之余，认真工作了一个星期，虽然辛苦万分，但却收获巨大，不禁更加后悔之前浪费过去的所有好时光，内心也突然严肃了起来。

其实像我这种有点小聪明的人生活和职场上有很多很多，但大抵上单单靠聪明能走得挺拔长远的寥寥无几，反倒是那些一直以来勤勤恳恳地用心生活和工作的人总能开出绚烂的花朵。聪明人总喜欢靠着自己的这点优越感对很多事情没有耐心，总觉得就咱这脑子去哪儿不是一朵奇葩，还用得着这么费时费力费工夫吗？聪明人总是在遇见陌生人或者前辈的时候最先受到赏识和赞叹，因为谁不喜欢跟脑子快的人聊天合作呢？聪明人工作更加容易，因为看起来很有灵气，而会被领导宽容很多小毛病和小缺点，因为讨人喜欢上班迟到一点没关系啦，其实越来越多的小毛病不被纠正和改变，才是阻碍长远进步的绊脚石。但更可怕的是，这年头聪明人挺多，纵观一个办公室里上蹿下跳的那些人，也一定都是聪明人。所以，大家都只是想在一个都是聪明人的环境里争做看上去更加聪明的人。于是，太多的聪明人都折在了无心这个节点上。倒是那些看上去不那么灵光的人，那些不怎么被前辈看好，那些总被别人因为不那么喜欢而挑毛病的人，他们用心用力用时间来换取了很大的回报。

其实聪明人如果能用心更多一些，就可以有很大的收获和成就，但偏偏聪明人总会因为自己有点小聪明而不拘小节，或者因为受人宠爱而觉得没必要那么苛责自己。其实缺乏长性和耐心的聪明人只要再坚持一下下，就可以克服掉很多缺点和毛病，比如再专心一点，再用心一点，再多听别人讲几句话，再多沉下心来学习一点，只需要再多坚持一点点，便可以看到不一样的花朵。

曾经写过一篇文章叫《挺住，意味着一切》，新书也用这句话来命名，觉得这句话特别适合普罗大众的我们。但是总觉得这句话多了一些悲壮，少了一些英气，于是今天想到了可以补充的下半句：坚持，是最好的品质。这不仅适用于普罗大众，对于那些跟我一样一直以来为有点小聪明而沾沾自喜的人来讲，更应该铭记在心。

挺住，意味着一切；坚持，是最好的品质。

谁说你没有理想

　　妞子拿下耳机，扭过头来问我："妈妈，你觉得我当个特种兵怎么样？"

　　她正在电脑上看关于特种兵的电视剧。

　　"当然好啊，你要是能当个女特种兵，那我得骄傲死了。"我走过去坐在她旁边。拜英雄情结所赐，我看过不少这方面的小说，可以让我跟妞子大讲特讲国内国外特种兵的种种过人之处，尤其是现代那些掌握高科技的特种兵，除了拥有非同一般的实力之外，还有着一流的头脑。

　　母女俩你一言我一语，很激动地分享了对特种兵的各种崇拜。我忽然对妞子说："你知道要具备这样的本领，需要经过哪些训练吗？"我仔细搜罗记忆中那些小说里的描写，从体力、精神、技能到知识、智力等方面，大概给她作了介绍。

　　"天啊，这么这么的不容易啊。"妞子哀叹道，"那我还是算了吧。"

我知道她也就是说说而已。但我希望她能具体地认识到，每种让人崇敬的状态，都是要付出极大的努力才能得到的。

上初中以后，妞子越来越有主见，对事情也有了明显的好恶。跟很多小女孩一样，有段时间她特别迷各种歌星，特别是选秀明星，迷到听一句半句就能说出是谁的声音或是哪首歌。虽不至于到追星的程度，但我还是担心会影响她的学习。更何况，在我看来，喜欢这种流行一时的明星，实在不是有追求有品位的表现。每次她提起某某明星，我都很鄙夷地打击她。

某次，她爸听见了，私下跟我说："从大方向看，妞子的喜好至少是正面的，何况她的喜好，除了流行音乐本身，也多来自媒体对明星努力奋斗的励志宣传，直接用我们的价值观来强行影响她很不合适。而且，从家长引导的角度讲，这种做法只会让妞子越来越不愿意跟家长交流。"我仔细琢磨了一段时间，确实认识到，在如今的环境背景下，孩子喜欢明星再正常不过，如果我希望能引导或影响她，首先必须对她的想法充分肯定，同时把自己的理解和认识跟她平等地交流，相信她会作出更加成熟的判断。

没多久，我就发现，妞子喜爱的明星慢慢集中在有学养背景的创作型歌手上了，比如毕业于比肩哈佛的自由文理学院威廉姆斯大学的王力宏，以681分的高分考入广州星海音乐学院的周笔畅，曾经的复旦大学高才生尚雯婕。她甚至说，以后想当个音乐人。

妞子学过好几年钢琴，有一定的音乐基础，作文写得也不错。我跟她说："懂得用音乐来表达，是做一个音乐人的基本素质，但要想成为优秀的音乐人，最重要的是你表达的内容要独到并打动人心。要做到这一点，需要有独特的见解和体会，而这些，很大程度上取决于自身的文学、历史等积累，甚至还要有社会学、哲学、心理学等方面的知识背景。"

上初二后，除了历史，妞子开始对心理学感兴趣。我给她买了一些入门级的书籍，没多久，她就抛开这些她觉得过于简单初级的书，捧起了她爸的《博弈论》，还从书柜里翻出我上大学时买的《荣格心理学》。

插在这两本书里的书签挪动得很慢。这点我早想到了。毕竟是不同于故事读物的专业书籍，以她的年龄，没有轻易放弃就很不错了。但我还是希望她能再努力地深入了解一些。我一方面跟她说读书是有品格的，如果翻开了，就不要随意丢下；另一方面不惜自曝其短，告诉她《荣格心理学》我上大学时都没看完，没想到她才上初中，就看了这么多。鼓励相当有效果，妞子听了我的话，坚持着断断续续看了下去。

不过，从上个学期开始，妞子越来越纠结于未来的人生道路，并为自己没有一个明确的职业方向而苦恼。

起先，听她说起班上的一个女生，学习成绩一直保持在前几名，还很有艺术天赋：从小学钢琴、舞蹈、唱歌，现在都能自己写歌了。年级的活动，她从来都是当仁不让的主持人，班里排个什么节目，小品啊，合唱啊，视频节目啊，创意、脚本、导演都少不了她。那个女生从初一就确定了以后上艺术类学校的目标。

前一段时间，各班都举行了素质展示班会，坐妞子后面的男生演示的是解高等数学题，用6种方法证明一道大学的微积分题，用妞子的说法是"牛了一地"。那个男生是个数学天才，从初二开始看《初等数论》，并自学高中数学。他跟妞子说过，将来要从事数学研究。

看到身边的同学有了很明确的目标，妞子焦虑地跟我说："我到现在还没有理想呢，怎么办？"

"谁说你没有理想？你说过那么多，音乐人、心理学家、作家，甚至医生、特种兵，无论是做什么，想成为一个有能力、有价值、对社会有贡献的人，不就是你的理想吗？"我安抚地拍拍妞子，跟她说："你才上初三，没有想好将来具体做什么，再正常不过了，让我特别羡慕的是，你对好多职业都保持着兴趣和了解。回想起来，我最早的能称得上理想的是当个照相的。那会儿我刚上小学，好长时间都不能理解人的形象怎么能呈现在照片上。那个时候，我没有办法找到相关书籍，也找不到什么人能告诉我相关知识，而且那时候，照相还是个奢侈的事儿。哪儿像你，从小就能接触到各种最新的信息。"

看妞子的情绪从沮丧变得振奋起来，我接着说："你有同学这么早就明确了理想，实在是很难得，同样让我羡慕。回想一下，我直到高中毕业，也没有过这样的朋友。可见人群中只有极少数人能在很早就有确定的人生目标。他们能有明确的理想，跟成长环境、个人兴趣和努力有关。"

我开始给妞子打比方："唱歌让人愉悦，但只有音乐人能无数次重复同一首歌，还能从中体会出最佳的情感状态；高强度、高难度的训练，在我们看来，几乎相当于磨难和自虐，我相信，优秀的特种兵能从中找到突破和超越自我的自豪感；不断做题，每天埋头于各种难题中，旁人会觉得枯燥和单调，你们班那个男生肯定是自得其乐，心中洋溢着成就感。所以我认为，你们这个阶段，理想来源于兴趣，但不只于兴趣。你只要保持现在这种状态，对很多领域都有兴趣，并对你感兴趣的东西努力深入，我相信，你会有越来越明确的理想的。"

前几天，妞子给我看她写给四川一位笔友的信。信很长，后几页写到她对自己的认识，尤其提到，她将来想创业。妞子加入了一个自行车队，队友各有所长，她认为可以将其中的几个人发展成创业团队成员。虽然暂时还没想好具体做什么，但她认为能真正做一份自己喜欢的事业很有意义。

做一条奔流不息的小河

有一个年轻人很不幸运，他做事总是失败，接二连三的打击让他丧失了生活的信念。于是，在一个焦躁不安的夜晚，他服下了半瓶安眠药，想要就此结束自己的生命。所幸父母发现及时，才挽回了他一条性命。可是，从此他却变得萎靡不振，对什么事都提不起兴趣。为了治疗他内心的创伤，父亲决定将他送到爷爷家休养。

在农村生活的那段时光，他的心情并未得到多大的改变，每天除了吃饭、睡觉、玩游戏外，几乎什么事也不干。尽管爷爷奶奶不断地安慰他、开导他，但他还是一副失魂落魄的样子，家人都禁不住摇头叹息。

在距他爷爷家不远的地方有一条小河，河水清澈透明，一年四季，涓涓流淌，两岸绿树成荫，芳草萋萋，十分美丽。一天，他百无聊赖地来到河边散步，这条河对他来说并不陌生，小时候他经常去河边玩水、钓鱼、抓螃蟹等，那时是多么地快乐，多么地无忧无虑啊！想到如今自己遭遇的诸多不顺，他忍不住黯然神伤。此时正处隆冬，水位较低，小河显得瘦小而寒碜，加上两岸的草木全都枯萎了，没有一点生机，他的心情变得愈加落寞。他没想到，故乡的小河也会遭受到与自己相同的惨状。

不知不觉，半年过去了，他沉睡的心灵开始慢慢复苏。转眼到了夏天，几场大雨过后，小河变得丰盈起来、快活起来，又恢复了昔日的热闹。从他有记忆以来，这条小河就一直昼夜不停地流淌着，虽然偶尔会出现干涸或断流，但多少年来，它始终保持昂扬的姿态。他沿着河岸一路前行，没走多久，发现前面不远处出现了塌方，从山坡上滚落下来的土石将河道彻底堵塞了。然而，让他感到惊讶的是，小河并没有因此失去方向，也没有因此停止前进。它先是在低洼处聚集，使得水位不断上升，当河水达到一定的高度时，它漫过了凸起的土石，继续朝着前方缓缓前行。

回到家中，他高兴地问爷爷："我们家门前的那条小河最终会流向哪里呢？"爷爷意味深长地说："它先是汇入大河，然后汇入长江，当然，它最终会流向大海，因为那里才是它真正的家。"

隔日，他再次来到河边，此时，在年轻人的眼里，这条原本十分普通的小河一下子变得不平凡起来。年轻人想，对于小河来说，大海是一个多么遥远的地方，其间要经历多少道弯，多少道坎，多少道堰，多少重关，多少个日日夜夜的努力啊！然而，小河从不自卑，从不气馁，从不认为自己肤浅，无论遇到怎样的阻挠和不幸，它总是信心十足地、义无反顾地勇往直前，直到看见大海。

那一刻，年轻人的心灵受到了极大的震撼，他想，一条河尚且能够克服前行中遇到的障碍，而自己作为一个活生生的人，又有什么过不去的坎呢？于是，他收起了内心的绝望与自卑，怀着敬畏的心情离开了爷爷家，回到了城里。

从那以后，年轻人不再彷徨，不再哀叹自己的不幸，也不再急于求成，而是孜孜不倦地朝着心中的目标一天天进发。他想，即便自己不能汇入大海，也要像小河那样滋养沿岸的人民，给大家带来福祉。

人生没有草稿

十二岁时，我喜欢上了张韶涵。我发疯似的到处寻找她的录音带、录像带、海报，每天看啊听啊，忙得不亦乐乎。她的档案我能倒背如流，有关她的消息也成了我情绪的"晴雨表"。

我努力地把自己的生活与她联系起来，墙上、床上、桌面上到处可见她靓丽的身影。随之而来的，便是我的各科成绩都亮起了红灯，我也自然成了常被老师叫去"谈心"的一分子。老师一遍遍不厌其烦苦口婆心地讲"追星"的害处，强调学习的重要性，可我就是听不进去，依旧我行我素。妈妈也开始不断地向我发起进攻，唯有爸爸对我依然如故，这使我对他感激不尽。

联考来了，几乎没有任何准备的我赤手空拳地上了"战场"，像一个没拿武器的士兵在敌阵里迷失了方向，我几乎是迷迷糊糊地写完了试卷。不久后公布的成绩犹如一个晴天霹雳：我在班上的排名从原来的十几名一下滑到了三十多名。这对我无疑是一个沉重的打击，我心里一阵一阵地泛着酸涩的滋味。

当我怀着忐忑不安的心情走进家门时，我不由暗自庆幸——妈妈回老家了！成绩单落在一向和蔼可亲的爸爸手里，应该不会引发"暴风骤雨"。

爸爸看了成绩单，平静地问我："是不是很难受？"我点了点头。"那就给张韶涵写封信吧，告诉她你的烦恼和你对她的喜欢和信任。再把那封信抄十遍，选一封最好的寄出去。"

这倒是个好主意，我为什么没有想到呢？于是，我洋洋洒洒地写了千余字，经过反复修改后开始抄写。可抄了好几遍我都不满意，直到修改并抄到第四遍时，我有些厌烦了。不过，为了完成一封尽善尽美的信，我咬咬牙决定坚持下去。可没想到我越来越烦，到第六遍时，实在是没有耐心了，便抱着那摞信纸来到爸爸面前："我不干了！"

"为什么？不是干得好好的吗？"

"烦死了，真没劲！再写下去，我的头会爆炸的。"

看着烦躁的我，爸爸却露出了一丝笑容："这说明你喜欢张韶涵的感情是经不起考验的。否则，怎么会厌倦呢？她只能作为你一时的偶像，你不该为了这一时简单的感情而丢了自己今后的一切，对吗？"

瞬间，我半年来坚守的思想阵地受到了巨大的震动。是啊，如果我真心喜欢她，怎么会因为多抄几封信就不耐烦了呢？这能算是真正的喜欢吗？况且我为什么要为了她而放弃自己美好的明天呢？

爸爸似乎看透了我的心思，又乘胜追击："看看，为什么你的草稿会这么乱呢？"

"因为我可以重抄呀！"

"这就对了。人生就如一张白纸，需要你去写、去画，但是这张纸每个人只有一张，谁也没有写草稿的机会，所以你要百般地珍惜它！"

考试的失败、抄信的枯燥以及爸爸的话，使我那颗躁动的心平静了许多，我对张韶涵的热情也渐渐减弱了。我依然喜欢她的清纯、健康，喜欢她的歌声、舞姿，却不再那么疯狂盲目了。我渐渐学会了控制自己的情绪和言行，因为我一直牢记着爸爸的教诲：人生没有草稿，应该精心绘制自己那份独一无二的生命蓝图。

谨以此书，献给不停奔跑、执着勇敢的追梦人。

　　愿我们在人生的每段故事中都是主角，遇见最美的人生，遇见最好的自己。

梦想的尽头，有星光等候

愿你成为自己的太阳，
无须仰仗谁的光芒

郭婷　主编

红旗出版社

红旗出版社
HONGQI PRESS
推动进步的力量

图书在版编目（CIP）数据

愿你成为自己的太阳，无须仰仗谁的光芒 / 郭婷主编. — 北京：红旗出版社，2019.8

（梦想的尽头，有星光等候）

ISBN 978-7-5051-4915-1

Ⅰ.①愿… Ⅱ.①郭… Ⅲ.①成功心理—通俗读物

Ⅳ.①B848.4-49

中国版本图书馆CIP数据核字（2019）第163366号

书　名　愿你成为自己的太阳，无须仰仗谁的光芒
主　编　郭婷

出品人　唐中祥　　　　　　总监制　褚定华
选题策划　华语蓝图　　　　责任编辑　朱小玲　王馥嘉

出版发行　红旗出版社　　　　　地　址　北京市北河沿大街甲83号
编辑部　010-57274497　　　邮政编码　100727
发行部　010-57270296
印　刷　永清县晔盛亚胶印有限公司
开　本　880毫米×1168毫米　1/32
印　张　25
字　数　680千字
版　次　2019年8月北京第1版
印　次　2020年1月北京第1次印刷

ISBN 978-7-5051-4915-1　　定　价　160.00元（全5册）

前　言

不记得在哪里读到过这句：每个人都在自己的生命中孤独地过冬。

如今想来，冬天从来都不是孤独的。冬天有热汤，有棉衣，有灯火，有历经风寒之后的温暖与爱。

有人说，没有在深夜痛哭过的人，不足以谈人生。而我想，没有在空无一人的房间，被某一首歌戳中内心某个柔软的角落，你的人生便少了一种足够值得珍惜的体验。无论你听完那首歌后，是嘴角带着笑，还是眼中含着泪。

《理想三句》里唱着："时光匆匆独白，将颠沛磨成卡带。已枯卷的情怀，踏碎成年代。"喜欢极了这四句歌词，被陈老师低沉的声音波澜不惊地唱出，似乎早已释然，仔细想来却仍是沉重。

每次听到歌曲结尾的那一句："梦倒塌的地方，今已爬满青苔。"总能想起北岛的诗："那时我们有梦，关于文学，关于爱情，关于穿越世界的旅行。如今我们深夜饮酒，杯子碰到一起，都是梦破碎的声音。"

从心欲，不逾矩，胸中有火，眼中有光。而现在的我，更喜欢的却是："归来的时候，是否还有青春的容颜。愿你出走一生，归来仍是少年。"瞬间便被这句话打动。铁打的校园里匆匆而过着流水的我们，而那些少年心事即使早已被我们遗忘，却永远在我们曾熟悉的某个角落里潜滋暗长。

有些故事无疾而终，有些故事被写成了圆满，有些故事留下了遗憾，有些故事未完待续。而那些故事，总是在深夜里他们的歌声中，被无端唤醒。

不曾出发的日子里，就听音乐吧。浅酌低吟之中，空间和时间都被延长到无限远。所有在太阳升起时遇到的烦恼，在月光洒落时都已经渺小得如茫茫星海中的一粒尘沙，在音乐的洗涤后散入世间消失不见。你无须读懂歌曲在唱什么，因为你一定能感觉到它在表达些什么。

愿你在优雅的歌声中入眠，在文字的美梦中沉睡，然后做一个关于诗和远方的梦。说不定当下一个黎明到来时，你便做出决定，要开始下一场征程。

目　录

第三章　唯有努力，才能看到新的天空

第四章　全力以赴，有何来不及

第一章
为什么坚持，想一想当初

生命好在无意义，才容得下各自赋予意义。假如生命是有意义的，这个意义却不合我的志趣，那才尴尬狼狈。

——木心

越努力，越幸运

她，是国际时装界的"时装女王"，也是中国最厉害的打版师之一。她天资聪慧，别的打版师费尽心力四五遍才能在设计师那里过关，而她则常常一遍就通过。她就是有着响亮名号"杨一过"的杨萍。

在时装界赫赫有名的杨萍，是山东青岛人。在光鲜的标签背后，人们惊讶地发现，这位天才人物竟然是一位坐在轮椅上的残疾人。

因为患有小儿麻痹症，杨萍从小到大一直生活在自卑当中。别人的冷嘲热讽以及"另眼相看"让杨萍承受了不少别人无法想象的痛苦。

杨萍自小就知道"知识改变命运"的道理，所以自上学后，就一直发愤读书。在学校里，她的成绩一直名列前茅，是同学们公认的"学霸"。然而遗憾的是，因为身体不便，她终究没能进入钟爱的大学校园。

杨萍伤心不已，觉得自己是个废人。每当父母劝她要振作起来的时候，她就反问他们："既然都是一样的结果，那么再多的努力又有什么用？"

杨萍的父亲有喝茶的习惯，每次休息的时候都会泡上一盏茶，然后慢慢地品味。在女儿哭了整整一个星期之后，他将杨萍的轮椅推到了自己面前，让她陪着一起喝喝茶。

父亲先是泡了一壶茶，然后各自斟满，并让杨萍饮下。杨萍喝下一口后，一下吐了出来，说："太苦了。"父亲笑笑，让她继续喝完。

在喝过几轮茶后，杨萍发觉茶已全然没有了最初的苦涩，而是蕴含了淡淡的香气，并且越喝越香，甚至感觉到了丝丝的甜味。杨萍问父亲："为什么茶会越喝越香甜？"

父亲笑着对她说："茶在经过多次的冲泡以后，苦味就会逐渐变淡，而苦味少了，甜味自然就显现出来了。"父亲停顿了一会儿，对她说："其实生活就像喝茶一样，只会苦一阵子，不会苦一辈子。"

杨萍一下愣住了，她和父亲一直很少交流，没想到父亲却用他的"饮茶之道"给她讲了一个人生的大道理。她抹去残留在眼角的泪水，冲父亲说："我想去读夜校，还想学设计！"

之后，杨萍如愿去读了夜校，并报了服装设计专业。在学习之余，她试着给家人和亲戚朋友做衣服，她做出来的每一件衣服都有板有型，深得大家的喜爱。有朋友看到专卖店的衣服，描绘给她听，她花两三个晚上就可以制作出来，有时比专卖店的还好看、好穿。

杨萍将制作的衣服一件件全都发到了网上，没想到立即得到了赞声一片。随着朋友及网友们的口口相传，杨萍开始成批量地接单，甚至有的外国人也向她发来了订单，而不懂英文的她竟然凭借一本字典，在一字一句地对照翻译后出色地完成了任务。

之后，杨萍将目光投向了"时装界"，并凭借过硬的实力和细心认真的态度，成为了一个专业的打版师。平时，她会根据设计师的款图打版做成纸样，对面料进行制图后裁剪，为下一步的缝制打下基础。

2005年，西班牙设计师为某国际品牌设计了一张图纸，因为后身设计比普通设计长一公分，许多打版师都对此束手无策，而杨萍却一下找到了"症结"所在，轻松解决了问题。

同事们都称杨萍是设计师肚子里的蛔虫，能一眼明白设计师的意思。甚至波兰甲壳虫青岛工作室首席设计师也被她的真诚和才华感动，为她打破了"不和不懂英文的打版师合作"的原则。

现如今，杨萍就像一粒金子，走到哪里亮到哪里。而她更是被周边的人称为"时装女王"。闲暇的时候，杨萍也会泡一壶茶，然后慢慢地品味，她常跟身边的朋友说一句话："越努力，越幸运。只要努力了，日子总会如喝茶一样，只会苦一阵子，不会苦一辈子。"

时刻都要有所行动

如果有人想要找到一个公式，所有人只要套用这个公式就能成功，那么他一定忘了，这个世上最强大的力量就是"自然力"。其实每个人都得找到大自然为他建造的道路，并沿着这条路走下去。如同鼹鼠走的是一条路，松鼠走的是另一条路，都是由大自然量身打造的。我们不能因为鼹鼠不会爬树，就认为它是一个失败者；松鼠也不能因为自己不会钻地道，而垂头丧气、闷闷不乐。你不可能期待轮船沿着干涸的陆地驶入港口，同样地，希望依循其他人的道路轻松获得成功，也是愚蠢的想法。

密歇根州有一位参议员，他起初是卖爆米花、报纸的小贩，后来进入一家律师事务所打杂。工作闲暇时，他就抽空阅读法律书籍，24岁，他成功地跻身律师界，找到了自己的路。打杂虽然无聊，但他没有苦等，而是牢牢地抓住手边的东西。然后，当他准备好时，那条路已经赫然出现在眼前。

许多年前，一个10岁的小男孩，在美国的一座小火车站里当差跑腿，并利用业余时间研究电报按键。13岁，他成为一名正式的电报员；38岁，他当上了铁路公司总裁。去世前，他是加拿大太平洋铁路公司总裁，并被授予爵位。人们公认他是世上最了不起的铁路公司总裁。他并没有天真地等待机会降临，而是像鼹鼠一样，从他所在的地方着手，不断地向前挖通自己的道路。

没有什么比"起而行之"更重要——不管你面对的是什么，一定要有所行动。

成功的天赋

美术大师要选一个年轻人做他丹青事业的关门徒弟，前来考试的人很多，经过几轮严格的淘汰赛，只剩下两个年轻的画家：一个是从美院刚刚毕业的，他的作品已多次参加各种画展，并且获得了不少奖项，实力确实不俗；另一个则是刚从乡村来的，他酷爱绘画，画出了不少上乘之作，自学成才，备受画坛称道。

大师说："你们两位的作品我都看了，难分伯仲，各有千秋。现在我只有看你们各自的美术天赋了。"大师让他们两人各自为对方画一张白描画像，两个年轻人听了，立刻支好画板，迅速观察对方并画起来。乡村来的这个年轻画家想，画人，一定要抓住一个人美的形态，把一个人外在的美和心神的美完美地结合起来，使被画的对象更美。于是他就仔细观察对方所具有的美的特质，一笔一画谨慎地给对方画像，对方的额头较窄，他就把他画饱满些，对方的眼睛较小，他尽可能把它画大些，使它更具加奕奕神采。

而从美院刚毕业的这位年轻画家就不同了，他暗暗思索：对方现在是我唯一的竞争对手，把他画得太美，无疑将对自己不利，不如把他画得略微丑些，这样对于向来喜欢洁净、纯美的大师来说，自己就不知不觉中多了一份胜算。于是，他就着意渲染对方脸盘的粗糙，以及对方脸上那个不太明显的瘩子。

两个年轻人很快画好了，应该说这两幅作品都是他们难得的得意之作。他们把各自的作品交给大师，心怦怦地跳着等待大师的评判。大师拿起两幅画，又再三瞧了瞧这两个实力都着实不俗的年轻人，最后大师对从美院刚刚毕业的那个年轻人说："很遗憾，我们两个没有师生的缘分。"这个年轻的画家很不解，问大师为什么这么快就做出了选择。大师叹了一口气说："从事美术创作需要一种天赋，那就是从平凡中发现美、渲染美，不管他是你的敌人还是你的竞争对手，你都要观察和着意表达他的美，不能因为其他的因素而掩盖对方的美。画出你的对手美，画出你的敌人美，这是一个杰出画家所必需的天赋和胸怀，这样的画家才会有前途，才具有成为画坛大师的天赋。"这个年轻人明白了，惭愧地背起自己的画板低着头走了。

是的，不管他是你的对手，也不管他对你有什么潜在的敌意，用你宽容的心去客观地看待他，用你的善良去仔细发现和渲染他那一点点的美，那么你就拥有了一种生命博大的气度，你就拥有了一种成为伟人的天赋。

心灵的善良，往往是一个人人生成功的最大天赋。

十四岁的初次旅行

我小时候家里已经有私家车了，每到周末，父亲就开车带全家去离东京几十公里的游览区，如箱根温泉、江之岛、三浦半岛等。大家玩得挺开心——除了我以外。不知为何，家里只有我一个人晕车，坐进车里闻到汽油味就觉得不行了。所以，每次郊游对我来说，痛苦跟乐趣一样大。也许就是这个缘故，我从来没梦想过长大以后自己开车去远处。正相反，长大以后自己坐长途火车去旅行，才是我多年来的梦想。

我14岁那年的夏天，有了第一次独自坐长途火车的机会。那一年，父母为一对新人做了媒，而那新娘是在长野县山区出生的。在东京办完婚礼后，新娘双亲邀请我们全家人去长野县度假几天，父母接受了。只是那年我读初中三年级，为了准备翌年的高中入学考试，早就安排好了暑假里参加补习学校的一些课程。我跟父母商量后决定，大家先坐父亲开的车出发，我则上完补习班后一个人搭中央本线快车前往长野县，在目的地火车站跟家人会合。

长野县有19世纪末欧洲传教士开发的避暑区，常常被少女杂志介绍。白桦湖、女神湖、清里、美丽原等地名，简直就是西方童话里出现的神秘场所，充满着醉人的各种想象。我非常高兴自己能够坐长途火车去浪漫的长野县。

从东京新宿火车站坐中央本线快车"梓号"前往长野县，大约是3个小时的旅程，需要事先订座位。当年我父母去外地总是开车，对铁路事务完全陌生，到底在哪里买票都不大清楚。日本国铁的大规模火车站设有所谓"绿色窗口"，跟一般窗口分开，专门为长途旅客服务。由于当时的"绿色窗口"看起来跟航空公司的柜台一样难以接近，信奉放任主义的父母不愿意处理这种事务，我只好一个人处理订票事宜了。我到家附近唯一设置"绿色窗口"的高田马场火车站，平生第一次前往那神秘的柜台，很紧张地跟售票员说了旅行的日程和列车班次等。当时心中着实担心：如果人家说我听不懂的语言可怎么办？结果呢，一切都非常顺利。售票员讲的果然是普通的日语。我根本没有遇到任何困难，就把看起来高贵无比的绿色对号车票拿到手里了。

现在回想，我的旅人生涯就是从那天站在"绿色窗口"前开始的。因为旅行的本质就在于克服恐惧心，离开熟悉安全的日常生活，前往陌生的世界。相比之下，3个多小时的旅行本身留下的印象并不深刻。我只记得自己穿上跟 *Non-No*（日本集英社发行的月刊女性时尚杂志）的模特一样的睡衣般宽松的长袍，戴上系了丝带的大草帽，也提着用藤编的旅行箱搭快车，在 4 人座中靠窗户的地方占了位。其他旅客问我是否一个人旅行、要到哪里等，我回答得不多，主要忙于扮演杂志彩页上模特的角色。不过，实际上我挺紧张的，不知不觉之间开始打瞌睡，醒过来时发觉，自己的口水湿透了长袍的大腿部分。在陌生人面前出丑，怪不好意思的。

火车很快就抵达了长野县。我在检票处跟家人会合，乘坐父亲开的车，马上得面对晕车的痛苦了。模仿杂志彩页模特的时间维持得不长，在我梦里简直是飞逝而去，感觉其实也不怎么过瘾。最令我难忘的，倒是早几天鼓着勇气一个人前往高田马场火车站的"绿色窗口"，平生第一次从专门为长途旅客服务的售票员那里买票时心中感到的紧张，和后来拿到对号票而感到的满足。就是那种成就感让我对独自旅行上了瘾。

学会变通

犹太商人鲍洛奇早年在美国杜鲁茨城的最为繁华的街道替老板看摊卖水果，周围有众多的水果摊。这里车水马龙，人来人往，的确是一个经商的好地方，于是每个商人都想尽办法，争抢顾客，竞争十分激烈。

鲍洛奇的生意不错，把其他摊位上的顾客也拉过来了，摊位前的顾客很多，忙得他不可开交。不料，却发生了一件事，差点使他刚刚红火起来的生意败落下去。正当鲍洛奇为自己的胜利感到得意的时候，老板贮藏水果的冷冻厂发生了一场火灾。当消防人员赶来将大火扑灭时，16箱香蕉已被大火烤得变成了土黄色，上面显现了不少的小黑点。老板把这些香蕉给了鲍洛奇，让他降价处理。

当时，普通香蕉每磅的售价是4美分，老板让鲍洛奇降价一半，以每磅2美分的价格出售，老板交代他，香蕉只要不浪费，即使价格再低一点也可以卖。鲍洛奇接过这些烤得黄黑的香蕉感到有说不出的苦。但老板交代他的任务必须得完成，无奈鲍洛奇只好把这些变质的香蕉，摆到了摊上。

尽管有一肚子的闷气，鲍洛奇还是尽职尽责地大声吆喝起来，不少顾客走到他的摊前，看到这种丑陋不堪的香蕉，摇着头走开了。鲍洛奇赶忙解释："各位先生女士，你们看到的只是表面现象，虽然它们看起来很丑陋，但它们的味道很好，并且价格相当便宜，只是其他香蕉价格的一半。"不管他怎么说，顾客还是不想买这些难看的香蕉。

鲍洛奇见没有人买，感到很生气，坐下来把那些丑陋的香蕉检查了一遍。他掰下一只香蕉，剥开那黄中带黑的皮，然后放进嘴里。"是的，这些香蕉一点都没坏，相反，由于火烤的原因，这些香蕉的味道变得更好了。对了，我何不……"他在心里琢磨着，突然想到了一个不错的主意，他禁不住为此而微笑起来。

第二天一大早，鲍洛奇又开始了他的吆喝："各位先生女士，早上好！我刚进口了一些阿根廷香蕉，正宗的南美风味，数量有限，机会难得，快来买呀！"很快，鲍洛奇的摊前就围满了人。众人不停地盯着这些黄中带黑的"阿根廷香蕉"，有些犹豫，因为价格有些贵。

看到这么多人围到自己的摊位前，鲍洛奇兴奋极了，接着他又喊道："阿根廷香蕉，阿根廷香蕉！最新进口的。这种香蕉产在阿根廷靠海的地区，阳光充足，水分多，风味独特！我们公司好不容易进到的。"他把这些黑而丑陋的"阿根廷香蕉"吹得如何名气大，风味好，又费了多大的劲才搞到这么十几箱"最新品种"，说得天花乱坠。

当人们半信半疑的时候，鲍洛奇看见了一位穿着得体的小姐，于是不失时机地问："请问您以前尝过这种'阿根廷香蕉'吗？"这位小姐在摊位前看了很长时间，鲍洛奇早已注意到她了。她的眼睛好奇地盯着这些香蕉已经很久了，看那样子确实想买，只是还没有最后拿定主意。鲍洛奇决定从她身上打开突破口。

"我以前从来没尝过这种香蕉。这些香蕉很有意思，就是有点黑。"小姐说。

"这正是它们的独特之处，否则的话，它们也就不叫'阿根廷香蕉'了。你见过鹌鹑蛋吗？鹌鹑蛋也是带有黑点，但是鹌鹑蛋却特别好吃，不是吗？"鲍洛奇唾沫飞溅地说，"请您尝尝，您从来没有尝过这种风味如此独特的香蕉，我敢保证！"接着马上剥了一只香蕉递到小姐的手里，小姐接过吃了一口。

鲍洛奇不失时机地问："味道怎么样，是不是非常独特？"

"嗯，味道确实不错。我买8磅。"小姐说。

"这样美味的'阿根廷香蕉'只卖10美分一磅，已经是最便宜的啦。我们公司好不容易弄到这么一点货，大家难道不想尝尝吗？错过机会您想买就买不到了。"鲍洛奇大声吆喝起来。

由于那位小姐已经带头买了，而且说味道很好，再加上鲍洛奇的鼓动，大家不再犹豫，纷纷掏出钱来，想尝尝这种"进口香蕉"的味道。于是你来5磅，他来3磅，很快，16箱被大火烤过的香蕉竟然以高出市价1倍的价钱全卖出去了。有许多慕名来买"进口香蕉"的人因没有买到失望而归，倍感遗憾。

社会的竞争是无情的，当自己身处不利境地时，要懂得变通，只有这样，才能够化不利为有利。

谁会拒绝一个幽默的人

　　除了"五十亿帝"之外，黄渤的另一个成就，是向这个看脸的时代证明了，"颜值差"是可以抹平的。

　　作为一个以"相貌平平"著称的演员，当初他跟女神林志玲在《101次求婚》中演CP（情侣）时，所有人都觉得受到了巨大的伤害，尤其是影片最后两个人亲下去的瞬间，电影院里响起了此起彼伏的哀嚎"不要啊""我去""天哪"……

　　然而时隔三年，林志玲客串《极限挑战》，黄渤赢了游戏抱得美人归，还办了"婚礼"，观众们却仿佛忘了当初的吐槽，纷纷表示满屏飘粉红色心心！甚至有娱乐公众号打出大标题："我不管我要站黄渤和林志玲的CP（情侣）！"而在生活中，黄渤也是林志玲唯一公开承认的"男闺蜜"。

　　《星空演讲》的现场更甚，黄渤一上场，台下就高呼"好帅"！当他提到前一个演讲者王凯时，台下观众更"心领神会"地大喊："黄渤帅！"

是什么抹平了颜值差？"CP（情侣）粉"们称他们为"高情商的惺惺相惜"，而志玲姐姐本人给出了更具体的答案："认识了黄渤，我才知道幽默有多重要。"跟幽默的人在一起，高高在上的女神最放松、最开心——对，就像黄渤一站上演讲台，现场就自动洋溢着掌声笑声。

喜剧演员并不都是幽默大师，卓别林、金·凯瑞、周星驰都是屏幕上逗人笑、屏幕下抑郁症，而黄渤是一个异类。他在戏里擅长"造梗"，在戏外擅长"接梗"，其中最经典的例子，就是某次颁奖礼上颁奖人用马云"男人的才华跟颜值成反比"来调侃黄渤，他不假思索给了个漂亮的回答："我相信这句话也激励着您。"全场大笑，尴尬轻松化解，人格魅力再升一格。

在《星空演讲》的舞台上，黄渤就用自己和他"机智的朋友们"的经历给大家上了一堂实用课：在职场上，在感情上，在舞台上，如何用幽默化解尴尬，以及比幽默更重要的是什么——不要让自己陷入尴尬。顺便，他还夸了女神林志玲，"开涮"了自己和王宝强，数次点燃全场气氛。

演讲到尾声，梁文道上台问："我有一个尴尬，讲笑话别人不笑，怎么办呢？"黄渤现卖现用："那就尽量避免讲笑话。"观众们再次大笑，演讲完美收场。

演讲实录：

大家好，我是黄渤。其实，让我过来说是演讲，我一开始以为就过来跟大家聊聊天。来了以后才知道这么的隆重，其实我觉得还蛮幽默的，让我上来演讲，就跟大家聊聊，而且还有一个主题，谁会拒绝一个幽默的人，幽默是一个好事情，但是它是跟尴尬相伴而生的，经常会用幽默来解决碰到的尴尬，比如说现在没有掌声的问题。

谢谢，我每次的综艺节目都是有人在前面先领讲，大家这么高兴，笑起来，鼓掌，如果大家想笑可以放声笑出来，大家叫出来。

接下来继续我的尴尬的演讲。为什么要这么讲呢？其实，真的是这样，幽默是怎么产生的。我对自己的理解来说，真的有时候它是一个良方，可以化解尴尬，其实我之前是唱歌的，大家知道，接下来我要为大家演唱一首《尴尬》。我之前唱歌，唱得好谁演戏呢？后来改行了，但是在我唱歌的时候有一位朋友，他很努力，但是他唱得比我还差。

所以，他经常要面临尴尬，因为站在舞台上，下面都是观众，进来以后要听到人家满意才可以。比如说我们那个时候一晚上要唱四首歌，我有的时候勉勉强强能撑过去，他有的时候第一首歌就有人在下面喝倒彩，"下去吧，下去吧"。好尴尬啊，站在台上一唱，下面就"下去吧，下去吧"，伴着这个"下去吧"终于唱完了第一首歌。唱完了以后，我说这怎么办，后面还有三首，怎么能够撑得住？人家很厉害，作为一个歌手，满足听众所有的要求就是我们根本的目的，"刚才我听到了，所有人都让我下去，我就下来了"。

然后他说："我下来了，再给大家唱一首《喜欢我的人都好运》。"剩下的三首歌迎刃而解，大家稀里哗啦笑成一片，然后跟大家气氛搞得也很好，当天结账也很顺利。幽默有的时候真的是一件很好的事情，有的时候是需要你灵机一动，需要一点点智慧，这个有的人有，有的人做得很好。

比如说有一个朋友在公司里面上厕所，一进厕所一个女孩门一关，周围一平方米左右，觉得世界安静了，天地只有我一个人了，好安静，坐在那手机拿出来，微信打开，开始了。"小红，这两天很辛苦，连续加了四天的班了，我们终于搞定了。"过一会儿没回，又来了一个。又开始发了："你说咱们辛辛苦苦这么多天，我估计马姐现在又穿着她那红高跟鞋，拿着咱们的劳动成果，过去邀功去了吧。"发完了，过一会儿来了一条信息，说"刚才马姐就在你隔壁的厕所前，你说话不要这么大声"。哇，空气凝结了，她听了听旁边真的好像有动静，她感觉自己不是坐在马桶上，好像是坐在冰上，旁边就是她的领导。然后灵机一动，又发了一条："不过，也真的是，姜还是老的辣，这还真是没错。要不是马姐给咱们支的着儿，她指出方向来，我估计咱再多加五六天的班也想不出来。"发出去了，过一会又想了想。"马姐的红色高跟鞋在哪买的？我托人转了好多地方都没买着，真好看。"发出去了。旁边也安静，我估计旁边也在听着呢，然后旁边顺畅的一声，哗，厕所一声冲水声，她也跟着松懈了下来，危机就这么度过了。

当然这个是有的人聪明的时候，聪明管用，灵机一动管用，但是有的时候也有不管用的时候，比如说我前不久参加我们的一个电影活动，所有人穿得很隆重，女孩穿着这样这样，那种那种的裙子，很好看，很愿意看。突然一下看见了很久没见的一个朋友，一个女孩，穿着一个白颜色的连衣裙，但是那个连衣裙一般都是从这开始，但是它是从这儿开始的，捏了很多褶，有点像孕妇穿的裙子，我仔细看了一下不对，肚子是鼓起来了，我一想可不是吗，前一阵子才传出来结婚的消息，这就是有喜了。

碰到这个消息你不赶快过去祝贺一下，我就去了。我说："好久不见，恭喜！"她说"恭喜啥？""怀了几个月？"她说："什么几个月？"我说："你没怀孕？"她说："没有啊！"又一身冰，冰碎的声音我都听见了。你知道一个女孩听到这样消息的时候得多么的尴尬。我刚才说到这个情况的时候，我眼睛扫了一下，现场不少的女士把小腹往回收了一下。

所以说，还有一个前提是尽量不要这么冲动，让自己处于尴尬当中，比如说我们在地铁、公交车上我们都是有道德的人，见到了老弱病残孕我们都会让座，有的时候坐在这了，旁边一个女孩站在那了。小腹微微隆起，你特别高兴地站起来了，您请坐。她说为什么要坐？你是孕妇，你请坐，她说，你孕妇，你们全家都孕妇。是不是？这个就很恐怖，其实好的办法就是站起来，冲人家微笑，走到车门口，站住了，人家坐就坐，不坐就不坐了，不要让自己陷入这种危险的境地。

我还有另外一个朋友，男的，比我大一两岁，但是少白头，一脸褶子，穿得也不是特别时尚。上车经常碰到有人给他让座，我说："你碰到这么尴尬的问题，怎么办呢？"他说："我就坐。"我说："你还真不要脸。"他说："不是这样。""是什么呢？""我要让对方以及我都处于不尴尬的状态下。我要是跟他说，我凭什么要坐，我现在才32岁，所有人一看，32岁，这些年得经历了多少挫折，多尴尬。然后就这样一直站着，所有人的目光都看着你。所以说，就应该理所应当地坐在那里，享受着你的座位，然后对方也觉得自己的红领巾更加鲜艳了，多好的一件事。"

这些都是我们平时能碰到的一些事情。这里面有技巧，很多人有技巧，比如说领导是有技巧的，他们不会让自己处在危险的最前沿，比如说领导说话一般都是"我们争取在最快的时间内，让问题得到妥善的解决"。每一个词都要想清楚，领导说话重要，不能说错话，尤其是国家领导说话就更重要了，你要把你的措辞想得严谨。

我有一个朋友是搞推销的，他们学了一个课特别好，就是教你如何推销和如何应对紧急的状况，当然是会用幽默，会跟大家拉近距离。给别人打电话，说我们的产品如何如何好，比这个好，比那个好。突然人家说，我听说一个品牌比你们好，比你们的价格还便宜怎么办？我告诉你，不让你白来，这是我听到的。这个时候迅速挂断电话，拿出手机上网查什么产品，什么价格，怎么回事，查完了，过了一分钟，又拨过去。不好意思，刚才电话断了，您刚才说的产品我们知道，因为它的产品是怎样怎样的，我们的产品跟它的区别就是纯天然，对身体没有伤害，这个多聪明。但是这些方法是仅仅用于这些方面，不是通用的。你跟女朋友，女朋友问你，那谁，你喜欢吗？其实我在你处理某些事情的某些方面，我还是蛮赞赏的，你说完的时候就只能看到一个背影了，已经早走了。

跟大家分享的是，一开始说这个幽默，可能让我想到最多的就是幽默的事情。再讲一个，朋友多，还有一个朋友比较花心，年轻，喜欢追女孩，但是对女孩表示的好感多，留人家电话留得多，时间长就忘了。我经常有时候在旁边，电话响了，什么月月，什么梦梦，我一看他的表情，皱着眉头，想了一阵子，没有办法。喂，亲爱的，你在哪儿？我说这是什么亲爱的，结果又来了别的电话，依然是亲爱的，我说怎么谁都是亲爱的？他说，你不懂，我哪能想起来是谁？叫通了以后我先说，感觉距离是蛮近的。然后是你在哪儿？我在哪儿，什么路，你跟谁啊？我想起来了，原来是她啊，就继续聊下去了。

这个都是一些技巧跟办法，有的时候你会觉得很佩服，有的时候你会觉得自己真的没法做到。过一会儿我告诉大家，我们怎么幽默，怎么解决尴尬，现在我说得有点像教授。但是实际的情况就是我朋友多。这点就厉害了，来的时候我看到好多人举着牌子在喊，刚才王凯上来的时候尖叫声很大，我们经常会碰到很多粉丝。

（观众：黄渤帅！）

你们怎么这么能心领神会啊。我们经常碰到粉丝，但是也有时候碰到尴尬的事情，刚才你记不起来都情有可原了，有的时候粉丝是没有见过，有的时候自己朋友见得也多，经常会忘。现在几乎人跟我打招呼的时候，人家一说黄渤，我就赶紧答应，因为想不起来，真想不起来。

有一次在机场，后面狠狠一巴掌拍我肩膀上了，吓了我一跳，你干吗去？我说我去上海，他说，去上海，忙坏了吧，我是挺忙的，后面没话了。我说你呢？他说我也挺忙的，我说真不容易。

大家就一直往里面走，走着走着才说起来："你演那个电影我看了很多部，我太喜欢你了。"——我才知道这是粉丝。

"我跟你说，我最喜欢你的就是那部，我看了很多遍。"其实我也不知道他说了什么。"就是跟刘德华演的。"我仔细一想，我哪跟刘德华演过戏，我说是哪个？他说："就是那个，还有李冰冰。"我又仔细想了一下，这是哪部戏？人家报出来了，《天下无贼》。此时已经聊了10多分钟了，我跟我的粉丝聊得非常开心，差点连我爸妈的事都跟他说了。

后来要走了，他说我太喜欢你了，咱们合张影吧。合张影还不算，签个名吧，我想，这怎么签？签吧，一想，还是刚才说那句话，不要让人尴尬，也不要让自己尴尬，签下三个字——王宝强，人家拿着特别高兴地就走了。我也说，没事，只要你高兴，我怎么都行。

多好，皆大欢喜，有的时候顺势而为是一个特别好的事情，但是有的时候，也有不顺势而为的时候。

我还有一个好朋友，叫林志玲，人家一直说她情商高，我之前还不太知道。因为在一块拍戏熟悉了，大家在一块，朋友也在一块，尤其男生在一块经常聊天，开玩笑，有时候开开就开过火了。有时候女性在场的时候，开太过火的玩笑其实也是一种不尊重，因为熟了你就觉得无所谓，比如说开一些略微不太恰当的玩笑，但是你永远在她脸上读不到任何信息。大家觉得开了一个很好笑的玩笑，但是她好像没有听到是怎么回事。你有的时候就略略会有一些尴尬，后来百思不得其解。

时间到了？没有关系，我跟大家说，没事，其实我就从刚才那个道理我读懂的什么，也就是说林志玲不是一个特别幽默的人，但是她会用自己的情商和智商，她让自己拒绝进入到一个可能使自己更尴尬的境遇里面，所以说，她不往前多迈一步。

　　说到现在才说到我们的主题，主题要说的是什么呢？并不是谁会去拒绝一个幽默的人，也不是尴尬，其实是幽默是化解尴尬的一个办法，但是最聪明的方式是让自己不尴尬。不要走到里面，不要在厕所里面给别人打电话，在给客户打电话之前查查信息，也不要跟自己没有那么熟的女性朋友开过分的玩笑，以及不要给不认识的孕妇让座。

当世界向你说"不"

亨利·沃德·比彻还是小男孩时，一天，老师把他叫到讲台前，要他将新学的课文背诵一遍。比彻是个勤奋的学生，背诵一篇课文并不是什么难事。他满怀信心地清清嗓子，张口就开始背诵。才背了个开头，比彻就听到身旁的老师重重地对他说了一个"不"字。

比彻停顿了几秒，心想，是不是自己背错了？看到老师和同学并无反应，他犹豫着继续往下背。几分钟后，比彻的背诵又被老师一连几声"不"打断。他慌了，感觉一定是自己背错了，变得支支吾吾、结结巴巴起来，再也背不下去。他耷拉着脑袋，回到座位。

另一个同学也被老师点名，仍要求背诵课文。背了几句后，老师同样说了一个"不"字，可这个同学只是稍作停顿，便继续往下背。老师故技重演，不时用"不"打断他，但他依然坚持着，不紧不慢，直到背完整篇课文。这个同学回到座位上，老师高兴地鼓起了掌，表扬道："你做得很好！"

满脸通红的比彻再也坐不住了，站起来向老师抗议："我刚才背得和他一样好，我并没有出错。"老师微笑着注视着他，问："那你为什么不坚持下去呢？"望着答不上话的比彻，老师语重心长地说："知道自己会背课文还不够，更重要的是确信自己有这个能力。当我屡次打断你时，你的表现告诉我，你缺乏足够的自信。"

老师对全班同学说："我希望你们在这一节课上能够懂得一个道理：当世界向你说'不'时，你要做的是相信自己，坚定地对自己说'是'，并用行动证明给世界看。"老师的话深深地烙在了比彻的心上。凭着自信和努力，长大后，他成了一名备受尊敬的牧师，是19世纪美国最具影响力的宗教人物之一。

这个世界，每天都有各种各样的声音对我们说"不"："不，你办不到。""不，你错了。""不，你太老了。""不，你太年轻了。""不，你的教育背景不符合我们的要求。""不，你不是我们的最佳人选。""不，你的想法很不现实！"

这一声声的否定，毫不留情地吞噬了许多人的雄心壮志，浇灭了无数人的热情和自信。下一次，当你的耳畔再响起类似的声音时，当世界向你说"不"时，请记住：你要做的是相信自己，坚定地对自己说"是"，并用行动证明给世界看。

磨难就像一颗裸钻

一

看《倚天屠龙记》时，我发现一个非常有趣的现象，每次张无忌有大长进的时候，几乎都是经受灾难的时候。

因为中了玄冥神掌，又被胡青牛拒绝医治，于是自学成才掌握了医术。因为遭遇了朱家的算计，被迫跳崖。于是误打误撞得到了藏于猿腹中的九阳真经，从而习得绝世神功。九阳真经练成后，连体内的玄冥神掌都自愈了。因为被成昆追杀，潜逃到明教密道，这才有了和乾坤大挪移结缘的机会。因为要拯救武当免于赵敏迫害，这才目睹并学会了张三丰的太极，让自己的武学修为更上一层楼。张无忌的成长史也可以说是一部遇难史。

看《神雕侠侣》时也总有类似体会，有一种磨难造就了杨过的感觉。

要不是从小孤苦伶仃、尝尽人间冷暖，就不会养成自卑傲慢的性格；要不是自卑傲慢又被其父拖累，就不会不容于桃花岛；要不是不容于桃花岛就不会去全真教；要不是去了全真教就不会被赵志敬欺负；要不是被赵志敬欺负就不会逃命到古墓。

但正是因为逃命到古墓，杨过才能有机会和小龙女结缘，才能和小龙女一起谱下绝世恋曲，才能有后面的种种机缘，最后成了神雕大侠。

古文有句："天将降大任于斯人也，必先苦其心志，劳其筋骨，饿其体肤，空乏其身，行拂乱其所为，所以动心忍性，增益其所不能。"

这句话说得有深意：有大成就的人必是做大事之人，做大事之人必是有大能之人，而人之大能必是在大危大难的磨砺之中增益的。

上天给你这么多痛苦，无非是让你提高自己的能力。大危难出大才能。危机和苦难是一种变相的天赐，它们是你寻求突破的契机。突破就是打破旧我重塑新我的过程，打破和重塑必定身心俱苦，但成长却正是这种过程的不断轮循。只有慧眼识珠的人才懂得把危机当转机，把苦难当磨砺，把黑暗当成黎明的开始，把痛苦当成新生的契机。

二

其实不光是电视剧，现实生活中这样的例子也比比皆是。

这半年多，小兰过得很辛苦。公司部门大调整，更换了掌舵人。

新领导一上任，大到组织结构、岗位职责、工作流程，小到领导的沟通方式、性格特点、个人喜好都变了。新领导不再给出明确的要求和方向，反而要求小兰自己发挥。小兰的工作从原来的听要求给方案，变成了既给要求又给方案。领导下达工作时喜欢轻描淡写，但验收工作时却极其明确和严格。他本就技术出身，又是自我要求极高之人，对自己负责的产品经常比肩行业头牌，甩给小兰的课题非常前沿和高深。

小兰经常要在两三天之内啃掉一本英文资料；在一下午的时间头脑风暴出三个方案；用半小时的工夫解决掉领导随手扔出来的炸弹。工作上的变化，让英语一般、技术不专的小兰痛苦不已。和小兰相同岗位的同事们都习惯了不接触英语和技术的工作方式，他们不想改变，所以陆陆续续离了职。要不是小兰每一次都能极力牵制住不想干了的冲动，根本无法坚持下去。

大约在半年后，小兰和表弟闲聊，谈到了当今的某一前沿技术，这正好是小兰近段时间一直研究的课题。小兰发现表弟有很多疑问，就把自己了解的内容给表弟从头到尾讲了一遍。表弟听后直夸小兰专业。

这句"专业"触动了小兰的内心。让她突然缓过了神儿，要不是熬过这半年多的痛苦，她又怎么能得到"专业"的夸奖。

她慢慢回忆最近的工作情况，发现很多变化已经悄然发生：英语文档越看越顺、被领导驳回的方案越来越少、发表的意见越来越被认可、承担的任务越来越重。曾经在团队边缘可有可无的人已然成了核心成员。而那些离职的同事，只不过换了一个公司，做着早已熟练的工作，轻松但却毫无长进。

每一个长进和成就，都蕴含着你曾经忍的痛苦、受的寂寞、洒的汗水、流的眼泪。熬得住就出众，熬不住就出局，收获和成长正是因为坚持不懈的努力。

三

我有一个表姑父，在我们那里是个非常有名的油画家。

有一次，我向表姑父取经，问他怎么做才能在当年不被看好的领域里闯出名堂。问之前我已经做好了准备，以为表姑父会大谈特谈天赋和热爱。没想到他却回了我四个字：剩者为王。

见我一头雾水，表姑父继续解释。他说，不是胜利的胜，而是剩余的剩。他只是在别人都选择放弃、另投他行的时候，努力地把自己剩在了这个行业里。

锲而舍之，朽木不折；锲而不舍，金石可镂。

想当初，和表姑父一起学画的同学，很多都是画画天才，表姑父是最不起眼的学生。他画一天的作品，天才学生们才画俩小时。他找一天的灵感，天才学生们一眨眼就来了。他常常感叹天才同学的天马行空和出神入化。可惜，那些天才都迫于生计选择了放弃，只有表姑父咬着牙坚持了下来。

技能总是在一次次的练习中精湛，手感总是在一次次的坚持中纯熟；风格会在千百次练习后自成一格，灵感会在持续不断地沁入中孵化养成。真正的天才，是长期的坚持不懈，天赋只能决定你的起点，坚持才能决定你的终点，只有坚持之树才能结出黄金之果。成功不是将来才有的，而是从决定去做的那一刻起，不断坚持、不断累积才能有的。

马云说过，今天很残酷，明天更残酷，后天很美好。但是绝大多数人死在明天晚上，见不着后天的太阳。最大的失败是放弃，最大的敌人是自己，最大的对手是时间。

四

和老爸闲聊时，我最喜欢听他讲以前的老故事。

他讲他上高中时要走的土路。天晴的时候，路上的土又硬又梗，一路骑车上下学，屁股颠得麻麻地疼。要是天气不好，赶上放学时下大雨，那更惨，厚泥卷着车轮不动，车子根本没法骑，要淋着大雨一路拖着车回家。

他讲他小时候帮失明的舅爷卖果仁儿。每天都不能睡懒觉，要早起把泡好的果仁儿摊在院子里晾好。中午放学回家只能抓紧扒拉几口饭，好赶着帮忙把果仁儿裹成独立的包装，按照五分、一毛的价钱单独去卖。下午放学不能玩儿，要去摊位帮舅爷看摊。回家后还得当"会计"，把赚的钱一分一毛数清、记账、裹成摞。童年的全部记忆似乎都是劳作。

他讲他新婚后的艰难日子。那时候很穷，为了赚钱什么脏活累活都干，打铁、拉土、种菜。脏累都是小事儿，有时候还得冒着生命危险，最高的架子没人敢上，他要上，最偏的地方没人敢去，他要去。

我问他，为什么喜欢讲苦日子？他说：那些舒坦平顺的日子都渐渐淡了，反而是那些年熬过的苦日子在脑海里越来越清晰，越品越有味儿。

过去的苦日子让现在的幸福更闪耀。当你一路披荆斩棘获得现在的幸福时，你会特别感激和庆幸。感谢曾经的自己那么勇敢，庆幸曾经的自己那么坚持。没有波澜的江河不会宏伟壮观，没有皱纹的祖母不会和蔼可亲，不辣喉的酒不香，不带刺的玫瑰不媚。缺少遗憾的青春不完美，缺少沟坎的人生不精彩。

今天的事故会成为明天的故事，明天的故事会成为他日的传奇。磨难就像一颗裸钻，渡难的过程就像打磨钻石。挺过的难关都将成为悬挂在人生长河中最闪亮的星。它们会成为一种最有力的印证，印证着你不曾平凡、有过努力的人生。

成功是有能力拥抱不完美

弗里达·卡罗，生于1907年，墨西哥女画家。她画得最多的是自画像。说实话，透过自画像看她，她长得实在不算好看，尤其是左右两道长长的连心眉，又粗又硬。不过，她本人的照片倒是蛮好看的，自己画出来却那么难看，这只能说明一点：她不自恋。

弗里达的经历也算是倒霉到奇葩了。六岁时，她得了小儿麻痹，右腿萎缩弯曲。小小年纪，成了残疾人。十八岁时，她遭遇了车祸，脊椎断裂，身体多处骨折，右腿十一处碎裂，她整个人是靠着钢钉密密麻麻固定起来的。

医生说，弗里达这辈子都不可能再走路了。

弗里达躺在病床上，闲极无聊，就想到一边照镜子一边画自己。她说："我画自己，因为我经常是孤独的；我画自己，因为我最了解自己。"每个人都是一个深渊，别人不了解，自己能了解，那么好吧，就画自己吧。

画着画着，她居然能走路了。而且她还嫁了人，丈夫迭戈·里韦拉是著名的墨西哥壁画师。

1953年，因为肌肉坏疽，弗里达的右腿被截肢。

1954年，弗里达在墨西哥办个人画展。那天，她让人用一张大床把重病的自己抬进展厅，唱歌、喝酒，非常高兴。

几个月后，弗里达死了，享年四十七岁。

在弗里达四十七年的人生里，除了生命的前六年之外，有一天是不瘸、不拐、不疼的吗？她用特地加了高跟的右脚的鞋子来和左脚的鞋子取齐，告诉自己不残疾、不瘸腿；她把截肢后使用的假肢绑上红丝带，让它看上去漂亮点儿。她一共做过大小三十多次手术，她的身体已经支离破碎，但她还是不抛弃、不放弃，把生命这朵花开得既浓艳又热烈。

有一种鱼叫杜兹肺鱼，生活在干旱缺水的非洲。有水的时候，它的身体能存水；没有水的时候，它能迅速休眠，保存水分，等待下一个雨季。一条杜兹肺鱼被一个口渴的农民从泥里挖出来，猛挤一顿，把它储存的水挤到自己嘴里，然后把它随手一扔。它拼命地蹦回淤泥里，才捡回一条命，却又被另一个盖房子的农民连同淤泥一同挖了出来，打成泥坯，晒干、垒墙———它被砌进墙里了。

杜兹肺鱼只好迅速休眠。半年后，雨季来临，泥坯被打湿，水汽渗进来。它很快醒过来，拼命地吸呀吸，把那一点点儿水汽吸进肺囊里。

很快，雨季过去，杜兹肺鱼继续休眠。

第二年，泥坯有些松动，杜兹肺鱼开始在泥坯里折腾，这里磨磨，那里蹭蹭。第三年，它甚至能在这块泥坯里打打滚、翻翻身。

但是，杜兹肺鱼仍然出不去。

第四年，暴雨骤至，冲垮坯墙，杜兹肺鱼破土而出，游进河流。它活了。

弗里达·卡罗就是一条杜兹肺鱼。多么了不起！命运一点儿都不恩待她，但是她没有放弃。

什么是成功？成功就一定是鲜衣怒马，一定是一帆风顺，一定是万里晴空吗？能在艰难岁月里多活一天，也是成功；能在苦痛伤心里多活一天，也是成功；能在艰难岁月和苦痛伤心里直面自己、看见自己、表达自己，这应该算是很大的成功。

总有一条路花香满径

从小，他就梦想着成为一名出色的运动员，然而父母并不支持。在他们看来，按部就班地读大学、毕业后从事医生或律师这样的稳定职业才是"正途"。为了让他清醒，家里断了他的经济来源。

那时，他每天只睡四个小时。为了糊口、交学费，在结束一天高强度的训练后，他还要拖着疲惫的身子去开出租车挣钱。精神与物质的双重压力，不断吞噬着他的信念，未来在他的眼前越来越模糊。

一天，他驾车行驶在大雨的街头，心里万分痛苦，望着雨中空旷的街头，却不知道自己的人生跑道在哪里。往前，他的视线里出现了一个分隔岛。"就这样撞上去吧，再也不会有痛苦和烦恼。"他想。于是猛踩油门，顺着分隔岛猛冲过去，就在快要撞上的一刹那，他突然下意识地转了一个急转弯停了下来。他不甘心就这样默默无闻地离开这个世界。

回到狭窄的出租屋里，他陷入了沉思，痛定思痛之后，他再一次鼓起勇气，决定放手一搏。此后，不管面对什么样的困境和危险，他再也不曾放弃过信念。皇天不负有心人，凭借着顽强的意志，他终于实现了梦想，成为著名的马拉松运动员，并且首次刷写了徒步横越撒哈拉沙漠的世界纪录。

他就是林义杰。多年后，当他站在《超级演说家》的舞台上讲述他的经历时，讲述了当年的那个急转弯。他说："人生需要急转弯，当你走到断头路的时候，你要的不是放弃而是一个急转弯，因为转过弯之后你一定会看到一条全新的跑道。"

我们常常是这样，走着走着，就站到了悬崖峭壁上。倘若两眼一摸黑，自己把自己放弃了，只能坠落在无边的黑暗中。就像林义杰说的，这个时候你要的不是放弃而是一个急转弯。转过去，总有一条花香满径的路属于你。

可以慢，但不能停

大二时，我被分配到新生班级给辅导员帮忙。我第一次注意到学妹，是因为新生中秋晚会。她走到讲台上，很用力地介绍自己。

那时她有些微胖，脸色偏黄，短发，戴眼镜，深情得有些不自然，说完就主动隐匿到角落里。

我隐隐觉得她与别的学生不同。看她神情难过，忍不住叫住她，让她跟我去宿舍聊聊。

那一天学妹告诉我，她家有四个孩子，父母老实本分，一辈子勤勤恳恳地过日子，种地、做工、放羊、喂猪，供养他们念书。姐姐已经出嫁，妹妹在读大专，弟弟快升高中了，她是家里不太赞成上大学的那个，父母渐渐老了，想将她留在身边，毕业了，找份安稳的工作，也能随时看顾家里。但学妹不想那样过一辈子，她想去看看外面的世界。

父亲无力支撑的学费，成了牵绊她走远的障碍，但她并未妥协。入学前的暑假，学妹一直在饭店里打工挣钱。一天10个小时，上菜、撤桌、招呼客人，忙得昏天黑地。

她指着手掌上刚刚要结痂的几个地方跟我说："端盘子也磨手心，刚出泡的时候，我拿针挑破了，里面的水儿一出来，肉接触到空气挺疼的。"

两个月，赚了4500块钱。她一天也没有休息，又一个人拿着录取通知书去教育局申请助学贷款。她心里憋着一口气，就想出去看看，哪怕就一眼。

但刚入学第一个月，学妹就有点迷茫了。她觉得自己和周围的世界有些脱节。她不知道宿舍姑娘说的服装、化妆品品牌，也不知道最新最火的游戏、动漫，她觉得自己不知道怎么融入其中。

我听着学妹的叙述，有些动容，找出纸和笔，对她说："你写出想做的事情，一件一件实现它们。记住，不要去跟随别人，最重要的是找到自己的节奏。"

她趴在我书桌上开始写字，并跟我说："学姐，大学期间我要拿奖学金、赚生活费、买电脑，还要坚持写东西。"我看着她笑了笑，知道她已经好了许多。

为了实现想做的事情，学妹的生活开始忙碌起来。周六日去兼职，做过家教，发过传单，还做过推销员。有次在去食堂的路上碰见她，她比入学那会儿黑了、瘦了，但脸上多了一份从容。

大学的时间过得很快，期终考试很快到来。她成绩排名年级前三，很顺利地申请到了当年的国家级奖学金。

寒假之前见她，她已经联系好了一家韩国烤肉店去当服务员。她笑着对我说："寒假时间挺长的，我想着赚点钱，给爸妈和弟弟妹妹买点东西再回家。"

我知道，我永远没有办法体会学妹的生活。她来自全国最贫困的县区，需要自己负担学费和生活费，回家之后还要帮家人劳动，洗衣做饭，放羊喂鸡，洒扫院子。但对于生活的辛劳，她从不抱怨，只是说自己终于可以自食其力，她要让家里的日子好起来。

后来，我去北京实习，渐渐少了学妹的消息，偶尔回学校才能再见她一面。她已经越变越好，虽然又瘦了，但气色不错，打扮入时。我为她感到高兴。

她说："学姐，大学最后一年我要去房地产公司实习。"

我有些疑惑，问："你不是想做记者吗？"

她眼圈微红，停了一会儿，说："家里情况不太好，有一些借款需要还。弟弟妹妹也需要花钱。我想先去房地产公司赚些钱，帮帮家里。尽了责任，再想自己。"

我心里微酸，有些心疼她。学妹明明和我差不多的年纪，却不能在最好的年华去放纵追逐自己想要的东西。梦想，对她来讲是一件昂贵的奢侈品。

我没有立场否定她的选择，只能在她需要时伸出援手。

2014年年末，学妹突然打电话给我。她激动地说："学姐，我终于攒够钱了，还清了家里三万多的外债和助学贷款，也供得起弟弟妹妹的生活费。我决定辞职，明年就找跟新闻有关的工作。学姐，你能给我推荐一下工作方向吗？"

听到这个消息我比她还高兴。这些钱对刚毕业的学妹来说，并不是小数目。她是加了多少班，拼了多少力才做到的啊！

学妹回家前我们见了一面。从车站见到她，我有些惊喜。那天学妹穿着一件乳白色的羽绒服，头发已经扎起来，很精神，面带笑意，出了站就上前拥抱我。那天我们聊到很晚，凌晨才睡去。她躺在我身边，睡得那么好。也许，是因为她知道，她有不用惧怕未来的能力。

没几天，我接到了学妹的电话，她说去报社实习的事儿得朝后推一推。"母亲的膝盖受伤了，劳损，大概需要动手术，需要人照顾。弟弟明年高考，也需要我辅导一段时间。"

我听她说完心里有些难受。学妹也有自己的人生要过啊！她很自然地对我说："学姐，再过半年我就能做自己想做的事儿了。你知道我有多么羡慕你吗？你想去西藏，努力赚够路费就行，但我还要考虑下学期的生活；你想去北京做杂志，连老师推荐的报社实习都可以推掉，立刻赶去北京，我实习还得想想家里。但我一点儿都不嫉妒你，因为我知道，只要自己努力，接下来的日子我也可以像你一样。"

她说得我热泪盈眶，隔着时空痛哭起来。

西北的风沙，吹过她干瘪的家境，但给了她丰盈而坚韧的精神，那些经受过的苦，使她变得坚强而独立。

家庭的背景不会阻碍你努力的程度，自身的相貌不能决定你变好的决心，只要你愿意努力，总有一条路可以到达你想去的远方，成为你想成为的自己。

我知道学妹会越来越好。

第二章
对抗到底，才能证明你自己

只有一件事可以让灵魂完整，那就是爱。

——本哈德·施林克

你的努力，要配得上你的年纪

微博上看到这样一段话，一位80岁高龄的老奶奶说："年轻时你不去旅行，不去冒险，不去拼一份奖学金，不过没试过的生活，整天刷着微博、逛着淘宝、玩着网游，干着我80岁都能做的事，你要青春干吗？"

说得真好！如果年轻时就追求安逸舒适，不去突破极限挑战自己，年纪大的时候我们又有什么资格享受生活呢。

你的努力，要撑得住你的年纪。

一

表妹带的高三班，这次高考满堂红，全班无一例外都考上了本科，还有好几个拿到了名校的通知书。她因此得到了学校奖励的一笔丰厚奖金，职务也提升了。

很多人都去祝贺她，夸她能干。表妹低调地说，哪有那么厉害，就是死撑着，再难也没想过放弃。她带的班从高一开始，就是全年级基础最差的混合班，学校里最调皮难搞的学生都在她班上。她除了要管学习，操心纪律，还得对付那几个早恋和沉迷于电子游戏的熊孩子。教学之外，同时要忙于培训写科研论文，熬夜备课改试卷是家常便饭。尤其是高三这一年下来，她瘦了有七八斤。因为一心忙于工作，每天早出晚归，家里顾不上太多，周末只能休息一天，还常常得去做家访。她的婆婆对此颇有微词，抱怨表妹只想着工作忘了家，就是个死脑筋，这个工作能挣多少钱啊，值得你那么拼命！

"但世上哪一份工作是容易的呢，在自己最能拼的时候不投入不付出，以后只会留下遗憾，对不起自己，也对不住学生啊！"表妹说。她的辛苦付出，除了得不到家人的理解，有个别学生家长有时也会因为成见和短视不配合表妹的工作，让她颇为头痛。但这些，她都一个人默默承受下来了，面对不理解和委屈，她的选择是不顾他人眼光，坚持到底。

泼冷水是旁人的自由，坚持下去则是你的自由。那些成功的人，不一定是最初就最优秀的人，但一定都是坚持走得最远的人。人生很多时候没有那么多道理可言，挺住，就意味着一切。

二

沙粒进入蚌体内，蚌觉得不舒服，但又无法把沙粒排出。好在蚌不怨天尤人，而是逐步用体内营养把沙粒包围起来，慢慢地这沙粒就变成了美丽的珍珠。

人生不如意事常八九。如果我们能像蚌那样，设法适应，以"蚌"的肚量去包容一切不如意的境遇，那么，困境也可以成为转机。

一个曾做过销售的朋友，说起过他多年前的一段经历：有一年年关将至时，他丢了一个大单子。跟了大半年的大客户，被竞争对手撬了墙角，而他下半年的主要业绩就靠这个单子了。况且当时，他背负着房贷，母亲也因有慢性病，常年需要服用进口药物，到处都要用钱。一下子失去了一大笔经济来源，他心灰意冷，不知道该怎么渡过眼下的难关了。他的妻子却没有一句责备，反而安慰他：多大点事儿呀，大不了以后阳春面一人一碗呗。他咬咬牙，重拾起信心：过年时还到外地跑客户找资源；生活上，两个人省吃俭用；找朋友借钱周转了几个月的房贷，度过了最寒酸的一个春节，算是熬过了寒冬期。开春后，他继续重整旗鼓，主动申请到另一个城市去开辟新市场，将异地当成了大半个家，忙得昏天暗地。最终努力没有白费，他的新业务蒸蒸日上，不仅打通了客户关系，自己也慢慢积累了业内资源，开始创业。如今他的企业发展势头很好，但他还是很踏实地工作，也常常以自己的亲身经历告诫自己的员工："人生就是苦熬。你以为过不去的坎，再坚持一下，就会看到另一片风景。"

三

没有谁的人生是一帆风顺的，更没有谁天生就是上帝的宠儿，永远都能过着不劳而获的生活。有时候，我们距离成功，只需要一个转角的距离。但是多少人，却在那个转角之前，自己选择了放弃。

电影《中国合伙人》里有一句台词说："成功路上最心酸的是要耐得住寂寞、熬得住孤独，总有那么一段路是你一个人在走。也许这个过程要持续很久，但如果你挺过去了，最后的成功就属于你。"

人生难免挫折，也不可能没有挫折。挫折只会吓退软弱的人，真正的强者只会越挫越勇，将苦难的岁月一点点熬成甘甜的果实。有时候经历得越多，才会明白在这个世界上，总有几样东西是别人拿不走的，比如，你读过的书、看过的风景，更包括你那些曾经被嘲笑的梦想。

眼界决定高度

在美国纽约西市大街一个跳蚤市场，有许多摆地摊的人，他们大多数是生活在社会底层的人，专门出售一些物美价廉的小商品。

其中有一位年近古稀的老人，他每天在地摊上出售各种邮票、火花、烟标、钱币等。老人名叫罗纳德·威恩，摆地摊已有多年了。他常常会兴致勃勃地向顾客介绍商品上面国家的风土人情、地理地貌。许多人都认识他，亲切地称他为"威恩大叔"。

乔布斯生前也是威恩大叔的一名老主顾。

得知乔布斯喜欢中国邮票，老人就经常将自己收购来的中国邮票卖给乔布斯。日积月累，乔布斯收藏的中国邮票琳琅满目。乔布斯对老人说："谢谢！是您向我打开了一扇通往中国的窗口，我看到了苹果品牌进入中国市场的广阔前景。"

威恩老人说："您的目光总是那么敏锐，苹果公司能有今天的发展，与您敏锐的市场眼光是分不开的。而我的目光却是那么短浅，只看到眼前的那一点点利益。"

乔布斯劝慰道："不要悲伤，在这个社会上，每一个人的生存方式不同，只要靠自己的勤奋和努力，摆地摊也是一种人生。"

在乔布斯的追思会上，威恩大叔也来了。看到老人，许多人窃窃私语，他不是摆地摊的吗？要知道，参加乔布斯追思会的，大多数是商界巨贾、社会名流。

老人面色凝重地向来宾们说了这样一个故事——

我和乔布斯有三十多年的友情了。35年前，我与乔布斯等三人创办了苹果公司。公司运作后，遇到很多困难，我一度看不到发展前途，就要求退出公司。乔布斯苦口婆心地劝说我不要退出，他说困难只是暂时的，眼光要看远点，将来会有发展的。可是，我还是以800美元卖掉了手中拥有的10%的股权，彻底离开了苹果公司。几十年来，我做过很多事，开过店、办过厂，还当过水手，可都一事无成，最后只得靠摆地摊维持生计。如今，当年我那些以800美元卖掉的股份已价值350亿美元。

听了威恩老人的故事，各界人士唏嘘不已。没想到，这个毫不起眼摆地摊的老人，竟是当年与乔布斯共同创业的人。

美国《纽约时报》在报道这件事中，写了这样一段话，让人回味无穷：我们常常听到有人感叹命运的不公，老天不长眼。其实，我们每个人的一生中都面临着各种选择。越是在困难和挫折中，越能考验一个人。乔布斯的智慧和聪明就在于，在他人生和事业陷入到低谷时，依然看到前方那闪烁的微弱光亮，然后一直坚持走下去。

上帝不会抛弃每一个人

童年本应该是一个人最幸福、最快乐的时光，然而对他来说，童年是不幸的，因为他患上了一种名叫骨结核的病。由于发现不及时，加上家里贫困，未能得到良好的治疗，结果导致膝盖永久僵硬，他成为了残疾人。

小小年纪的他，不光要承受身体上的痛苦，还要承受心灵上的折磨，未来对于他来说，简直一片黑暗。每每看到别人蹦蹦跳跳，活跃在运动场上时，他的心就如同被刀绞一样难受。他觉得自己是这个世上最不幸、最可怜的人，活在世上，除了给父母和社会带来拖累外，根本没有丝毫的益处。关心他的人看到他这个样子，都不免叹息，心想，这个孩子完了，也许一生都要依靠父母养活。

有一次，他绝望地对母亲说："妈妈，你让我死了算了，我活着有什么意义呢？只会给你们带来麻烦。"

儿子的请求，让母亲的心都碎了。说实在的，母亲的心里比他还要痛苦，因为孩子的不幸到了母亲那里，常常是要加倍的。母亲的泪水在眼眶里直打转，但她强忍着没让它流出来，因为母亲知道，此刻孩子最需要的是鼓舞和温暖，而不是伤心和眼泪。母亲没有直接回答他，而是郑重其事地问："孩子，你听说过上帝造人吗？"

他点了点头。

母亲又接着说："孩子，其实，上帝是很公平的，他造就了你这方面的优点，就一定会造就你那方面的缺点。比如，上帝赐予了你智慧的头脑，就可能不会再赐予你漂亮的面孔；赐予了你强健的体魄，就可能不会再赐予你细腻的思想；赐予了你动听的歌喉，就可能不会再赐予你敏捷的身手……因此，这个世界上没有十全十美的人，也没有一无是处的人。"

听了母亲的诉说，他的灵魂受到了极大的震撼，心里立刻充满了阳光，原来上帝没有抛弃自己，活着是有价值的，是可以为社会做出贡献的。从那以后，他不再为身体的残疾自卑、烦恼，而是全身心地投入生活和学习。多年后，他以优秀的成绩考入了维也纳大学医学院，致力于耳科神经学的研究，并最终取得了举世瞩目的成就。

他就是1914年诺贝尔生理学和医学奖的获得者罗伯特·巴雷尼。巴雷尼的故事告诉我们，不要随便轻视自己，也不要向命运妥协，更不要轻言放弃，即使你是一个不完整的人。

勇敢的人会为梦想出发

你看过《功夫熊猫》吗？

故事一开始，阿宝就做了一个梦，梦见自己成为了一只会武功的熊猫，和盖世五侠一起，战胜邪恶势力，扬浩然正气。这正是他多年的梦想，也是他的潜能所在。

但是，当他的爸爸问他："你做了梦，你的梦想是什么？"

阿宝只是说："嗯，是关于———面条的。"

你一定也有过这种经历。你有一个梦想，但是当别人问起你的时候，你只会说："嗯，我没有太高的期望。"或者说："嗯，我只是希望赚点钱。"又或者说："嗯，没想太多，快乐就好。"

其实每一个人都应该有自己的梦想与实现梦想的潜能，但是每一个人又同时害怕着自己的梦想。

因为梦想意味着周边人的不支持。比如说，你怎么能够期待你的家人一定会为你的梦想服务呢？可你本来是一个很受欢迎和让人喜爱的人呢！

因为梦想可能意味着自己要做一些以前没有做过、不敢做的事情———如果这个事情已经实现，那还叫什么梦想呢？可你现在本就是生活得很好的人呢！

因为梦想意味着自己也许有实现梦想的潜能，那同时也就有了把这些潜能发挥出来的责任。

因为知道自己拥有潜能是一件危险的事情。当你知道自己拥有成为一个好作家的潜能时，你就开始思考，要如何发挥这种潜能，要写出什么样子的作品，然后才对得起自己的才华。

可是，你平时一直告诉自己："其实我就是一个很普通的人，我就是一个平凡的人。"

梦想带给你周围人的冷遇，打乱你原本过得舒适的生活，让你雄心勃勃又忧心忡忡。

梦想能给你的，只是那一点点希望的快乐。

所以，梦想其实是一种煎熬，煎熬那些有梦想的人，煎熬那些竟然希望改变生活的人，煎熬那些自己都活得一般却一心希望世界更美好的人。

每一个有梦想的人，都会受到梦想的煎熬。

如果你是一座山峰，你的梦想是天空，那么，因为你的高度，你需要第一个被雨淋，第一个被风化，第一个被雷劈。

所以，你注定被煎熬，注定要承担那些低洼地所不需要承担的东西。

谁让你有梦想呢？

谁让你喜欢蓝天呢？

谁让你拥有希望呢？

我时常也会羡慕那些没有梦想的人，他们的生活多么美好、平凡、安静，有一个可以预见的生活轨迹。

只是我不能过那样的生活，因为我注定是一个被梦想煎熬的人。

我的心中跳动着梦想的温度，我的眼睛被梦想点亮，我的脑子里面全是未来的希望的图像。这就注定了我是一个被梦想煎熬的人，一个现实的理想主义者、一个未来世界的参与者与一个过去世界的流放者。

每一个人都会有关于梦想的煎熬，但是很多人刻意地躲开：成为不了功夫熊猫，成为汤面熊猫有什么不好？

这些人聪明地躲开了梦想的煎熬，安心地过自己的生活，他们让我羡慕。但是，那些勇敢的人啊，那些被梦想煎熬的人啊，让我们上路吧！

撑着船驶向成功

我们往往赞赏成功者的坚持与勤劳，却不能否认智慧仍是成功的一大重要因素。荀子早在几千年前就喊出"君子生非异也，善假于物也"的论断。所谓君子的智慧，并不是天性聪颖，而在于能敏锐地观察生活，然后找到机会善于借助外物帮助自己取得成功。就像我们都站在岸边想要渡河，真正智慧的人在大家茫然失措时能找到工具驶向对岸，而不是只凭勇气盲目地向对岸游去。

向周围的环境寻求帮助，找到帮助你驶向成功彼岸的那条"船"——一方面承认了自身的力量有限，是一种谦虚；另一方面需要洞察力与创造力，是一种智慧。所以，真正的成功需要谦虚与智慧，而不是所谓的无畏无惧勇往直前的"鲁莽"。

人类的每一次进步与成功都是二者的完美结合。从钻木取火到铁犁牛耕，从相互隔绝到地理大发现，从工业革命到科技革命，正是这一次次生产工具的革命与进步推动了人类文明的进步。正是那些镰刀锄头帮助我们开垦土地，正是这一艘艘轮船帮助我们驶向大洋彼岸，正是这些蒸汽机电灯电脑为人类社会创造了充足的物质财富，便利了我们的生活。正是这些工具使我们感受到了"登高而招""顺风而呼"的畅快，使我们领略到"抟扶摇而上者九万里"的相对逍遥，正是这些"船"在帮助我们一点点地驶向成功的彼岸。

虽然勇气值得歌颂，但智慧更需赞扬。面对横亘在眼前浩浩荡荡的江水，何不撑一条船驶向对岸？那江水犹如前进道路上的重重阻碍，像面对西天取经路上的九九八十一难，即使是孙悟空也不能仅仅靠单打独斗便能闯过去，还需要向天庭搬来救兵一样，单凭勇气与困难做斗争是不提倡的鲁莽，只会导致无谓的流血牺牲。我们需要的是智慧，是工具，是勇于承认自身不足的那份谦虚。毕竟，人不是十全十美的，就像大千世界的一粒尘埃一样有其弱小性。

撑着船驶向对岸，是渡过人生这条河的智慧之举，虽然沿途也许还会有艰难险阻，但难道不是比那些徒步涉水过河的人们要省力一些吗？

撑着船驶向成功，何尝不是一种智慧？

轮不到拼天赋

　　我认识一个1992年出生的小同学。他毕业于普通的二本院校，毕业之际，他和另外六个人一起在某单位实习，两个月后，只有他被留了下来。我问他原因："你有什么比别人强的地方？"他说："我也不清楚。"我继续追问："你再想想。"他说："因为我准时上班。"我不信。他又说："那就是我的邮件格式写得更对，错别字更少，更容易让人看明白。"这回我信了。

　　因为我对此深有体会。我阅读了上千封咨询邮件，能够看到的书写格式正确、分段清楚、没有错别字、叙事有条理的只有寥寥几封，大多都是一段到底，标点混乱，表达不清，短短三行就有两个错字……常常让我看了头晕脑涨。因为混乱的邮件看多了，偶尔看到一封格式正确、表达清楚的邮件，我都激动得想流泪，赶紧想着怎么回复对方。

很多人一直以为自己与他人拼的是吃苦，是天赋，什么刻苦奋斗，什么拼命学霸……其实，以大多数人努力程度之低，拼的只是一点点认真、一点点细节，根本轮不到去拼天赋。在你的世界里，大多数都是盲人，你只要有一只眼睛，就有资格称王。

我收到非常多抱怨的邮件，他们有的抱怨工作待遇太低，有的抱怨工作内容琐碎，有的抱怨社会不公，有的抱怨家庭环境不好，有的抱怨自己学历不够高，有的抱怨自己干的不是自己喜欢的事情……可是，这些人中，有多少人是做了自己应该做的事情，并把它们做好的呢？一个人可以永远不满足于现状，但要安于现状。简单来说，就是要守好自己的本分，把该做的事情做好，而不是连最基本的努力都没有做到，却用那些虚化的平等、华丽的梦想、社会的不公、自己没有天赋等为自己不能成功找借口。

一个人如何从竞争中脱颖而出？其实非常简单，他要做的事情大多都是一些小事情，甚至是一些非常本分的事情。做学生时，做到准时上下课，按时完成作业。毕业面试时，穿不起名牌衣服，就把自己打扮得干净清爽，做到准时赴约。求职写邮件时，注意书写格式，分段清楚，意思表达明白。上班的时候，少打游戏，少逛淘宝，多琢磨怎么把事情做好。下班的时候，少看几集连续剧，少睡一点觉，多看几本书。周末大家都在吃吃喝喝和睡懒觉时，你到公园里跑跑步，锻炼锻炼身体……做到这些，你的机会自然就会多起来，命运也会慢慢地改变。

如果更进一步，你除了做好自己的本分，还能将每一件小事情做到极致，像庖丁解牛，会怎样呢？

《士兵突击》中有句台词："他每做一件小事的时候，都好像抓住一根救命稻草，到最后你才发现，他抱住的已经是一棵参天大树了。"

成功的梯子

某公司招聘营销经理，经过角逐，张、王、李三人进入了由公司总经理亲自主持的最后一轮考核。

出人意料的是，老总开车把三位年轻人拉到一个果园里，指着三棵高大的结满果子的苹果树，对疑惑不解的三人说："看到了吧，你们每人一棵树，谁摘得果子最多，谁就能成为本公司营销部经理的最终人选。"老总说完，三个人就直奔果树，开始了最后一轮的较量。张君身高臂长，站在树下，上下左右一顿忙乎，片刻间就摘了许多果子。王君虽没有张君高大，但他身手矫健，像猴一样爬上树，左右开弓，眨眼间也收获颇丰。只有李君长得又矮又胖，尽管他满头是汗，但成果明显落后于张、王二人。"要是有架梯子就好了，对了，门卫室也许有。"李君急中生智，快速跑向门卫室。他微笑而又诚恳地向门卫师傅说明情况，而刚才老总领着三人进来时只有李君和门卫师傅打过招呼，师傅显然对他印象很好，二话没说，爽快地从屋后搬来了一架可折叠的铝合金梯子，李君谢过师傅，拎着梯子兴冲冲地跑回果园。有了梯子，李君变得游刃有余，摘起果子得心应手。此时，张、王二人遇到了难题。张君虽生得高大，却怎么也够不到高处的果子；王君虽身手敏捷，却也不敢爬到细枝上去摘。这时他俩也想到了借用梯子。绕了一大圈，哪能找到梯子的影子？等他俩气喘吁吁地回来，老总郑重宣布："比赛停止，李君被聘为营销部经理。李君高大比不过张君，灵巧比不过王君，但面对困难，却能迅速找到解决问题的办法，说服了门卫师傅，借到了梯子，变劣势为优势，打开了局面，这是一个营销部经理最难能可贵的素质。"此时此刻，张、王二人羞愧地低下了头，输得心服口服。

由此，我想到了美国前任总统小布什。小布什中学读书时成绩很差，贪玩且喜欢恶作剧。但受其父影响，却有着从政的理想。老布什知道他的志向后，就送他一句话："要记住每个和你有过交往的人的名字。"后来小布什依靠父亲的关系进入耶鲁大学主修历史，成绩还是一般，大多课程仅得C。但他一直牢记父亲的话，大学四年，他熟记了1000多个同学的名字。毕业后工作还是如此，结识并熟记了更多人的名字。后来，小布什在53岁竞选总统时，他当年的同学和同事给予了他有力的支持。在竞争激烈的美国社会，小布什正是凭着感情这架梯子直上青云。

在我们每个人的成长过程中，相信许多人都有这样的同感，就是很多我们看起来很一般的同学、同事和朋友却在若干年后在大家不经意间变得令人刮目相看，做出了令人意想不到的成就。其实，他们自有过人之处，但这"过人之处"在很大程度上是指他们具有很强的"梯子意识"，善于借梯给力，会找并善找梯子，具有主动搭接梯子的良好情商。这种"梯子意识"引申开来，就是指良好的人际关系意识、敏锐的观察思考意识、超前的创新意识、捕捉稍纵即逝的机会意识等。

天台十万八千丈，祥云送我上青天。当今社会，是竞争激烈的社会，是社会分工精细化的社会，是信息整合共享的社会，是相互紧密依存的社会。当我们每个人在职业或事业的路途上，信心十足，奋力前行的时候，别忘了应时常抬头看看外边的世界和周围的风景，牢固树立"梯子意识"，学会借梯给力。同时要充分利用好自身以外的资源，这样往往会收到事半功倍的效果。

拼搏出的幸运

被NBA（美国职业篮球联赛）选中那真是一件幸运的事情，要知道从那么多的候选者中脱颖而出真的很难。那么，还有比这更幸运的吗？新秀赛季就拿到了自己职业生涯的第一枚总冠军。还有比这更好的吗？就是自己的新秀合同还没有履行完，就已经拿了两枚总冠军。历史上，最近一个这样幸运的人是萨姆·卡塞尔。如今，这个幸运的名单后边又加上了一个诺里斯·科尔。

尽管整个2013赛季科尔的数据是呈下滑趋势的，但是他的命中率更高了，投篮从38.9%上涨到42.1%，三分球命中率从27.6%上涨到35.7%。说这些只想说明一个问题，科尔并非是靠着在板凳席上瞪眼望着天花板混到两枚总冠军的。每一个人的存在都是有原因的，可能科尔在热火会显得有些不起眼。同样是组织后卫，早他几年的钱莫斯被称作第四巨头，另外还有诸如雷·阿伦、麦克·米勒这样的老将，科尔的位置有些可有可无。事实就是这样，在巨星身边打球会是一把双刃剑：不好的是，无论在什么时候都会被无视掉；而好的是，总是会有很多东西要去学习。

科尔是一个懂得学习、懂得观察的人，否则他不会得到总决赛常规轮换的机会。对于他来说，机会需要自己去不断地争取，同时，他也是被保护的，不需要去承担什么责任，唯一要做的就是努力就好。当一个人毫无压力地站在世界上的时候，他将是无敌的。不过，也会有很多不利的因素，毕竟他登上最高点的时间太早了，他只有25岁，就已经获得了其他人为之追求终身都未能得偿所愿的东西。似乎一切都来得太过简单，这不是好事，这会让人失去对索取、对欲望的执着。好在，他还未曾品尝过真正依靠自己努力所获取的成功的味道，这会让他持续保持上进的心态。

要知道，当大部分球员正在梦乡中酣睡的时候，科尔却正在完成他每天例行的投篮练习。这是习惯，几乎每一天，无论是比赛结束后还是训练结束后，科尔都会和他的私人投篮教练塞德里克·托尼跑到篮球馆中训练，这在科尔参加选秀之前就已经形成惯例了，那时托尼就是他的私人教练，要知道，每天这样的训练都会持续数小时。一个低顺位新秀，如果不是依靠自己的勤奋，只是靠着幸运，他绝对没办法在热火中生存下去。任何形式的成就都是有原因的，这就是一个例子。

除了在训练场上玩命，科尔还会让自己的大脑也持续充电。整个赛季的比赛前45分钟里，他都会安静地坐在椅子上抱着电脑认真地研习比赛录像。"现在，我感觉自己在场上从容了很多。"科尔表示，"这要归功于在教练指导下进行的那些视频研习。这要归功于这个赛季建立起来的好习惯，我们还有很长的路要走，我对自己目前取得的进步表示满意。"进攻需要不断地在场上练习，防守需要不断地研习，科尔的防守进步很大。"他的胸口永远朝向对手。"韦德表示，"注意他的胸口。"

私人教练托尼很了解科尔，他说："很少有球员能像他这样，他是个典范，他就像一块海绵。他时时刻刻都在吸收养分，他完全做到了，正如我在他选秀夜对他所说的那样，'只有一位球员应当如你现在这般开心，那就是今晚的状元。'"科尔在用自己的一切告诉世人，无论你身处何处，存在与生存都是要靠自己努力才能得到，这与运气无关。

科尔接下来要追赶的是德文·乔治和斯科特·威廉姆斯，这两位前辈在职业生涯的前三年都获得了总冠军，为了这个目标，他还得继续拼搏。

上帝让我换一种方式生活

他出生在美国得克萨斯州的一个普通家庭，与父亲相依为命。

从小他就是个腼腆内向的孩子，和他一样大的孩子都不喜欢和他在一起玩，因为他患有癫痫病，说不定哪一刻就犯病，把胆小的孩子吓得魂飞魄散。

每次考试，他都在班上排名倒数。课堂上老师叫他回答问题，他总是羞涩地说不知道。伙伴们嘲笑他，说他是笨蛋的难兄难弟。他努力过，可收效甚微，在学业上取得的进步近乎为零。

他有一个唯一的爱好——画画。在学校，他没有一个伙伴，只好埋头画画，把他所看见的一切都用画笔呈现出来。周末，他坐在自家的门前，草地上孩子们喜笑颜开地嬉戏，他默默地用画笔在纸上涂涂画画。

时间在一天天地流逝，他在孤独中慢慢长大。可他的癫痫病不但没有减轻，反而犯得越来越勤了。11岁那年，癫痫病的反复发作导致他视力严重下降。他变得越来越沉默寡言。

都说上帝是仁慈的，可在他30岁那年，上帝很残忍地给了他致命一击——一次癫痫发作之后，他双目失明。无边无际的黑暗中，连穿衣、吃饭、走路这些看似平常的事都得从头学起。他的生活变成了一场噩梦。

那段时间，身陷黑暗的他曾想过无数种自杀的方法。一次自杀未遂后，父亲难过地对他说："孩子，耳聋的贝多芬最终成为举世闻名的音乐家，视听全失的海伦成了伟大的作家。或许，上帝只是想让你换种活法，你不勇敢地试试，怎么知道以后的路是甜是苦呢？"

30岁，一切都要从头开始。他给自己定的第一个目标是自学盲文。他把自己锁在房间里，一遍遍地摸字，一遍遍地练习，一遍遍地默记。常常把手指都磨出血来，他却浑然不知。

掌握了一些最基本的盲文后，他让父亲帮他挑选出各种与颜色有关的单词。红黄墨绿青蓝紫等颜色被他一一摸会之后，又分别贴在与之相对的颜料管上。此后，他又多了一项工作——用手指摸各种颜料来辨别颜色。一次次触摸，一点点地用心感受。一个月之后，他竟然能靠细微的黏稠度的差异分辨出不同的颜色，而且能做到分毫不差。

一天晚上，他让父亲帮他拿来画布。他把画布撑开在书桌上，反复用手丈量着画布。父亲站在门外，默默地看着黑暗中的儿子，心中一阵阵酸楚。

天刚蒙蒙亮，睡眼惺忪的父亲被他拉了过去。"天哪！这是我的盲人儿子画的画吗？"父亲简直不敢相信自己的眼睛。那幅画色彩丰富绚丽、意境飘逸灵动、纹路准确清晰，甚至比他失明前的画更为出色。得到父亲的肯定后，他从此更加专注于"摸"画。一天天，一年年，他几乎把自己也"摸"进了画里。

2015年3月，他举办了一次个人画展。画展中，很多艺术家对他独具一格的作画风格赞不绝口，称他的画充满了对生活的热情，可谁也不知道，他是一位盲人。当他父亲无意中说出他的经历时，人们才知道为了这一幅幅画他付出了多少艰辛和努力。

他就是才华横溢的美国盲人绘画师约翰·布兰特。他的作品被20多个国家的艺术爱好者收藏，他的事迹曾被世界各大媒体报道。面对镜头，他云淡风轻地说："上帝给了我那么多磨难，只是想让我换一种方式生活。"

遭遇困境时，换一种方式生活或许会让我们离成功更近。

自古圣贤多磨难。很多时候，没有经历过磨难的人往往难成大器。表面上看，磨难是苦涩的、可怕的，它可以使一些人意志消沉，无法奋起。但磨难却又是我们生活中最真诚的朋友，因为真正促使我们成熟，促使我们坚强，鞭策我们取得更大进步的不是别人，而正是我们所经历的磨难。有时候，人生中有价值的事，并不是人生的美丽，而是人生的酸楚。

温泉里开出的莲花

20岁那年，她考上了大学，但贫困的家境让她放弃了学业。在老乡的介绍下，她进了重庆市郊区一家温泉宾馆打工。

重庆的温泉跟火锅一样有名，从大山底下流出的天然温泉水，直接用水管放到每一个澡池里，洗一次就要花费上百元。尽管价格不菲，但来的人络绎不绝。

在众多客人中，她认识了一位化工厂的工程师。工程师患有多年的皮肤瘙痒病，半年下来，洗温泉让他的皮肤病得到了治疗，精神也好了很多。洗天然温泉价格贵，而且路途遥远，每一次洗过温泉后，工程师都免不了感叹："要是这温泉水能在城里，天天让我洗就好了。"

言者无意，听者有心。她想："如果这种'温泉水'能人工造出来该多好，要多少有多少，有钱人能享受，普通老百姓也能洗。真有这种人工温泉水，市场肯定很大！"

当她把这个想法告诉同事后，她们都用异样的眼光看着她说："如果有这种可能，能轮到你吗？别异想天开了，好好干你的活吧！"她心里不服气，心想，任何事情都是先有想法的，不试试怎么知道不行呢？

固执的她并没有因为同事的嘲笑而放弃，她暗下决心一定要造出温泉水。要造人工温泉水，首先得先搞清温泉水的成分。于是，她利用一个休息日，取了一瓶温泉水到城里去找技术部门化验。拿到化验结果后，她一片茫然。由于她的化工知识有限，化验单上的内容一点也看不懂。她这才明白，要造出人工温泉水，真的不是件容易的事。

由于长时间出差，很久没有来洗天然温泉的工程师又来了，于是她将"人造温泉"的事告诉了他。工程师听了很吃惊地对她说："这个主意太好了，我搞日用化工研究几十年，都没有想到这个点子，却被你想到了！我很乐意帮助你实现这个梦想！"

具有专业知识的工程师在弄清了温泉水的成分后，指导她很快研制出了一种人工温泉浴片。通过皮肤刺激测试，确认无毒、无害、无刺激性，经多人试用，效果良好。梦想终于变成了现实，她为温泉浴片取了一个好听的名字"香池莲"。

然而要让温泉浴片真正进入市场同样很难。首先，投入资金建厂成了摆在她面前的第一个难题。她不顾家人的反对，果断辞了职，拿出省吃俭用积蓄的两万多元钱，在工程师的指导下，开始建厂生产"香池莲"温泉浴片。

重庆大大小小的浴室、洗脚城有2000多家，她一一上门推销，很多老板感觉很新鲜，但都不大相信，只同意先试试；而更多的人认为她是一个骗子，没等她把话说完，就把她轰走了。

她并没有因此而气馁。她知道，只要客人对产品满意，浴室就一定会接受自己的产品。一年多的时间里，她跑遍了重庆大大小小的浴室、洗脚城。她利用自己多年在温泉宾馆工作的经验，每到一家，就给老板及顾客详细讲解温泉浴片的好处，让顾客先感受。

这一招还真的有效，顾客试用后反映普遍良好。对于顾客来说，在城里普通的浴室就可以泡温泉，价格却只是郊区天然温泉的1/20，既可保健又能省钱，何乐而不为。对老板来说，不仅增加了服务项目，也增加了收入。此后，她又将销售范围扩大到了宾馆、酒店、超市、药店。通过几个月的努力，她的温泉浴片有了稳定的销路。

经过一年的努力，重庆市已有近300家洗浴中心、洗脚城、宾馆、超市等长期销售她的产品，她成立了自己的公司，每年有数百万元的利润。如今，她在全国发展了30多家代理商、50多家经销商，连一些海外的客户也来函来电洽谈业务。

她就是刘英，重庆香池莲科技开发有限公司总经理，目前个人资产过千万元。

　　从一个一文不名的打工妹到一个身价千万元的企业家，她用了4年时间。看着她灿若莲花的笑脸，朋友们都说她"运气好"，她却说："因为我有一双追梦的翅膀，面对实验中的无数次挫折、推销中数不尽的白眼，即使是上过许多次当、走过许多弯路，我仍然没有放弃，才换来了今天的财富！"

第三章
唯有努力，才能看到新的天空

闭上眼睛，好好回想之前的努力，
自信会喷涌而出。

——东野圭吾

在绝望里看到最美的风景

他记忆力超群，能在一小时内记住洗乱的15副扑克牌每张牌的顺序；能在几天时间里，熟背《道德经》和《论语》，熟练到能说出一句话在哪个章节，在哪一页的哪一行。因为他，"世界记忆大师"的名录里第一次有了中国人的名字；因为他，世界脑力锦标赛首次诞生了残疾人"形象大使"。他叫孙小辉，是一名85后农村青年。

孙小辉出生在湖北荆州一个普通家庭里，母亲务农，父亲在公路段做临时养护工。在他4岁那年，他的脚指头突然使不上劲，并且走路一瘸一拐的。父母不敢怠慢，赶紧带他到武汉诊治，然而，始终没有查出病因，更别说实施矫正手术了。

上学后，走路不正常的孙小辉成了同学们嘲讽的对象。看在眼里、疼在心里的父亲不相信儿子会残疾，坚持带着他四处求医。然而，更为不幸的是，8岁那年，孙小辉在接受所谓的民间偏方治疗时，双臂神经受到损坏，双手也残疾了。

懂事的孙小辉没有怨天尤人，相反却变得更加坚强，他凭借优异的成绩顺利读完小学、初中，并且中考时，分数远远超出高中的录取分数线。然而，遗憾的是，因为他四肢残疾，再加上家庭贫困，没有一所高中愿意录取他。

孙小辉被迫失学了，他原以为学习面前人人平等，只要自己足够努力，照样可以上大学，将来找个轻松点的工作赚钱养家，万万没想到，他连上高中的机会都没有，更别说上大学了。

失学后的孙小辉，天天待在屋里，陷入了严重的自卑和抑郁当中难以自拔。他感觉活着没有希望，有一次，极度绝望的他爬到楼顶，想跳楼自杀，被他的父亲一把拉住。父亲指着远处说："你看到的全是眼前的黑暗，别忘了，远处还有美丽的风景。"

父亲的一番话如醍醐灌顶，孙小辉坐下来，认真地给自己的人生做了一个规划。几番思虑后，他觉得还是应该读书，这样才有希望改变命运。于是，他买回高中课本在家自学。然而，自学并不像他想象中的那么简单，尤其是记忆问题。有时背一整天英语单词，却记不住几个，就算当天记住了，结果到第二天又想不起来了。于是，孙小辉想：有没有好的记忆方法呢？

一个偶然的机会，孙小辉在报纸上看到一篇关于"超强记忆"的文章，立即产生了兴趣。之后，他从书店买回大量的关于记忆的书籍，开始潜心学习和研究。除了书本上学到的，他还将联想记忆、谐音记忆、替代记忆、形象记忆、夸张记忆等记忆方法，进行融合和整合，没想到，如此大大提高了学习效率，不仅能清楚地记得数字或汉字之间的排序，而且一句话在第几章、第几页、第几行都像印在他的脑子里一样。

孙小辉很快在当地小有名气，媒体对其进行报道后更是名声大噪。不久，备战世界脑力锦标赛的中国记忆精英战队看中了孙小辉的实力，破例吸收他为队员。孙小辉在之后几年举行的世界脑力锦标赛中，成绩卓越，世界脑力锦标赛创始人托尼·伯赞都对他赞不绝口，称他是"中国记忆的传奇"。后来，在第25届世界脑力锦标赛中，孙小辉击败众多对手，一举成为亚洲首位残疾人"世界记忆大师"。在第26届世界脑力锦标赛新闻发布会上，孙小辉被组委会授予"形象大使"称号，成为全球首位获此殊荣的残疾人。

人的一生不可能一帆风顺，会遇到各种各样的风雨。当暴风雨来临时，只要你有足够的信心，并顶着风雨努力前行，总有一天，你会看到最美的风景！

成事与成功

　　一个小伢儿，跌跌撞撞，蹒跚学步，最后，终于学会走路了。一个半身不遂的人，咬着牙，忍着剧痛，克服种种艰难，最终重新站立了起来，再次学会了走路。前者叫成事，后者为成功。

　　成事与成功有什么区别？在我看来，大凡迟早能做成的事，虽然途中也有困难，亦靠努力，那都是成事，事情终于做成了。然而，需坚定的信念、不懈的追求，甚至耗尽毕生心血的，才敢叫成功。

　　很多时候，我们说的成功，只是成事。一个孩子考了所好学校，固然不易。但是，他成功了吗？我看未必，他前面的路还长着呢，他最终能不能成才还两说呢，怎么现在就能叫成功呢？这只是漫漫人生路上的一小步，只是做成了一件事而已，虽然这件事可能有很多孩子未能做成。

一个职员，加班加点，终于将手头一堆杂乱无章的工作做完了。这当然也不能叫成功，只说明，他付出了，他努力了，他最终也做成了。如果换作别人，也许要花更多的时间，费更多的精力，但总归是可以完成的。

一个生意人，费尽口舌，终于谈成了一笔买卖，可预见的利润相当可观。这算不算成功？当然不是，他只是做成了一笔买卖，做成了一件事，无论这买卖有多大。

我们经常沾沾自喜的"成功"，往往只是做成了类似的一件件事。

当然，成事并不容易。不是什么事你想做就能做，也不是什么事你想做就能做得了，更不是什么事你做了就一定能做成。

很多时候，很多事情，你做了，而且是很努力地去做了，却没有做成。但是，就像你做成了一件事，并不能就叫成功一样，一件事千辛万苦而没有做成，也并不意味着失败。

我们的成就感或挫败感，来源往往就是一件事的成败。如果一件事做砸了，就以为自己失败了，因而心灰意懒，一蹶不振，那你就真的离失败的人生不远了。

一件事的成与不成，甚至很多件事的成与不成，都不能决定一个人的成功或失败。任何一个人，一辈子都能做成很多很多事，有小事，也有大事，但他未必就是成功的。反之，一个人一辈子也会做不成很多事，跌很多大大小小的跟头。但是，他执着于自己的信念，朝着目标锲而不舍地努力。纵然最终未能如愿以偿地达到自己的顶峰，他的人生也未必就是失败的。

把做成了一件事就当成成功的人，很容易满足，这没什么不好，人生需要一些小安慰。但是，这样的人，也很容易受伤，一旦在某件事上受挫，就可能颓废，看不到未来。最终能走向成功殿堂的，一定是那些不以一事论成败、不以一时论英雄、不以一己而罔世界的人，他们怀揣理想、信念，坚定执着，淡泊名利，砥砺前行。

也未必是做大事的人，才配叫成功。芸芸众生，无名小卒，一辈子也可能没机会遇上一件惊心动魄的大事。我们遇到的，我们所做的，可能都是些芝麻粒大的小事，我们甚至也没有什么远大崇高的理想，我们就永远也无法成功了吗？当然不是。我觉得，一个人，能把一件哪怕是再小的事，不但做成了，而且做到了完美，达到了极致，把人们口中的不可能变成了现实，他就是一个成功者。

成事容易，成功难。正因为这一点，我们才需要不断修正自己，不浮躁，不气馁，不妥协，努力成事，梦想成功。

梦想不是用来想的

　　14岁的罗伯特·内伊是一位疯狂的"苹果迷"，更是一位游戏玩家，他经常用苹果产品玩各种各样的游戏。

　　在一伙同龄人当中，他的游戏是玩得最棒的，排名都是第一。在他对目前的手机游戏不再有更多的兴趣时，他突然有一种冲动，想要自己开发一款手机游戏。他的想法得到了家人和朋友的一致支持。

　　内伊首先花了好几个星期的时间，整天泡在图书馆里，查找关于游戏开发的资料。此后，他在业余时间里，每天坚持编写几个小时的程序，遇上不懂的问题，他就往图书馆里跑。在一个多月的时间里，他终于编写了4000多行的游戏代码，完成了游戏的设计开发。其实这款游戏只是集中了几款相似游戏的优点，再加上他自己对游戏的独到见解而已。他把它命名为"泡泡球"。内伊的母亲通过网络联系上了苹果游戏开发的相关部门，希望苹果可以在其手机游戏商店里摆放儿子的这款游戏。

苹果权威游戏开发工程师对此游戏给予了高度的评价。于是"泡泡球"作为第一个非苹果专业设计师开发的游戏产品破例进入苹果的手机商店里。让人没想到的是，苹果应用程序商店免费发布这款游戏后的两星期内，这款游戏下载量达到100万次，不久突破200万次，取代了"愤怒的小鸟"，成为最受欢迎的苹果免费游戏应用程序。

成功之后，内伊并没有加入苹果公司，而是在家人的支持下成立了一个自己的游戏公司，为网民提供大量的游戏下载，并且收取适当费用。这个网站每年游戏的下载量为内伊带来了丰厚的回报。

是的，梦想不是用来想的。从现在开始，你一定要追随你的梦想，把自己想做的事情做到最好，这样你的梦想才能实现！

你能行的

1973年，20岁的克里斯蒂娜在父母的逼迫下来到美国留学，她是一个非常胆小的姑娘，美国的一切她都无法适应，特别是上体育课，更是让她觉得自己无法在美国多待一天。

有一次上棒球课，克里斯蒂娜出尽了洋相，她根本无法把球打出去。几乎一堂课，老师都在教她一个人，别的同学则在球场边观看。克里斯蒂娜的每一个动作都会引得同学们哈哈大笑，就在她含着眼泪准备对体育老师说"我真的做不到"时，她突然隐隐地听到从同学们中传来这样四个字："你能行的！"

这句鼓励的话多么振奋人心啊！克里斯蒂娜感动得快哭了，她觉得自己不能让别人失望，结果那一次，她稳稳地把球打了出去。

从那以后，克里斯蒂娜记住了"你能行的"这四个字，并经常以此来鼓励自己，后来，她终于毕业了。克里斯蒂娜在发表毕业感言的时候，对同学们说："我来这里不久上的那堂棒球课，你们还记得吗？我哭得不像样子，但是有一个男同学轻声地鼓励了我，他对我说'你能行的'，这句话使我充满了力量，我终于做到了，而且这句话还使我变成了一个勇敢的人，在我离开这里之前，我想知道那个鼓励我的人是谁？我想对他说一声谢谢。"

教室里一下安静了下来，几分钟后，有个男同学红着脸站起来说："如果我没有记错的话，那句话是我说的，那次我们站在球场边看你练球，但是……那句话我并不是对你说的，而是一只小猫爬到了树上，但它不敢下来，我鼓励它说'你能行的'，我发誓我当时说话的声音很小，但我没有想到你会听见……"他的话音刚落，全班同学顿时哈哈大笑，但这一次，克里斯蒂娜却没有感到尴尬，更没有感到沮丧，她真诚地对那名同学说："不管怎么样，谢谢你，虽然你是在鼓励一只猫，但却使我发生了改变，让我拥有了力量！"

从那以后，每当遇到困难时，克里斯蒂娜就会用这句话鼓励自己："你能行的！"她就是在2007至2015年间连任两届阿根廷总统的女性——克里斯蒂娜·费尔南德斯·基什内尔。"身在低谷与逆境，别人的鼓励当然重要，但关键在于你自己，你用什么样的眼光看待自己，你就能成为什么样的自己。"克里斯蒂娜经常这样说。

你为梦想而战了吗

《钉子的艺术人生》这篇短文，使我受益匪浅。

里面的文字虽然不多，但是结合那几幅插图，用带有艺术的眼光去欣赏时，我感觉到，它们正演绎着一个个耐人寻味的故事。这一篇短小却精悍的文章，深深激发了我对未来成功的憧憬与渴望。为此，我惭愧自己因为命运的挫折而变得黯然失色，惭愧自己没能够把握好人生的方向盘……

文中那句话真好："人生就是一盘棋，一切要靠自己把握。"对，没错，现在我不应该有诸多的"可是""不过"了，而应该奋起直追。在成功之前困难多多少少会出现在自己的面前，即使在成功的道路上布满了刺，我也要勇敢去面对。困难出现了，我不能束手无策，应该勇敢地去挑战它。那样，我的梦想才会成为现实。沙漠有绿洲，就别再错过机会。机会出现时，对任何人都是平等的，它并不曾眷恋谁。所以我要把握机遇，将它牢牢抓在手中，并努力去实现梦想。

"为梦想，无所畏惧。"这句豪言壮语是只有那些敢于向困难发起一次又一次冲击的人才配使用的。例如发明大王爱迪生，在实现梦想时，何尝不是付出辛勤的劳动与汗水才使自己有了一项又一项新发明。例如越王勾践，他又何尝不是被吴王抓住以后忍辱负重，才有后来的东山再起，反败为胜，证明自己并不是懦夫。再例如近代的作家海伦·凯勒，她在自己尚未识字时就双耳失聪，双目失明，但她并不因为困难就自暴自弃，放弃自己对梦想的渴望，而是百折不挠，克服种种困难来证明自己生命的意义与价值。

滴水穿石非一日之功，这道理许多人都知道。我们对待自己的梦想也是一样。它需要用时间来证明，而不是三天打鱼、两天晒网随随便便就可以成功的。

嘿！朋友，你的梦想是什么？

坚韧造就的传奇

有这么一个人，在他19岁那年，一次滑雪，他与朋友做游戏，要从朋友张开的双腿间滑过去，结果却撞在了朋友的身体上，折断了脖子，导致颈以下全身瘫痪。自此以后，这个高大英俊的青年变成了一个只能摇头的残疾人，终生依靠轮椅生活。

再说第二个人，他会驾驶汽车，会开轮船，并且还成了飞行员，能自由驾驶飞机在空中翱翔。当他33岁的时候，竞选温哥华市议员，成功了。在连续做了12年市议员后，他又被温哥华市民推上了市长的宝座。

还有第三个人，他是工商管理硕士，是多个非营利助残团体的创建人，是多种助残设备的发明人，还是加拿大勋章获得者。他热心社会公益事业，走到哪里都能受到众人的欢迎。

如果说这三个人其实就是一个人，那就很富有传奇色彩了。事实上，他们原本就是同一个人——加拿大的萨姆·苏利文，一个不折不扣的奇人。苏利文是如何由一个重症残疾人变成一个奇人的呢？

在折断脖子后的几年里，待在家里的苏利文陷入选择生还是死的挣扎中。他把受伤前打工赚的钱都取了出来，买了辆专门为残疾人设计的汽车。为了不让父母太伤心，他设计了开车坠崖这种自杀方式。所幸的是，他的几次"坠崖练车"都没有成功。此后，要强的苏利文不忍再拖累两位老人，便坚持离开了家，搬到了一个半公益半营利性的公寓。

一天晚上，苏利文又一次独自在房间中品味绝望的痛苦。他盯着空白的四壁，感觉自己的生命就像它们一样空虚。他坐着轮椅来到户外，看到远处的城区正掩映在落日的余晖中。他想那里有沸腾的生命活力，人们正在摇动着生活的风帆向前航行。此刻，苏利文忽然想到自己的大脑很好用，也能够独立吃饭穿衣，甚至还能微笑。苏利文决心要成为他们中的一员。"我也要做一个完整的人，我要工作。"苏利文此时对自己说，"受伤前我有10亿个机会，而现在我还有5亿个。"从那一刻起，一个新的萨姆·苏利文诞生了。

从那以后，苏利文广泛涉猎知识，勇于挑战生活。他不但学会了驾驶飞机，而且还教会了另外20位残疾人飞行。由于温哥华的华人超过1/3，在加拿大土生土长的苏利文还学会了中国广东话，这在他以后的竞选中收效奇特。他一讲广东话，就会得到华人的掌声和鼓励。市长选举中，华人几乎把选票都投给了他。

是什么神秘的力量将这传奇经历赋予了萨姆·苏利文？答案是不屈不挠与生活抗争的精神，这是一种坚韧的气质。他曾说过："一个人能走多远取决于他面对挑战时的表现，这与他是否坐轮椅无关。"

风滚草的坚持

每当秋季来临时，非洲大草原上常常可以看到一个个草球在滚动，这便是被人们称为草原"流浪汉"的风滚草。那么，这些草原上的"流浪汉"为什么要到处滚动呢？植物学家揭开了其中的奥秘。这些"流浪汉"是借助滚动来传播种子的。风滚草果实开口的地方长着密密的茸毛，种子不可能一下都散播出去，只有在滚动中受到震动，才能掉出几粒来。那么它是怎样实现滚动的呢？原来每到秋天时，它的枝条便向内卷曲，使整个植物体变成球形，茎的基部在靠近地面处也变得很脆弱，经大风一吹或被动物一碰，靠近地面的茎便被折断，植物体脱离根部而随风在草原上滚动。

一位植物学家对此很感兴趣，他想试验一下，如果风滚草不实现滚动，能否有办法传播种子呢？他做了一个实验。他用套管把风滚草枝条束缚住，不让它弯曲，然后观察它的变化。不久，他便发现一个现象：风滚草枝条因为不能弯曲，便努力向外生长，当超出套管的束缚时，它便开始弯曲。科学家又拿套管继续束缚枝条，枝条便继续向外生长……

就这样，风滚草坚持超越束缚，时刻准备弯曲。更值得一提的是，经过测试，风滚草脆弱的地方已不在茎的基部，而是在每一节套管的顶端。科学家断定，这是风滚草为了支撑枝条持续生长，又要时刻准备折断所作的自我调整。

为了实现自己的目标，风滚草努力超越束缚，时刻准备折断。而现实生活中的我们，又有多少人能一直坚持改变自己、超越自我呢？

站在离梦想最近的地方努力

他出生于美国迈阿密的一个贫困社区，由于家境贫寒，连像样的衣服和鞋子都买不起。同龄的小伙伴们都不喜欢和他玩儿，而且常常以捉弄他取乐。这样一来，他放学后就经常自己一个人待在家里，为了打发寂寞，他就打开收音机听广播。渐渐地，他喜欢上了一档音乐栏目，那是一档介绍各种流行音乐的节目。他不但喜欢那里播放的那些音乐，而且还喜欢上了主持人那带有磁性的声音，喜欢上了他幽默风趣的主持风格。慢慢地，他也在心中萌生了当一个音乐节目主持人的愿望，希望将来自己也能成为一个出色的音乐节目主持人。

17岁那年，他就因家里生活困难而辍学了，和所有同龄人一样，他也面临着找工作的问题。他有个叔父，在田纳西州经营一家公司，家里人打算让他到叔父那里去工作，他的叔父也表示日后会培养他，但当家里人向他提起这件事的时候，他却不同意去，"那你要做什么？"家里人问。"我要当电台音乐节目主持人！"他说。家里人一听，就告诉他那很不现实，一个连大学都没上过的人，怎么可能进入电台做节目主持人？还是及早打消这个念头吧。

他没有听从家里人的建议，固执地认为自己一定能当上电台音乐节目主持人，两天以后，他来到迈阿密的一家电台，找到了台长，向台长说明了自己想当主持人的愿望，台长听他讲完，对他说："小伙子，我们现在没有招主持人的计划，以后如果有再考虑吧。"其实这只是台长对他说的一句安慰话，却给了他极大的鼓舞，他想，如果以后电台招聘节目主持人的话，台长一定会让自己进电台工作的。

他必须找一份工作来维持生活，他想，虽然现在不能进电台工作，但也要找一个离电台近些和电台有关的工作，那样将来进入电台的机会才能更大些。于是，他在离电台不远的一家印刷厂找到了一份当印刷工的工作，这家印刷厂是电台下属的报社办的一个厂子，他觉得虽然不是主持人的工作，但自己也属于电台的职工了。他在这个岗位上干得很认真，对工作非常负责任，通过不断学习，对于排版等流程都能熟练掌握。有几次，他在待排的稿子上发现了错误，并认真地指了出来，得到了经理的赏识，后来就把他调到办公室做专职的校对工作，在校对的岗位上，他干得依然很认真。一年以后，经过一个熟悉的编辑推荐，他被调到了报社做校对工作。他在这个工作岗位上做了两年半，这两年半中，他每天抓紧时间读书学习，文章写得越来越好。终于有一天，从校对变成了编辑。在他做编辑一年之后，电台方面的文字编辑有事离职，电台打算从报社找一个编辑顶替。报社经理就向电台推荐了他，就这样，他走进了多年前一直梦想走进的电台，虽然所做的不是主持人工作，但他感觉自己离梦想越来越近了。

他在做电台编辑的时候同样兢兢业业，而且悄悄利用各种机会学习音乐节目主持工作，等待着机会来临的时候一飞冲天。机会终于来了，那是在他进入电台三个月以后的一天，电台台长找他谈工作，台长显然已经不记得几年前的事了。在谈完工作聊天的时候，他提起了几年前曾来找工作的事，台长回忆起了那件事，并感动于他的执着精神，台长说："好，以后会有机会的！"半年以后，台里准备开播一个关于摇滚乐的音乐节目。而且打算用一个新的主持人来主持，台长自然就想到了他，决定由他来主持这个节目。他听后心花怒放，因为终于可以实现梦寐以求的梦想了，他认真地做了各项准备工作，力争让一切都尽善尽美。节目开播那天，他坐到了直播间，心潮起伏不定，因为这是他多年的坚持得来的机会，他要牢牢抓住，他平静了一下自己的心绪，开始主持节目……那一次的节目获得了巨大成功，在听众中引起了极大反响，很多听众纷纷打电话到电台，谈他们对那次节目的感受。从那以后，他的主持事业开始起步，并在多年后成为一颗闪耀的明星，他就是美国著名的音乐节目主持人莱斯·布朗。

莱斯·布朗曾在一次节目中谈起了自己的成功经历，他深有感触地说："如果当初我选择到叔叔的公司里做事，我肯定不会吃这么多苦，应该很顺利地就能进入商界，成为财富的拥有者。但那不是我想要的生活，不是我的梦想，所以我选择了到电台下属的一家小印刷厂当印刷工，并一步步地走到了主持人的岗位上。我之所以能成功，是因为我始终站在离梦想最近的地方努力！"

小心，别踩到我的梦

　　出生于美国密歇根州安娜堡市的大卫·津恩，从小就有一个特殊的爱好——喜欢看卡通儿童书，尤其喜欢书中可爱的卡通动物。看得多了，便想去画几笔。他央求母亲买来几本儿童绘画书，每天写完作业，都照着书临摹一幅。虽然自学绘画很辛苦，却也给他带来了许多意想不到的乐趣，尤其是当一个个卡通人物在笔下诞生，这种无与伦比的满足感是任何事都无法取代的。

　　随着年龄的增长，大卫的这个爱好也愈演愈烈。他将父母给的零花钱悄悄积攒下来，从文具店买回纸和笔，利用闲暇时间，乐此不疲地画着。渐渐地，他越画越好，作品也越来越多。一个周末，大卫像往常一样，在图书馆翻看着一本名家卡通绘本，看着这本精美的图书，他想着："如果我能出一本儿童图书就好了。"

正是从那时起，大卫萌发了出一本儿童图书的梦想。可是，一本优秀的儿童图书，除了要有扎实的绘画功底，还要配有趣的故事。于是，高中毕业后，大卫报考了密歇根大学创意写作专业。

大学四年一晃而过，当毕业后的大卫，怀揣着自己精心绘制的作品满怀希望地找到书商，慷慨激昂地说出自己的梦想的时候，那个书商却连他的作品看都没看一眼就直接说道："出书？没有问题，可是出一本书至少需要1万美金，你交钱，我们可以马上为你出版，出版之后，书籍的销售也将由你负责。"

书商的话如一声惊雷，在大卫的耳旁轰响。不知道过了多久，他终于回过神来，茫然地回到街上，眼睛里流露出无助的神色。

他漫无边际地在街上走着，走累了，便在路边的一个座椅上坐了下来。不经意地，不远处一处破损的路面引起了他的注意，在鳞次栉比的高楼间，这处来不及修补的破损路面格外地突兀，就连急着赶路的行人都不忘躲闪和避让。"这就好像我的梦想，破碎不堪，无人问津。"忽然，一个念头在他的脑海中升起：或许我可以用我手中的粉笔，让这处破损的路面变得漂亮起来。

开始只是简单的几笔，勾勒出一只简单的小动物，可画着画着，大卫就再也停不下他的画笔了。他买来各种颜色的彩色粉笔和木炭，在一处处破损的路面上精心地完成自己的梦想。渐渐地，大卫的街头粉笔画从简单的卡通动物发展到一个个或紧张或精致的系列故事。画布也从街头到一座座废弃的建筑、半截的火车甚至高高的广告牌。

然而，在废弃的建筑上画画不仅十分危险还要注意不时就会出现的反对街头创作的人。虽然安娜堡的法律允许街头涂鸦，可仍有许多人认为街头涂鸦有损市容，每当遇到这样的反对者，大卫总是不厌其烦地讲述自己的梦想以说服对方。这一坚持就是29年。

由于街头粉笔画难以保存，每一次创作完毕后，大卫都会用相机将之拍照留念，终于有一天，当画作多到连电脑都难以保存的时候，他决定将一部分作品传到网上。

一切都是那么出乎意料却又是那么理所当然。一夜之间，大卫的粉丝就突破百万，他那将一个个卡通动物巧妙地完全融入背景的创作技法获得了许多支持者，许多精品画作被无数网友及媒体转发。有的网友在看了他的作品后这样说道："走在街头，我的目光总是被角落里的那些可爱的小动物们所吸引，看着它们或悠闲地坐在躺椅上看书，又或举着一个礼帽歪着头向路边的行人敬礼，我的心顿时就被治愈了，就连这座城市也变得生动起来。"

大卫红了。很快，便有书商找上门，希望能将他的作品结集出版。他为之努力了几十年的梦想终于成了现实。

　　实现了自己梦想的大卫并没有停下他的脚步。在每天街头创作之余，他还一边为社区开办的儿童画室免费授课，一边将出版的童书，赠送给需要的学校和图书馆，以激励更多的人去努力实现自己的梦想。

　　梦想有时很遥远，有时却又很近。大卫·津恩用自己30年的经历告诉我们：只要坚持不懈地为实现自己的梦想而努力，那么终有一天可以化梦想为现实。

将劣势转变成优势

库克公司是意大利北部一家著名的农业公司，主要从事苹果果汁生产。在三十年的经营中，库克公司生产的果汁誉满全球。库克公司生产的果汁之所以深受欢迎，源于库克坚持自己种植苹果，并把种植园选择在了意大利传统的苹果种植带上。有了优质和低成本的果源，才有了库克果汁的美味。

然而，随着全球气候变暖，库克公司的苹果种植基地昼夜温差开始缩小，这样苹果的甜度和口味便大不如以前。苹果品质的下降，直接导致果汁口感的下降。从2005年开始，库克果汁的销量便开始走下坡路。如果这样继续下去，库克迟早会关门。

面对公司面临的危机，库克公司董事长卡诺找到技术总监吉安寻求解决的办法。但吉安表示，全球气候变暖，这谁也无法控制，要想生产出和以前一样品质的苹果，除非另寻种植基地。但这显然是不合实际的，除非去国外，但那样生产成本将会提高很多。

卡诺对吉安的回答并不满意，责成吉安在技术上寻找突破，否则将会被炒鱿鱼。于是吉安硬着头皮尝试引进不同的加工工艺，但都收效甚微。其实吉安清楚，没有好的果子，再怎么改进加工工艺也生产不出优质的果汁。但是，经过研究，吉安意外地发现，意大利北部的气候和土壤条件特别适合种植猕猴桃，而猕猴桃果汁也是近年来新兴的一种很受消费者欢迎的饮品。于是，吉安建议库克公司砍掉所有的苹果树，改种猕猴桃。

吉安的建议让卡诺眼前一亮，但随即便有人提出反对意见。反对者认为，砍掉苹果改种猕猴桃，猕猴桃从种植到大量挂果至少需要5年时间，这期间公司将面临巨额的亏损。又有人建议，砍掉一半苹果改种猕猴桃，另外一半土地继续生产苹果用以加工果汁，但这样便意味着公司的设备在5年内只能有一半在运转，公司也将面临巨额亏损。最终，公司对改种猕猴桃一事未达成一致。

面对公司的困境，吉安感到无力回天，他开始考虑如果失业了怎么办。好在吉安未雨绸缪，在这几年一直在自学计算机，而且水平相当不错，他投了几份简历，有好几家公司都愿意聘他。

吉安为可能失去这份富有感情的工作而遗憾，又为自己的未雨绸缪庆幸。这样想着，他突然灵机一动，他可以未雨绸缪，给自己创造了一个缓冲期，为何不把这个方法也用在果园里，让苹果地里长出猕猴桃？

于是，这一年，库克公司所有的苹果地里全部栽上了猕猴桃苗，但苹果树并没有被砍掉一棵，因为所有的猕猴桃苗都是种在一棵棵苹果树的间隙。苹果树继续结着苹果，果汁厂继续加工着果汁。

因为猕猴桃是藤本植物，随着猕猴桃苗一天天长大，苹果树成了天然的支杆，等猕猴桃开始结果了，所有的苹果树便被从根部削皮而死亡，苹果园完全变成了猕猴桃园。而因为传统的水泥支杆高度有限，猕猴桃园过于荫蔽，不利于猕猴桃攀爬而影响光合，库克公司的猕猴桃却因为攀爬在苹果树上，光合作用充分，果子品质特别好，生产的猕猴桃汁别具风味。

吉安的点子成功地把劣势转变为优势，挽救了库克。在猕猴桃尚未结果的那几年，库克维持着正常的运营，但如今，库克已经成功转型为全球驰名的猕猴桃汁加工企业，公司销售额甚至超过了过去生产苹果果汁最鼎盛的时期。而吉安也因为他的突出贡献，得到了公司30%的股份奖励，摇身一变成了富翁。

其实，所谓"危机"，往往是"危"里蕴藏着"机"，就看你是否能把握得当。

没有人可以笑着拿冠军

中国女排搞了一次媒体公开课。课后，我想继续留下体验中国女排的训练生活，于是向陈导申请多留一周。那天是周六，训练之后，全队进入了下午训练的主题——进行分队比赛。

比赛开始了，替补组上来就打得很兴奋，而主力组却失误频频，越打越急躁，很快就输掉了第一局。陈导很不满意，走到场地里跟主力组讲了讲。

被教练批评后，主力组总算清醒过来一些，赢了第二局，又赢了第三局，第四局也胜利在望。眼看着就完成任务了，但第四局就是拿不下来，陈导很不高兴。

万幸的是，训练并没有拖到深夜，主力组终于打起精神把加赛的一局拿了下来。看着疲惫的队员朝场边走来，我以为训练结束了，准备收拾东西和她们一起离开，却发现她们又换上了跑鞋，一点儿没有准备下课的意思。正在这时陈导吹哨了：“马上到楼下集合，抓紧时间！”

陈导布置任务了：“6圈，3分钟之内完成，跑两次，按时间总和算。分两组，每组有一个落下几秒，全队加罚几圈！”

现场除了我，没有人对这样的要求大惊小怪。可是陈导却对所有人都视而不见，他只看他手中的秒表。

综合两次跑的结果，两个组都超了3秒，所以要加罚所有的队员多跑3圈。此时姑娘们已经累得一句话都说不出来了，听到还要加罚，不少人委屈地低声哭泣。

有人想讲情，陈导根本不理，他那张我们熟悉的笑脸，此时显得非常冷酷。

姑娘们重新站在起跑线上，最后时刻，不知为什么，陈导突然改了主意，“杨昊、亚男、大梅，你们三个人跑吧，跑3圈。你们这次通过了，全队下课；通不过就全队受罚！”

大梅听到陈导的话哭得更凶了，大家纷纷过去安慰她、鼓励她。陈导仍旧不动恻隐之心：“大梅，你不要再哭了，全队都看你的成绩呢！”

亚男带头：“我们跑！”杨昊和大梅跟着冲了出去。剩下的队员没有一个停在原地，都飞奔着跟了上去。

于是在操场上，我看到这样一个场景：全队十几个人一边鼓励她们，一边跟着她们往前跑。

整个过程，我就站在她们旁边，下课了，我都回不过神来。

看着她们完成任务后抱头痛哭的样子，我的情感受到了强烈的冲击。我和她们共同经历了世界杯和奥运会的辉煌。我知道她们为了拿冠军吃了很多苦，却不知道她们为了那辉煌的一刻是这样度过的！

就像是电影情节的安排，恰在此时我无意中回了一下头，训练楼一层大堂上，那幅中国女排站在雅典奥运会领奖台上的巨幅合影映入我的眼帘。

照片上女排姑娘们那么开心地笑着，有人忘情地咬着金牌。

苦与乐的对比如此强烈，我再也无法控制自己的感情，眼泪夺眶而出，我的哭声甚至惊动了陈导。

我永远记得那天陈导听到我的哭声走过来对我说的话："马寅，没有人可以笑着拿冠军！"

实现梦想，永远不迟

年轻人就好似不朽的神灵，永远怀有无限的希望和梦想，拥有令人目不暇接的人生好风景。他们能够听任自己的志趣自由驰骋，让精神高涨，让生命充满活力。这种人热爱生活，热爱人生，也被别人尊敬。他们拥有许多朋友和梦想，并有信心实现自己的梦想，就像勇敢乐观的罗斯，最终梦想成真。

开学的第一天，教授向化学班的全体同学作了自我介绍，还鼓励我们去结识还不认识的人。我站起来向四周望去，这时，有人轻轻拍了拍我的肩膀。我转过身来，看到一位满脸皱纹、个子矮小的老太太正对着我开心地笑着，而她的笑容使她看起来容光焕发。

她说："你好，英俊的小伙子。我是罗斯，今年87岁。我能不能拥抱你一下？"

我笑了，热情地回答道："当然可以。"她给了我一个友好的拥抱。

"你为什么在这么年轻、这么纯真的年纪选择上大学？"我开玩笑地说。

她也开玩笑地回答："我到这里来就是想找一个有钱的丈夫结婚，生几个孩子，然后退休去旅行。"

"你不是在开玩笑吧？"我问道。是什么力量使她在这样的年纪去迎接这样的挑战，我对此非常好奇。

"我一直以来的梦想就是接受大学教育，如今我终于如愿以偿了。"她告诉我。

下课之后，我们走进学生会大楼，喝了一杯泡沫巧克力牛奶。没过一会儿，我们便成了朋友。在接下来的三个月里，我们每天都会一起离开教室，进行长时间交谈。我经常入迷似的听这位"时间机器"说话，听她同我分享她的智慧和经验。

一个学年过去了，罗斯成了校园里的偶像，不管走到哪里，她都能很轻松地交到朋友。她喜欢装扮自己，醉心于其他学生给她的关注。她尽情享受着这一切。

在学期即将结束的时候，我们请罗斯在我们的足球宴会上致辞，我永远不会忘记她给我们的谆谆教诲。经由主持人介绍后，罗斯走上了讲台。就在她要发表早就准备好的演讲时，几张卡片从她的手里掉到了地上。她有点沮丧，有点尴尬，她向着麦克风倾了倾身子，坦言道："不好意思，我抖得厉害。我在四旬斋时戒了酒，今天的威士忌太烈了！我无法整理好今天的演讲。如此一来，让我和你们说说我所知道的事情。"我们听完之后哈哈大笑起来，她清了清嗓子，开始了她的演讲：

"我们并不是因为老了才停止运动，是停止运动，我们才会变老。想要拥有年轻、快乐、成功，只有四个秘诀。

"每天要开怀大笑，要保持幽默感。

"心怀梦想。一旦失去梦想，你就完了。

"了解慢慢变老和不断成长之间有着天壤之别。你19岁，在床上躺上整整一年的时间，不做任何有益的事，会变成20岁的人。我87岁，在床上躺一年，不做任何事情，我会变成88岁。每个人都会慢慢变老，这不需要任何才能。我想要说的是，要通过寻找变化中的机会来发展自己。

"不要心怀遗憾。老年人往往会感到遗憾，并非为自己已做的事，而是为自己尚未做过的事。害怕死亡的人都是一些留有遗憾的人。"

她精神十足地唱了歌曲《玫瑰花》，以此结束自己的演讲。她还激励我们每一个人去研读其中的歌词，于日常生活中践行歌中传达的箴言。

年终的时候，罗斯取得了多年之前便开始攻读的大学学位。在毕业一周后，罗斯在睡梦中静静地离开了人世。有2000多名大学生参加了她的葬礼，他们用这一行动来表示对这位伟大的女士的敬意。她用自身经历告诉我们：实现梦想，永远不会太迟。

努力终将成功

如果有人问沃尔玛百货公司的董事长萨姆·沃尔顿成功是什么，他会告诉你：比别人更努力。如果有人问世界豪富保罗·盖蒂成功是什么，他会告诉你：比别人更努力。如果有人问微软公司总裁比尔·盖茨成功是什么，他会告诉你：比别人更努力，然后找一群努力的人一起工作。如果有人问每个成功人士成功是什么，他们都会告诉你：比别人更努力。努力是成功的捷径，而且是成功必须付出的代价。犹太人贝里·马卡斯也正是凭借自己的努力，才取得了成功。

贝里·马卡斯跟随父母从俄罗斯来到美国，住在纽威克的一个穷人聚居区。父亲靠做木工活维持生计，母亲料理家务。马卡斯的母亲在40岁时患上了严重的风湿性关节炎，经常卧床不起。但是，马卡斯的母亲却从来没有抱怨过。她常挂在嘴边的一句话是"巴谢特"，这句话的含义是："这是上天的安排，生活总会苦尽甘来。"这是马卡斯的母亲面对艰难困苦时的一贯态度。

马卡斯的梦想是进一个医学院，毕业后成为一名医生。作为一个穷学生，马卡斯就近进了路特格大学的纽威克校区，这样他可以住在家里而省下住校的费用。马卡斯开始学习医学预科课程，并取得了优秀的成绩。一天，系主任通知他，已经为他争取到了上医学院的奖学金，但接下来的消息令人失望：马卡斯仍需另外缴纳1万美元的费用。毫无疑问，他拿不出这么多钱。没办法，马卡斯只好退学。半路上，马卡斯和母亲通了电话。他告诉她，自己再也不会成为一名医生了。

"别泄气！"母亲安慰道，"说不定好事还在后头呢！"

马卡斯在餐馆当了一年服务生后，又到新泽西州的一个医学院求学。毕业后，他开始营销药品，这让他第一次接触到了商品零售业，并喜欢上了它。后来，马卡斯跳槽到西部一个名为"便民"的公司，这是一家小型家装物品公司。

在便民公司里，他常看到不少自己动手装饰和修补住房的人来买各种家装必需品。但是，由于公司规模有限，所以他们不可能在这里一次就买齐。一天，他突然有了一个主意：如果能有一家大商场，把所有的家装材料店，如厨卫设备店、涂料店、木材店全都包括进来，顾客岂不更方便？

1978年的一天，马卡斯向老板谈了自己的建议，希望老板能采纳自己的建议，把企业做大做强。但是，老板否定了马卡斯的想法，认为马卡斯在他面前过分炫耀，自以为了不起，无视他的权威。于是，他把马卡斯解雇了。

这次失业给马卡斯带来了沉重的打击。马卡斯当时还有两个孩子正在上大学。此外，他向银行借的大笔抵押贷款也必须按期归还。他根本承受不起失业。正当马卡斯心灰意冷之时，他想起了母亲的那句口头禅。虽然母亲已经过世，但此时，他仿佛听见她在说："巴谢特。"

马卡斯决心自己当老板，着手实现创建一个大型家装材料总汇超市的构想。他的这个超市将面向人口众多的工薪阶层。因为工薪阶层是自己动手搞家装的主力，他这样做，正好为他们提供了及时的、恰到好处的帮助。

马卡斯又找了几个和自己志同道合的朋友作为合伙人。于是，一个名为"家庭"的大型家装材料公司应运而生。他们的生意做得红红火火，后来业务遍及全美，甚至开始扩展至全球。

在马卡斯的一生中，他印象最深的是他母亲的那句口头禅，充满哲理的人生经验——"巴谢特"。马卡斯通过更加努力的奋斗，最终赢得了成功。

就这样走向成功

富兰克·克拉克从小就喜欢绘画，但是他的表现却和别人不一样。别的孩子练习绘画的时候，都是先选好景物，支起画板，然后全神贯注地画。他选好景物后却不急着画，而是像一个旅行者那样在景物及其周边四处溜达游玩一番。不仅如此，充满好奇心的他还会向别人打听这一景物的历史和典故。如果能听到和景物有关的精彩故事，他比捡到金子还开心。

看完景色、听完故事后，富兰克·克拉克才支起自己的画板，一边沉浸在刚才游玩的快乐里，一边作画。

画到高兴的地方，他会把刚才听来的关于景物及其周边的风土人情、历史典故和身边的人分享一下。有时，他更是一个人一边摇头晃脑地哼着歌，一边乐呵呵地把画作完成。

渐渐地，这种一边游玩一边作画的方式，成了他独特的创作方法。

学成之后，富兰克·克拉克很快在绘画圈里有了名气，这既因为他的画作非常出色，又因为他与众不同的快乐创作方法。后来，他将自己快乐的创作方法融入到教授学生的教学方法中，很受学生们欢迎。于是，越来越多的人慕名前来向他学习绘画。很多原本对绘画并没有太大兴趣的人，完全被富兰克·克拉克轻松好玩的创作方法和教学方式激发起了学习兴趣。在向他学习绘画的过程中，大家的学习成果虽然各有不同，但无一例外地感受到了发自内心的舒畅。

富兰克·克拉克的快乐绘画方法越来越有名气，英国广播公司和爱尔兰国家电视台多次邀请他制作教学节目。

节目刚刚播出后，一些人很不以为然，甚至不赞成这样的节目。因为以往的节目都是类似课堂授课一样教授大家绘画的方法，这样像一个大孩子带着一群小孩子玩耍的传授方式让不少人感到不适应，甚至有的节目制作人预言他的节目不会播太久。然而，富兰克·克拉克新奇有趣的教学方式逐渐得到了观众们的认可。他的节目不仅一直播了下去，而且越来越火爆，多年以来，长盛不衰。

随着时间的流逝，富兰克·克拉克的年龄越来越大，但他还是像年少时一样一边游玩一边绘画。这种绘画风格和教学方式不仅多年来一直没有改变，而且上了年纪的老爷子早已不满足画一个简单的景点了。他开始周游世界各地，一边旅行一边绘画。有时候，他会带着观众们的目光走进一个充满历史积淀的古堡，在古朴沧桑的屋子里为大家讲解发生在这里的凄婉往事。有时候，他会叉着腰站在船上带着大家从远处欣赏小岛上的美景。有时候，他还会在青山绿水间看完风景后讲一点自己的小感受。最后，饱览了美景的富兰克·克拉克会在节目里教大家用简单巧妙的技巧和方式，把这些旅途中最美丽的风景画下来。

在他的节目里，绘画并不是简单地教授你什么技巧，而是在带着你一起玩的过程中，把所有的绘画方式潜移默化地教给你。这哪里是教人绘画，分明是一个老顽童带着大家欣赏五彩斑斓的世界。

如今的富兰克·克拉克，已经是世界著名的爱尔兰籍画家，在绘画界享有崇高的声誉。老爷子不但用他快乐的生活方式和工作方式创造了一个传奇，而且还在将这个传奇继续下去。

谁说成功就一定要用透支健康、如同拼命三郎一样的方式去换取？有时候给生活和工作注入一点快乐轻松的趣味，成功反而会更容易降临。

画着，笑着，走向成功。富兰克·克拉克做到了，我们也应该好好向他学一学这做人做事的大快乐、大智慧。

第四章
全力以赴，有何来不及

我曾见的生命，都只是行过，无所
谓完成。

——木心

心在哪里，成果就在哪里

　　我的朋友小丁是一名厨师，也是我见过的最奇怪的厨师。我和小丁从小玩到大，可是自从他开始学厨艺之后，我就发现他有了不小的变化，常常会有一些怪异的举动。

　　那年夏天，天气格外闷热，大地像被扣在了蒸笼里一样。我和小丁坐在屋子里闲聊，我一边和他聊天，一边漫不经心地用遥控器选着频道。

　　突然，小丁大喊一声："就看这个台！"我被他这突如其来的一声吼吓了一大跳，手里的遥控器差点儿掉到地上。小丁连忙笑着解释道："不好意思呀，我就是想看这个美食节目。"说完之后，虽然还在和我断断续续地聊天，可是他的眼睛几乎一刻不停地盯着电视，非常认真地看着节目里教授的做菜过程。从那时开始，我就发现，无论在什么时候，他似乎只惦记着怎样做好菜，怎样学习新的菜肴制作方法，对其他事情则没有什么兴趣。

　　随着时间的推移，小丁的变化越来越明显。从小就不喜欢看书的他，现在只要一有时间，就去书店和书城溜达，只要看到和美食有关的书籍，就像见到了宝贝一样爱不释手。不仅如此，我每次去他家，都会看见他正坐在电脑前，浏览着各种美食网站，进行学习和研究。就连出去逛街，他也会提前找好同城网站里推荐的特色小吃，去尝尝别人的手艺。

　　有一次，我们几个朋友一起出去聚会。服务员把菜陆陆续续端了上来，我们这群人还在热火朝天地聊着天，小丁却拿出手机，对着桌子上的菜肴"咔嚓咔嚓"地拍了起来。他这怪异的举动，让饭桌上的所有人都愣住了，就在大家满脸狐疑的时候，小丁也发现自己有些失态了，连忙笑着解释道："我想把这些菜拍下来，回家好好研究，看看我能不能做出这样色香味俱佳的菜来。"

　　那天，我们在饭桌上聊得热火朝天，小丁却聚精会神地细细品尝着每一道菜肴。有时候，他还会放下筷子，皱起眉头，思索一会儿，然后，脸上忽然露出豁然开朗的表情，随后继续拿起筷子品尝下一道菜肴。渐渐地，认识小丁的人都知道他对做菜非常痴迷，所以也就对他时常表现出来的怪异举动见怪不怪了。

　　然而，让我们没想到的是，短短几年的时间，小丁就因自己不断提升的烹饪水平而成为这个城市餐饮业里小有名气的人物，他的薪酬也不断提高。

再后来，有了一定积蓄的小丁，干脆自己开了一家饭店，做起了厨师兼老板。一次，我和小丁一起吃饭，当我们聊起他当年痴迷于做菜时那些怪异的举动时，小丁长长地叹了一口气："我小时候没有好好读书，在学厨艺之前浪费了很多时间，一事无成。学厨艺之后，我的师傅告诉我'只要把心时时刻刻都放到工作上，就一定能干出个人样来'，所以，我才拼了命地学习烹饪，也才有了今天的一切。"小丁的话让我感慨良久。谁不想过上好日子？要想过上好生活，你就必须有所成就。

一个人，只有把心思都放在工作和奋斗上，才能取得成就。

心在哪里，成果就在哪里。只有把心思放在学业上，才能有好成绩；只有把心思放在工作上，才能做出好的业绩；只有把心思放在改变人生上，才能有不一样的人生。

别样的成功

黑蒂是英国人，最初她在伦敦诺丁山开书店，书籍种类繁多，几乎应有尽有，可惜生意不理想，导致她忧心如焚。在黑蒂准备放弃的时候，厨师艾尼·贝尔来到书店问："你们的书店里是否有《炸鱼薯条与英国工人阶级》？"

黑蒂连忙对他说："应该有的，我去看看。"到书架上寻找片刻后，黑蒂从很多书籍里找到了《炸鱼薯条与英国工人阶级》这本书，购买书籍后贝尔问黑蒂："你的书店里是否有厨房？"黑蒂如实回答："没有。"

看到贝尔失望的神情，黑蒂带着疑惑问："我们是开书店的，又不在里面做饭，当然没有厨房，只是我想知道，你究竟需要厨房做什么？"贝尔诚恳地解释："如果书店里有厨房，能够对书籍中的食谱进行实验，将是多么美好的事情。"

黑蒂认为，贝尔的奇妙想法，他们可以尝试。贝尔便主动向黑蒂介绍说，他是专门学习做菜的，如果黑蒂的书店有厨房，他愿意来当厨师。黑蒂向贝尔承诺，请他把电话留下，等把厨房弄好后，就立即打电话通知他，但愿彼此合作愉快。

贝尔当场许诺，来到黑蒂的餐馆后，他会尽力工作。留下电话号码后，贝尔就捧着心爱的书籍，悠悠地回家了。黑蒂请来几个师傅，对书店进行全新装修，把书店刷成深红色调，并在里面设计了精美的厨房。书店装修好后，她立刻给贝尔打电话。

"我的书店，以后就叫作厨师书店，你就是书店的厨师。"当贝尔来到书店的时候，黑蒂对未来充满信心，"希望在你的帮助下，厨师书店的生意能够好起来。"贝尔对将来信心百倍："凭借我的预测，厨师书店肯定会兴旺发达。"

厨师书店十分袖珍，面积只有20平方米，店里装修简单扼要，没有太多繁杂设计，让人感到清新舒适。厨师书店里，重点是美食方面的书籍，图书根据美食品种分类，甜点、汤羹、主食、肉、蔬菜、酒水分别各占两个书架，还有关于美食的社会学、历史学、营养学、饮食养生书籍和美食小说。

在厨师书店的最里边，是书店特意开辟的检验厨房，可以帮助读者检验食谱是否实用。食谱并非普通的书籍，顾客阅读食谱不只是为了精神享受，更是为了指导实践。相同的菜式留不住客人的胃，因而检验厨房的菜往往不会重样。

每天的菜式，都是由穿着白大褂、戴着白帽子的驻店大厨贝尔从书店出售的食谱中挑选出来的，由菜市场的当季食物决定，而且菜式不提前安排，顾客只有亲自前往书店，才能知道当天能够吃到什么菜。厨师书店周二至周六10：00~18：00营业，另外两天关门休息。在营业的日子里，每天书店都会举办不同主题的烹饪工作坊和试吃活动，让顾客在读书的同时品尝万国风味。

一次，封面设计师和插画家帕里太太来书店签售书籍，自己做了玫瑰蛋糕，上面摆着栩栩如生的奶油玫瑰，蛋糕表面也淋着玫瑰汁，看起来粉红粉红的，异常诱人。玫瑰蛋糕是书店里的前菜，顾客会忍不住接连尝好几口。书店里的菜式，5英镑两道菜，分别为前菜、主菜，7英镑三道菜，在前菜、主菜的基础上加甜点。

每天去厨师书店的读者都很多，随时都会有顾客手里捧着食谱，排起很长的队伍等候着入座。厨师书店里有许多关于美食的书籍和食谱出售，而厨房中的美食，则能够让你体验到图片变成实物的快乐。跨进书店的人，差不多都要在书店里购买书籍，然后到厨房中吃东西。

在他们的努力经营下，世界各地慕名而来的顾客与日俱增。无比新颖的厨师书店，快速发展成全球味道最好的书店，年营业额超过1000万美元。与营造高雅的读书氛围相比，消费和文化的完美结合，才是经营之道的上策。店铺贴近群众方便顾客，便是企业取得成功的良策。

瞄准自己的目标

在世界屋脊青藏高原的茫茫山野里，有一个世界上海拔最高的蜜蜂养殖基地——哈达谷蜂业养殖基地，此基地始建于2010年，创始人叫侯佳欣。

侯佳欣15岁考入大学，19岁留校任职，30岁下海创业，她敏锐地发现商机并把握商机，在广告界、酒水界干得风生水起。2010年，她获悉，多个国际绿色组织在云南援建了首个喜马拉雅蜜蜂自然保护区，国内外蜜蜂专家投身此项目，并尝试教授当地蜂农为半野生的喜马拉雅蜜蜂建立蜂巢分群。她意识到，相对普通蜂蜜含有重金属问题，喜马拉雅蜂蜜的纯天然性值得被打造，甚至有成为国际化健康品牌的极大可能。于是，她毅然辞职，决定做一个全球标杆性的蜂蜜品牌。

侯佳欣和同伴先是对当前的国内、国际蜂蜜产业进行了调研，然后到喜马拉雅山区实地考察，综合分析之后，他们发现喜马拉雅山区有得天独厚的条件：第一，喜马拉雅自古是高端滋补品的产地，动植物种类非常丰富，这里有很多几十年、上百年的木本花，使得蜂蜜的成色很好；第二，有一种寄生虫叫蜂螨，全球所有海拔2000米以下的蜜蜂都摆脱不了，而喜马拉雅的海拔是一个天然的屏障；第三，中国人养蜂很多都是拉着卡车全国赶蜂，四处蹭花期，造成的结果是蜂蜜不可追溯。喜马拉雅蜜蜂是不迁徙的，也就是蜂箱附近的地域固定，每一桶蜂蜜都可追溯。

侯佳欣深思熟虑后决定，要不惜一切代价，把蜂蜜产地建在海拔2500米以上的地方。然而，在这种地方建立基地，最大的困难不是资金问题，而是连条像样的路都没有。当地蜂农习惯了在低处养蜂，一听说要在这么高的地方养蜂，本来有合作意向的100余户都打起了退堂鼓，侯佳欣只好一户一户地登门解释，不知费尽了多少口舌，最后有40余家蜂农签订了合作协议。2010年底，哈达谷蜂业养殖基地终于建起来了。

由于没有现成的道路可走，侯佳欣每次定期对蜂群进行巡查时，也是她离危险最近的时候，山路太窄，一边是悬崖，一边是峭壁，汽车根本没法开，一行人只能骑摩托上山，最艰险的地方连摩托车也过不去，只能手脚并用地往前爬，有好几次，死神都与她擦肩而过。

为保证哈达谷蜂蜜原生态、全天然的特性，侯佳欣禁止蜂农用白糖喂养蜜蜂，一年只取一次蜜。禁令一出，蜂农们强烈反对，认为只有傻子才这样做。因为给蜜蜂喂食白糖，这是在行业里被默许的行为，喂食白糖的蜜蜂，每个蜂箱每年大概可以产出100公斤的蜜，如果不喂白糖，一个蜂箱的产量竟然只有可怜的10公斤，差距太大了！

侯佳欣只好带领大家一一给蜂农解释：给蜜蜂喂食白糖，蜂蜜里的成分就不再是纯粹的花蜜了，这里面含有大量的工业糖浆，食用后容易导致高血压和心血管疾病等。另外，除了对蜂蜜有影响外，蜜蜂在吃了白糖以后还会导致体质变差，容易感染寄生虫病。一年只取一次蜜，才能保证蜂蜜的纯度和蜜蜂的健康。而作为回报，哈达谷将会按照比市价高几倍的价格收购达标的蜂蜜，不达标的，一概不要。蜂农们一算经济账，一年的收入比原来还高，就接受了禁令并严格遵守。

整整四年时间，侯佳欣花费3000多万元，重新制定了蜂蜜行业标准，建立了世界领先的生产线，创立了时尚奢侈品的品牌"哈达谷蜂蜜"。2015年，哈达谷蜂蜜经过了苛刻的欧盟和美国的有机认证。同年，哈达谷在被誉为"蜂业界奥运会"的国际蜂联大赛中击败全球上千家蜂蜜企业，一举夺得金奖。2016年，哈达谷蜂蜜上市，一斤最高卖到了6000元，远销德国和日本。

侯佳欣在接受采访时说："我们从一开始就设定了目标——不是去做一个土特产，而是要做一个世界顶级品牌——因此，我们往死里磕品质，一定要让蜂蜜的品质回到100年以前的状态。"

一次示范胜过一千句话

1993年，美国知名灯具公司发明了一款适用于黑板照明的设备，他们就派出很多业务员向学校推销，可是学校的校长和老师们都以"完全不需要使用这种灯"为由给拒绝了。

后来，一个名叫凯里的推销员想到了一个推销方法，他带着一根大约半米长的小竹棒来到了学校里，在向校长和老师们推销的时候，他两手各持竹棒的一端，然后用力一拗说："老师们，你们看，我一用力这根竹棒就弯了。"随后他把力量放小，接着说："但我不用力，它就又直了。"说完他又用更大的力气把竹棒拗断，接着说："但如果我用的力超过了这根竹棒的最大承受力，它就会被折断。"

这时，老师们都皱着眉头问："可是，你是来推销灯具的吧？你和我们说这根竹棒是干什么呢？"凯里这才笑笑说："是的，我是来推销灯具的，我的意思是，孩子们的眼睛就像这根竹棒，如果超过了孩子们所能承受的最大限度，视力就会损坏而且无法恢复，到时候花多少钱也无济于事。"校长和老师们听了觉得很有道理，很快签下了购买的合同。

纽约一家西服店的老板，独出心裁，在商店的橱窗里装了一部放映机，向行人们放一部广告片，广告中第一位是一个衣裙褴褛的人，找工作时处处碰壁，第二位找工作的人西装笔挺，很容易就找到了工作，最后在片尾显出一行字："好的衣着就是最好的投资。"这一招很灵，使他的销售额狂涨。

带着示范的推销能给顾客最直观的感受，触动顾客的心灵，你不需要多费口舌便可以将顾客说服，因为一次示范远胜于一千句话。

别输给自己的懒

惰性的可怕之处在于一开始不过是轻微的犹豫不决，让你由于贪睡而错过一堂课，由于贪玩而少写一次作业，由于贪图安稳而拒绝走出去看更大的世界。

然后，一点点蚕食掉你的希望、梦想和野心，演变成极端的懒散，让人宁愿陷在床板大小的一亩三分地，闭目塞听地拒绝一切挑战和机会，失掉对未来的想象力。又因为勾画不出美好的未来，索性破罐子破摔，放任消极和懒惰将自己淹没。

你知道最难扛过的是什么吗？不是那些被生活折磨得无法喘息的日日夜夜，不是那些要拼命奔跑才能不被淘汰的高压。而是安全，是自由，是无数个我们觉得自己终于可以去做某件事了，但又放任自己不去做的时刻。

锐气这种东西很奇怪的，它像是个气球，在你二十多岁的时候，若能把它撑起来，它就会越来越大，能为你的人生披荆斩棘。但如果你给不了它足够的空间和机会去试练，它就会越缩越小，就会慢慢变成暮气，一点点将你塞进逼仄的生活，让你失去对生活所有的好奇与热情，将自己全部的人生龟缩一隅，还沾沾自喜。

这个时代最为复杂，但也最公平，它认可的不仅仅是个人品牌，还认可那些悄无声息的努力和汗水。

我们身边有太多声音在讲：要告别努力的表象，要放弃低质量的勤奋。可是对于很多人来说，他们连勤奋的表面功夫都不屑于做。看本书都不情不愿的，要靠人连催带赶地威胁；几个月加一次班就觉得自己被无情坑害了，一回家便瘫倒在床，要把加班的时间睡回来；下班看书学习，担心自己过劳死，刷起微博朋友圈却能眼都不眨地兴奋大半夜。

你哪里是输在了天赋不足或是认知不够，分明就是因为懒。

我们常常把"二十多岁的中年危机"挂在嘴边，担心自己被社会淘汰，担心自己无力支撑几年之后上有老、下有小的生活。可对于许多人来讲，中年时期遭遇的种种难题，都不过是在回报自己年轻时的不努力罢了。

该认真工作的时候，你在玩手机，到了中年便只好忍受最难熬的职场夹层，想走没本事，想留不甘心。

该健身的时候，你躺着看剧，等到发现了种种身体指标不合格，又只好用为数不多的积蓄去交换健康。

　　该赚钱的时候，你在打游戏，等到了四处用钱的中年，便只能空叹生计维艰。

　　可，时间不会等你。

所谓成就，就是换个方式受罪

　　网上风靡一张课程表，精确到分，每天休息不到6小时。我将这张表放到部门QQ（即时通信工具）群里，一个年轻的女同事马上回应说，这怎么能做到呢？睡眠时间都不够，人又不是机器。其他人没有回复，我想他们应该都是差不多的想法。

　　我这样回复：正因为少数人受得了，他们成了牛人；大多数人受不了，沦落为普通人。我想，年轻的女孩，有这样的想法很正常。她们睡到自然醒，周末逛街、购物，像花钱那样花时间，大气阔绰。在她们眼里，干吗要变得那么牛，那不是找罪受？还不如享受生活实在。

　　这样的作息表我不惊讶，因为我是这样坚持的，只不过休息提前了两小时，一般4点左右起床。周末、节假日的时间用来读书、写字。我每天工作近12个小时，留下的时间并不多。虽然很累，但养成习惯后，也很适应。我没有想过如何牛，但我觉得这值得坚持下去。

我崇拜的一个作家，出版了十几本书。在写作圈里，他是个牛人，写的每篇文章都有报刊转载。他写了这么多年，有阅历和知识的沉淀，写一篇文章，费不了多大的工夫。按理说，他不应该这么拼了。然而，从他写的一篇文章中看到，他也是每天4点起床，多年前养成这个习惯，现在仍然在坚持。

想起网上风靡的一句话：越牛的人越努力。他们不断地抬高目标，让自己更牛。

翻翻互联网名人的作息时间，每天工作十几个小时的大有人在，没有最拼的，只有更拼的。的确，他们是行业的精英，坐拥亿万财富，是很牛的人，即使什么都不干，也有花不完的财富。他们还努力做事，这不是找罪受吗？他们却乐此不疲，不断地成功，不断地找罪受。

或许有人说，熬夜有损身体健康，我想以大多数人的努力程度大可不必担心。有时不熬夜也会出状况，熬夜的长寿的也不少。康德熬夜活了80岁，在那个医学不发达的年代，有如此高寿的人并不多。

康德是德国古典哲学创始人，他的学说影响了近代西方哲学。他每天雷打不动地4点起床，直到晚上22点睡觉，睡眠不超过6小时。这样的习惯伴随着他的后半生。可能有人说，他是找罪受，然而为自己的梦想付出，本身是一件很幸福的事。

喜欢看《罗辑思维》，罗振宇曾在跨年演讲时说了这句话："所谓更牛，就是换个方式受罪。"相信取得成就的人士，就是受不同的罪，然后不断地成功，成为更牛的人。

每天靠近一点点，梦想终会实现

第二次世界大战后，苏联的米格系列战机与美国的F系列、法国的幻影系列战机齐名，成为当时世界战斗机的三大支柱。

一时间，米格战斗机的缔造者之一阿尔乔姆·伊万诺维奇·米高扬名声大振。人们纷纷猜测这位传奇设计师一定有特别之处，才能造出世界一流的战斗机。后来一位记者调查后得知，米高扬曾经是一名车工，没有受过系统的中小学教育。结果一出，一片震惊，人们无不对这个车工出身的设计师大加赞扬。

从一名车工，一路成长为飞机设计师，米高扬是怎样做到的？为了弄清楚，一位记者亲自去拜访他。知道来意后，米高扬笑着说："当我第一次看到飞机时，我就把制造飞机当成一生的梦想，然后一步步向它靠近。"

1905年，米高扬出生在高加索的一个小山村。因为家境贫寒，他很小就开始砍柴、放羊、做面食，"一战"爆发后，随家人躲进深山。

一天，米高扬正在放羊，忽然天上落下一个"庞然大物"，一架法尔芒双翼机因为机械故障迫降在山里。米高扬充满了好奇，他在这个"怪物"上爬上爬下，摸摸这儿，摸摸那儿，还向飞行员问这问那，直到夜幕降临仍舍不得离去。那一晚，米高扬失眠了，那架飞机在他脑海里挥之不去，他忽然萌生出一个想法：长大了要自己制造飞机。

"放羊的孩子要造飞机？"这样异想天开的想法让米高扬成了孩子们嘲笑的对象，但是米高扬一点也不在乎。每当想起那架飞机，他的心里都是满满的幸福。

父亲去世后，为了生活，米高扬去技术学校学习，后来在农机厂做了一名车工。为了能见到飞机，他在1928年应征入伍。幸运的是，因为拥有车工技能，他被调往伏龙芝军事学院学习，又因为表现出色，被派往茹科夫斯基空军工程学院学习。这时候，米高扬能够常常见到朝思暮想的飞机了，他向梦想又靠近了一步。

那时候，米高扬已经26岁，因为没有好好上过学，他的知识储备非常薄弱，是班里成绩最差的一个。为了能实现梦想，他拼命地赶，每天都学到深夜。终于，几年的努力学习，使他得以在32岁时，以优异的成绩从空军工程学院毕业，这时他强烈要求到和飞机有关的部门工作。

如愿以偿，米高扬进入了飞机设计部门。凭借对机械特有的敏感和刻苦钻研，很快他就解决了新型战机"伊–153"的航炮振动和发动机过热问题，被破格任命为"伊–153"的副总设计师。

米高扬离梦想越来越近。1939年，他组建"米格"飞机设计局，亲自担任总设计师，更加全身心地投入到飞机的设计上。1940年4月，米格家族的第一个成员"米格–1"试飞成功，接下来苏联第一代喷气战斗机"米格–9"、被誉为战后世界上最好的歼击机"米格–15"、世界首架量产的超音速战斗机"米格–19"等，相继成功，型号众多，创造了不少世界纪录，为苏联的航空事业做出了重要贡献。

"人应该有梦想，即使看似不可能实现。"米高扬对记者说，"只要坚持、努力，每天靠近一点点，最终会实现。"

努力的人生最美丽

多少人只知道成功，却不知成功是没有捷径可以走的，只有努力才能取得成功。古今中外的名人诠释了这个道理。

"苦心人，天不负，卧薪尝胆，三千越甲可吞吴。"越王勾践的事迹，妇孺皆知。越国兵败，为了国家和百姓，他沦为阶下囚。但这并不是他向命运低头，而是为了以后的成功积蓄力量。他每天睡薪草，尝苦胆，告诫自己不能松懈，告诫自己必须努力，于是他日复一日地劳作，虚心纳贤，才有了"三千越甲吞吴"的奇迹。

勾践的事迹告诉我们，成功必须努力奋斗，忍他人所不能忍，才能为他人所不能为。勾践的努力使他的人生变得美丽。

我最喜欢的NBA（美国职业篮球联赛）球员是科比·布莱恩。他在2008年北京奥运会上带领美国队夺得金牌，重回世界第一。在一次记者访谈中，一位记者问科比："你是怎么取得如此之大的成就的？"科比笑着说："你见过凌晨四点半的洛杉矶吗？"原来，科比在球场上所向披靡的身影后，是他在凌晨四点半别人还在睡觉时开始的无数次的练习，他的双手也因这高强度的练习严重变形。他付出的汗水又有谁能体会？

欲戴皇冠，必承其重，想要成功就要比别人努力。科比的努力使他的人生变得美丽。

曾经的我非常努力，每天早起晚睡，刻苦读书，但却没有取得理想的成绩，我明白了努力了不一定成功。后来，我读了《钢铁是怎样炼成的》，书中说："人的一生应该这样度过：回首往事，他不会因为虚度年华而悔恨，也不会因为碌碌无为而羞愧。"我懂得了虽然努力不一定成功，但是尽了自己最大的努力就好。于是我拿起笔，继续奋笔疾书，尽我所能去积蓄更多的能量。我相信我一定会迎来鲜花绽放的那天。

雄鹰为了翱翔蓝天努力锻炼双翅；夸父为了追上太阳努力奔跑；昙花为了一瞬间的绽放努力汲取养分；我为了前途的辉煌，积蓄力量，奋勇向前……努力的人生才最美丽。

我没有什么可以输的

他是个不幸的孩子。

小时候，因为家里无法同时抚养五个孩子，他被送到了孤儿院。在孤儿院，没有亲人，孤独无助的滋味可想而知。为了生活，年龄还不算大的他就在一家加工眼镜零件的工厂打工。

在工厂，年龄小、身体瘦弱的他成了其他工人无聊时捉弄的对象。他们常常毫无顾忌地拿他开玩笑，还常常让他去干一些不属于他的工作。对这一切，他从来不说什么。

有一次，寻开心的工人们把他的外套脱了下来，几个人围成一圈互相扔着玩。他跑向左边，左边的人就把外套扔到右边；他跑向右边，右边的人就把外套扔到左边。他越着急，这些人就越开心。跑着跑着，他的眼睛泛红了，泪水在眼眶里直打转。突然，他停下脚步，站在原地，冷冷地看着这些捉弄他的人，努力不让自己的眼泪掉下来。

他的举动让那些人不知所措了，就在大家都以为他要发火的时候，他却转身离开继续干活。这时候，一位老师傅看不下去了，走到那些人面前训斥了一顿，然后把外套抢了回来，给他重新披在身上。

他说了一声"谢谢"之后，继续低头干活。老师傅怕他会受到刺激，就在旁边劝他。"您放心吧，我不会在意的。我没有什么可以输的，还在乎别人的这些捉弄吗？"他对老师傅说。老师傅没想到这个孩子如此懂事，摸了摸他的头，然后离开了。

在后来的日子里，那些捉弄他的人因为老师傅的教训收敛了很多，但还是会时不时地捉弄他一下。对于这一切，他就像什么也不知道一样，只是埋头苦干，把心思都放在了学习本领上。

时光荏苒，转眼之间，很多年过去了。根本不在乎别人捉弄的他，因为自己的勤奋和好学，已经成为工厂里的优秀工人。当年那些处处捉弄他的人也不再捉弄他，反而因为工作上经常需要他帮忙，对他格外尊重。

经过多年的磨炼，20岁出头的他已经对眼镜制造行业非常熟悉。后来，他萌生了自己开一家眼镜制造铺的想法。身边要好的朋友们知道他的想法之后，都不同意他的打算，因为大家都知道，对于他这样一个年纪轻轻、阅历尚浅的人来说，做生意的风险是非常大的。为了劝他打消这个念头，一个好朋友特意跑到他的住处，苦口婆心地劝他。

　　"你小时候过得那么苦，现在好不容易有了稳定的工作和不错的收入。自己开一家眼镜制造铺，一旦经营失败了，你就惨了！"他告诉朋友："我从来就不拥有什么，也没有什么可以输的，所以我能够承担任何风险和后果。"

　　因为觉得自己没有什么可以输的东西，他没有过重的压力和负担，觉得大不了一切从头再来。很快，他的眼镜制造铺就开张了。因为良好的心态和过硬的能力，他的眼镜制造铺很快就接了不少单子。

　　没有压力、轻松上阵的他在商场大展拳脚。小小的眼镜制造铺在他的经营下，只用了几十年的时间就成长为世界上最大的眼镜制造商——Luxottica（陆逊梯卡）集团，他因此成为了世界级的富豪。他就是意大利的富豪莱昂纳多·德尔·维吉奥，在2012年福布斯全球富豪榜中，排名第74位，是眼镜制造行业里的风云人物。

没有人注定是失败者

凌乱的头发，落寞的眼神，颓废的面容，这就是马来西亚歌手曹格给人留下的第一印象。

曹格的孤独是刻在骨头里的。少年时代，他孤零零一个人先后在加拿大、新西兰读书。功课不好，幸亏有一副好嗓子，他将华语音乐加入欧美等音乐元素，形成了自己独特的风格。回到马来西亚以后，他参加了一次音乐大赛，在比赛中，凭借扎实的唱功，一鸣惊人。

少年得意的心，注定想振翅高飞。所以，22岁那年，他来到中国台湾，期待在那里成就音乐的梦想。

当时的中国台湾，偶像派和实力派群雄并起，属于新人的机会少得可怜。曹格天生的愁眉苦脸让他在一些唱片公司吃了"闭门羹"。"长得丑，没有哪家唱片公司愿意要我。"空有一身音乐才华的曹格，发出了这样的哀叹。

最窘迫的是，曹格晚上没有睡觉的地方。好说歹说，他才得以在录音棚里栖身。

令他感到悲哀的是，即使是在录音棚里，他也无法安睡。如果深夜录音棚仍有人使用，他就必须另找栖息地。

那时的他，只有两条路可以选择，要么到街上游荡，要么坐在昏暗的楼梯上打瞌睡，等待黑夜一点点变亮。对在录音棚里录音的歌手周华健、哈林等，他羡慕不已，但那时的曹格只能在角落里仰望他们。

这样的连续多年的痛苦经历，让他满心的希望，宛若夕阳，一点点落下去。更让曹格受不了的，是来自远方母亲的电话。

母亲总会关切地问他："你在中国台湾过得怎么样？"

他不想让母亲伤心，便强装笑颜："我过得很好啊！"

母亲再打来，他终于崩溃，无法伪装下去。挂了电话后，他泪水直流。成功的路太难走了，曹格想放弃，想离开中国台湾。

此时，曹格的恩师涂惠源依旧鼓励他在音乐的道路上走下去，并告诫曹格："你注定离不开音乐，即使是放弃，也要用音乐表达。"

在曹格最忐忑、最迷惘、最纠结的时候，大名鼎鼎的滚石唱片公司慧眼识珠，将这个一直与失败落魄相伴、酷爱音乐的"丑小鸭"揽入怀抱。

曹格不负众望，在2008年中国台湾金曲奖颁奖典礼上，

凭借专辑 *Super Sunshine* 荣获最佳国语男歌手奖，成为金曲奖歌王。

曹格之所以在中国广为人知，是因为他参加了湖南卫视"我是歌手"第二季比赛。虽然首轮就遭到淘汰，但他在复活赛上成功逆袭，杀入总决赛，并获得了第四名的佳绩。

在比赛中，曹格总是紧张兮兮，登台前不停打嗝，但恰恰是他的不成熟和孩子般的率真，让许多观众感同身受，对他产生了爱怜和亲切感。

曹格坦言自己最怕比赛，从小到大，参加的绝大多数比赛，都因为"怯场"输掉了。不过，他一直勇敢地站在表演的舞台上，最终，在最感疲惫和失落的时候，他听到了成功的掌声。

坚持不必到底

一只蚂蚁沿着光溜溜的瓷砖墙往上爬。一次又一次，它摔了下来；一次又一次，它又执着地努力向上爬去。一个人看到这一幕后感慨道："多么坚强勇敢的蚂蚁，失败了毫不气馁，继续向目标努力。"另一个人看到后则感叹道："多么愚蠢可怜的蚂蚁，简直太盲目了，假如它改变一下方式，也许很快就能到达目的地。"

面对生命里不期而遇的挫折，我们通常有两种选择：一个是沿着既定的路走下去，不屈不挠；一个是当道路堵塞时，换一个方向实现生命的突围。对前者，我们奉献过太多掌声；对后者，我们常冷嘲热讽，说这样的人是懦夫，他们只知投机取巧。然而，生活一次又一次用铁的事实嘲笑我们的偏执与无知——一次次地让后者品尝成功的甘甜。

18世纪，天花这个可怕的瘟疫在整个欧洲蔓延，还被勘探者、探险家和殖民者传播到美洲，人们因为天花难以遏制的传染而惶恐。英国著名医生爱德华·琴纳忙于解决天花这个难题，他研究了许多病例，仍未找到可行的治疗办法。后来，他把思路放到那些未染上天花的人身上，最后终于从挤奶女工手上提取微量牛痘疫苗，接种到一位8岁男童的胳膊上。一个月后的试验结果证明，他找到了抵御天花的武器。琴纳由此而成为"天花疫苗接种的先驱""免疫学之父"。

其实，对生活中的很多问题，当我们无所适从、茫然不知所措时为何不换一种思路呢？一条道走到黑往往不是明智之举，"山重水复疑无路"的时候，换一个方向，拐一个弯儿，你就能体会到"柳暗花明又一村"的惊喜。困境往往意味着一个潜在的机遇，关键就看你有没有发现机遇的那双慧眼。

生活要求我们学会争取，也要求我们学会放弃；要求我们在一些事情上坚持，也要求我们在另一些事情上退让。什么也不愿放弃的人，最终什么也不会得到。

坚持不必到底，我们既要坚持该坚持的，又要放弃该放弃的。坚持该坚持的是执着，坚持不该坚持的是无知；放弃不该放弃的是懦弱，不放弃该放弃的是愚蠢。

认真了，就不一样

20年前，一个来自德国的太极拳爱好者托马斯，慕名找到我国著名太极拳大师李大师，准备拜师。托马斯一见到李大师，立即用一口不流利的汉语请求李大师收他为徒。

熟悉李大师的人都知道，李大师收徒的条件极为苛刻。一个人如果没有万分的虔诚，没有良好的体格，没有很高的悟性，很难得到李大师的赏识。

托马斯的虔诚倒是十足，体格也很健壮，但是悟性不高。习武之人如果没有很高的悟性，将所学知识融会贯通，别说将来有所创新了，就是把学到的东西发扬光大也很困难。

李大师摇摇头，对托马斯说："你走吧，现在太极拳日渐流行，花园里有的是太极拳爱好者，你去和他们学一学，能达到强身健体的目的就行了。"

托马斯见状，辞别李大师，匆匆走了。谁知一年之后，托马斯再次来到李大师面前，请求李大师收他为徒。与上次不同的是，托马斯这次的汉语水平提高了很多。李大师好奇地问："你不是走了吗？你怎么又回来了？"

托马斯说："我没有走，上次您考我的问题，我之所以回答不出来，不是因为我的悟性不高，而是因为我的汉语不过关，对太极拳的历史了解得也不够全面、透彻。我这一年专门学习汉语，也读了不少关于太极拳方面的著作，请大师重新考考我，再给我一次学习的机会。"

"一年时间，即使再努力，对博大精深的太极拳文化，托马斯又能学到多少呢？"李大师心存疑惑。但是，当他考问托马斯时，他大吃一惊。托马斯不仅每个问题都能对答如流，而且还有自己对太极拳独到的见解。

就这样，托马斯拜师成功了。拜师成功后的托马斯，学习太极拳十分用功。用李大师的话说，托马斯持之以恒的毅力，让人难以置信。

在之后的日子里，学拳、读书、交流心得，托马斯把每天的生活安排得井井有条。有时候，一个姿势，托马斯会练习整整一天。当李大师问托马斯在短短一年内，怎么把基本功练扎实的，托马斯说："我每天清晨都要在北京的花园里观摩别人练习太极拳，如果遇到一些有实力的高手，就观摩得更仔细些，晚上回到宿舍后，再反复练习。"

"一边学习汉语，一边研读太极拳著作，还要观摩并练习太极拳，你每天睡几个小时？"李大师问。"每天睡四个小时。我虽然这一年吃了不少苦，但想起要向您拜师，就不觉得苦了。"托马斯回答李大师的问题时，看着师父的眼睛亮晶晶的。

后来，托马斯回到了德国。回国后，托马斯每天都要打一个电话问候师父，然后问哪一套拳法、哪一个姿势应该怎么做。师父问："你工作那么忙，每天还坚持练拳吗？"托马斯说："学习就像逆水行舟，不进则退。我没有过目不忘的本领，也不能每天与师父见面，向师父请教，所以只能在电话中麻烦师父了。"

麻烦？对待勤奋好学的徒弟，师父怎么会觉得麻烦，高兴还来不及呢。一年后，托马斯再来到中国，一招一式居然练得有模有样。在推手时，托马斯居然把入门较早的一位师兄给推倒了。

师兄不服，再来，再输。师兄向师父抱怨："当初您不是说托马斯的悟性不高吗？我看他的悟性一点儿也不低。"师父说："托马斯的悟性的确不高，但他做事比你认真。人啊，只要认真，就没有做不成的事。这世上哪有那么多的天才，许多伟大的成就，不都是普通人通过后天的认真和努力造就的吗？"

愿你能够一往无前，愿你始终脚步坚定，愿你能够在面对坎坷的时候坚持初心，愿你即使被打倒也依然热爱生活，认真努力。